Photoshop智能手机APP界面设计全解析

金景文化 编著

人民邮电出版社
北京

图书在版编目（CIP）数据

Photoshop智能手机APP界面设计全解析 / 金景文化编著. -- 北京 : 人民邮电出版社, 2014.5
ISBN 978-7-115-34609-4

Ⅰ. ①P… Ⅱ. ①金… Ⅲ. ①移动电话机－人机界面－程序设计 Ⅳ. ①TN929.53

中国版本图书馆CIP数据核字(2014)第039853号

内 容 提 要

本书主要讲解了 iOS、Android 和 Windows Phone 这 3 种主流智能手机操作系统界面和 APP 的构成元素，基本风格，全面解析了各类型 APP 界面的具体绘制方法与技巧。

本书共 5 章。第 1 章和第 2 章，主要讲解智能手机的分类、设计原则、图形元素的格式和 UI 的色彩搭配等 APP 界面设计基础知识。第 3 章至第 5 章，分别讲解了 iOS、Android 和 Windows Phone 这 3 个主流智能手机操作系统设计规范和设计原则，以及图形、控件、图标和完整界面的具体制作方法。

本书配套光盘内含全部案例的素材、源文件和教学视频，读者可以结合书、练习文件和教学视频，提升 APP 界面设计学习效率。

本书适合 UI 设计爱好者、APP 界面设计从业者阅读，也适合作为各院校相关设计专业的参考教材。

◆ 编　　著　金景文化
　责任编辑　尹　毅
　责任印制　方　航
◆ 人民邮电出版社出版发行　　北京市丰台区成寿寺路 11 号
　邮编　100164　　电子邮件　315@ptpress.com.cn
　网址　http://www.ptpress.com.cn
　北京画中画印刷有限公司印刷
◆ 开本：787×1092　1/20
　印张：14.8　　彩插：6
　字数：442 千字　　2014 年 5 月第 1 版
　印数：1－4 000 册　　2014 年 5 月北京第 1 次印刷

定价：59.80 元（附光盘）

读者服务热线：(010)81055410　印装质量热线：(010)81055316
反盗版热线：(010)81055315
广告经营许可证：京崇工商广字第 0021 号

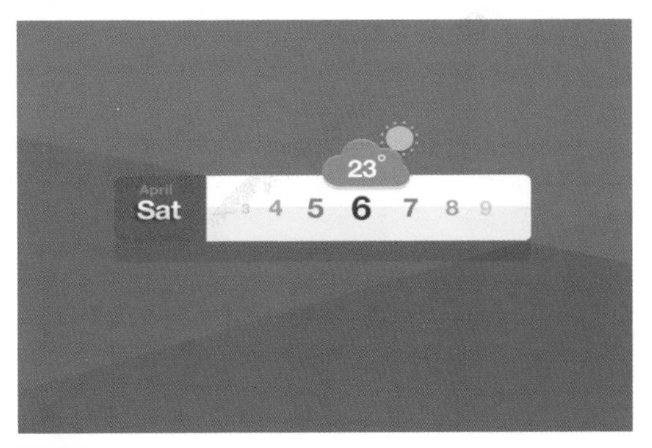

实战1 制作天气控件——Kuler

源文件 第1章\001.psd

第1章 智能手机APP界面设计基础

实战2 制作相机图标——Photoshop

源文件 第1章\002.psd

实战3 制作日历图标——Illustrator

源文件 第1章\003.ai

案例欣赏

实战1 制作iOS 7快捷设置界面
源文件 第3章\001.psd

实战4 制作iOS 7锁屏界面
源文件 第3章\004.psd

实战5 制作iOS 7主界面
源文件 第3章\005.psd

实战6 制作iOS 7闹钟界面
源文件 第3章\006.psd

实战8 制作iOS 7游戏中心界面

源文件 第3章\008.psd

实战9 制作iPad的主界面

源文件 第3章\009.psd

实战10 制作iPad的相册界面

源文件 第3章\010.psd

实战11 制作iPad的发送邮件界面

源文件 第3章\011.psd

实战12 制作iOS 6解锁界面

源文件 第3章\012.psd

实战15 制作精美的游戏界面

源文件 第3章\015.psd

案例欣赏

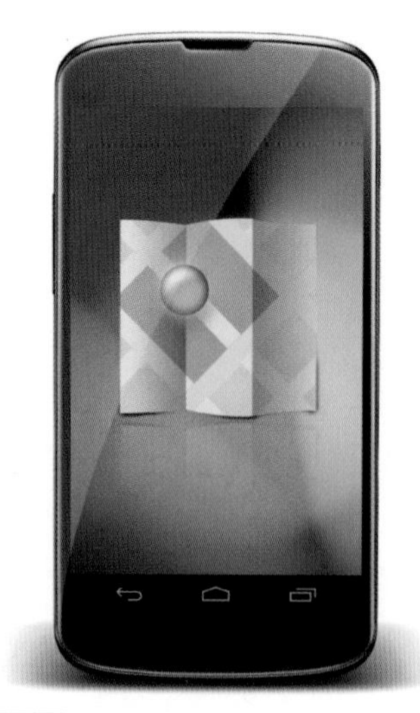

实战8 制作Android启动图标
源文件 第4章\008.psd

实战9 制作Android主界面
源文件 第4章\009.psd

实战10 制作全部应用界面
源文件 第4章\010.psd

实战11 制作小部件界面
源文件 第4章\011.psd

实战12 制作最近任务界面
源文件 第4章\012.psd

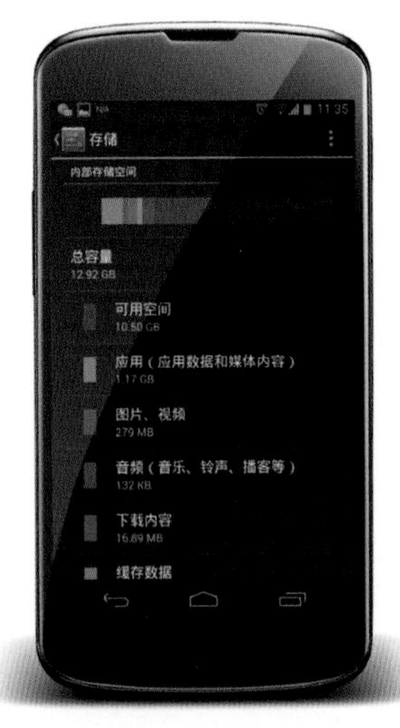

实战13 制作存储空间统计界面

源文件 第4章\013.psd

实战14 制作账户设置界面

源文件 第4章\014.psd

实战15 制作指南针界面

源文件 第4章\015.psd

实战16 制作GO天气的主界面

源文件 第4章\016.psd

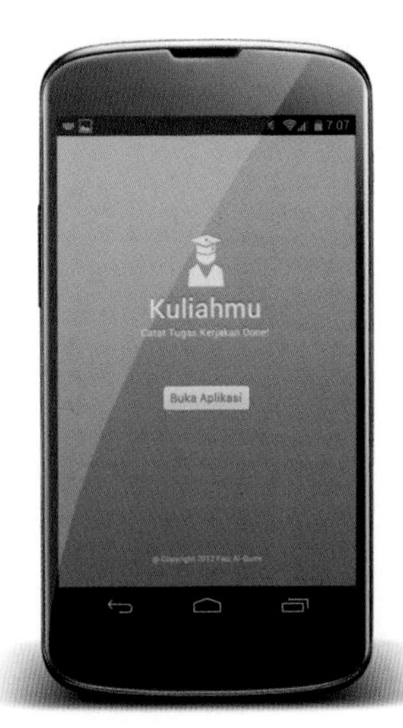

实战17 制作学习类软件的界面

源文件 第4章\017.psd

实战18 制作平板电脑的游戏界面

源文件 第4章\018.psd

案例欣赏

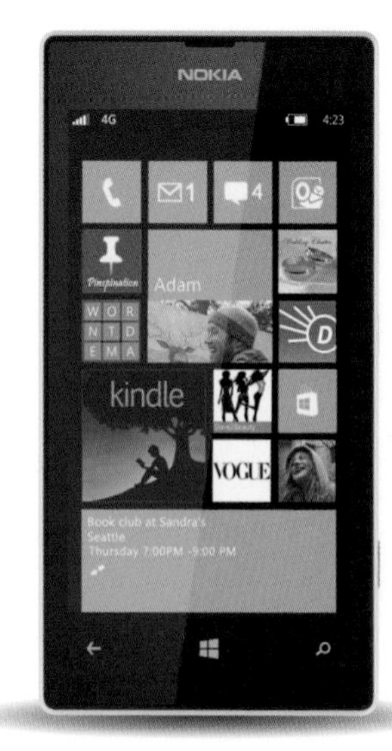

实战1 制作Windows Phone 主界面
源文件 第5章\001.psd

实战2 制作Windows Phone 应用程序界面
源文件 第5章\002.psd

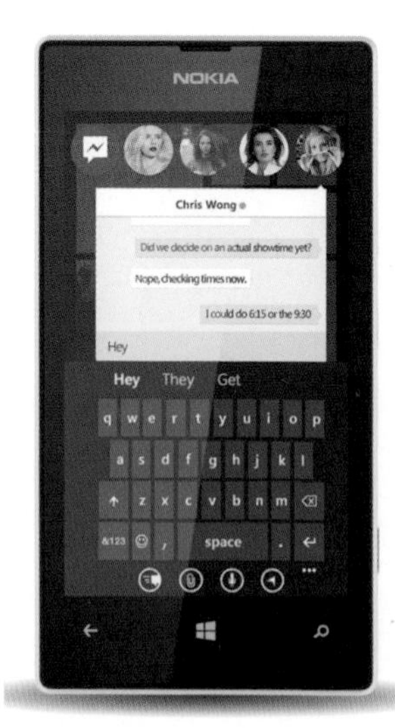

实战3 制作Windows Phone 聊天界面
源文件 第5章\003.psd

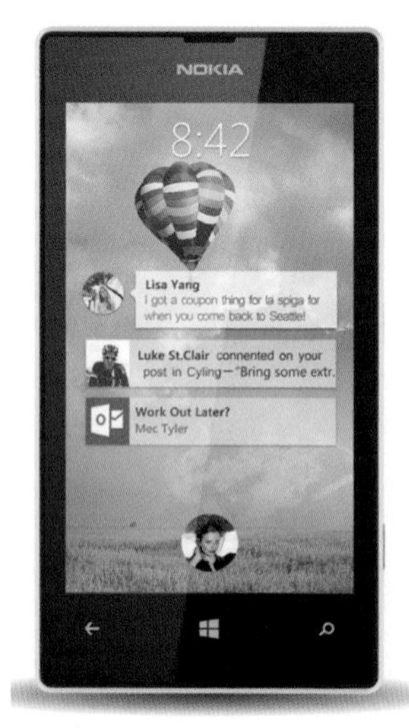

实战4 制作Windows Phone 短信界面
源文件 第5章\004.psd

案例欣赏

实战5 制作Windows Phone 字体设置界面

源文件 第5章\005.psd

实战6 制作Windows Phone 日期设置界面

源文件 第5章\006.psd

实战7 制作音乐播放器界面

源文件 第5章\007.psd

实战8 制作可爱的游戏界面

源文件 第5章\008.psd

前言

随着信息量的不断增加，人们的生活越来越依赖于各种软件，提到软件就不得不说用户图形界面。用户图形界面是用户与各种设备进行交互的平台，一款好的用户界面应该同时具备美观与易于操作两个特性。

本书主要通过理论知识与案例相结合的方法，向读者介绍用Photoshop绘制iOS、Android与Windows Phone操作系统中各种构成元素的方法和技巧。

内容安排

本书共分为5章，采用少量基础知识与大量案例相结合的方法，循序渐进地向读者介绍了iOS、Android与Windows Phone系统中各部分元素的绘制方法，下面，分别对各章的主要内容进行介绍。

第1章　智能手机APP界面设计基础：主要介绍了手机的分类与分辨率，以及UI的相关单位和色彩搭配，讲解了图形元素的格式和大小，并且对常用的设计软件进行了简单讲解，常用的软件包括illustator、3ds Max和Image Optimizer等，最后，使用不同软件制作了几个案例，其中包括天气界面、相机图标等。

第2章　常见系统的APP设计规范：主要介绍了苹果系统（iOS）、安卓系统（Android）和Windows Phone系统的发展史、基本组件和各自的特色，同时，也对黑莓系统和塞班系统进行了简单的介绍。

第3章　iOS系统APP界面设计实战：主要介绍了iOS系统中的一些基本图形和元素的制作方法，并且，在了解了设计原则和规范的基础上，制作出完整的界面，包括锁屏界面、闹钟界面、天气界面和游戏界面等。

第4章　Android系统APP界面设计实战：主要介绍了Android 2.3与Android 4.0界面风格上的不同，以及UI设计原则、界面的设计风格和APP的常用结构，并且，通过对基础知识的掌握，制作出一些基本元素和完整的界面，案例部分主要包括导航栏、操作栏、指南针界面、天气界面和游戏界面等。

第5章　Windows Phone系统APP界面设计实战：主要介绍了Windows Phone系统的特点、界面框架的设计及标准控件的设计，并且制作了该系统的主界面、应用程序界面、聊天界面和第3方APP应用界面等案例。

前言

本书特点

本书采用理论知识与操作案例相结合的教学方式，全面向读者介绍了设计不同系统界面的相关知识和所需的操作技巧。

● **通俗易懂的语言**

本书采用通俗易懂的语言全面的向读者介绍iOS、Android和Windows Phone这3种系统界面所需的基础知识和操作技巧，使读者更易理解并掌握相应的功能与操作。

● **基础知识与操作案例结合**

本书摈弃了传统教科书式的纯理论式教学，采用少量基础知识和大量操作案例相结合的讲解模式。

● **技巧和知识点的归纳总结**

在讲解基础知识和操作案例的讲解过程中列出了大量的提示和技巧，这些信息都是结合作者长期的UI设计经验与教学经验归纳出来的，他们可以帮助读者更准确的理解和掌握相关的知识点和操作技巧。

● **多媒体光盘辅助学习**

为了增加读者的学习渠道，增强读者的学习兴趣，本书配有多媒体教学光盘。在教学光盘中提供了本书中所有实例的相关素材和源文件，以及书中所有实例的视频教学，使读者可以跟着本书做出相应的效果，并能能够快速应用于实际工作中。

读者对象

本书适合UI设计爱好者，想进入UI设计领域的读者朋友，以及设计专业的大中专学生阅读，同时也对专业设计人士也有很高的参考价值。希望读者通过对本书的学习，能够早日成为优秀的UI设计师。

本书由金景文化执笔，另外李晓斌、张晓景、解晓丽、孙慧、程雪翩、王媛媛、胡丹丹、刘明秀、陈燕、王素梅、杨越、王巍、范明、刘强、贺春香、王延楠、于海波、肖阂、张航、罗廷兰等也参与了部分编写工作。本书在写作过程中力求严谨，由于时间有限疏漏之处在所难免，望广大读者批评指正。

编者

2014年4月

光盘使用说明

将DVD光盘放入光驱中，双击桌面上“计算机”或“我的电脑”图标，在打开的窗口中右键单击光盘所在的盘符，在弹出的快捷菜单中选择“打开”命令，即可进入光盘界面。

光盘中提供了本书中所有案例制作所需的素材、制作完成的源文件以及全部案例的教学视频，这些文件可以帮助读者快速有效地学习。

案例视频教学

光盘里有书中**45**个手机界面设计的教学视频，共约**330**分钟，覆盖了手机界面设计制作的各个环节，引领读者顺利地完成对Android、iOS和Windows Phone界面绘制的学习。

按照书中案例的章节名，可以在光盘中相应的目录下找到该案例的视频文件，在该文件上单击右键，选择“打开”命令，即可播放该文件。

光盘中提供的视频为SWF格式，这种格式的优点是体较小，播放快，可操控。除了可以使用Flash Player播放外，还可以使用暴风影音、快播等多种播放器播放。

视频文件夹

全部视频文件

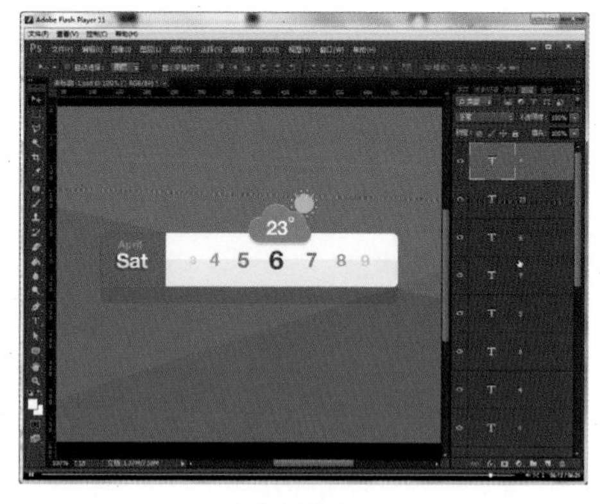

视频播放界面

案例素材和源文件

随光盘赠送所有案例源文件及制作案例所需所有素材文件。读者可以根据书中的章节序号在光盘的对应位置找到这些文件，双击即可打开和查看。如读者可以在“第2章”文件夹下找到第2章案例需要的素材文件和源文件。

素材文件

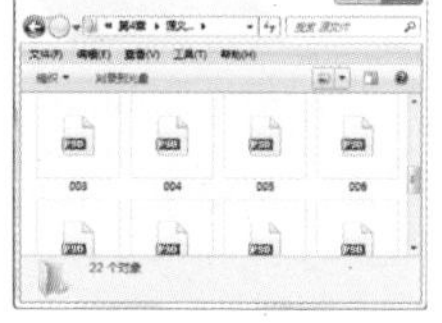

源文件

Photoshop软件打开源文件

第1章 智能手机APP界面设计基础

1.1 关于手机......19
1.1.1 手机的分类......19
1.1.2 手机屏幕的分辨率......20
1.1.3 屏幕的色彩......21
1.2 UI设计中的色彩搭配......22
1.2.1 色彩的意象......22
1.2.2 色彩的搭配原则......22
1.2.3 色彩的搭配方法......24
1.2.4 用Kuler配色......25
1.3 图形元素的格式和大小......25
1.3.1 JPEG格式......26
1.3.2 GIF格式......26
1.3.3 PNG格式......27
1.3.4 图标的大小......27
1.4 手机UI的相关单位......30
1.4.1 分辨率......30
1.4.2 英寸......30
1.5 常用的手机UI界面设计软件......31
1.5.1 Photoshop......31
1.5.2 Illustrator......33
1.5.3 3ds Max......34
1.5.4 Iconcool studio......35
1.5.5 Image Optimizer......35
实战1 制作天气控件——Kuler......36
实战2 制作相机图标——Photoshop......40
实战3 制作日历图标——Illustrator......45

第2章 常见系统的APP设计规范

2.1 苹果系统（iOS）......49
2.1.1 iOS的发展历史......49
2.1.2 iOS 的基本组件......52
2.1.3 iOS的开发工具与资源......53
2.1.4 iOS 6与iOS 7......54
2.2 安卓系统（Android）......56
2.2.1 Android的发展历史......56
2.2.2 Android的基本组件......58
2.2.3 深度定制系统......59
2.3 Windows Phone系统......61
2.3.1 Windows Phone的发展简史......62
2.3.2 Windows Phone的特色......62
2.3.2 Windows Phone的设计理念......64
2.4 其他系统......65
2.4.1 黑莓系统......65
2.4.2 塞班系统......66

目录

第3章 iOS系统APP界面设计实战

3.1 iOS界面设计的原则......69
3.1.1 美......69
3.1.2 一致性......70
3.1.3 直接控制......70
3.1.4 反馈......71
3.1.5 暗喻......71
3.1.6 用户控制......72
3.2 iOS界面设计的规范......72
3.2.1 确保程序在iPad和iPhone上通用......72
3.2.2 重新考虑基于Web的设计......73
3.3 基本图形......73
3.3.1 线条的绘制......74
3.3.2 图形的绘制......74
3.4 控件的绘制......75
3.4.1 搜索栏......75
3.4.2 滚动条......76
3.4.3 文本框......76
3.5 图标的绘制......77
3.5.1 程序图标......77
3.5.2 小图标......78
3.5.3 文档图标......78
3.5.4 Web快捷方式图标......79
3.5.5 导航栏、工具栏和Tab栏中的图标......80
3.6 设计图片......81
3.6.1 登录图片......81
3.6.2 为Retina屏幕设计图片......82
3.7 iOS 7的设计特点......83
实战1 制作iOS 7快捷设置界面......86
实战2 制作iOS 6搜索栏......90
实战3 制作iOS 6的亮度栏......92
实战4 制作iOS 7锁屏界面......95
实战5 制作iOS 7主界面......97
实战6 制作iOS 7闹钟界面......100
实战7 制作iOS 7天气界面......103
实战8 制作iOS 7游戏中心界面......106
实战9 制作iPad的主界面......110
实战10 制作iPad的相册界面......114
实战11 制作iPad的发送邮件界面......118
实战12 制作iOS 6解锁界面......123
实战13 制作iOS 6阅读器界面......128
实战14 制作iPhone 4中的小界面......136
实战15 制作精美的游戏界面......143

第4章 Android系统APP界面设计实战

4.1 Android 2.3与Android 4.0的界面元素......157
4.2 Android App UI概论......159
4.2.1 UI栏......159

目录

4.2.2 通知 160
4.2.3 App UI 160

4.3 UI设计原则 161

4.4 Android界面的设计风格 163

4.4.1 设备与显示 164
4.4.2 主题样式 164
4.4.3 单位和网格 165
4.4.4 触摸反馈 166
4.4.5 字体 166
4.4.6 颜色 168
4.4.7 图标 168
4.4.8 写作风格 170

4.5 Android App的常用结构 171

实战1 制作Android导航栏 172
实战2 制作Android操作栏 174
实战3 制作Android选择栏 175
实战4 制作Android状态栏 178
实战5 制作Android进度条 180
实战6 制作Android开关按钮 182
实战7 制作Android时间选择器 183
实战8 制作Android启动图标 186
实战9 制作Android主界面 189
实战10 制作全部应用界面 194
实战11 制作小部件界面 196
实战12 制作最近任务界面 199
实战13 制作存储空间统计界面 201
实战14 制作账户设置界面 205
实战15 制作指南针界面 209
实战16 制作GO天气的主界面 215
实战17 制作学习类软件的界面 227
实战18 制作平板电脑的游戏界面 237

第5章

Windows Phone系统APP界面设计实战

5.1 Windows Phone系统的特点 251

5.1.1 新颖的解锁界面 251
5.1.2 简洁、实用的主界面 252
5.1.3 新颖的全景视图 252
5.1.4 流畅的动画效果 253

5.2 界面框架 253

5.2.1 页面标题 253
5.2.2 进度指示器 254
5.2.3 滚动指示器 254
5.2.4 主题 255

5.3 用户界面框架 255

5.3.1 主界面 256
5.3.2 状态栏 256
5.3.3 屏幕方向 256
5.3.4 字体 257
5.3.5 通知 257

5.4 标准控件 258

5.4.1 按键 258

目录

5.4.2 背景层......258
5.4.3 勾选框......259
5.4.4 密码框......259
5.4.5 进度条......259
5.4.6 单选按钮......260
5.4.7 滑动条......260
5.4.8 输入框......261
5.4.9 文本块......261

实战1 制作Windows Phone 主界面......262
实战2 制作Windows Phone 应用程序界面......270
实战3 制作Windows Phone 聊天界面......276
实战4 制作Windows Phone 短信界面......282
实战5 制作Windows Phone 字体设置界面......285
实战6 制作Windows Phone 日期设置界面......287
实战7 制作音乐播放器界面......289
实战8 制作可爱的游戏界面......297

第1章 智能手机APP界面设计基础

现如今，手机已然成为人们生活中常用的工具，功能强大的智能手机更是广受欢迎。本章就来介绍一下手机UI设计的基础知识。

手机屏幕的分辨率和色彩级别是设计UI界面时要考虑的两个重要因素。分辨率决定了UI界面的尺寸，以及界面中各个元素的排布方式。色彩级别决定了UI界面所能表现出的细节程度（色彩级别低的手机屏幕无法完美地表现出颜色丰富的细节）。

通常，用于UI界面设计和制作的软件有Photoshop、Illustrator、3ds Max和Iconcool studio等，此外，还可用Image Optimizer等软件对界面切片进行优化，以获得更小的文件体积。

精彩案例

制作天气控件
制作相机图标
制作日历图标

本章精彩案例

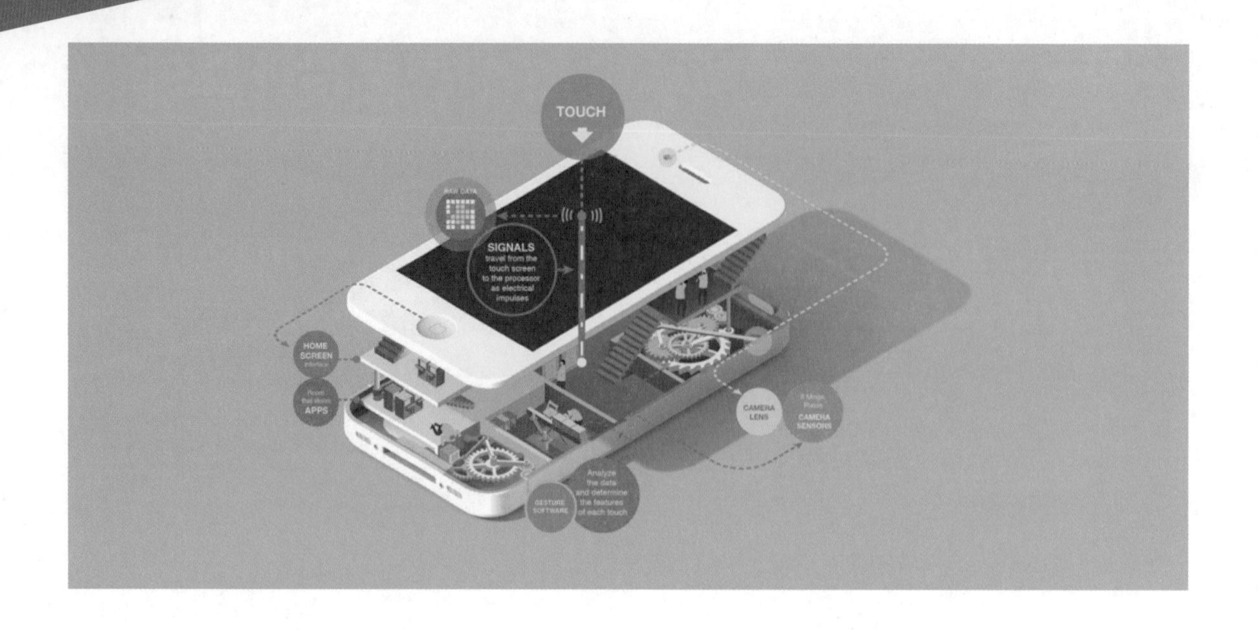

实战1　制作天气控件——Kuler
源文件：第1章\ 001.psd

实战2　制作相机图标——Photoshop
源文件：第1章\ 002.psd

实战3　制作日历图标——Illustrator
源文件：第1章\ 003.psd

1.1 关于手机

如今，市面上的手机种类繁多，我们可以根据功能的不同将它们大致分为7类。手机的分辨率和色彩级别是两个非常重要的参数，它们将决定UI界面元素的显示效果。

1.1.1 手机的分类

我们可以按照功能的不同将手机大致分为7种类型：商务手机、学习手机、老人手机、音乐手机、视频手机、游戏手机和智能手机。下表是对7种手机类型的详细介绍。

手机类型	特征描述
商务手机	1. 以商务人士或就职于国家机关单位的人士为目标用户群； 2. 功能完善、强大，运行极其流畅； 3. 能够帮助用户实现快速而顺畅的沟通，进而高效地完成工作
学习手机	1. 学习手机增加了学习功能，以“学习”为主； 2. 主要适用于初中、高中、大学及留学生； 3. 可以随身携带，以方便随时进入到学习状态； 4. 集教材、实用教科书学习为一体
老人手机	1. 手机应操作简便、功能实用，如大屏幕、大字体、高铃音、大按键和高通话音等； 2. 各种软件的结构清晰明了，操作简单； 3. 包括一键拨号、验钞、手电筒、助听器、语音读短信、读通讯录和读来电等方便实用的功能； 4. 包含收音机、京剧戏曲和日常菜谱等功能，以提高老年人的生活品质
音乐手机	1. 除了手机的基本功能外，还有强大的音乐播放功能； 2. 具有音质好、播放时间长、有播放快捷键等特点
视频手机	1. 视频手机是指能以手机为终端设备来播放本地或在线视频的手机； 2. 目前，手机电视业务可以通过3种方式实现： a．用蜂窝移动网络实现，如中国移动和中国联通； b．用卫星广播的方式实现，韩国运营商采用的就是这种方式； c．在手机中安装数字电视的接收模块，直接接收数字电视信号
游戏手机	1. 侧重于游戏功能和游戏体验； 2. 机身上一般有专为游戏设置的按键，屏幕的品质也很高。
智能手机	1. 智能手机除了基本的通话功能外，还具备了掌上电脑的大部分功能； 2. 智能手机为用户提供了足够大的屏幕尺寸和上网功能； 3. 为软件运行和内容服务提供了广阔的平台，方便用户展开更多的增值业务； 4. 融合3C（Computer、Communication、Comsumer）的智能手机是手机未来发展的方向

1.1.2 手机屏幕的分辨率

手机屏幕的分辨率对于手机UI设计而言是一个极其重要的参数，尤其是对Android来说，它将影响到UI界面的显示效果。目前，市面上较为主流的手机屏幕包括以下4种分辨率。

诺基亚N8 mdpi 横向分辨率为360像素左右

三星S7572 hdpi 横向分辨率为480像素左右

小米2 xhdpi 横向分辨率为720像素左右

三星盖世S4 xxhdpi 横向分辨率为1080像素左右

1.1.3 屏幕的色彩

这里所说的屏幕色彩实质上是指屏幕可以显示的色彩数量。目前，市面上的彩屏手机的色彩指数由低到高依次可分为：单色，256色、4096色、65536色、26万色和1600万色。256是2的8次方，所以，256色即8位彩色；65536是2的16次方，所以，65536色就是通常所说的16位真彩色，以此类推……。下图所示为不同彩屏的显示效果。

诺基亚1200 单色

三星SPH 256色

诺基亚7650 4096色

诺基亚1010 65536色

酷派8295 26万色

华为荣耀3 1600万色

手机屏幕的显示内容可以分为3类：文字、简单图像（简单的线条和卡通图形等）和照片。从上图可以非常直观地看出，不同色彩级别屏幕的显示效果截然不同。文字通常只需要很少的颜色就可以被正常地表现出来，而要完美地表现色彩细腻、丰富的图像则需要色彩级别较高的屏幕。

提示

可以通过以下3个指标来测试手机屏幕的色彩：红绿蓝三原色的显示效果、色彩过渡的表现和灰度等级的表现。

1.2 UI设计中的色彩搭配

配色需要一定的美术素养，要通过系统的学习和大量的观察练习才能慢慢提升。总体来说，手机UI界面设计应遵循以下4条配色原则：整体色调应协调统一、有重点色、色彩应平衡，对立色应调和。

1.2.1 色彩的意象

人们看到不同的颜色会产生不同的心理反应，例如，看到红色会心跳加快、血液流速加快，进而感受到一种兴奋、刺激、热情的感觉，这就是色彩的作用和意象。下表所示为一些常见颜色的色彩意象。

色 系	色 彩 意 象
红色系	热情、张扬、高调、艳丽、侵略、暴力、血腥、警告、禁止
橙色系	明亮、华丽、健康、温暖、辉煌、欢乐、兴奋
黄色系	温暖、亲切、光明、疾病、懦弱，适合用于食品或儿童类App
绿色系	希望、生机、成长、环保、健康、嫉妒，经常被用于表示与财政有关的事物
蓝色系	沉静、辽阔、科学、严谨、冰凉、保守、冷漠、忧郁，经常被用于表现科技感、高端和严谨
紫色系	高贵、浪漫、华丽、忠诚、神秘、稀有、憋闷、恐怖、死亡，很多科幻片和灾难片都用青紫色来渲染恐怖和末日的景象
粉红色系	柔美、甜蜜、可爱、温馨、娇嫩、青春、明快、恋爱
棕色系	自然、淳朴、舒适、可靠、敦厚、有益健康、不够鲜明，可以使用较亮的色彩来进行调和
黑色系	稳重、高端、精致、现代感、黑暗、死亡、邪恶，很多大牌的网站喜欢用黑色表现企业的高端和产品的质感
白色系	纯洁、天真、和平、洁净、冷淡、贫乏、苍白、空虚，白色在中国代表死亡

在着手创建App界面时，应先考虑App的性质、内容和目标受众，再考虑自己究竟要表现出怎样的视觉效果，营造出怎样的操作氛围，以此制订出科学、合理的配色方案，并且，严格按照配色方案来塑造UI界面中的每个元素。

1.2.2 色彩的搭配原则

尽管我们可以从网上搜到成堆的"配色宝典"、"配色原理"和"配色方案"之类的资料，但是，配色本身无法被量化，配色水平也无法在短时间内快速提高，不过，我们还是应该遵循一些约定俗成的配色原则。

● 整体色调应该协调统一

在着手设计界面之前，应该先确定主色调。主色将占据页面中很大的面积，其他的辅助性颜色都应该以主色为基准来搭配。这可以保证整体色调的协调统一，突出重点，使作品更加专业和美观，如图1-1所示。

图1-1

● 要有重点色

配色时，我们可以将一种颜色作为整个界面的重点色，这个颜色可以被运用到焦点图、按钮、图标或其他相对重要的元素中，使之成为整个页面的焦点，如图1-2、图1-3所示。这是一种非常有效的构建页面信息层级关系的方法。

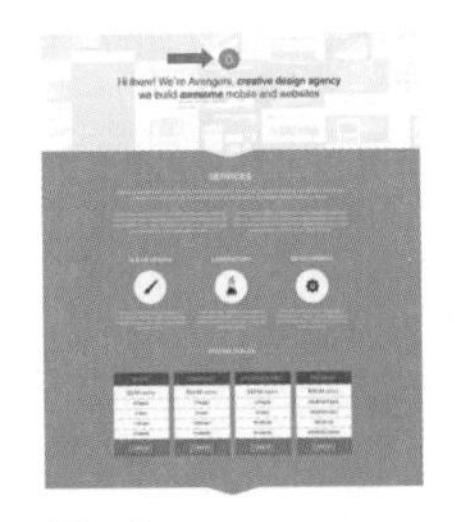

图1-2

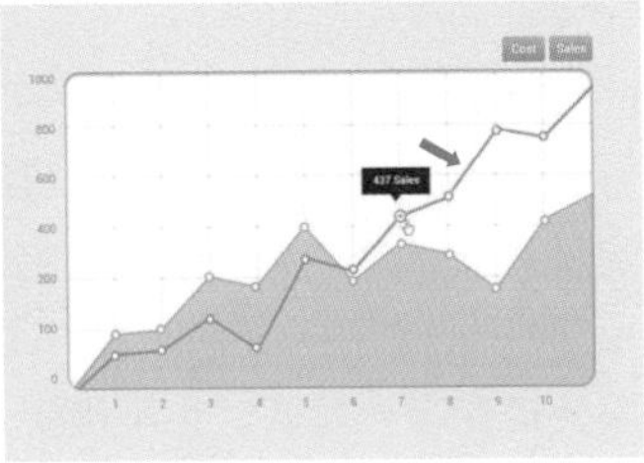

图1-3

提示

重点色不能用于主色和背景色等面积较大的色块，而要用于强调界面中重要元素的小面积色块。

● 注意色彩的平衡

色彩的平衡主要是指颜色的强弱、轻重和浓淡的关系。一般来说，同类色彩的搭配方案能够很好地实现色彩的平衡和协调，而高纯度的互补色或对比色（如红色和绿色）则很容易带来过度强烈的视觉刺激，使人产生不适的感觉。

另一方面是明度的平衡关系。高明度的颜色显得更明亮，可以强化空间感和活跃感；低明度的颜色则会强化稳重、低调的感觉，如图1-4、图1-5所示。

图1-4

图1-5

● 调和对立色

当包含两个或两个以上的对立色时，页面的整体色调就会失衡，这时，就需要对对立色进行调和了。可以使用以下3种方法对对立色进行调和。

➢ 拉开对立色的面积，使一种颜色成为主色，其他颜色成为辅助色。为了降低辅助色的色感，可适当调整它们的纯度和明度。

➢ 添加两种对立色之间的颜色，引导颜色在色相上逐渐过渡，例如，要调和红色和黄色，可以加入橙色，如图1-6所示。

➢ 加入大量的中性色。黑、白、灰被称为中性色，它们不带有任何的色彩感情，用它们来调和其他有彩色是非常不错的方法，如图1-7所示。

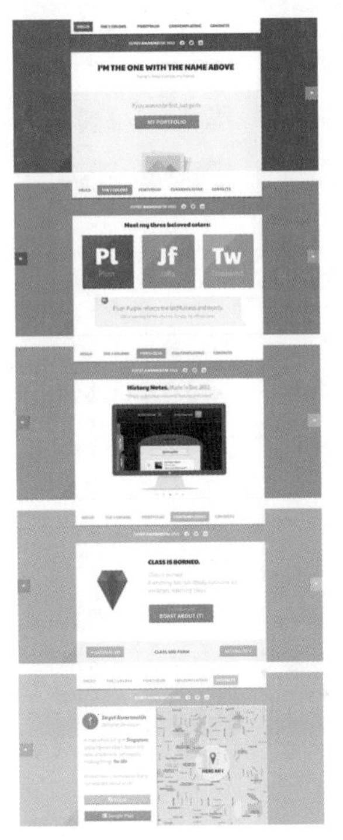

图1-6

图1-7

提示

在所有类型的UI设计中，网页设计的配色比较直观，所以，这部分知识的插图均选用网页，以便读者更直观地了解配色方案。

1.2.3 色彩的搭配方法

将不同的色彩搭配在一起时，其色相饱合度和明度的变化会对最终效果产生很大的影响。多种浅色搭配在一起时，不会产生对比效果；同样地，多种深色搭配在一起时，也不吸引人。但是，当一种浅色和一种深色搭配在一起时，浅色就会显得更浅，深色也会显得更深。饱合度和色相的对比效果亦是如此。图1-8所示为一些比较常见的配色方案。

柔和的、明快的、温暖的

FFFFCC	FFFFCC	FF9966	FFCC99	FFCCCC
CCFFFF	FFFF99	FF6666	CCFF99	FFFFFF
FFCCCC	CCCCFF	FFCCCC	CCCCCC	CCFFCC
CCFFFF	FFCCCC	99CCCC	CCCCFF	FFCC99
CCCCCC	FFFFFF	FFCC99	FFCCCC	FFFFCC
CCFF99	99CC99	FFCCCC	CCFFFF	99CCCC

欢快的、可爱的、有趣的

66CC66	FF9999	FF6666	666699	99CC33
CCFF66	FFFFFF	FFFF66	FFFFFF	FF9900
FF99CC	FFCC99	99CC66	FF9999	FFCC00
FF0033	FF9900	99CC33	993366	66CCCC
FFFFFF	CCFF00	FFFFFF	FFFF66	FFFFFF
FF9966	CC3399	FF6600	666633	666699

清爽的、干净的、柔和的

CCFF99	99CCCC	CCFFCC	CCCCFF	CCFFCC
FFFFFF	FFFFFF	FFFFFF	FFFFFF	99CCCC
99CCFF	CCFF99	66CCCC	99CCCC	FFFFCC
CCFFFF	99CCFF	CCFFFF	66CC99	6699CC
FFFFFF	FFFFFF	FFFFFF	FFFFFF	FFFFFF
99CCFF	CCCCFF	99CCFF	CCFFFF	99CCFF

花俏的、华丽的、女性化的

FFFF99	FF6666	FF99CC	66CC99	CC3399
993399	FFFFFF	003399	FFFFFF	FFCCCC
FF99CC	993366	CCFFDD	CC6699	FF6666
FFCCCC	CC6699	CC3399	CC6699	FF33CC
FFFFFF	FFFF00	FFCC99	99CC66	CCCC99
993366	666699	FF6666	663366	663366

优雅的、传统的、高贵的

999933	CC9966	CCCC99	CCCC99	996699
FFFFCC	666666	333333	666666	CCCC99
CC99CC	CC9999	9966CC	CC9999	669999
CC9966	339966	663366	996699	CCCC99
999999	CCCCCC	999999	9999CC	999999
666666	996699	CCCCFF	CCCCFF	663300

稳重的、古典的

6699CC	990033	666699	663300	990033
663366	CCFF66	660033	FF9933	006633
CCCC99	FF9900	99CC99	FFFF66	CCCC00
660033	993366	996600	009933	666633
999933	333399	CCCC66	CC9900	CCCC33
660099	666633	666600	666666	CC3366

自然的、冷静的

FFFF99	996633	006600	666600	669933
99CC99	FFFF99	66CC66	CCCC66	CCCC33
666600	99CC66	CCFF99	CCFFCC	663300
666633	003300	006633	666600	006633
999933	669933	663300	FFFFCC	333300
CC9966	CCCC99	CCCC66	999999	CCCC99

简洁的、高雅的、冷静的

99CCFF	336666	0099CC	999999	CCCCCC
FFFFFF	FFFFFF	FFFFFF	CCCCCC	999999
666666	999999	666666	336666	663366
666666	999999	669999	999999	336699
CCCCCC	FFFFFF	CCCCCC	CCCCCC	0099CC
6699CC	333366	666666	333333	666666

图1-8

1.2.4 用Kuler配色

Kuler是Adobe公司开发的一款配色软件，它既可以作为独立的软件使用，也可以作为Photoshop、Illustrator和Flash等其他Adobe系列软件的插件使用。图1-9所示为在Photoshop中打开Kuler的效果。

Kuler界面中包含3个面板，“关于”面板提供了Kuler的简介和使用方法；“浏览”面板提供了受欢迎的在线配色方案；“创建”面板则允许用户通过多种配色规则来自定义配色方案。

在“浏览”面板中选择喜欢的配色方案或在“创建”面板中自定义配色方案后，可以单击底部的▣按钮，将这些颜色载入Photoshop的“色板”面板中。

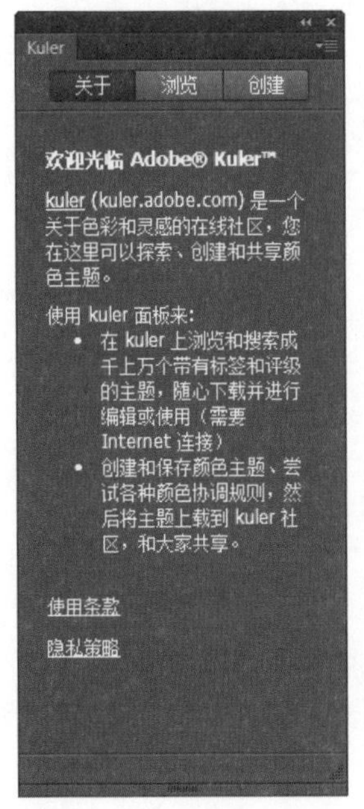

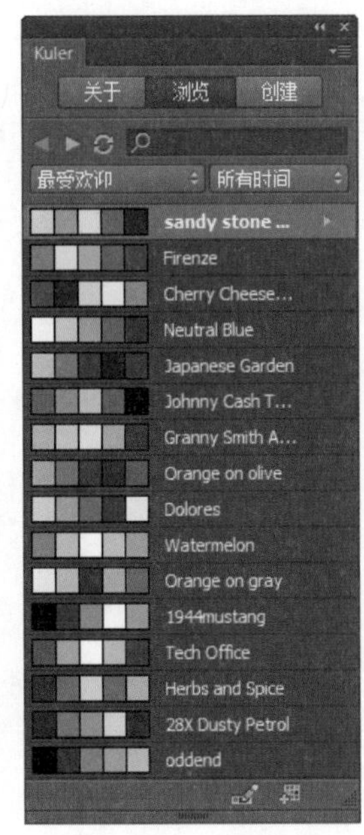

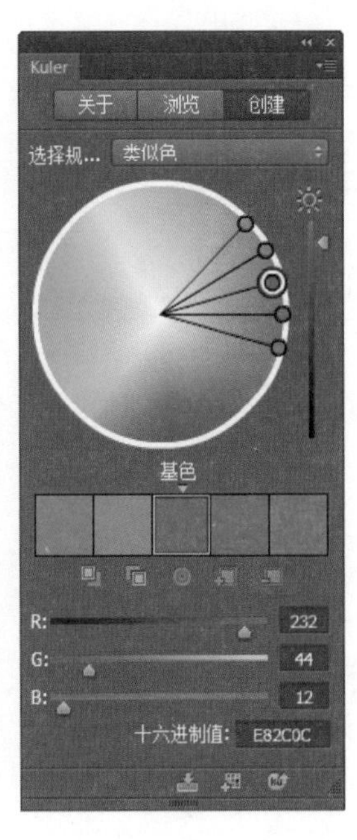

图1-9

1.3 图形元素的格式和大小

图像文件的存储格式可以分为两类：位图和矢量。位图格式包括PSD、TIFF、BMP、PNG、GIF、JPEG等，矢量格式包括AI、EPS、FLA、CDR、DWG等。手机UI界面中的各种元素通常会被存储为PNG、GIF和JPG格式。

1.3.1 JPEG格式

JPEG格式是最为常见的图片格式。这种格式以牺牲图像质量为代价，对文件进行高比率的压缩，以大幅降低文件体积。JPEG格式在处理图像时可以自动压缩类似颜色，保留明显的边缘线条，从而使压缩后的图像不至于过分失真。这种格式的文件不适合印刷。JPEG格式的优缺点如下表所示。

优势	缺点
1. 利用灵活的压缩方式来控制文件大小	1. 大幅度压缩图像，降低文件的数据质量
2. 可以对写实图像进行高比率的压缩	2. 压缩幅度过大，不能满足打印输出
3. 体积小，被广泛的应用于网络传输	3. 不适合存储颜色少、具有大面积相近颜色的区域或亮度变化明显的简单图像
4. 对于渐进式JPEG文件，支持交错	

提示

重新编辑并保存 JPEG 文件后，原始图片数据的质量会下降，而且，这种下降是累积性的，也就是说，每编辑存储一次，文件的质量就会下降一次。

1.3.2 GIF格式

GIF格式的全称为“图像互换格式”，它是一种基于连续色调的无损压缩格式，压缩比率一般在50%左右。GIF格式最大的特点就是可以在一个文件中同时存储多张图像数据，做出一种简单的动画效果，此外，它还支持某种颜色的透明显示。GIF格式的优缺点如下表所示。

优势	缺点
1. 存储颜色少，体积小，传输速度快	1. 只支持256种颜色，极易造成颜色失真
2. 动态GIF可以用来制作小动画	2. 不支持真彩色
3. 适合存储线条颜色、极其简单的图像	3. 不支持完全的透明
4. 支持渐进式显示方式	

1.3.3 PNG格式

PNG格式的全称为“可移植网络图形格式”，它是一种位图文件的存储格式。PNG格式增加一些GIF格式所不具备的特征。这种格式最大的特征是支持透明，而且，可以在图像品质和文件体积之间做出均衡的选择。PNG格式的优缺点如下表所示。

优势	缺点
1. 采用无损压缩，可以保证图像的品质	1. 不支持动画
2. 支持256种真彩色	2. 在存储无透明区域，颜色极其复杂的图像时，文件体积会变得很大，不如JPEG
3. 支持透明存储，失真小，无锯齿	3. IE6不支持PNG的透明属性
4. 体积较小，被广泛的应用于网络传输	

JPEG格式、PNG格式和GIF格式文件的图标如图1-10所示。

JPEG格式

PNG格式

GIF格式

图1-10

提示

这3种图像格式的图标直观地表现出了它们各自的特点：JPEG格式适合存储颜色丰富的图像，PNG格式支持透明，GIF格式适合存储色彩和形状简单的图形。

1.3.4 图标的大小

图标是具有特殊指代意义的图形，在手机UI界面中的作用非常重要。一枚精美绝伦的图标总是可以轻易地吸引用户点击，所以，对于一款App来说，设计一枚漂亮的图标是绝对有必要的。图1-11所示为一些很有意思的图标。

图1-11

众所周知，目前较为常见的手持设备操作系统主要有3种：iOS、Android和Windows Phone。下面，就分别介绍不同平台上的图标和其他重要元素的具体尺寸，为创建手持设备UI界面提供标准和规范。

● iOS 系统的UI元素设计规范

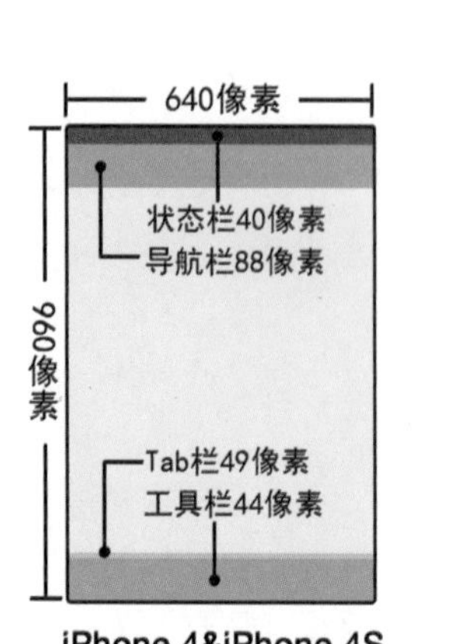

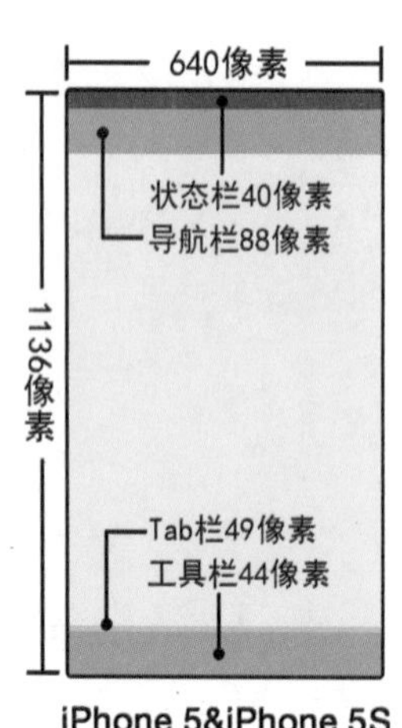

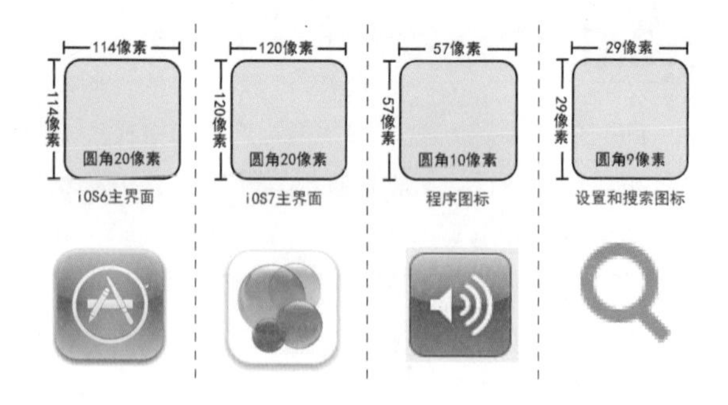

● Android 系统的UI元素设计规范

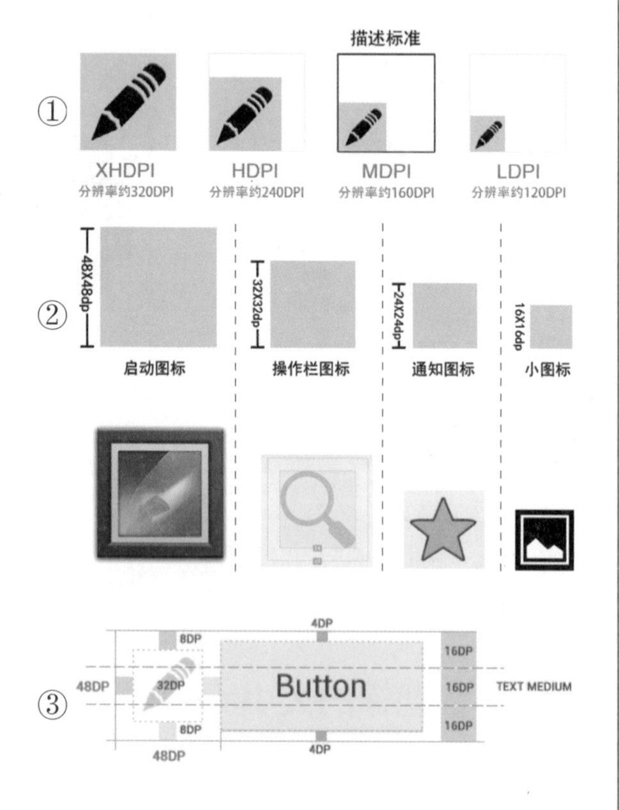

● Windows Phone系统的UI元素设计规范

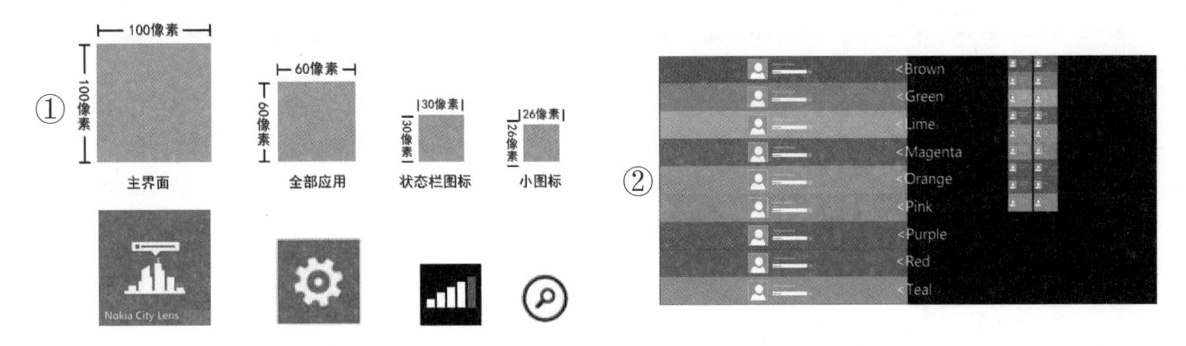

提示

Windows Phone的主界面允许用户自定义图标大小，但要以100像素×100像素为基本节奏，图标与图标之间的距离为12像素。

注意：Android系统与iOS系统有一个很大的不同点——Android系统涉及到的手机种类非常多，屏幕的尺寸很难有一个相对固定的参数，所以，我们只能按照手机屏幕的横向分辨率将它们大致分为4类：低密度（LDPI）、中等密度（MDPI）、高密度（HDPI）和超高密度（×HDPI）。具体参数如下表所示。

	低密度LDPI	中等密度MDPI	高密度HDPI	超高密度×HDPI
分辨率	12DPI左右	160DPI左右	240DPI左右	320DPI左右
小屏	240×320		480×460	
普屏	240×400 240×432	320×480	480×800 800×854 600×1024	640×960
大屏	480×800 400×854	480×800 400×854 600×1024		
超大屏	1024×600	1280×800 1024×768 1280×768	1536×1152 1920×1152 1920×1200	2048×1536 2560×1536 2560×1600

1.4 手机UI的相关单位

分辨率与手机UI界面设计紧密相关，它是指显示屏能够显示的像素的多少。在设计UI界面时，如果不依据精确的参数来进行制作，就很可能导致显示不正确。

1.4.1 分辨率

分辨率是屏幕图像的精密度，是指显示器所能显示的像素的多少。手机屏幕上的任何文字和图形都是由像素点组成的，屏幕可显示的像素点越多，画面就越精细，屏幕区域内能显示的信息也就越多，所以，分辨率是非常重要的性能指标之一。

如果一款手机屏幕的尺寸为320像素×480像素，那么，它一共可显示320×480=153600个像素点；一款尺寸为1024像素×768像素的屏幕则可以显示786432个像素点，是上一屏幕的5.12倍之多。我们假设这两款屏幕的显示性能完全相同，那么，它们显示同一图片的模拟效果则分别如图1-12所示。

图1-12

提示

如果这两个屏幕的像素点大小相同，那么，第2块屏幕就是第1块屏幕的5倍大。为了让小屏幕全屏显示大图像，系统会自动缩小图像至合适的比例，此时，一些细节部分的显示效果就会大打折扣了。

1.4.2 英寸

英寸是英美制长度单位，常被用于描述液晶显示器的大小，1 英寸= 2.539999918 厘米。液晶显示器的尺寸规格很多，例如，小尺寸的手机和平板电脑，有3.5英寸、4英寸、4.3英寸、5英寸、7.9英寸、10英寸等规格；中等尺寸的笔记本电脑和台式机，有14英寸、15英寸、17英寸、20英寸、21英寸等规格；大尺寸的液晶电视，有29英寸、34英寸、38英寸、42英寸、43英寸等规格。

显示屏的大小是以其对角线的长度来衡量的，以英寸为单位，手机屏幕的尺寸也是用同样的方式来计算的，如图1-13所示。

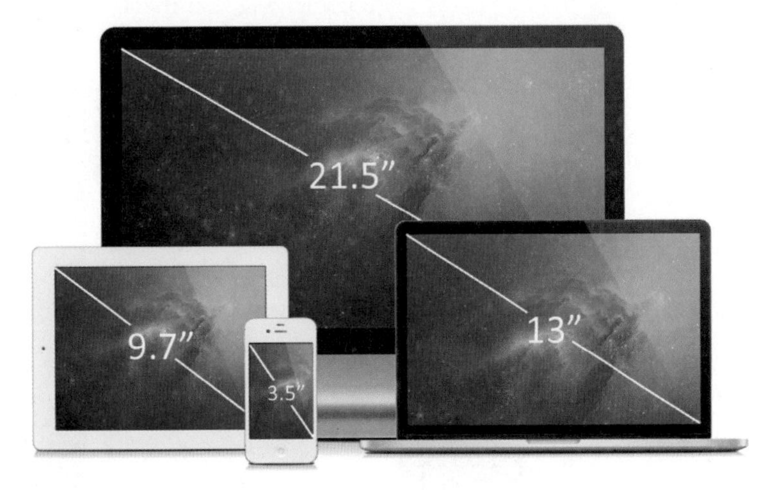

图1-13

提示

比较常见的分辨率尺寸有像素/英寸（PPI）、点/英寸（DPI）和线/英寸（LPI）等。线/英寸只应用于印刷报纸所使用的网屏印刷技术。

1.5 常用的手机UI界面设计软件

常用的手机UI界面设计软件有Photoshop、Illustrator、Flash和3ds Max等，这些软件各有优势，可以分别用于创建UI界面中的不同部分，此外，Iconcool studio和Image Optimizer等小软件也可以用于快速创建和优化图像。

1.5.1 Photoshop

Photoshop是由Adobe公司开发的一款图像处理软件，主要用于处理由像素构成的数码图像。Photoshop的软件界面主要由5部分组成：工具箱、菜单栏、选项栏、面板和文档窗口，如图1-14所示。

图1-14

● 工具箱：工具箱中存放着一些比较常用的工具，如“移动工具”、“画笔工具”、“钢笔工具”、“横排文字工具”和各种形状工具等，此外，设置前景色和背景色也在工具箱中进行，如图1-15所示。

● 菜单栏：菜单栏中包括“文件”、“编辑”、“图层”、“类型”、“选择”、“滤镜”、“3D”、“视图”、“窗口”和“帮助”等11个菜单项，几乎涵盖了Photoshop中全部的功能，用户可以在菜单中找到相关的功能，如图1-16所示。

● 面板：用户可以通过“窗口”菜单打开不同的面板，这些面板主要用于对某种功能或工具进行进一步的设置，最为常用的是“图层”面板，如图1-17所示。

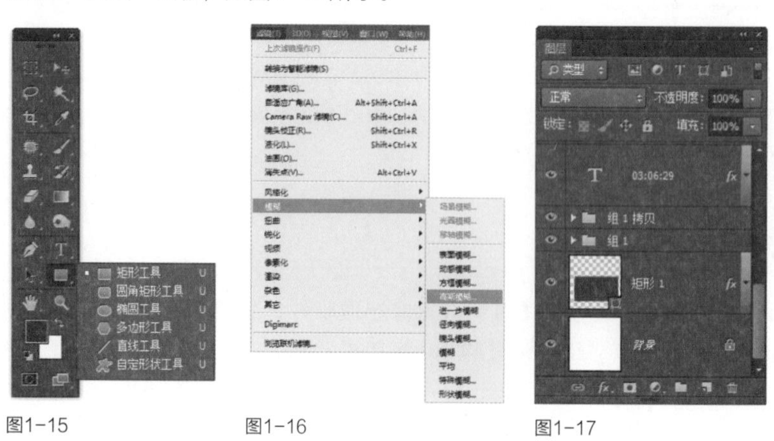

图1-15　图1-16　图1-17

● 选项栏：选项栏位于菜单栏底部，主要用于显示当前使用工具的各项设置参数，修改参数后，即可实现不同处理和绘制效果。选择不同的工具后，选项栏会显示不同的参数，图1-18所示分别为“画笔工具”、“钢笔工具”和“矩形选框工具”的选项栏。

图1-18

● 文档窗口：文档窗口是显示文档的区域，也是进行各种编辑和绘制操作的区域。

1.5.2 Illustrator

Illustrator是Adobe公司开发的一款矢量绘图软件，主要应用于印刷出版、矢量插画、多媒体图像处理和网页的制作等。Illustrator最大的特点就是可以绘制出高精度的线条和图形，适合生成任何小尺寸图像或大型的复杂项目。

与Photoshop的界面布局方式一样，Illustrator的界面同样由5部分组成：菜单栏、选项栏、工具箱、文档窗口和面板，如图1-19所示。

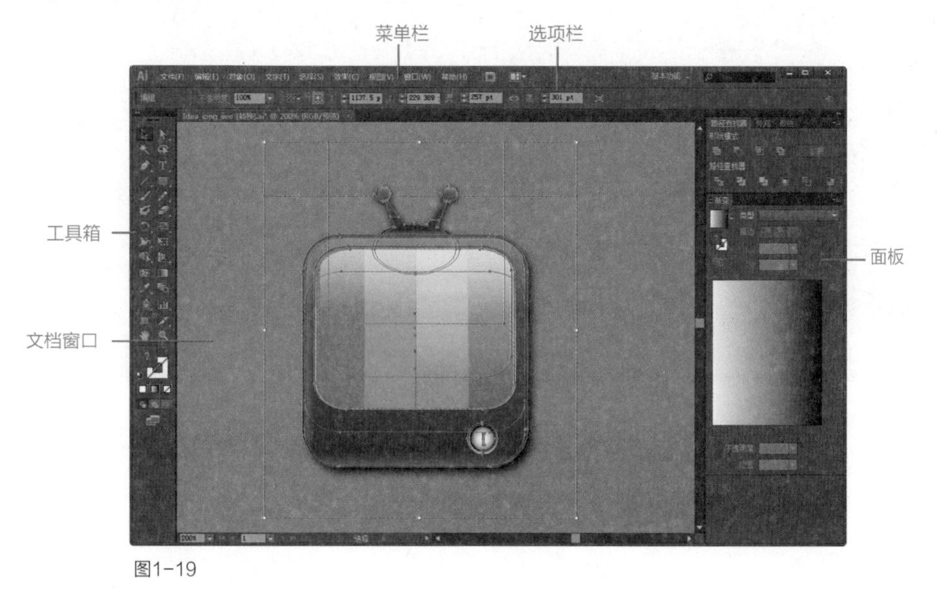

图1-19

1.5.3 3ds Max

3ds Max是Autodesk公司推出的一款基于PC系统的三维动画渲染和制作软件，被广泛应用于广告、影视、工业设计、建筑设计、三维动画、多媒体制作、游戏和辅助教学等领域。图1-20所示为3ds Max的操作界面。

3ds Max的制作流程非常简洁，新手也可以很快上手。只要掌握了操作思路，就可以很容易地建起一些简单的模型。图1-21所示为一套写实风格的图标，若用其他的二维绘图软件来制作就会很麻烦，若用3ds Max来制作便可很快完成。

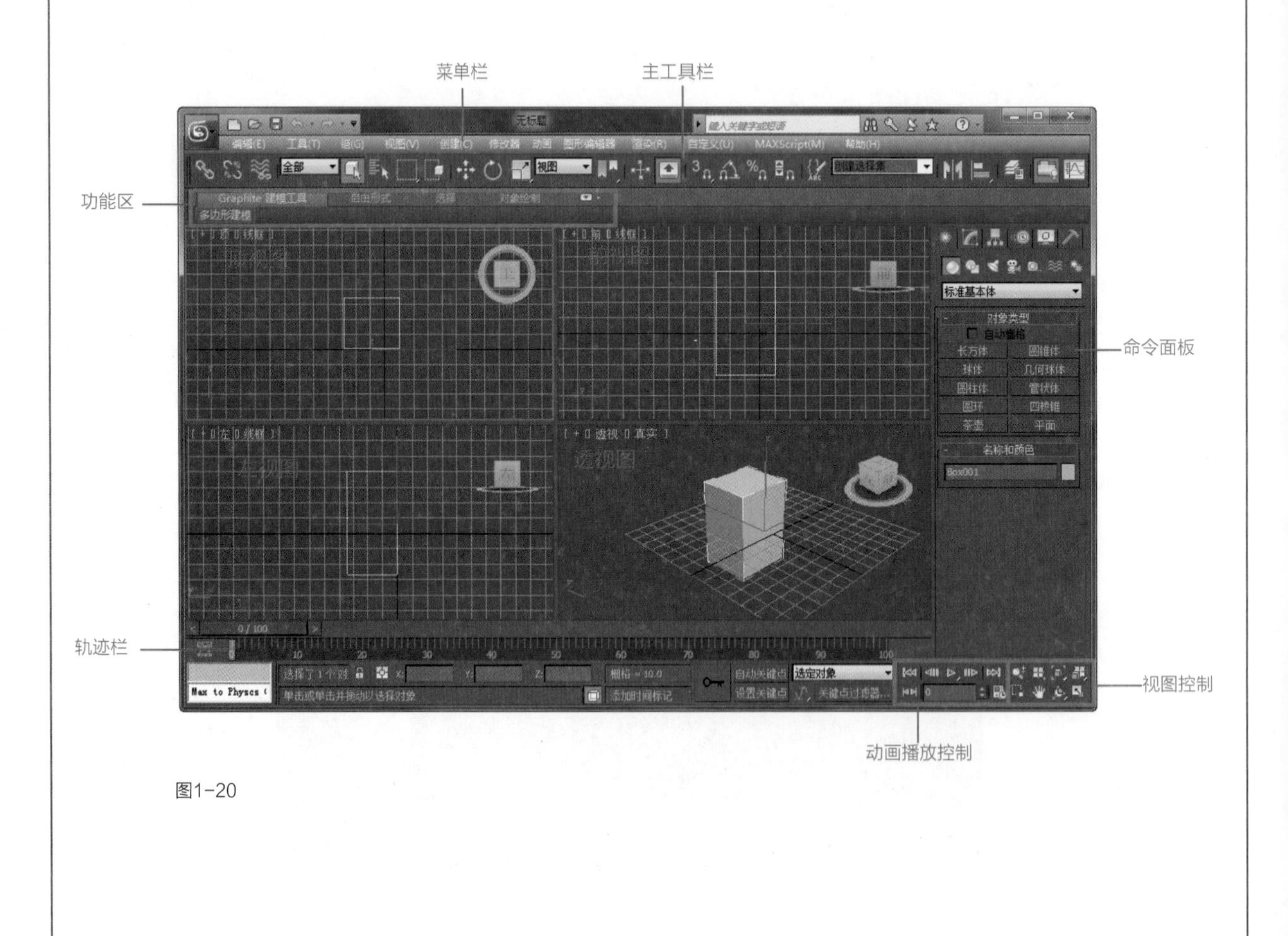

图1-20

图1-21

提示

用3ds Max创建一个逼真的图标时，通常需要进行2项工作：建立模型和附材质。有些复杂的部分可能还需要展UV和绘制贴图。

用3ds Max建模的过程类似于捏橡皮泥，先建立最基本的物体（如长方体），如图1-22所示，然后，将基本体转换为可编辑多边形。此时，长方体的每个顶点、边和面都将是可编辑的，如图1-23所示。用户可以通过反复调整来细化造型，最终建立出各种不同形态的3D物体，如图1-24所示。

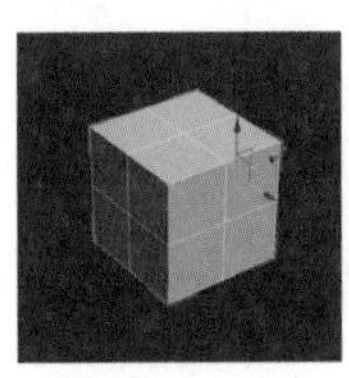

图1-22

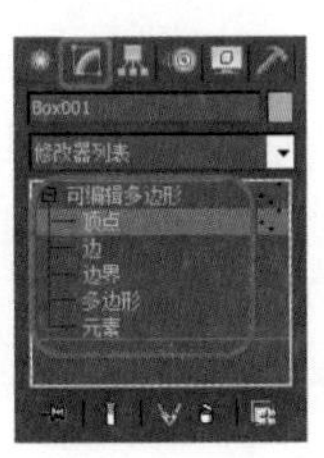

图1-23

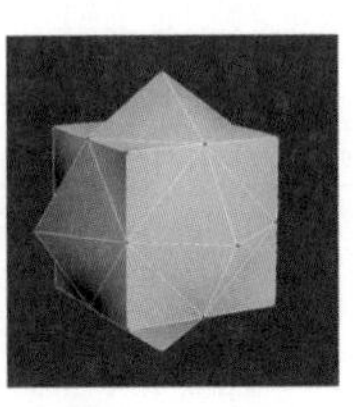

图1-24

提示

将基本体转换为可编辑多边形后，用户还可以在不同的面上加入新的边，以形成新的面，再通过“挤出”等命令将二维的面转换为三维的几何体。如此反复，即可塑造出复杂的模型。

1.5.4 Iconcool studio

Iconcool studio是一款非常简单的图标制作软件，它提供了一些最常用的工具和功能，如画笔、渐变色、矩形、椭圆和选区创建等。此外，它还支持从屏幕中截图，以进行进一步的编辑。Iconcool studio的功能简单，操作直观、简便，对Photoshop和Illustrator等大型软件不熟悉的用户可以使用这款小软件制作出比较简单的图标。图1-25所示为Iconcool studio的操作界面。

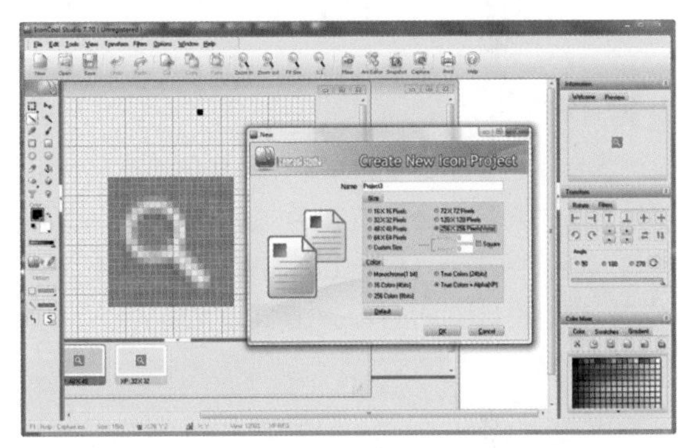

图1-25

1.5.5 Image Optimizer

Image Optimizer是一款图像压缩软件，可以对JPG、GIF、PNG、BMP和TIFF等多种格式的图像文件进行压缩。该软件采用一种名为

MagiCompress的独特压缩技术，能够在不过度降低图像品质的情况下给文件体积进行“减肥”，最高可减少50%以上的文件大小。

图1-26所示为Image Optimizer的操作界面。界面中的这张图像压缩前为259,707B，压缩后变成了22,092B，已不足原来的1/10，但效果看起来依然不错，这足以表明这款软件“瘦身功力”之强悍。

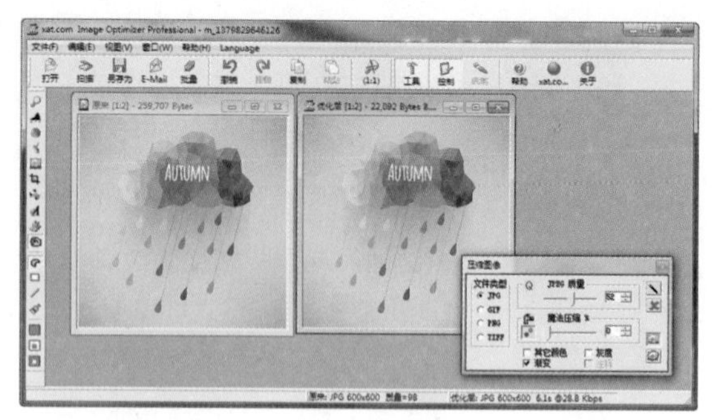

图1-26

提示

手机UI界面和网页一样，制作完成后需要切图，然后，再由程序员搭建出完整的应用程序。切片的体积越小，程序的启动和响应就越快。

实战1 制作天气控件——Kuler

案例分析

本案例将要制作一款扁平化风格的天气控件。制作之前先要用Kuler选定配色方案，然后，将其直接导入色板中使用。操作上并没有太大的难点，基本可以通过形状加图层样式的模式来完成。

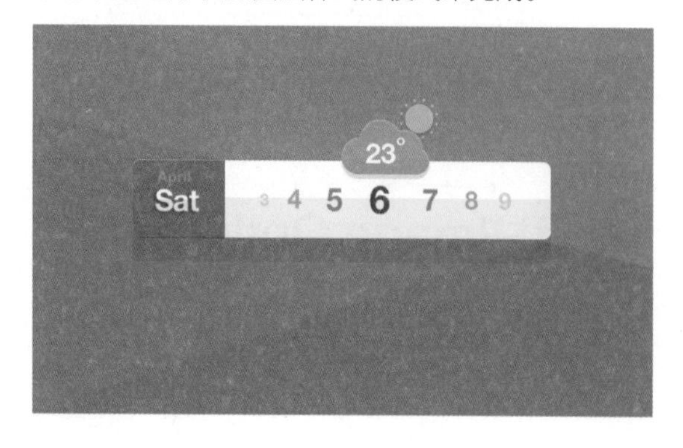

设计范围

尺寸规格	800×600（像素）
主要工具	Kuler、形状工具、图层样式
源文件地址	第1章\001.psd
视频地址	视频\第1章\001.SWF

色彩分析

采用了红、青、黄冲突色配色方案，但对色彩的明度和纯度把握得很得当，而且，色彩都是被小面积使用的，所以，并不显得刺目。

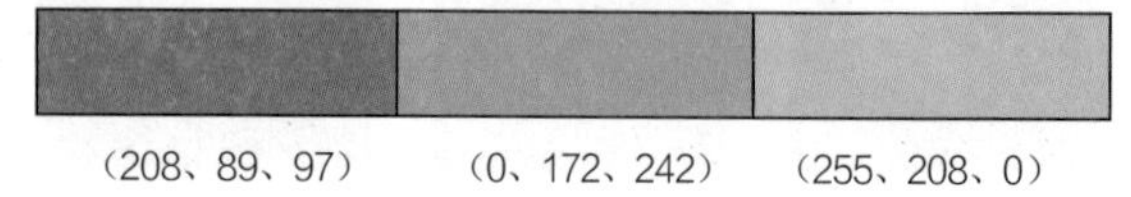

（208、89、97）（0、172、242）（255、208、0）

制作步骤

01 执行“文件>新建”命令，新建一个空白文档，如图1-27所示。执行“窗口>扩展功能>Kuler”命令，打开Kuler面板，如图1-28所示。进入“创建”面板，设置“选择规则”为“三色组合”，如图1-29所示。

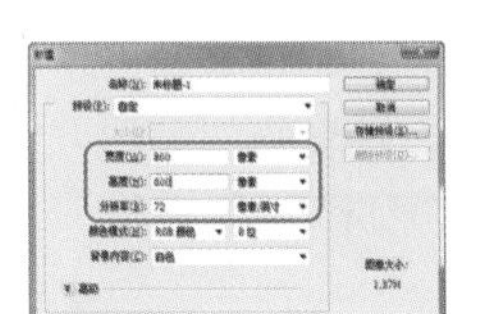

图1-27

图1-28

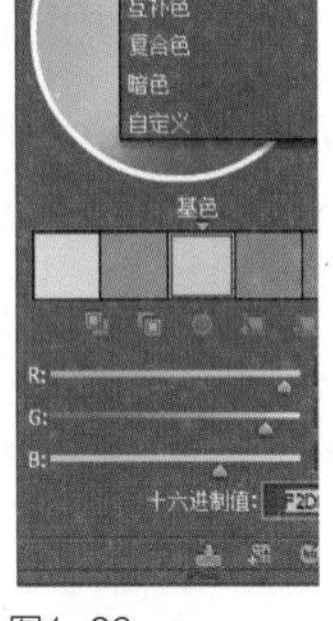

图1-29

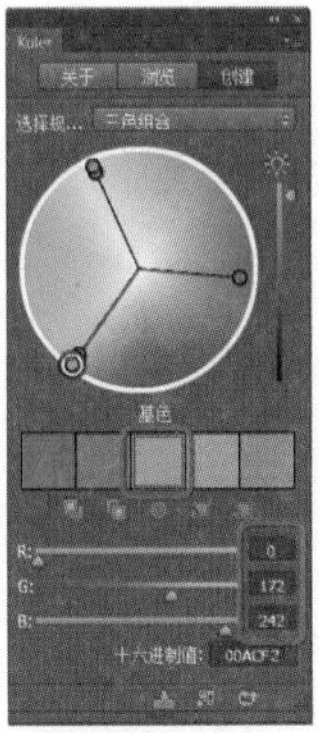

02 单击鼠标左键，选择“基色”，设置其颜色为“RGB（9、172、242）”，生成如图1-30所示的配色方案。设置“选择规则”为“自定义”，分别修改第1个和第4个颜色，如图1-31所示。分别选中其他两个颜色，单击按钮，将它们删除，如图1-32所示。

图1-30

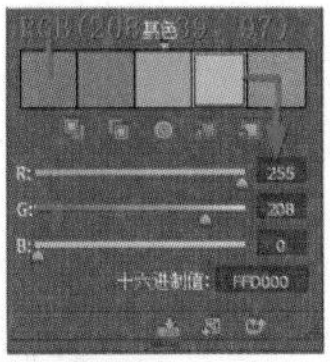

图1-31

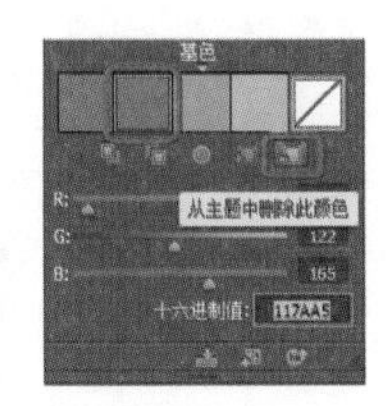

图1-32

03 单击面板底部的“将此主题添加到色板”按钮，如图1-33所示。执行“窗口>色板”命令，打开“色板”面板，可以看到添加的效果，如图1-34所示。

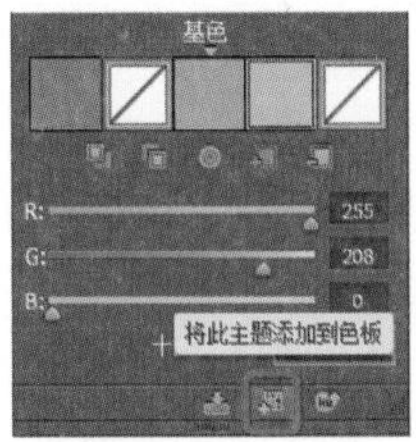

图1-33

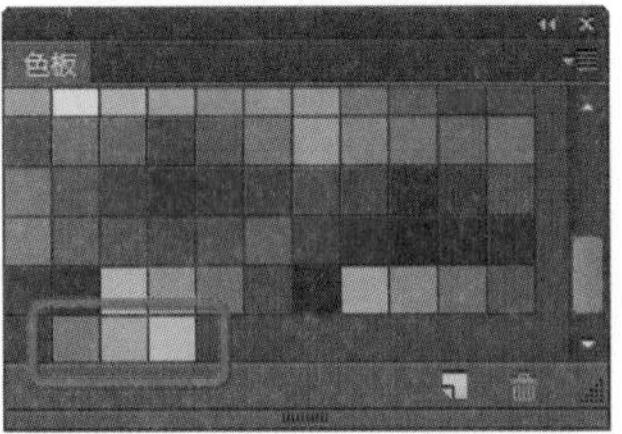

图1-34

04 用“圆角矩形工具”创建一个白色的矩形，如图1-35所示。双击该图层缩览图的空白区域，打开“图层样式”对话框，选择“投影”选项并设置参数值，如图1-36所示。

图1-35

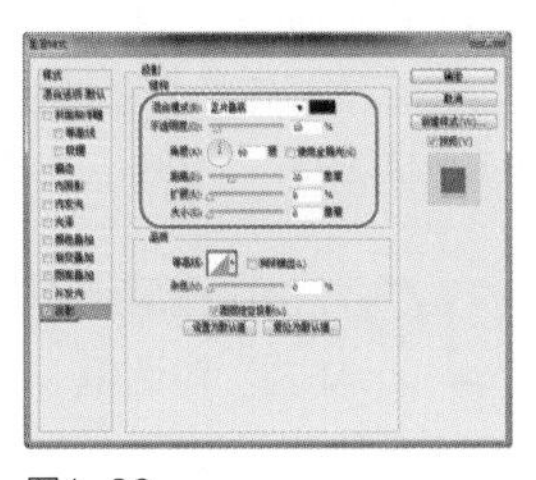

图1-36

提示

这里的背景只是为了衬托主体，不是必要的步骤，所以，这里没有给出操作方法，用户可按个人喜好来自定义背景颜色。

05 设置完成后，单击“确定”按钮，得到该形状，如图1-37所示。按住Ctrl键并单击该形状缩览图，调出其选区，如图1-38所示。

图1-37

图1-38

06 选择“矩形选框工具”，设置运算模式为“与选区交叉”，框选该形状的下半部分，得到如图1-39所示的选区。新建图层，为选区填充颜色，RGB（247、247、247），效果如图1-40所示。

图1-39

图1-40

07 用相同的方法完成相似内容的制作，效果如图1-41所示。用“椭圆工具”绘制一个任意颜色的正圆，如图1-42所示。

图1-41

图1-42

08 设置“路径操作”为“合并形状”，继续绘制形状，效果如图1-43所示。用相同的方法绘制出如图1-44所示的云朵图形，修改其“填充”为“RGB（0、172、242）”，效果如图1-45所示。

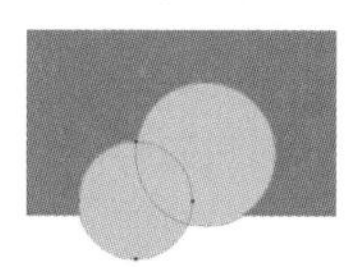
图1-43

图1-44

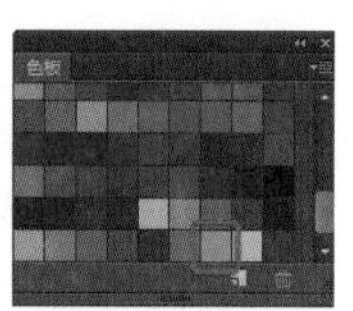

图1-45

提示

若要修改形状内的填充颜色，请双击该形状的图层缩览图，再在弹出的拾色器中拾取颜色或单击“色板”面板中的相应色块。

09 双击该图层缩览图的空白区域，打开“图层样式”对话框，选择“斜面和浮雕”选项并设置参数值，如图1-46所示。继续选择“投影”选项并设置参数值，如图1-47所示。

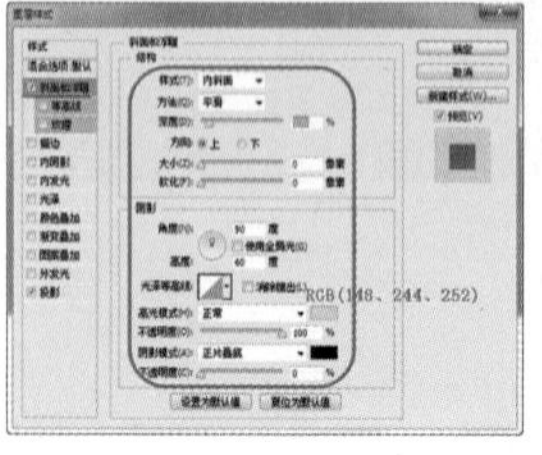

图1-46

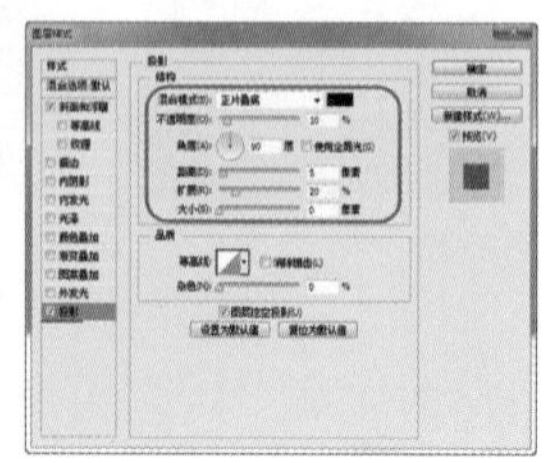
图1-47

10设置完成后，单击“确定”按钮，得到云朵效果，如图1-48所示。用相同的方法完成太阳的制作，效果如图1-49所示。

图1-48

图1-49

11打开“字符”面板，适当设置字符的属性，如图1-50所示。用“横排文字工具”输入相应的文字，如图1-51所示。

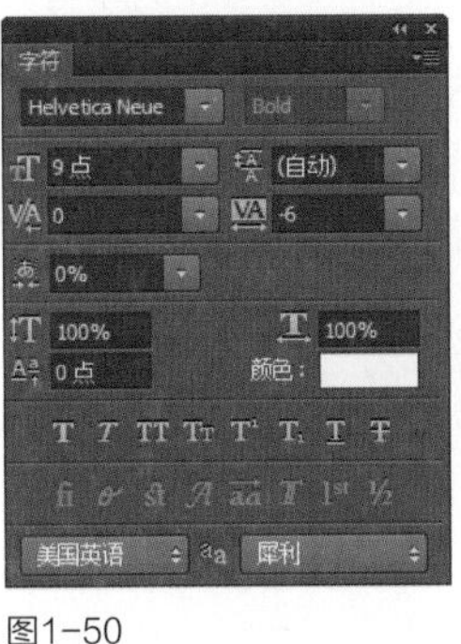

图1-50

图1-51

12双击该图层缩览图，打开“图层样式”对话框，选择“渐变叠加”选项并设置参数值，如图1-52所示。选择“投影”选项并设置参数值，如图1-53所示。

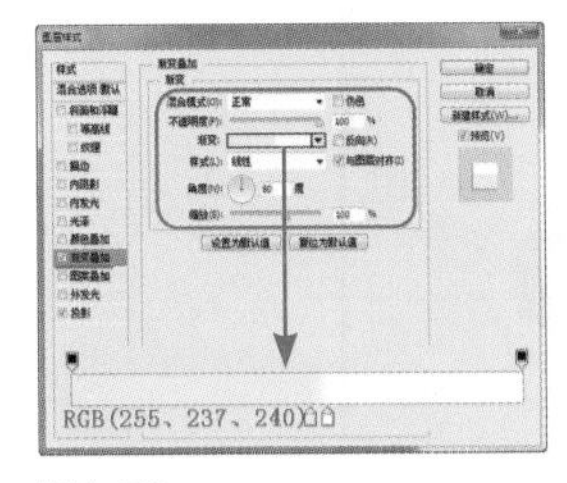

图1-52

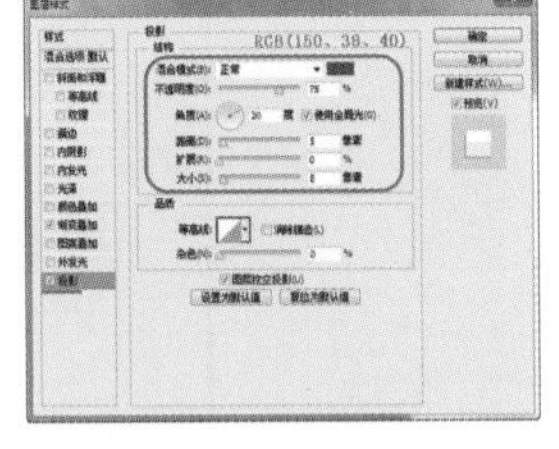

图1-53

13设置完成后，得到的文字效果如图1-54所示。打开“字符”面板，适当修改字符的属性，如图1-55所示。用“横排文字工具”输入相应的文字并设置该图层的“不透明度”为“25%”，效果如图1-56所示。

图1-54

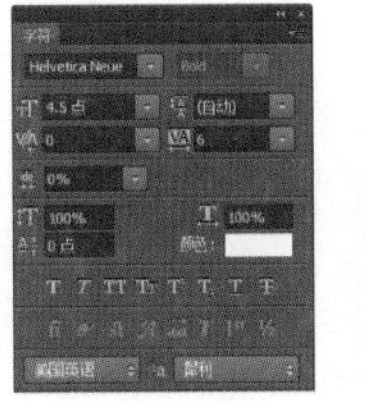

图1-55

图1-56

提示

对于普通像素图层和文字图层来说，双击图层缩览图即可打开“图层样式”对话框，而对于形状图层来说，则需双击其缩览图后面的空白区域才能打开“图层样式”对话框。

14 用相同的方法完成其他文字的制作，效果如图1-57所示。选中所有的文字图层后，按Ctrl+G组合键，将它们编组，再将该组命名为“文字”，如图1-58所示。

操作小贴士

Photoshop中所有的形状工具（“形状”和“路径”模式）都包含“路径操作”选项，该选项是创建复合形状最重要的工具之一。用户既可以在绘制形状前选择合适的路径操作方式，也可以在绘制完成后再修改每个形状的路径操作方式。

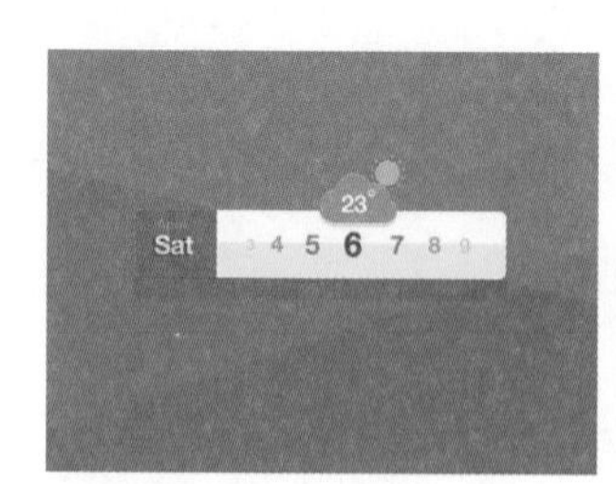

图1-57

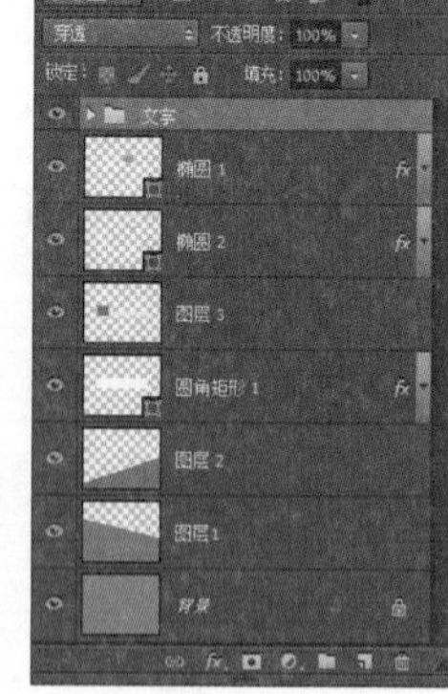

图1-58

实战2 制作相机图标——Photoshop

案例分析

本案例将用Photoshop软件制作一款简洁、美观的相机图标。这款图标最大的亮点是配色，它没有复杂的拟物化质感，仅使用最基本的形状工具和最简单的图层样式就可以完成制作。

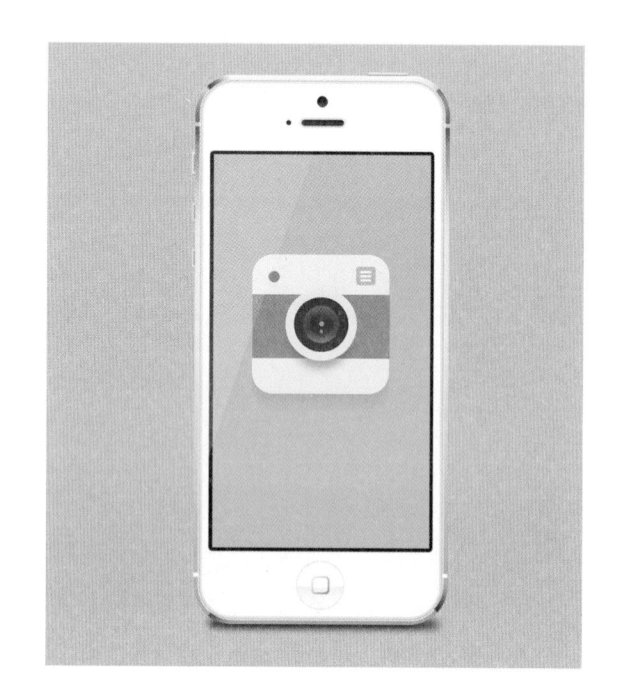

设计规范

尺寸规格	120×120（像素）
主要工具	形状工具、图层样式
源文件地址	第1章\002.psd
视频地址	视频\第1章\002.SWF

色彩分析

白色和蓝色相间的底座显得干净、时尚，红色的小按钮则很好地点缀了画面。

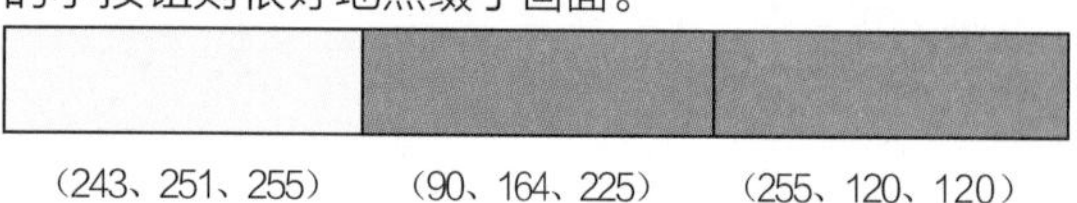

（243、251、255）　（90、164、225）　（255、120、120）

制作步骤

01 执行“文件>新建”命令，新建一个空白文档，如图1-59所示。设置“前景色”为RGB（140、228、225），按Alt+Delete组合键，为背景填充该颜色，效果如图1-60所示。

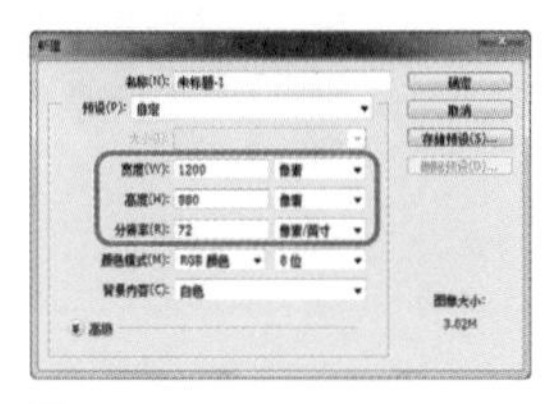

图1-59

图1-60

02 用“圆角矩形工具”创建一个“填充”为“RGB（243、251、255）”的形状，如图1-61所示。按Ctrl+J组合键，复制该形状，选择“矩形工具”，设置“路径操作”为“与形状区域相交”，绘制如图1-62所示的形状。

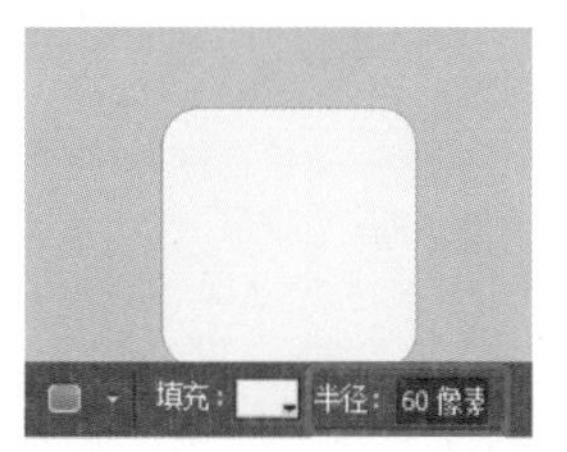

图1-61

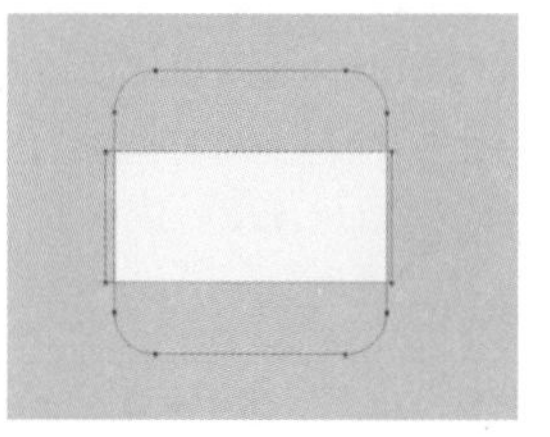

图1-62

03 修改该形状的“填充”为“RGB（91、164、225）”，效果如图1-63所示。用“椭圆工具”创建一个“填充”为“RGB（255、120、120）”的正圆，如图1-64所示。

图1-63

图1-64

04 用相同的方法完成相似内容的制作，效果如图1-65所示。分别选中相应的图层或图层组，按Ctrl+G组合键，将其编组并命名，如图1-66所示。用“椭圆工具”创建一个“填充”为“RGB（248、248、248）”的正圆，如图1-67所示。

图1-65

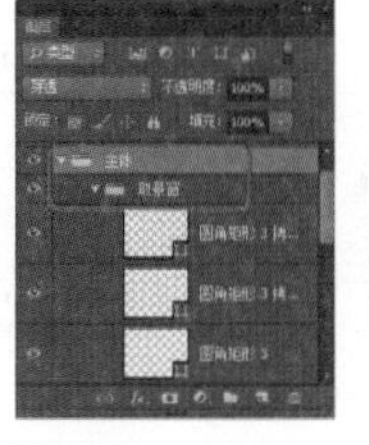

图1-66

图1-67

提示

用户可以双击形状图层缩览图，在打开的拾色器中重新为其定义填充颜色，也可以通过任意形状工具状态栏中的“填充”选项来修改颜色。

05 双击该图层缩览图，弹出“图层样式”对话框，选择“投影”选项并设置参数值，如图1-68所示。设置完成后，得到的图形效果如图1-69所示。

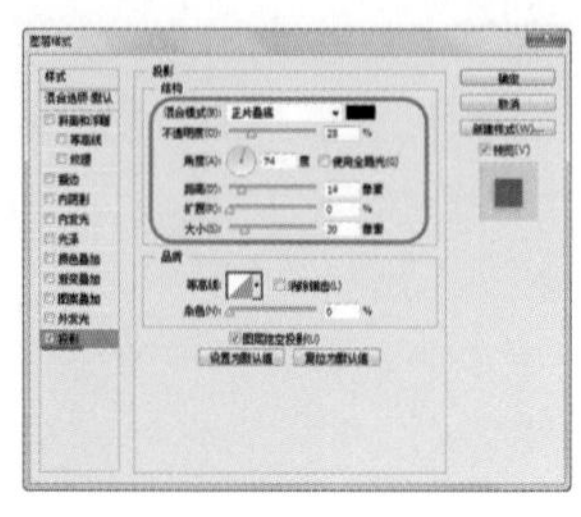

图1-68

图1-69

06 执行“图层>图层样式>创建图层”命令，将图层样式转换为独立的图层，如图1-70所示。按Ctrl+T组合键，适当调整投影的位置和大小，如图1-71、图1-72所示。

图1-70

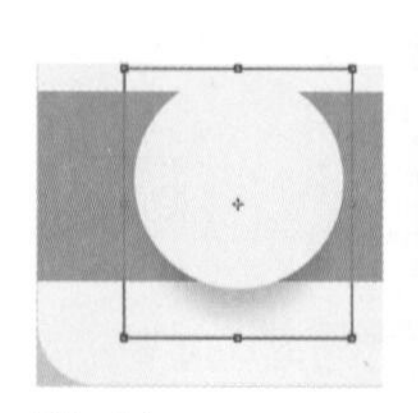

图1-71

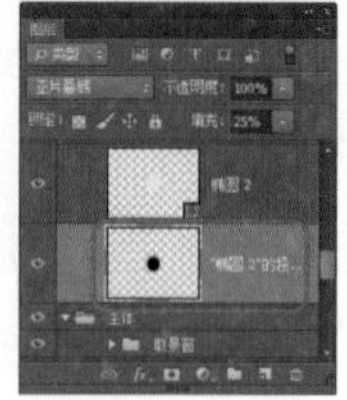

图1-72

提示

Photoshop中的各种图层样式可帮助用户快速创建出各种逼真的3D质感，但如果觉得设置出的效果不能满足需求，就将图层样式打散，对它们进行二次调整。

07 按Ctrl+J组合键，复制“椭圆2”，将其等比例缩小并修改“填充”为“RGB（30、54、103）”，如图1-73所示。双击该图层缩览图，打开“图层样式”对话框，选择“内阴影”选项并设置参数值，如图1-74所示。

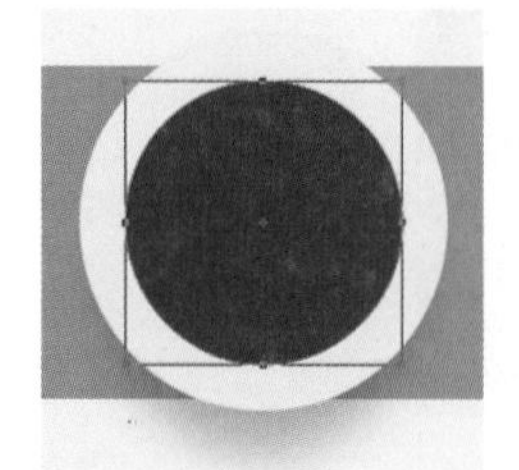

图1-73

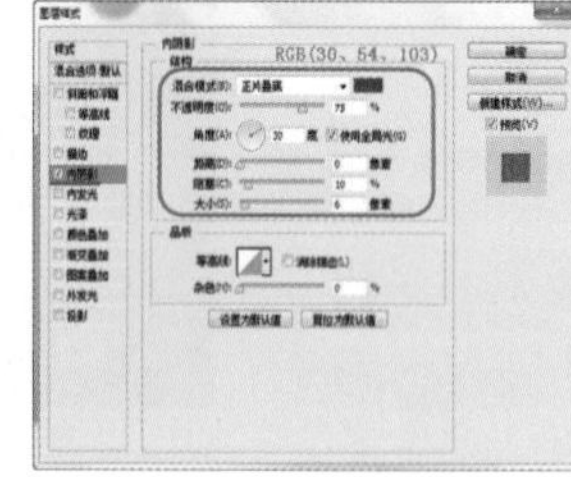
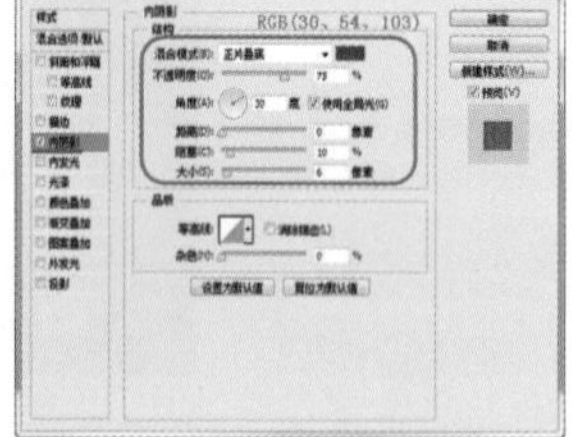

图1-74

08 设置完成后，得到的形状效果如图1-75所示。用相同的方法完成相似内容的制作，效果如图1-76所示。用相同的方法复制并处理形状，修改其“填充”为“RGB（88、104、240）”，设置其“不透明度”为“60%”，效果如图1-77所示。

图1-75

图1-76

图1-77

提示

制作各种风格的镜头时，总会频繁地进行复制形状和调整大小的操作。调整图形大小时，若按下Shift+Alt组合键，则可以保证以图形的几何中心为变换中心等比例缩放。

09 为该图层添加蒙版，分别用黑白线性渐变和黑色柔边画笔处理图形，得到镜头上方的高光，如图1-78、图1-79所示。

图1-78

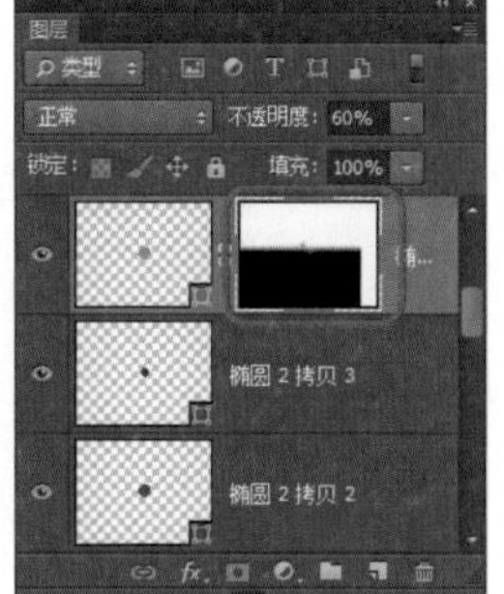

图1-79

10 用相同的方法完成其他内容的制作，如图1-80所示。将相关图层选中，按Ctrl+G组合键，将它们编组并命名为“镜头”，如图1-81所示。

图1-80

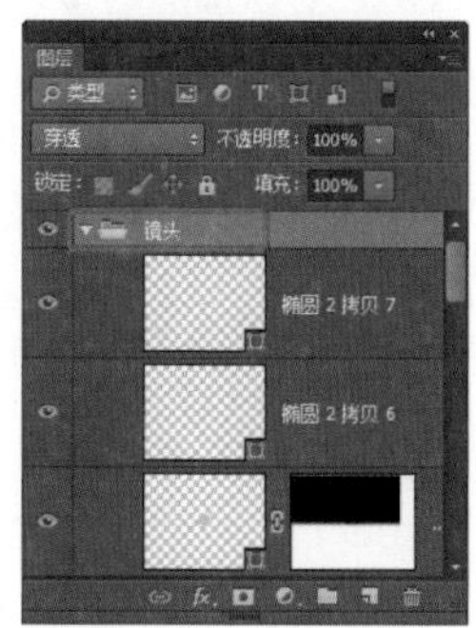

图1-81

提示

处理蒙版时，先用默认的黑白线性渐变填充画布，再用大号的黑色柔边画笔涂抹镜头中心的部分，即可得到自然的高光效果。

11 复制“圆角矩形1”至图层最下方，修改其“填充”为“RGB（111、206、202）”，如图1-82所示。用鼠标右键单击该图层缩览图，在弹出的快捷菜单中选择“转换为智能对象”选项，将其转为智能对象，如图1-83、图1-84所示。

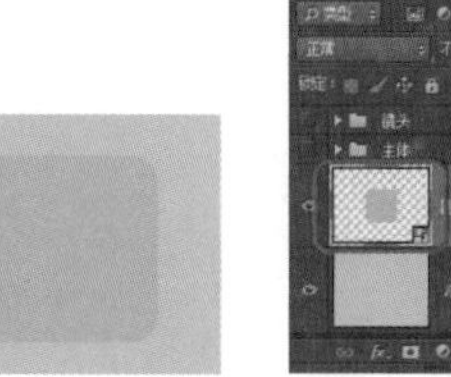
图1-82

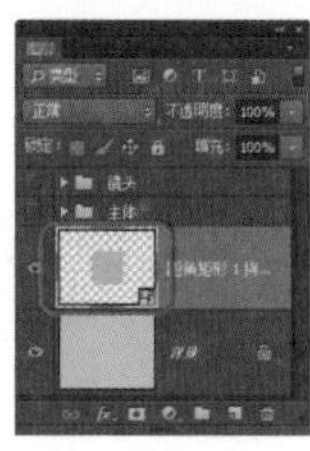
图1-83

图1-84

12 执行“滤镜>模糊>动感模糊”命令，在弹出的“动感模糊”对话框中适当设置参数值，如图1-85所示。设置完成后，得到的图标投影效果如图1-86所示。

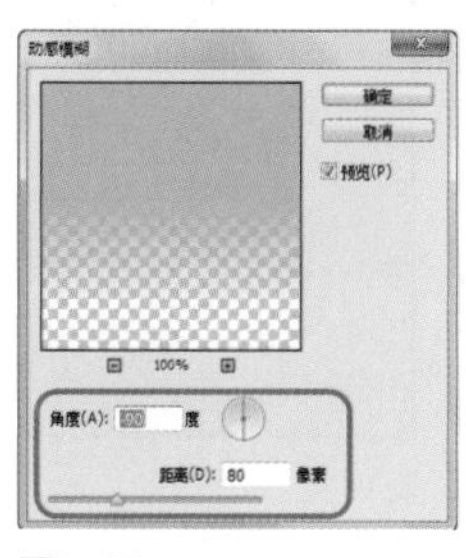

图1-85

图1-86

提示

将图层转换为智能对象后，再给其添加滤镜，即可像图层样式一样完整地保存滤镜参数，方便随时修改。

13 用相同的方法继续强化阴影，效果如图1-87所示。载入“圆角矩形1”的选区，按下Ctrl+Shift+I组合键，翻转选区。选择“矩形选框工具”，设置选区运算方法为“从选区减去”，创建出如图1-88所示的选区。

图1-87

图1-88

14 按下Ctrl+G组合键，将相关图层编组，命名为“投影”，为该图层组添加蒙版，如图1-89、图1-90所示。

图1-89

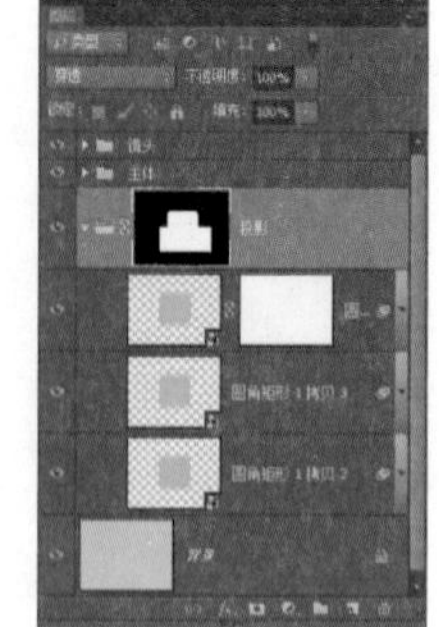

图1-90

提示

选区运算方法用于设置要创建的选区与已存在选区的拼合方法，与“路径操作”的功能类似。用户可以按下Shift键，将新选区添入已存在的选区；也可以按下Alt键，将新选区从已存在选区中减去。

15 隐藏“背景”图层后，执行“图像>裁切”命令，弹出“裁切”对话框，选项设置如图1-91所示。单击“确定”按钮，裁掉画布周围的透明像素，如图1-92所示。

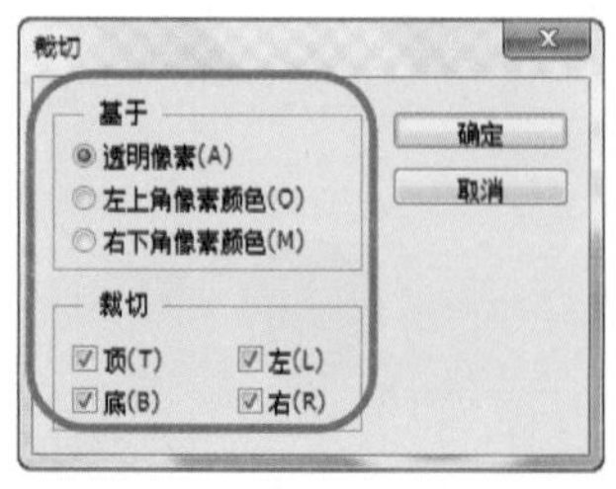

图1-91

图1-92

16 执行“文件>存储为Web所用格式”命令，弹出“存储为Web所用格式”对话框，参数设置如图1-93所示。单击“存储”按钮，对图标进行存储，如图1-94所示。

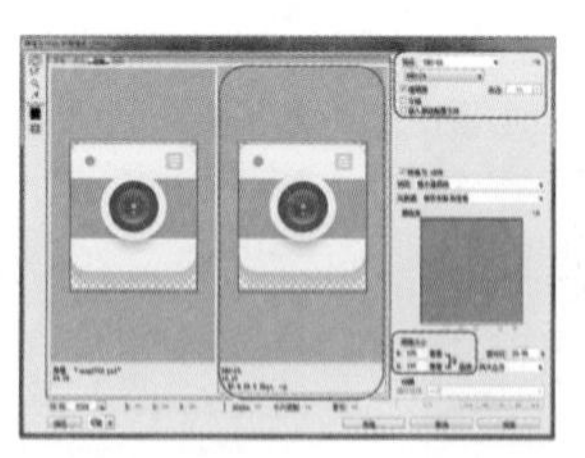

图1-93

图1-94

操作小贴士

在刻画镜头的玻璃质感时，也可以新建图层，载入相关图层的选区，再分别涂抹出镜头上方和下方的高光部分。如果对光泽的颜色不满意，则可执行“图像>调整>色相/饱和度”命令，对颜色进行精确的调整。

实战3

制作日历图标——Illustrator

案例分析

本案例将用Illustrator来制作一款样式和质感都十分简洁，但配色和造型比较出彩的扁平化长阴影图标。这款图标的制作方法比较简单，用最基本的形状工具和文字工具就可以完成。

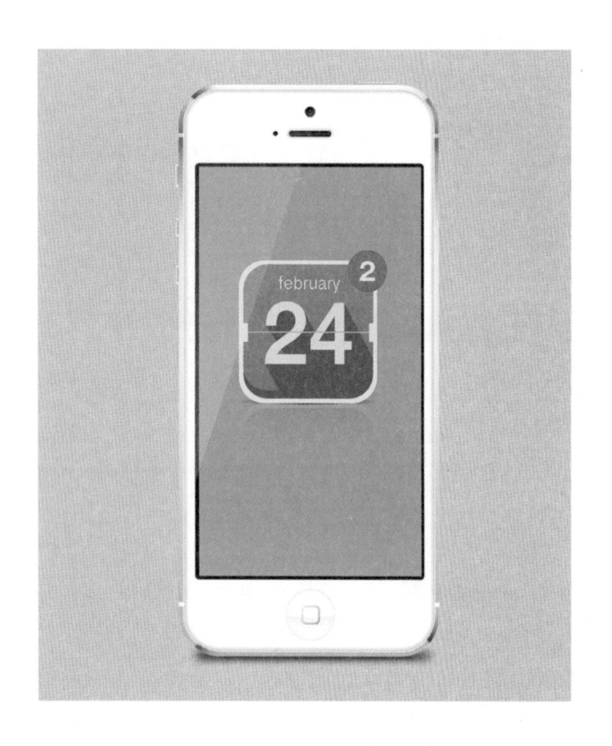

设计规范

尺寸规格	140×140（像素）
主要工具	圆角矩形工具、对象排列、投影
源文件地址	第1章\003.psd
视频地址	视频\第1章\003.SWF

色彩分析

大片的紫色营造出一种优雅智慧的氛围，长长的阴影则完美地刻画出了文字的立体感。

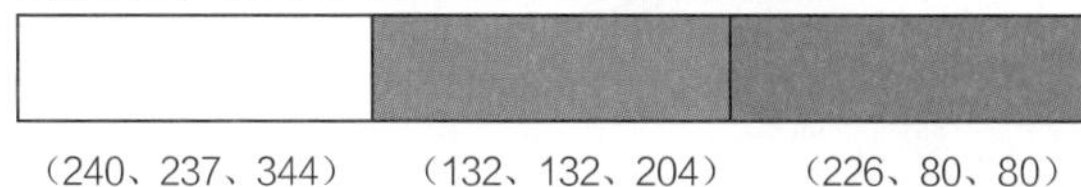

（240、237、344） （132、132、204） （226、80、80）

制作步骤

01 执行“文件>新建”命令，新建一个空白文档，如图1-95所示。选择“圆角矩形工具”，设置“填色”为“RGB（240、237、236）”。将鼠标指针放在画布中并单击鼠标左键，弹出“圆角矩形”对话框，设置“圆角半径”为“15mm”，如图1-96所示。

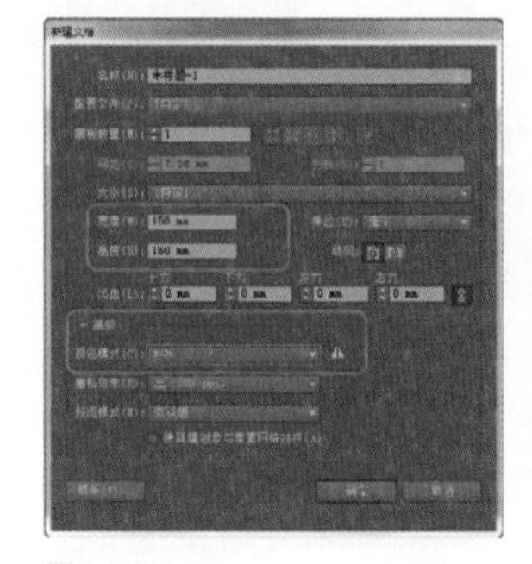

图1-95

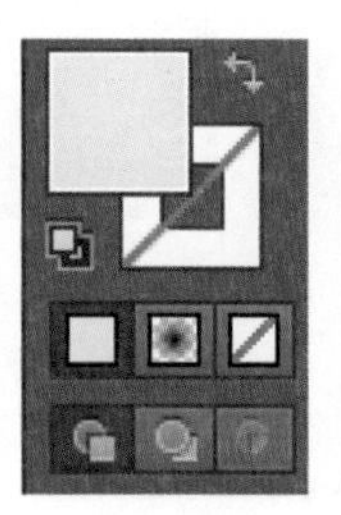

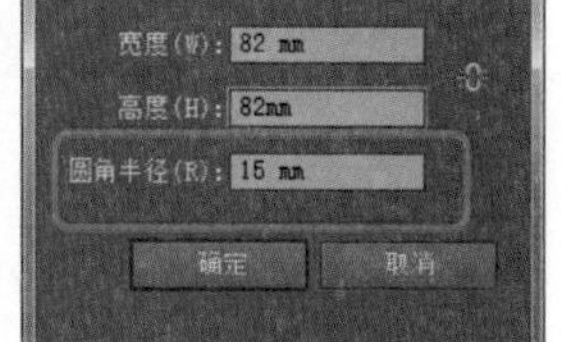

图1-96

02 单击“确定”按钮，得到如图1-97所示的形状。选择“选择工具”，按住Alt键并拖动复制该形状，将其等比例缩小，修改“填充”为“RGB（80、80、124）”，如图1-98所示。

图1-97

图1-98

03 用相同的方法完成相似内容的制作，效果如图1-99所示。执行“窗口>文字>字符”命令，打开“字符”面板，适当设置参数，如图1-100所示。用“文字工具”输入相应的文字，设置“填色”为“RGB（230、230、240）”，如图1-101所示。

图1-99

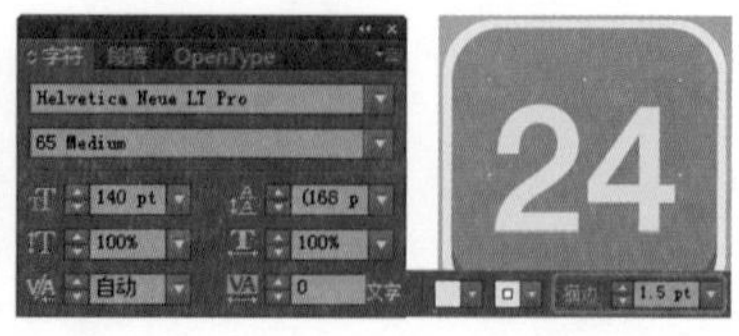

图1-100　图1-101

提示

调整第3个形状的长度时，应该使用“直接选择工具”拖选下方的描点，而不要直接将形状压扁，那样会导致圆角变形。

04 选择“钢笔工具”，设置“填色”为“RGB（80、80、124）”，绘制出文字的投影，效果如图1-102所示。用相同的方法绘制出其他投影，如图1-103所示。打开“字符”面板，适当设置字符属性，如图1-104所示。

图1-102

图1-103

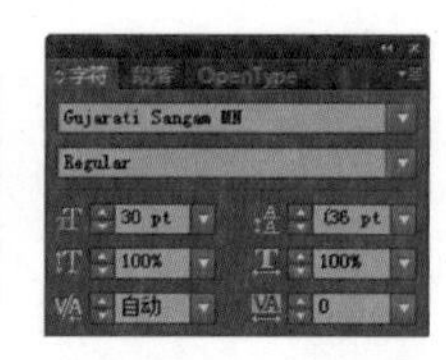

图1-104

05 用“文字工具”输入相应的文字，如图1-105所示。执行“效果>风格化>投影”命令，弹出“投影”对话框，适当设置参数，如图1-106所示。

图1-105

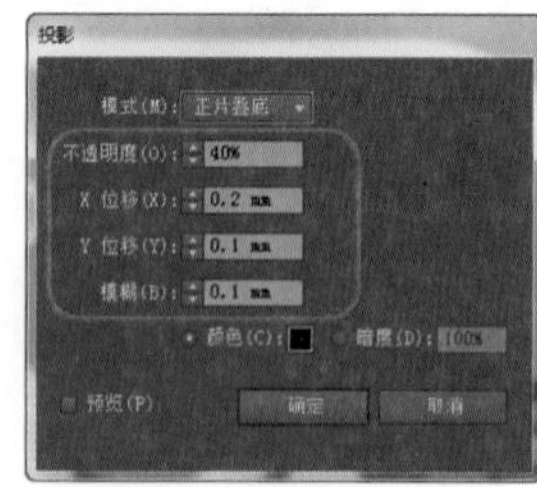

图1-106

提示

绘制阴影后，可以执行“对象>排列>后移一层”命令或按Ctrl+[组合键，将阴影调整到文字后面。

06 设置完成后单击“确定”按钮，得到的文字投影效果如图1-107所示。用相同的方法完成相似内容的制作，效果如图1-108所示。

07 用“椭圆工具”绘制一个椭圆，设置其“填色”为从黑色到透明的径向渐变，效果如图1-109所示。执行“对象>排列>置于底层”命令，适当调整其位置，制作出图标的投影，效果如图1-110所示。

图1-107

图1-108

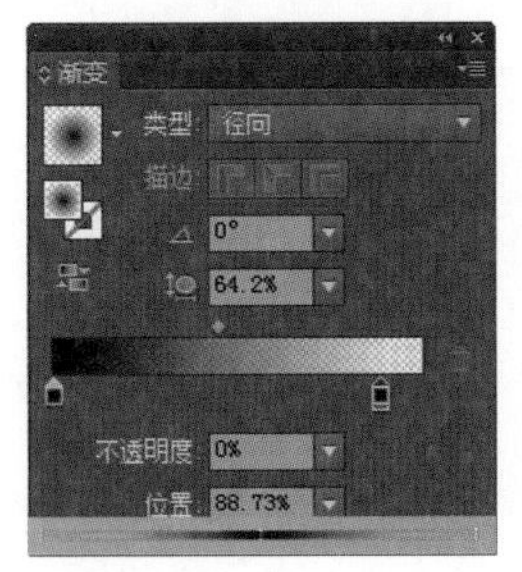

图1-109

图1-110

提示

用户也可以创建一个“填色”为黑白径向渐变的椭圆并将其作为投影，然后，在“外观”面板中设置“混合模式”为“正片叠底”，可以得到同样的效果。

08 用“画板工具”编辑画板，裁掉图标周围的空白区域，如图1-111所示。执行“文件>存储为Web所用格式”命令，弹出“存储为Web所用格式”对话框，对图标进行优化存储，如图1-112所示。

图1-111

图1-112

操作小贴士

本案例制作的图标适用于iOS 7操作系统。图标的标准尺寸为120像素×120像素（不带投影），加入右上角小便签后的尺寸为140像素×140像素。事实上，制作图标时也可以不制作投影，因为提交文件后，系统会为每款图标添加统一的阴影效果。

第2章 常见系统的APP设计规范

目前，较为流行的移动设备操作系统有3种：iOS、Android和Windows Phone。此外，还有Black Berry和Symbian等比较小众的操作系统。

说起移动设备就不得不说App（应用程序），它是智能手机和平板电脑等设备的命脉。iOS、Android和Window Phone都有属于自己的应用商店，用户可以根据自己的需求和喜好来下载和安装不同类型的App，体验更多的信息和内容。

在制作一款App的UI界面之前，应该先考虑这款应用是为哪个平台打造的，再参照相关平台的标准控件设计规范，按照标准合理设计控件，使制作出的App更专业、更具吸引力。

2.1 苹果系统（iOS）

iOS系统是由苹果公司开发的手持设备操作系统，最初是给iPhone手机设计的，后来，它被陆续套用到iPod touch和iPad等其他苹果设备上。iOS系统的界面精致、美观，功能稳定、强大，深受全球用户的喜爱。

2.1.1 iOS的发展历史

苹果公司成立于1976年，至今为止，推出过无数广受欢迎的产品，是当之无愧的世界最大IT科技企业。苹果公司经历过一系列的起伏变迁，终于在其创始人乔布斯回归两年后的1988年恢复盈利。纵观苹果公司的发展历史，以下5个设备的推出对世界产生了重大影响。

- iMac

苹果公司于1988年推出了iMac电脑。iMac的外壳由半透明的蓝色塑料制成并具有蛋形的构造，它与有史以来的其他电脑有着显著的区别。苹果公司这样解释iMac名称的涵义：i代表Internet（互联网）和indvidual（个人的），这也是它作为个人产品的重点所在。在之后的几年中，iMac凭借其独特的设计和易用性几乎连年获奖。

图2-1所示为最初的iMac和如今的iMac的样子。图2-2所示为iMac的进化史，从中可以看出苹果公司从未停止对细节的苛求。

图2-1

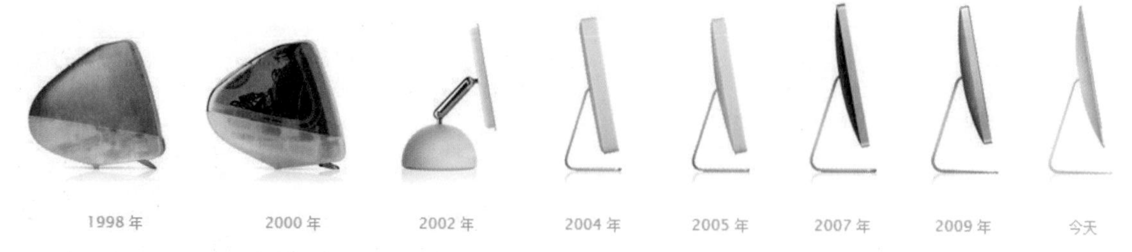

图2-2

- iPod

第一代iPod拥有5G的容量，于2001年10月23日被推出。这款音乐播放器的推出标志着数字音乐革命的开始。iPod不仅外观时尚、美观，而且，拥有人性化的操作方式，为MP3播放器带来了全新的思路，此后，市场上类似的产品层出不穷，但没有任何一款产品能够掩盖iPod的耀目光芒。

时至今日，iPod已经拥有了4款不同的机型：iPod shuffle、iPod nano、iPod touch和iPod classic，如图2-3所示。

iPod shuffle

iPod nano

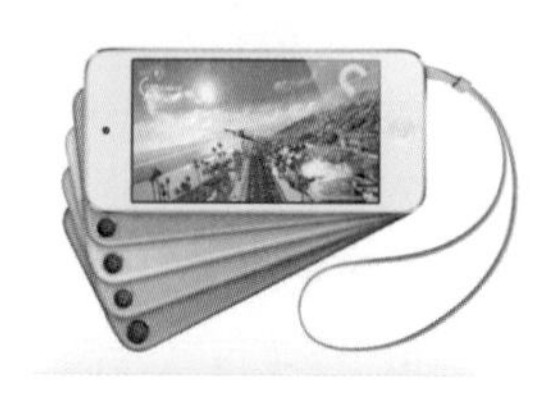
iPod touch

iPod classic

图2-3

- MacBook

MacBook于2006年5月16日被推出，是苹果公司推出的第一款使用镜面屏幕的笔记本电脑，也是苹果公司推出的第一款搭载Intel Core Duo处理器的平价版笔记本电脑。MacBook的外观保留了其前身iBook G4的设计，有黑、白两色可选。该产品在2008年上半年成为了美国唯一畅销的笔记本电脑，成功地帮苹果公司抵住了当年的经济衰退。图2-4所示为最新款的MacBook。

图2-4

● iPhone

乔布斯于2007年1月9日宣布推出iPhone，该设备于同年6月29日在美国当地时间18点正式开始销售。iPhone开创了移动设备软件尖端功能的新纪元，重新定义了手机的功能。图2-5所示为最初的iPhone与如今的iPoene 5S和iPhone 5C的外观。

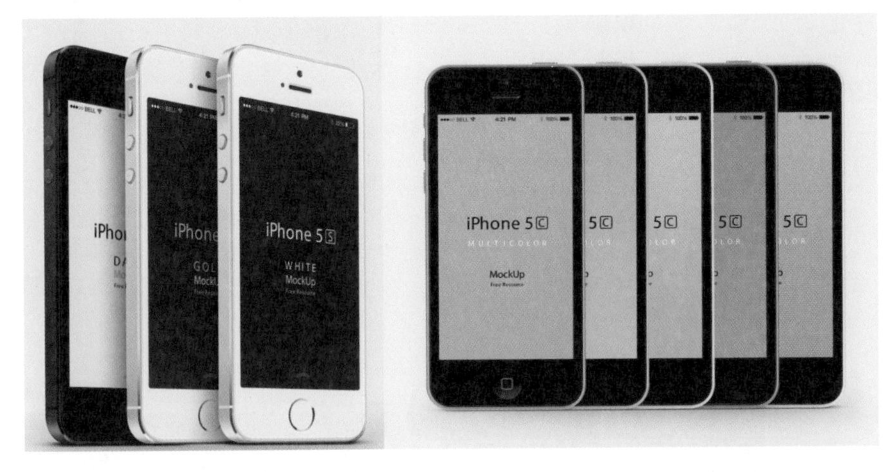

图2-5

● iPad

乔布斯于2010年1月27日宣布推出平板电脑iPad，该设备在上市的第一天就售出了30万台。这款设备的定位介于智能手机iPhone和笔记本电脑之间，与iPhone一样，它提供浏览互联网、收发电子邮件、浏览电子书、播放音频及视频、玩游戏等功能。

输入方式多样、移动性能好的iPad不再局限于键盘和鼠标的固定输入方式，使使用者无论是在站立状态，还是在移动中都可以进行操作，给用户以酣畅淋漓的操作体验。图2-6所示为不同版本iPad的外观。

图2-6

2.1.2 iOS 的基本组件

iOS系统的界面由大量的组件构成，只要掌握了不同组件的特征和制作方法，就可以非常容易地制作出完整的页面了。图2-7所示为iOS系统中部分组件的图示效果。标准的iOS 7系统界面的组件主要包括以下内容。

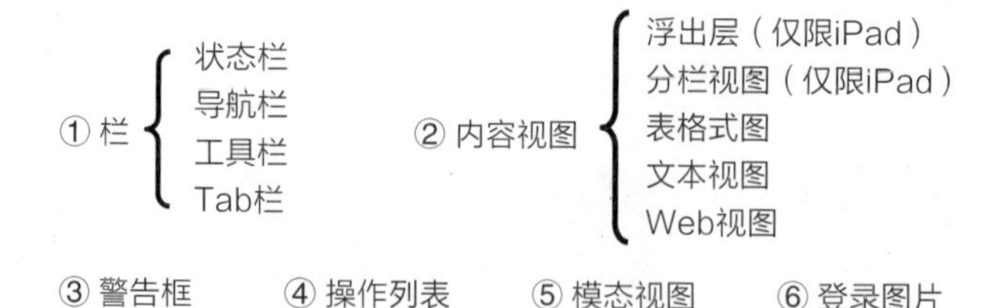

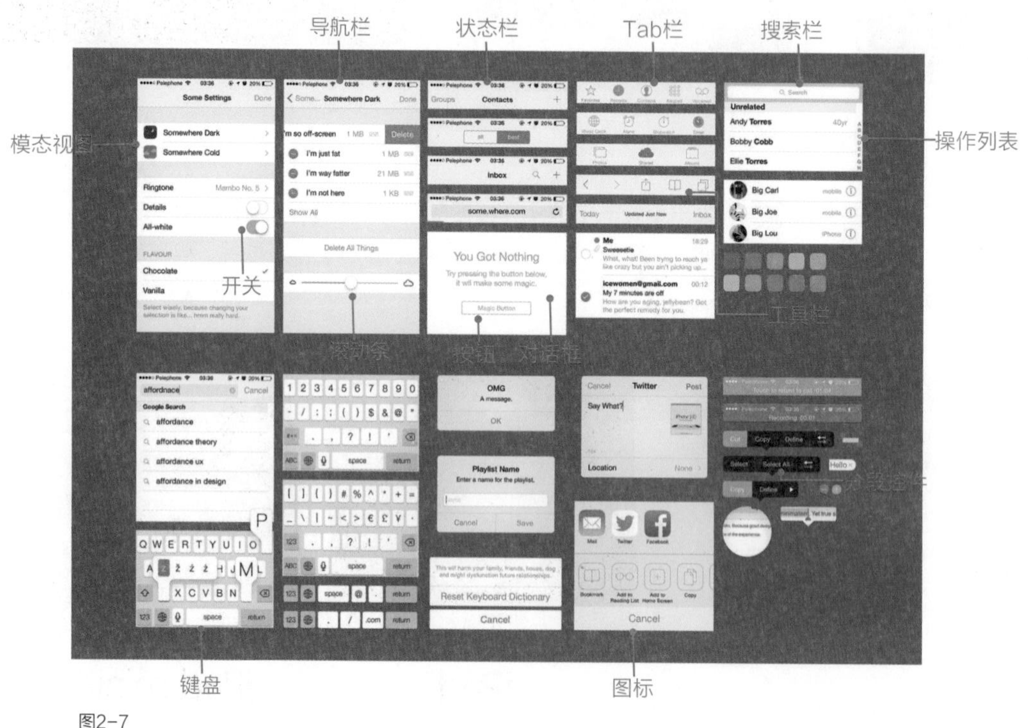

图2-7

2.1.3 iOS的开发工具与资源

用各种平面设计软件临摹一款iOS界面或许是非常容易的事，尤其是采用了半扁平化风格的iOS7界面，但要真正开发一套完整、可用的App界面，却是一项复杂的工作。通用的基础性开发工具和资源能够有效地帮助程序员完成iOS的开发和搭建。下面是一些必备的iOS开发工具与资源。

- Omnigraffle + Ultimate iPhone Stencil

Omnigraffle 是一款功能很强大的苹果UI设计软件，只能运行在Mac OS X和iPad平台之上。该软件曾获得2002年的苹果设计奖。用户可以先下载 Ultimate iPhone Stencil ，然后，用 Omnigraffle 来快速制作App的演示界面，如图2-8所示。

Diagramming worth a thousand words

图2-8

- teehan + lax iPhone 4 GUI PSD

teehan+lax 是一个加拿大多伦多的代理商，他们经常发布一些自己内部用的资源， iPhone 4 GUI PSD 就是其中的一个，如图2-9所示。这个PSD资源文件包括了iPhone 4 UI界面的视图控制和一些常见的组件。用户可以免费下载这些源文件。

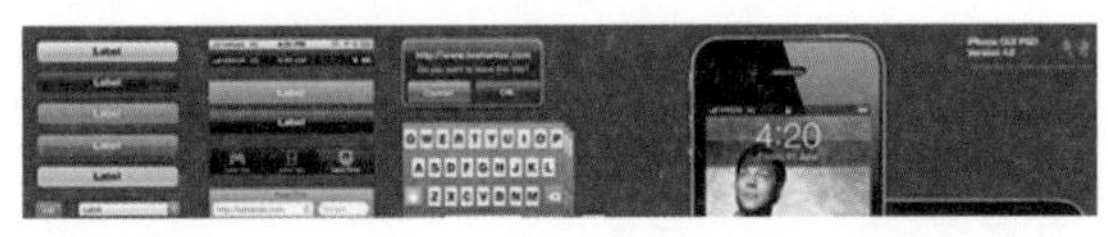

图2-9

- Stanford University iPhone Development Lectures

这是斯坦福大学的iPhone开发教程，这可谓是iOS开发的顶级教程，用户可以从iTunes U下载并学习，如图2-10所示。在国内的大型门户网站（如网易公开课）可以找到这些教程的中文字幕版本。

图2-10

- Stack Overflow

Stack Overflow是个类似于“百度知道”的网站，对于开发iOS的程序员来说，这里绝对是最佳的提问的地方，如图2-11所示。就算不问，随便上去翻一翻，也能找到很多已经有人提问并得到解决的问题。通过问题来加深认识，是进阶的必经之路。与一些比较基础的国内技术问题相比较，毫无疑问，stakeoverflow网站上的问题更专业。

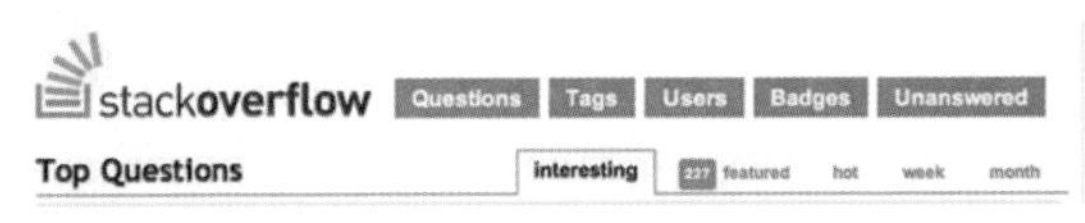

图2-11

- Apple Documentation

Apple Documentation是苹果的官方文档，其中包含各种示例代码、视频，以及各种类的参考文档，是开发iOS App的必备法宝，如图2-12所示。

图2-12

● Xcode

Xcode是苹果公司的开发工具套件，主要用于开发iOS应用，需要在Mac OS X平台上运行。这个套件的核心是Xcode应用本身，他提供了基本的源代码开发环境，支持项目管理、编辑代码、构建可执行程序、代码级调试、代码的版本管理和性能调优等功能。图2-13所示为Xcode的操作界面。

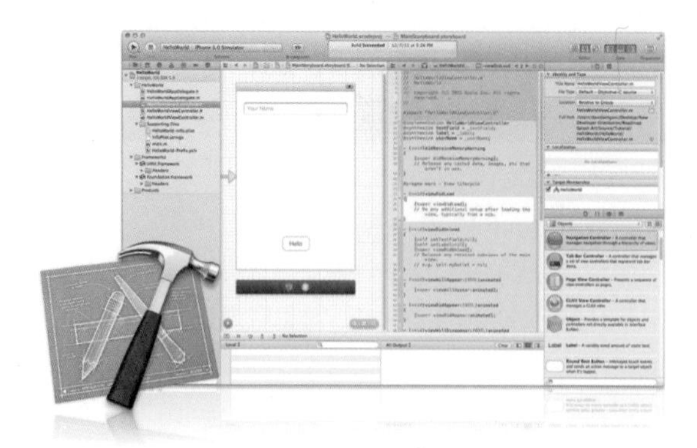

图2-13

● Interface Builder

Interface Builder是一款iOS界面“组装”软件，用户可以将软件提供的各种组件直接拖曳到程序窗口中进行“组装”，以快速制作出完整的页面。组件中包含大量的标准iOS控件，如各类开关、按钮、文本框和拾取器等，如图2-14所示。

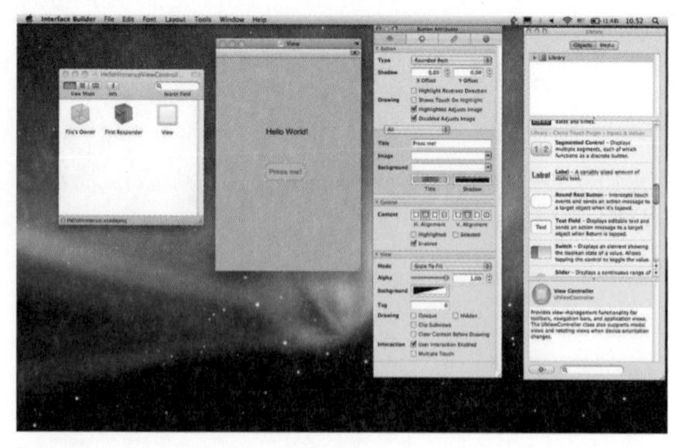

图2-14

● iOS模拟器

iOS模拟器提供了在苹果电脑上开发iOS产品时的虚拟设备，部分功能可以在模拟器上直接进行调试，但它无法支持GPS定位、摄像头和指南针等与硬件设备有直接关系的功能。图2-15所示为iOS模拟器的操作界面。

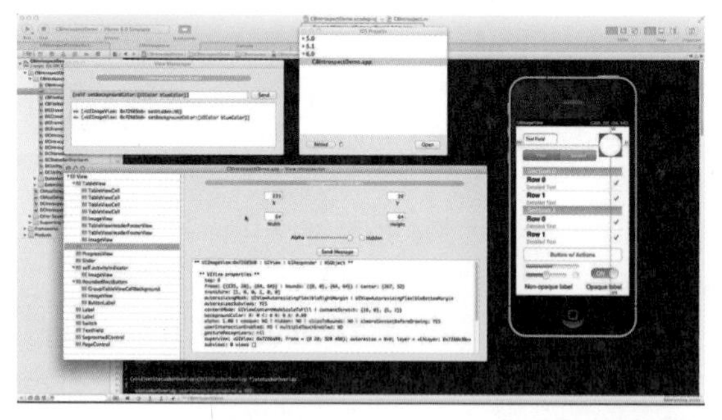

图2-15

2.1.4 iOS 6与iOS 7

自从2013年6月iOS 7发布以来，这款令众人始料未及的系统就一直处于舆论的焦点。有人对它青睐有加，认为这种极其简洁的设计风格更加实用；也有人对此诟病不断，觉得这些花花绿绿的图标和纯白的背景实在没有一点美感……那么，iOS 7和之前的iOS 6在界面风格上究竟有那些明显的区别呢？

● 扁平化

iOS 6的界面元素模仿了质感极佳的贵重材质，如木质、金属和水晶等，并且，图标、按钮和控件等元素均添加了华丽的高亮和阴影等特效。iOS 7则强调“避免仿真和拟物化的视觉指引形式”，去掉了一切不必要的元素和修饰。图2-16所示分别为iOS 6和iOS 7的短信界面，从中可以非常明显地看出二者风格的差异。

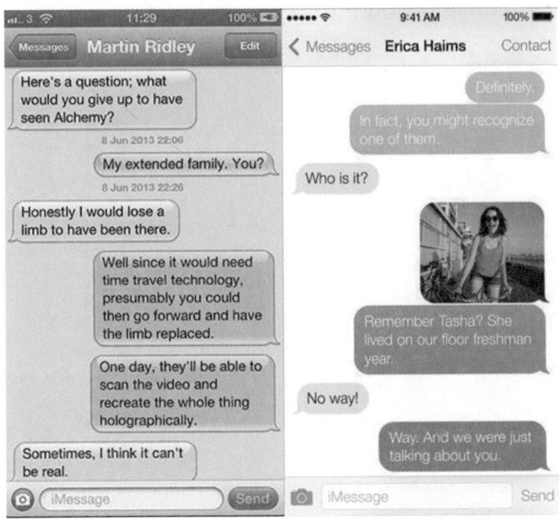

图2-16

● 边框和背景

iOS 6为不同形状的按钮、图标或其他元素边框，页面背景添加了一些简单、精美的图片。iOS 7则完全舍弃了边框，只保留最简单的文字和图形。背景全部采用纯白色，主要依靠色块来体现交互和信息的分隔，如图2-17所示。

● 半透明化

iOS 6除了状态栏可以以透明或半透明显示之外，其他UI元素均不采用透明或半透明显示。iOS 7的状态栏能够根据情况以完全透明或半透明形式呈现，导航栏、标签栏和工具栏也采用了半透明化的处理方式，此外，还可透过从界面中拉出的快捷菜单和通知栏的半透明的背景看到下方的界面，如图2-18所示。

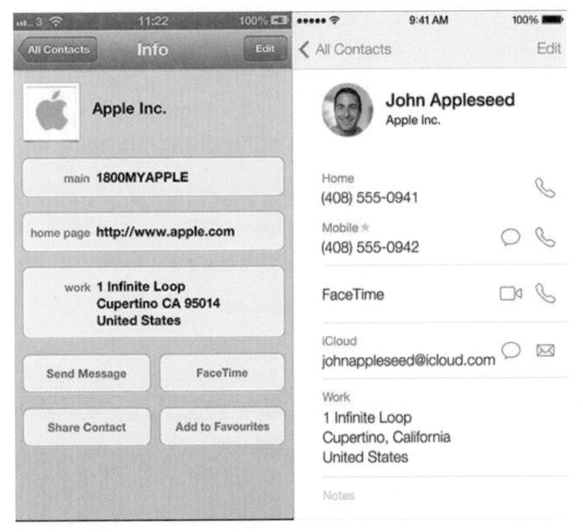

图2-17

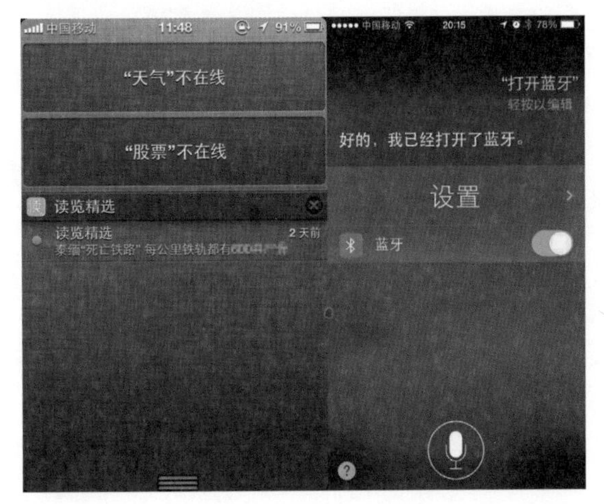

图2-18

● 留白

iOS 6的界面元素中有很多的装饰性效果，如边框、线条和纹理等，每个微小元素的刻画都很细致，所以，整体效果显得充实而精美。iOS 7的界面则去除了一切非必要的装饰性元素，同时，也对配色和图形做了大幅简化，还在界面中保留了大量的留白，以确保可读性和易用性，如图2-19所示。

图2-19

● 主屏幕

目前，iOS 7的主屏幕是被争论最多的地方，特别是新图标的风格，它与之前的iOS 6有很大的区别。总体来说，iOS 7主界面的图标尺寸更大，颜色更加明亮、鲜艳，图标中的文字也变大了。图2-20所示分别为iOS 6和iOS 7的主屏幕。

图2-20

2.2 安卓系统（Android）

Android公司于2003年在美国加州成立，2005年，它被Google公司收购。Android是一种以Linux为基础的开放源码操作系统，主要应用于手持设备。2010年末的数据显示，仅正式推出两年的操作系统Android已经超越了塞班系统，一跃成为全球最受欢迎的智能手机操作系统。

2.2.1 Android的发展历史

Android 系统以甜点名来命名系统的各个版本，从Andoird 1.5 被发布开始，每个版本名字代表的甜点尺寸越变越大，并且，按照26个字母的顺序进行排序，如纸杯蛋糕（Cupcake）、甜甜圈（Donut）、松饼（Eclair）、冻酸奶（Froyo）、姜饼（Gingerbread）等。下面，对Android系统的发展历史做简单的介绍。

- Android 1.0

Android 1.0 发布于2008年9月，主要功能有：

➢ 内建Google移动服务（GMS）；

➢ 支持完整HTML、XHTML网页浏览，支持浏览器多页面浏览；

➢ 内置Android Market软件市场，支持App下载和升级；

➢ 支持多任务处理、Wi-Fi、蓝牙、及时通信。

- Android 1.5 Cupcake（纸杯蛋糕）

Android 1.5 发布于2009年4月，其标志如图2-21所示。

图2-21

主要的改进有：

➢ 摄像头开启和拍照速度更快；

➢ GPS定位速度大幅提升；

➢ 支持触屏虚拟键盘输入；

➢ 可以直接上传视频和图像到网站。

- Android 1.6 Donut（甜甜圈）

Android 1.6 发布于2009年9月，其标志如图2-22所示。

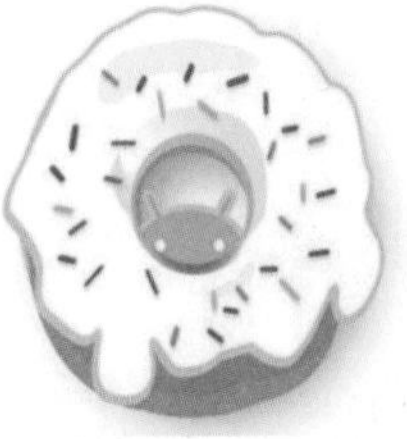

图2-22

主要的改进有：

➢ 支持快速搜索和语音搜索；

➢ 增加了程序耗电指示；

➢ 在照相机、摄像机、相册、视频界面下各功能可以快速切换；

➢ 支持CDMA网络；

➢ 支持多种语言。

- Android 2.0/2.1 Eclair（松饼）

Android 2.0 发布于2009年10月，其标志如图2-23所示。

图2-23

主要的改进有：

➢ 支持添加多个邮箱帐号，支持多账号联系人同步；

➢ 支持微软Exchange邮箱账号；

➢ 支持蓝牙2.1标准；

➢ 浏览器采用新的UI设计，支持HTML5标准；

➢ 更多的桌面小部件。

- Android 2.2 Froyo（冻酸奶）

Android 2.2 发布于2010年5月，其标志如图2-24所示。

图2-24

主要的改进有：

➢ 新增帮助提示功能的桌面插件；

➢ Exchange账号支持得到提升；

➢ 增加热点分享功能；

➢ 键盘语言更加丰富；

➢ 支持Adobe Flash 10.1。

- Android 2.3 Gingerbread（姜饼）

Android 2.3 发布于2010年12月，其标志如图2-25所示。

图2-25

主要的改进有：

➢ 用户界面优化，运行效果更加流畅；

➢ 新的虚拟键盘设计，文本输入效率提升；

- ➢ 文本选择、复制粘贴操作得到简化；
- ➢ 支持NFC近场通信功能；
- ➢ 支持网络电话。

● Android 3.0 Honeycomb（蜂巢）

Android 3.0 发布于2010年12月，其标志如图2-26所示。

图2-26

主要的改进有：

- ➢ 用户界面优化，运行更加流畅；
- ➢ 新的虚拟键盘设计，文本输入效率提升；
- ➢ 文本选择、复制粘贴操作得到简化；
- ➢ 支持NFC近场通信功能。

● Android 4.0 Ice Cream Sandwich（冰激凌三明治）

Android 4.0 发布于2011年10月，其标志如图2-27所示。

图2-27

主要的改进有：

- ➢ Android 4.0将只提供一个版本，它可同时支持智能手机、平板电脑、电视等设备；
- ➢ 拥有一流的新UI；
- ➢ 基于Linux内核3.0设计；
- ➢ 用户可以通过Android Market购买音乐；
- ➢ 运行速度提升至3.1的1.8倍；
- ➢ 支持现有的智能手机。

2.2.2 Android的基本组件

和iOS系统一样，Android系统也有一套完整的UI界面基本组件。在创建自己的App，或者将应用于其他平台的App移植到Android平台时，应该将Android系统风格的按钮或图标换上，以创建协调统一的用户体验。图2-28所示为Android系统部分组件的效果。

提示

Android系统的界面分为白色和黑色两种，为了使读者能更清晰地观察到UI组件的原貌，这里用白色界面进行展示。

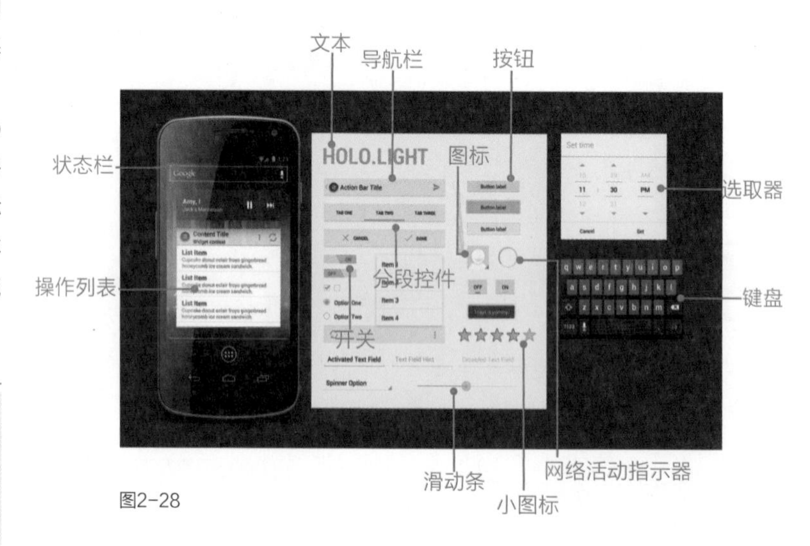

图2-28

2.2.3 深度定制系统

从Android 1.0发布至今，Android系统正在逐步走向成熟，有越来越多的厂商加入到Android阵营，也让更多的人体验到了智能手机的强大功能，但这也导致了手机界面的同质化现象异常严重。放眼望去，地铁、公车上有很多人的手机界面一模一样，久而久之，人们自然会产生审美疲劳。

为了给用户创造不同的使用体验，一些厂商开始对Android系统进行深度的定制，力求在保持Android系统原有特色和优势的前提下，开发出更有新意和特点的系统界面，其中比较成功的有MIUI、OPPO、华为Emotion UI和乐OS等。

- 小米MIUI（米柚）

自2010年8月首个内测版发布至今，MIUI已经拥有超过600万的用户。在2012年8月的小米新品发布会上，雷军宣布正式将小米手机的操作系统命名为“米柚”。时下正在热销的小米3搭载了最新的MIUI V5操作系统，如图2-29所示。

图2-29

MIUI系统是基于Android 4.0深度定制的，它比原生的Android系统更精致、更美观，并且，针对中国人的操作习惯进行了深度优化。MIUI系统拥有大量的主题资源，用户可以根据自己的喜好下载并使用。

- 华为Emotion UI

2012年7月30日，华为正式发布了自家的定制系统Emotion UI，如图2-30所示。Emotion UI是基于Android 4.0深度开发和定制的，以“简单易用、功能强大、情感喜爱”为核心设计理念，号称是最具情感的人性化系统。Emotion UI允许用户打造属于自己的个性化主题，还内置了中文语音助手和Message+等服务。

图2-30

● OPPO深度定制系统

OPPO于2012年推出了一款超薄手机OPPO finder，并且，对其操作系统进行了深度美化。OPPO定制系统的界面简洁、美观，与其手机的时尚风格十分协调，如图2-31所示。新版本的系统新增了人脸识别、悬视频窗口等功能，还对相机和相册界面做出了全新的优化，使整体界面风格更加时尚、美观，给用户带来了绝佳的操作体验。

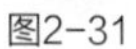
图2-31

- 联想乐OS

联想乐OS系统的解锁界面采用了独特的四叶草布局方式，可将通话、短信、聊天和邮件等常用功能整合在一起，方便用户操作。乐OS的界面简洁、美观，运行流畅，拥有多任务处理、便捷无线AP应用和商务邮件推送等功能，还整合了很多的自家应用程序，为用户考虑得十分周全，如图2-32所示。

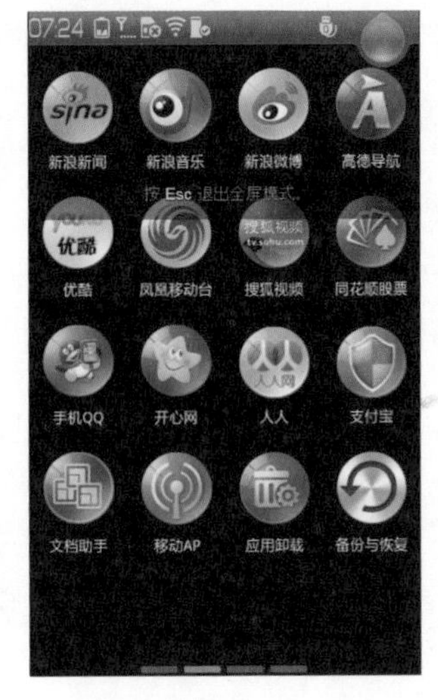

图2-32

2.3 Windows Phone系统

Windows Phone可给用户带来桌面定制、图标拖曳和滑动控制等一系列流畅的操作体验，主屏幕采用了类似于仪表盘的布局方式来显示新邮件、短信息和未接来电等提示信息，此外，增强的触摸屏界面可使操作更加便利，如图2-33所示。

图2-33

2.3.1 Windows Phone的发展简史

Windows Phone是微软公司发布的一款手机操作系统，将微软公司旗下的游戏、音乐与独特的视频体验整合到了手机中。以下是Windows Phone的发展简史：

- 2010年10月11日，微软公司正式发布了智能手机操作系统Windows Phone；
- 2011年2月，诺基亚公司与微软公司达成全球战略同盟，力求深度合作、共同研发；
- 2012年3月21日，Windows Phone 7.5登陆中国；
- 2013年6月21日，微软公司正式发布了最新版Windows Phone 8操作系统。

提示

Windows Phone模仿了iPhone的操作方式，从专为Windows Phone 8设计的硬件上移除了“返回”按钮。

2.3.2 Windows Phone的特色

Windows Phone引入了一种新的界面设计语言——Metro（美俏），这也是Windows 8操作系统的显示风格。Metro界面强调使用简洁的图形、配色和文字描述功能，使用极具动态性的动画来增强用户体验。以下是Windows Phone的特色。

- 动态磁贴

动态磁贴是出现在Windows Phone中的一个新概念，是微软的Metro概念。Metro是长方形的功能组合方块，用户可以轻轻滑动这些方块不断向下查看不同的功能，这是Windows Phone的招牌设计。

Windows Phone的Metro UI界面与iOS和Android界面的最大区别在于：后两者以应用图标为主要呈现对象，而Metro强调的是信息本身，而不是装饰性的元素，显示一个界面元素的主要作用是为了提示用户“这里有更多的信息”。图2-34所示为Windows Phone的主屏幕效果。

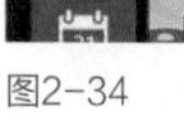

图2-34

● 中文输入法

Windows Phone的中文输入法继承了英文版软键盘的自适应能力，可以根据用户的输入习惯自动调整触摸识别位置。如果用户打字时总偏左，那么，所有键的实际触摸位置就会稍微往左挪一些，反之亦然。

再者，Windows Phone的自带词库非常丰富，各种网络流行词和方言化词汇应有尽有。更值得一提的是，在系统自带的中文输入法中，用户不需要输入任何东西就可以选择“好”、“嗯”、“你”、“我”、“在”等常用词汇。

最后，Windows Phone的输入法包括全键盘、九宫格、手写这3种模式，现在的输入法甚至已经支持五笔输入了，如图2-35所示。

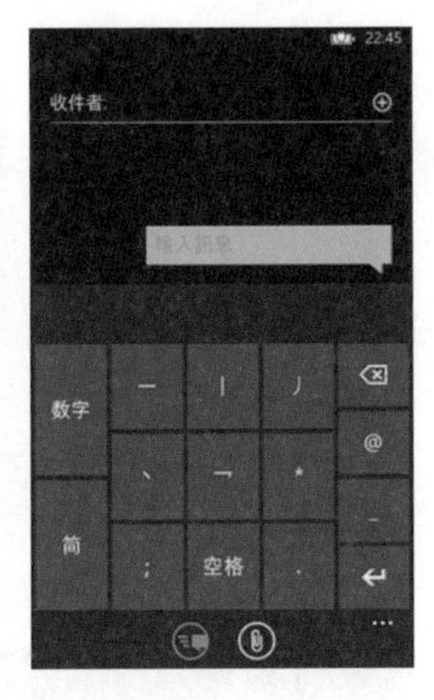

图2-35

提示

Windows Phone中使用了一种被称为Metro的设计语言，并且，将微软及其他第三方的软件集成到了操作系统中，以严格控制运行它的硬件。

● 人脉

Windows Phone的通讯录叫作“人脉”，功能也比其他的通讯录更加强大，不仅自带各种社交更新，还能实现云端同步，此外，该功能在人性化方面也值得一提，如自带的Family（家人）分组，默认是空白的，系统会自动选择联系人中与用户同姓的名字，建议添加到该组。

● 同步管理

Windows Phone的文件管理方式类似于iOS，可通过一款名为Zune的软件进行同步管理。用户可以通过Zune为手机更新、下载应用和游戏，还可在电脑和手机之间同步音乐、图片和视频等数据。图2-36所示为Zune的界面。

图2-36

● 语言支持

Windows Phone 在2010年2月被发布时只支持五种语言：英语、法语、意大利语、德语和西班牙语，现在，它已经支持125种语言的更新了。Windows Phone的应用商店在200个国家及地区允许购买和销售App，包括澳大利亚、奥地利、比利时、加拿大、法国、德国、印度、爱尔兰、意大利、瑞士、英国和美国等。

提示

最新版本的Windows Phone 8增加了儿童模式，家长可根据儿童的需要划定一个包含固定内容的区域，防止儿童看到不良信息或误发社交信息。

2.3.3 Windows Phone的设计理念

Windows Phone的UI设计是基于一个叫作Metro的内部项目，它的设计和字体灵感来源于机场和地铁的指示系统所使用的视觉语言。Metro UI的界面兼备了功能性、和谐性和美观性，能够给用户带来操作的愉快。Metro设计遵循了以下5个原则。

● 干净、开放、快速

Metro强调在界面中留有充足的空白区域，减少各种非必要的装饰性元素，从而突出文字信息，如图2-37所示。

● 强调内容，而不是质感

Metro强调设计重点应是用户最关心的内容，并且，要将产品描述得尽可能简单，如图2-38所示。

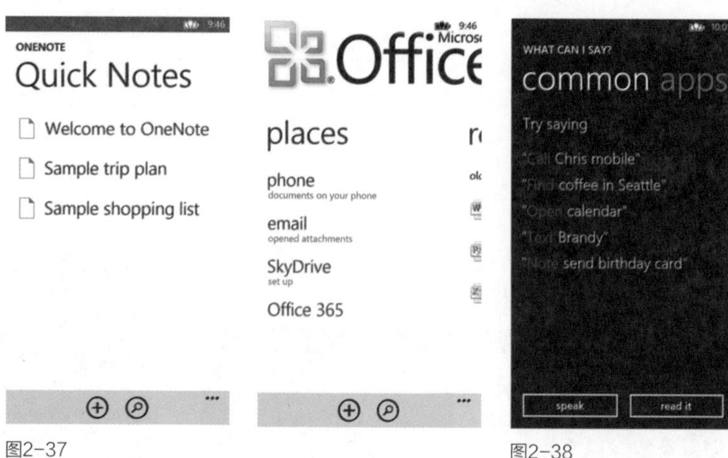

图2-37

图2-38

● 多用快捷方式

将硬件和软件整合，创造出一种无缝的用户体验，如一键搜索、开始、返回和照相机，以及其他搭载的整合感应器。

● 精美的动画效果

Windows Phone的触摸和操作手势和Windows7的桌面体验是一致的，包含了硬件加速的动画效果，以增强每一处细节的操作体验。

● 生动、有灵魂

为用户关注的内容注入个人化、自动更新的观念，以此整合Zune媒体播放器的体验，为用户带来更加便捷和个性化的图像和视频体验，如图2-39所示。

图2-39

2.4 其他系统

除了以上3种较为常见的手持设备操作系统之外，还有一些其他的操作系统，例如，以安全性著称的黑莓，以及曾经的智能手机操作系统之王——塞班。下面分别对这两种操作系统进行简单的介绍。

2.4.1 黑莓系统

黑莓系统是由加拿大RIM公司推出的一套无线手持邮件解决终端设备的操作系统，它有着强大的加密性能，所以，安全性很高。一套完整的黑莓系统包含服务器（邮件设定）、软件（操作接口）及终端（手机）3大部分。

提示

2001年的某灾难性事件发生后，因黑莓及时传递了灾难现场的实时信息而在美国掀起了一股黑莓热潮，该系统由此走进了人们的视线。

黑莓的实时电子邮件服务基于双向寻呼技术，手机设备与RIM公司的服务器相结合，依赖于特定的服务器软件和终端，实现了随时随地发电子邮件的梦想。黑莓系统的界面非常朴素，不以花俏的图片和炫目的色彩夺人耳目，如图2-40所示。

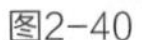
图2-40

黑莓一贯以来都具有很好的开发性，所有的功能和选项都有快捷按键，运行非常稳定、流畅，此外，黑莓系统的自由度相当高，很多功能都可以自定义，这对于手机达人和DIY爱好者来说着实不错。

黑莓系统的主要功能多为专业人士和商务人士设计，它那强大的邮件收发功能有着极高的安全性，并且，它早已成功登陆中国，但大多数用户都不愿意为了一个邮件功能而支付最低139元的包月费。

2.4.2 塞班系统

塞班系统是塞班公司专为手机而设计的操作系统，该公司于2008年12月被诺基亚收购。塞班是一个实时性、多任务的纯16位操作系统，具有低功耗、内存占用小等优势，非常适合手机等内存较小的移动设备使用。

塞班系统最大的特点是：它本身是一个标准的开放化平台，任何人都可以为该系统开发应用软件，而且，它将操作系统内核与用户图形界面分离，使厂商可以为自己开发的应用软件定制新的操作界面。在iOS系统未崛起之前，塞班绝对是智能手机操作平台的老大。图2-41所示为塞班系统的界面。

图2-41

由于缺乏对新兴社交网络和Web 2.0的支持，塞班系统的市场份额自2006年就开始不断下滑。2009年底，摩托罗拉、三星、LG和索爱等厂商纷纷终止研发塞班平台，转而投入Android领域。2011年初，诺基亚公司宣布与微软公司建立战略联盟，进行Windows Phone的研发。2013年1月24日，诺基亚公司宣布808 PureView将是最后一款塞班手机。2013年10月8日，诺基亚公司宣布应用商店将不再接受塞班系统的新应用和应用更新。至此，年迈的塞班终于倒下了……

提示

据诺基亚的数据显示，截止至2012年08月，诺基亚塞班系统上共有13万个可使用的应用程序和游戏。

第3章 iOS系统APP界面设计实战

前一章为读者介绍了一些iOS App的相关知识，读者已经对iOS App稍有初步的了解，在本章，我们将带领读者深入了解iOS。

本章将为读者介绍一些与iOS App设计相关的规则和知识，通过对这些知识点的学习，读者就能对设计一款美观而又实用的手机程序的规则和技巧有所掌握了。

本章还会为读者讲解iOS App中基本图形的运用、iOS App中控件和图标的绘制及一些关于iOS图片运用的知识和规则，通过对这些知识点的学习，读者将对iOS App的组成元素有所了解。

接下来，我们将通过对iSO 6与iSO 7系统的比较分别为读者讲解iOS 6与iOS 7的设计风格与特点。

精彩案例

- 制作iOS 7锁屏界面
- 制作iOS 7阅读器
- 制作iOS 6解锁界面
- 制作iPad的主界面
- 制作iPad的相册界面

本章精彩案例

实战4　制作iOS 7锁屏界面
源文件：第3章\源文件\004.psd

实战7　制作iOS 7天气界面
源文件：第3章\源文件\007.psd

实战12　制作iOS 6解锁界面
源文件：第3章\源文件\012.psd

实战9　制作iPad的主界面
源文件：第3章\源文件\009.psd

实战10　制作iPad的相册界面
源文件：第3章\源文件\010.psd

3.1 iOS界面设计的原则

要设计出一款优秀的用户界面，必须要遵从以用户为中心的设计原则，这些原则不是基于设备的能力，而是基于用户的思考方式和工作方式。

优美的、符合用户心意的、能够与程序的功能相辅相成的界面，才能吸引用户下载；而令人费解、逻辑混乱、没有吸引力的界面，会使程序变得一团糟，也不会吸引用户的眼球。

3.1.1 美

美，不仅仅是看一个程序的外表美不美观，还要看程序的外观与其功能是否相衬，例如，一个用来产生内容的程序（如word、ppt），设计者往往会将其装饰性元素处理得很低调，只通过使用标准的控件和动作来突显任务。

这样的设计能方便用户获得有关该程序目的和特性的信息；相反地，如果这个程序采用了某种比较诡异的界面风格，就会使用户感到迷茫。

在一些娱乐性应用的界面上，用户则期待看到华丽的界面，这能使用户感觉充满探索的乐趣，如图3-1、图3-2所示。

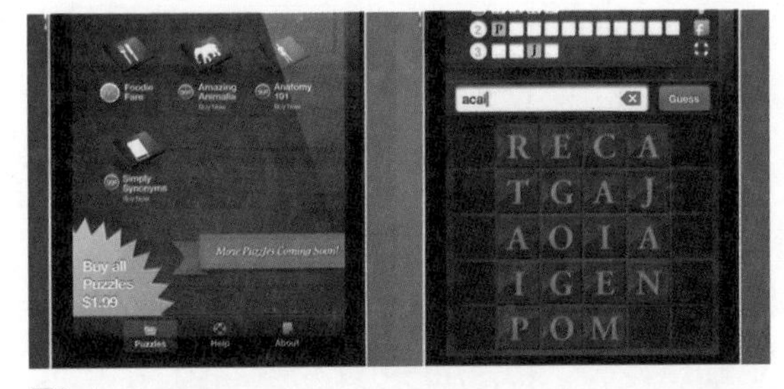

图3-1

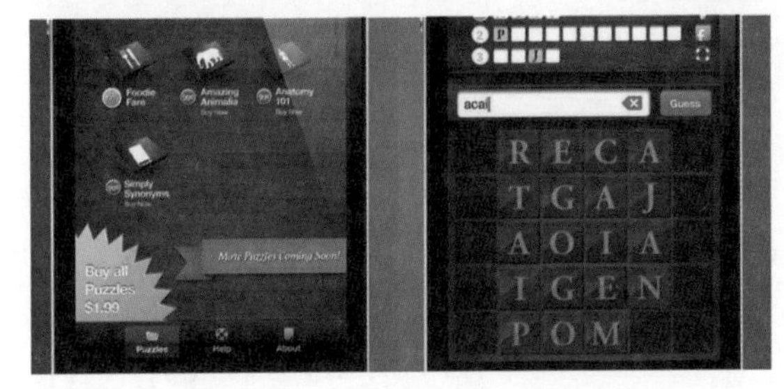

图3-2

即使用户并不希望在游戏中完成非常严谨的任务，也仍然会期待在启动游戏后看到的游戏外观与体验一致。

3.1.2 一致性

保持界面的一致性可以使用户继续使用之前已掌握的知识和技能。

要使一个程序遵从一致性原则，可以思考如下问题。

- 该程序与iOS的标准是否一致？程序是否正确地使用了系统提供的控件、外观和图标？是否将程序与设备的特性有机地结合在一起了？
- 该程序是否充分保持了内部一致性？文案是否使用了统一的术语和样式？同一个图标是不是始终代表一种含义？用户能不能预测他在不同地方进行同一种操作的结果？定制的UI组件的外观和行为在程序内部是否表现一致？
- 该程序是不是与之前的版本保持一致？术语和意义是否保持一致？核心概念的本质有没有发生变化？

3.1.3 直接控制

当用户不通过各种控件而直接控制屏幕上的物体时，用户就会更深地被正在执行的任务所吸引，同时，也能更清楚地理解正在执行的任务行为的结果。

iOS系统就能使用户很享受在多点触摸屏上直接控制的感觉。手势能使用户对屏幕上的物体拥有更强的操控感，因为用户可以不通过鼠标等中介设备直接控制物体，例如，用户可以用手势直接缩放一块内容区域，而不是通过放大或缩小按钮，如图3-3所示。在一个游戏中，玩家可以直接用手势移动或操纵物体，当游戏里出现一只锁时，用户也可以通过手势来旋转钥匙，从而打开游戏。

图3-3

在iOS程序中，用户可以直接控制的有：

- 用旋转或其他方式移动设备，以影响屏幕上的物体；
- 用手势操纵屏幕上的物体；
- 用户可以看到手势带来的直接的、可见的结果。

3.1.4 反馈

反馈可告诉用户正在执行的任务行为的结果，用于确定程序是否在运行。用户操纵控件时常常期待即刻的反馈，也期待在较长的流程中能提供状态提示。

iSO的内置程序会为用户的每一个动作提供可觉察的反馈，例如，当用户点击列表项时，该项的背景会呈高亮显示；在那些会持续很多秒的长流程里，一个控件会展示已完成的进度，并在需要的时候提供解释信息，如图3-4所示。

图3-4

流畅的动态效果会给用户提供有意义的反馈，帮助用户了解动作的结果，例如，向列表中添加新项时，列表会向下滚动，帮助用户发现这个显著的变化。

声音同样能为用户提供有用的反馈，但它不应是唯一的或主要的反馈方式，因为用户的使用场所可能会迫使他们关掉声音。

3.1.5 暗喻

用虚拟的物体和动作暗喻真实世界中的物体和动作，可以使用户立刻明白该如何使用程序。最经典的例子就是文件夹：在真实世界里，用户会将文件放到文件夹里，所以，用户就会明白可以把电子文件放在电脑中的文件夹里，如图3-5所示。

合适的暗喻既暗示了其使用方法，又可避免与其模仿的现实世界里的物体和动作面临同样的限制，例如，现实世界里的文件夹可容纳的文件数量是有限的，而在虚拟的世界里，要放置海量的东西才可以将文件夹装满。

图3-5

iOS为暗喻提供的空间是十分充足的，因为它支持丰富的动作和图片。用户与屏幕上的物体进行交互就像在现实世界中操纵同样的物体一样。

iOS系统中的暗喻包括：

- 轻触iPod的播放按钮；
- 在游戏中拖拉、轻拂或水平滑动物体；
- 滑动切换开关；
- 轻拂（Flicking over）一叠照片；
- 旋转拾取器的拨轮，做出选择（Spinning picker wheels to make choices）。

一般情况下，没有对暗喻做过多引申时，它的效果会比较好，如果必须将操作系统里的文件夹放在书柜里，那么，用户用起来就不那么方便了。

3.1.6 用户控制

一个应用程序的设计应该以用户的控制操作为出发点，而不是程序。程序虽然可以建议某种流程、操作，也可以警示危险的结果，但应避免程序抛开用户来做决策。优秀的程序能够平衡用户的操作权并帮助用户避免犯错。

用户在对控件和行为都很熟悉、可以预测结果的时候最有操控感，而且，当动作非常简单时，用户可以很容易地理解并记住它。

用户希望在进程开始执行前有足够的机会取消它；在执行破坏性动作前有再次确认的机会，能优雅地终止运行中的进程。

3.2 iOS界面设计的规范

iOS用户已经对内置应用的外观和行为都非常熟悉了，所以，用户会期待这些下载来的程序能带来相似的体验。设计程序时，模仿内置程序的每一个细节，对理解他们所遵循的设计规范很有帮助。

首先，要了解iOS设备及运行于该设备上的程序所具有的特性并注意以下几点。

- 控件应该是可点击的

按钮、挑选器、滚动条等控件都用轮廓和亮度渐变，这都是欢迎用户点击的邀请。

- 程序的框架应该简明、易于导航

iOS为浏览层级内容提供了导航栏，还为不同组的内容或功能提供了tab页签，如图3-6、图3-7所示。

图3-6

图3-7

- 反馈应该是微妙且清晰的

iOS使用了精确、流畅的动态效果来反馈用户的操作，用进度条、活动指示器（activity indicator）来指示状态，用警告给用户以提醒并呈现关键信息。

3.2.1 确保程序在iPad和iPhone上通用

为iPad和iPhone设计程序时，要确保该设计方案可以适用两种设备。在制作时应注意以下几点。

- 为设备量身定做程序界面

大多数界面元素在两种设备上都通用，但布局会有很大差异。

- 为屏幕尺寸调整图片

用户期待在ipad上看到比iPhone上更加精致的图片。在制作时，最好不要将iPhone上的程序放大到iPad屏幕上的尺寸。

- 无论在哪种设备上使用，都要保持主功能

不要让用户感觉到是在使用两个完全不同的程序，即使是一种版本会为任务提供比另一版更加深入或更具交互性的展示。

- 超越“默认”

没有优化过的iPhone程序会在iPad上默认以兼容模式运行。

这种模式虽然可使用户在iPad上使用现有的iPhone程序，但却没能给用户提供他们所期待的iPad体验。

3.2.2 重新考虑基于Web的设计

如果制作的的程序是从Web中移植而来的，就需要确保该程序摆脱网页的感觉，给用户以iOS程序的体验。谨记，用户可能会在iOS设备上用Safari来浏览网页。

可帮助web开发者创建iOS程序的策略如下。

- 关注程序

网页经常会给访客许多任务或选项，让用户自己挑选，但是，这种体验并不适合iOS应用。iOS用户希望程序能像宣称的那样立刻看到有用的内容。

- 确保程序能帮助用户做事

用户也许喜欢在网页中浏览内容，但更喜欢用程序来完成一些事情。

- 为触摸而设计

不要尝试在iOS应用中复用网页设计模式。

熟悉iOS的界面元素和模式并用它们来展现内容。菜单、基于hover的交互、链接等web元素需要重新考虑。

- 让用户翻页

很多网页会将重要的内容认真地在第一时间展现出来，因为如果用户在顶部区域附近没找到想要的内容，就会离开，但在iOS设备上，翻页是很容易的。如果缩小字体、压缩尺寸，使所有内容挤在同一屏幕里，那么，可能使显示的内容都看不清了，布局也没有办法使用。

- 重置主页图标

大多数网页会将回主页的图标放置在每个页面的顶部。iOS程序不包括主页，所以，不必放置回主页的图标，另外，iOS程序允许用户通过点击状态栏快速回到列表的顶部。如果在屏幕顶部放置一个主页图标，那么，想按状态栏就很困难了。

3.3 基本图形

能在第一时间吸引用户的是应用界面，即使设计的应用程序内在多么完美，也需要一个能够吸引用户眼球的外表当“敲门砖”，只有吸引用户点击并进入程序后，才能展示其强大的内部结构。

一个看起来不美观的应用程序界面，根本不会引起用户的点击和深入探索的欲望。一个用户应用界面是由图形构成的，所以，图形的使用和布局就决定了程序的界面是否美观。

3.3.1 线条的绘制

在制作界面时，可以用直线做列表分隔线，将多个选项上下分隔开来，如图3-8所示，这样既可保持页面的整洁度，又可以使用户方便、简洁、快速地浏览选项。直线在图标中也经常被使用，以起到装饰性作用。

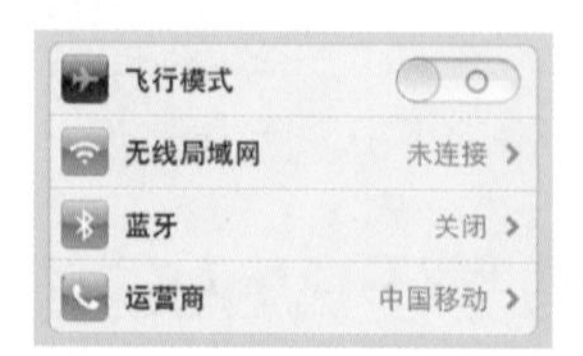

图3-8

3.3.2 图形的绘制

制作iOS APP的图标或界面时，都会涉及许多或复杂或简单的图形，因此，必须对图形的绘制有所掌握。

在iOS APP中，最常见的图形有矩形、圆角矩形、圆形及其他一些通过简单的图形加减运算拼凑而成的、不规则的形状。

- 矩形

矩形在界面中的运用是最常见也是最不可缺少的。它通常是作为背景出现，可将一些琐碎而又零散的小元素放置在其上方，使整个界面看起来更整齐，如图3-9所示。

图3-9

- 圆角矩形

圆角矩形对于所有智能手机用户来说应该是最熟悉的了，几乎所有的触屏手机都会有圆角矩形的模拟按键和按钮，如图3-10所示。在iOS原装系统中，所有图标都是有圆角矩形为背景的。

图3-10

- 圆形

圆形也是iOS APP会使用到的图形，由圆形延伸而来的还有正圆、椭圆和圆环。

圆环在界面中的使用中较少，通常会在图标的制作中作为装饰性元素或在暗喻的物体中需要时出现，如图3-11所示。

图3-11

● 其他形状

iOS APP图形元素中还有一些其他的不规则的形状，因为有些事物不管在图标还是在界面的制作中，都无法用简单的形状来表示，如图3-12所示。

图3-12

3.4 控件的绘制

iOS为用户提供了大量控件。用户可以通过控件快捷地完成一些操作或浏览信息的界面元素。

因为UIControl是从UIView派生而来的，所以，用户可以通过控件的tint Color属性来为其着色。

iOS系统提供的控件默认支持系统定义的动效，其外观也会随着高亮和被选中状态的变化而变化。

3.4.1 搜索栏

搜索栏可以通过用户获得文本并以此作为筛选的关键字，如图3-13所示。

图3-13

● 外观和行为

搜索栏的外观与圆角的文本框较相似。在默认情况下，搜索栏的按钮在左侧，用户点击搜索栏后，键盘会自动出现，输入的文本会在用户输入完毕后按照系统定义的样式处理。

搜索栏的可选元素如下。

➢ 占位符文本：可以用来描述控件的作用（如“搜索”）或提醒用户是在哪里搜索，如“Baidu”、“taobao”等。

➢ 书签按钮：该按钮可以为用户提供便捷的信息输入方式。

书签按钮只有当文本框里不存在用户输入的文字或占位符以外的文字时才会出现，因为这个位置在有了用户输入的文字后，会放一个清空按钮。

➢ 清空按钮：大多数搜索栏都包含清空按钮，用户点一下就可擦除搜索栏中的内容，清空按钮会在用户在搜索栏中输入任何非占位符的文字时出现。

这个按钮会在用户没有提供非占位符的情况下隐藏起来。

➢ 描述性标题：通常出现在搜索栏上面。它有时是一小段用于提供指引的文字，有时则是一段介绍上下文的短语。

● 指南

用搜索栏来实现搜索功能，不要使用文本框。

用户可以在以下两种标准配色里选取适当的颜色，对搜索框进行自定义：

- ➢ 蓝色（与工具栏和导航栏的默认配色一致）；
- ➢ 黑色。

3.4.2 滚动条

用户可通过滚动条在容许的范围内调整值或进程，如图3-14所示。

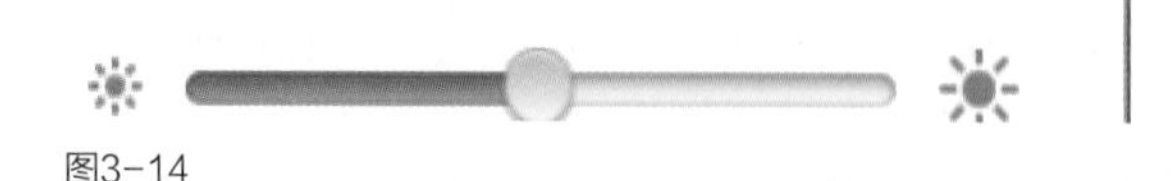

图3-14

● 外观和行为

滚动条由滑轨、滑块及可选的图片组成。可选图片可为用户传达左、右两端各代表什么，滑块的值会在用户拖曳滑块时连续变化。

● 指南

用户可通过滚动条精准地控制值或操控当前的进度。

制作时，也可以在合适的情况下考虑自定义外观：

- ➢ 水平或竖直放置；
- ➢ 自定义宽度，以适应程序；
- ➢ 定义滑块的外观，以便用户迅速区分滑块是否可用；
- ➢ 通过在滑轨两端添加自定义的图片，让用户了解滑轨的用途，左、右两端的图片表示最大值和最小值，如要制作一个用来控制亮度强弱的滚动条，就可以在左侧放一个很小的太阳，在右侧放一个很大的太阳；
- ➢ 可根据滑块在各个位置及控件的各种状态来定制不同导轨的外观。

3.4.3 文本框

文本框用于接受一行用户的输入，如图3-15所示。

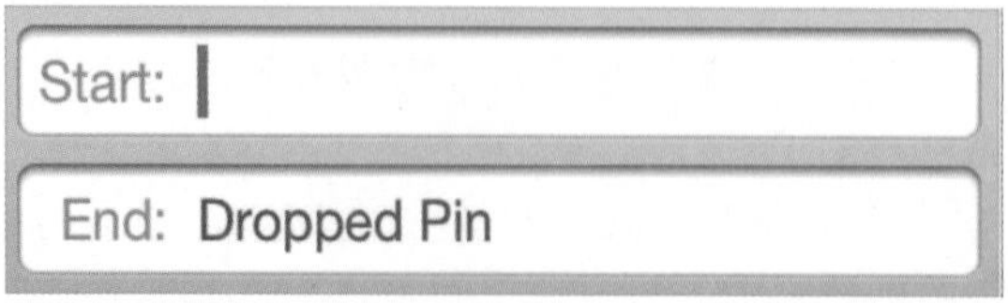

图3-15

● 外观和行为

文本框有固定的高度。用户点击文本框后，键盘就会出现，输入的字符会在用户按下回车键后按照程序预设的方式处理。

● 指南

用户可使用文本框来获得少量信息。用户在使用文本框前先要确定是否有别的控件能让输入变得更简单。

可以用自定义文本框帮助用户理解如何使用文本框，例如，将定制的图片放在文本框某一侧上，或者添加系统提供的按钮（如书签按钮）。可以将提示放在文本框左半部，把附加的功能放在右半部。

可在文本框的右端放置清空按钮。

当清空按钮出现时，单击清空按钮即可清空文本框中的内容。

可在文本框里放置提示语，帮助用户理解意图。

如果没有其他的文字可放，就可以用提示语当占位符。

可以根据要输入的内容选择合适的键盘样式。

键盘是主要的输入工具，可随着用户选择的语言而变。iOS提供的几种不同的键盘都是为输入特定的内容而优化的。

3.5 图标的绘制

所有的程序都需要用图标来为用户传达应用程序的基本信息的重要使命。建议在制作程序时，为iOS的Spotlight搜索结果提供图标，必要时，Settings里也可以有。

有些程序需要定制图标区来表示特定的文档类型或程序特定的功能，以及工具栏、导航栏、tab栏的特定模式。

3.5.1 程序图标

用户通常会把程序图标放在桌面上，点击图标就可以启动相应的程序。程序图标是每一个程序中必不可少的一部分，图标是品牌宣传和视觉设计的结合，也是紧密结合、高度可辨、颇具吸引力的画作。

图标也会被用在Game Center中。应针对不同的设备创建与其相应的程序图标。如果程序要适用于所有设备，就要提供以下3种尺寸的图标。

- 为iPhone和iTouch：
  - ➢ 57×57；
  - ➢ 114×114（高分辨率）。
- 为iPad：
  - ➢ 72×72。
- 在桌面上显示图标时，图标会被自动添加以下效果（如图3-16所示）：
  - ➢ 圆角效果；
  - ➢ 高光效果。

图3-16

- 为确保设计好的图标与iOS提供的加强效果相配，图标应当符合以下3点：
  - ➢ 有90° 角；
  - ➢ 没有高光效果；
  - ➢ 不使用透明图层。

程序图标的背景要清晰可见。因为iOS系统将自动为图标添加了圆角，所以，在桌面上的图标要有清晰可见的背景才好看。

iOS系统自动添加的效果可以保证桌面上的图标有统一的外观，进而以其好看的外表吸引用户点击。

3.5.2 小图标

iOS程序还需要一个小版本的图标，用于在Spotlight搜索结果里展示某个程序。

如果需要设置的话，还需要在设置里放一个可以与其他内置程序相区分的、在一列搜索结果里具有足够的可辨识性的图标。

在iPhone和iPod touch中，iOS在spotlight 搜索结果和settings 里用的是同一个图标。如果没有提供这个版本，iOS会将压缩程序图标并将其作为程序展示图标。

- iPhone的应用图标尺寸如下（如图3-17所示）：
  - ➢ 29像素×29像素；
  - ➢ 58像素×58像素（高分辨率）。
- 对于iPad，要为Settings和Spotlight 搜索结果提供专门的尺寸：
  - ➢ 50像素×50像素（为Spotlight）；
  - ➢ 39像素×39像素（为Settings）。

图3-17

3.5.3 文档图标

如果iOS程序定义了自己的文档类型，那么，也要定制一款图标来用于识别。如果没有提供定制文档图标，iOS就会把程序图标改一下并将其用作默认的文档图标。

用尺寸为57像素×57像素的程序图标改成的文档图标如图3-18所示。尺寸为114像素×114像素的高清版图标如图3-19所示。在iPad中用72像素×72像素程序图标生成的文档图标如图3-20所示。

图3-18

图3-19

图3-20

若要自己为程序定制文档图标，最好将其设计得容易记并与程序图标联系紧密，因为用户会在不同的地方看到文档图标。文档图标要漂亮、表意清晰、细节丰富。

- 对于iPhone版iOS图标，可创建两种尺寸的文档图标：
  - 22像素×29像素；
  - 44像素×58像素。

可以将制作的图标居中或缩放，以填充在这个规定的格子里。

- 对于iPad版iOS图标，可创建两种尺寸的文档图标：
  - 64像素×64像素；
  - 320像素×320像素。

提示

为了在任何环境中都能找到合适的尺寸，建议将两种尺寸的图标都准备好。

制作时要留出一点安全区，因为这两种尺寸中都包含了padding。要确保画作的大小适合所留安全区的大小，因为超出安全区的部分会被裁切掉。

iOS会为图标添加卷角效果，因此，即便是画作大小完全适合安全区的尺寸，右上角也总是会被遮掉一部分，另外，其从上到下的渐变也会被iOS所覆盖。

要想创建一个完整的文档图标，就要在制作时对不同的尺寸用不同的解决方法。

- 创建完整的64像素×64像素的图标：
  - 创建64像素×64像素的PNG格式图像；
  - 加入Margin，创建安全区。

提示

安全区尺寸为“顶部1像素、底部4像素、左右各10像素”。

在44像素×59像素的安全区里放置制作好的图标时，可以将图标居中或缩放，以填充整个安全区（注意，iOS会自动添加卷角和渐变效果）。

- 创建完整的320像素×320像素的图标：
  - 创建320像素×320像素的PNG格式图像；
  - 加入Margin，创建安全区。

提示

安全区尺寸为“顶部5像素、底部20像素、左右各50像素”。

在44像素×59像素的安全区里放置制作好的图标时，可以将图标居中或缩放，以填充整个安全区（注意，iOS会自动添加卷角和渐变效果）。

3.5.4 Web快捷方式图标

若制作的程序中带有web小程序或网站，可以为其定制一款图标，用户可以将其放在桌面上，点击图标即可浏览网页内容。定制的图标可以代表整个网站或某个网页。

最好将网页中独特的图片或可识别的颜色主题应用到图标里。

为了使图标在设备上看起来更完美，制作时遵照以下指南。

- 为iPhone和iPod touch创建如下尺寸的图标：
  - 57像素×57像素；
  - 114像素×114像素。

- 为iPad创建如下尺寸的图标：
  - 72像素×72像素。

提示

为了使新图标与其他桌面图标一致，iOS系统会自动为图标添加圆角、投影和反射高光的视觉特效，因此，在制作时，图标应该有90° 尖角，并且，没有高光效果，以确保制作出的图标与iOS系统为其添加的效果相得益彰。

3.5.5 导航栏、工具栏和Tab栏中的图标

尽可能地使用系统提供的按钮和图标来代表标准任务。

可创建用于导航栏和工具栏的定制图标来代表程序中经常要执行的任务。如果程序需要用Tab栏在不同的定制内容和定制模式间切换，就需要为Tab栏定制图标。

- 在绘制图标之前，应考虑图标要表达的内容：
  - 简单而富有流线感，

太多的细节会让图标显得笨拙，难以辨认；

  - 不容易和系统提供的图标混淆，

用户应该能很容易地把绘制的图标和系统提供的标准图标区分开；

  - 易懂，容易被接受，

绘制的图标应能被大多数用户理解，而不被用户抵触；

  - 避免使用代表苹果公司产品的版权图片，

苹果公司的产品图片都有产权保护，并且，会经常更换。

- 图标外观的设计可依照如下指南：
  - 纯白要有适应的透明度；
  - 不包含投影效果；
  - 使用抗锯齿；
  - 如果要添加斜面效果，就要确保光源被放在最上方。

工具栏和导航栏上的图标尺寸如下所示。

- 对于iPhone和iPod：
  - 大概20像素×20像素；
  - 大概40像素×40像素（高分辨率版本）。
- 对于iPad：
  - 20像素×20像素。

Tab栏上图标尺寸如下。

- 对于iPhone和iPod：
  - 大概30像素×30像素；
  - 大概60像素×60像素（高分辨率版本）。
- 对于iPad：
  - 大概30像素×30像素。
- 不要为图标提供选中态或按压态。

图标效果是自动叠加的，所以，没法定制，即使提供了图标的选中态或按压态，iOS也不会为导航栏、工具栏和Tab栏的图标自动生成这些状态。

- 让所有图标看起来一样重。

应在所有图标间平衡尺寸、细节丰富度及实心部分。

3.6 设计图片

iOS应用程序中往往会包含丰富的图形元素，无论是显示用户照片还是定制化的插图，都需在制作时注意以下几点。

● 支持Retina屏幕。

确保为所有的图形元素提供Retina所需的@2x规格支持。

● 按照原始的长宽比例显示照片和图形，放大比例不要超过100%。

使设计的应用程序中的图形元素不会变形、模糊，在此基础上，还要让用户可根据需要缩放图片。

● 不要在设计中使用代表苹果公司产品的图形。

苹果公司产品的图形都是有版权保护的，并且，产品设计本身是会不停变化的。

3.6.1 登录图片

至少提供一张登录图片以增强登录时的体验，登录图片和程序被开启后的第一帧很像。iOS系统会在用户开启程序后立刻将登录图片展示出来，等第一屏渲染好以后，再用它来替换登录图片。

● 下面这些情况不适合使用登录图片提升用户体验：

➢ 用作“splash”；

➢ 用作“about”；

➢ 不是程序的第一屏，将其用于品牌推广。

因为用户经常会在程序间切换，所以，最好将登录时间尽量缩短，提供登录图片可以缩短等待时间的主观体验。

● 在下列情况下不要设计与程序启动后第一帧一样的登录图片：

➢ 文本

登录图片是静态的，因此，其中的文本没有办法做定位；

➢ 可能会变化的界面元素

如果元素会在第一帧旋绕出来后有变化，就不要将其放置在登录图片中，使用户不易觉察到登录图片和第一帧之间的切换。

● 对于iPhone和iPod touch，可创建如下尺寸的登录图片（含状态栏）：

➢ 320像素×480像素；

➢ 640像素×940像素（高分辨率）。

● 对于iPad，可创建如下尺寸的登录图片（不含状态栏）：

➢ 768像素×1004像素（竖屏）；

➢ 1024像素×748像素（横屏）。

对于iPad，最好将各种方向的登录图片都准备好。

登录图片不是为了给用户留下美观的印象，而是为了让用户觉得程序启动迅速，使用灵活，所以，设计的登录图片要朴素，例如：iPhone

Setting的登录图片只有程序背景，因为里面的内容都是不停变化的，如图3-21所示。

图3-21

iPhone Stocks的登录图片只有静态背景，因为只有这些是恒定不变的，如图3-22所示。

图3-22

3.6.2 为Retina屏幕设计图片

Retina液晶屏允许展示高精度的图标和图片。如果将已有的画作放大会错失提供优美、精致图片的机会，所以，应该利用已有的素材重新制作大尺寸、高质量的版本。

为Retina屏幕设计画作的技巧：

➢ 纹理丰富

在高精度版的Settings和Contacts里，齿轮的纹理清晰可见，如图3-23所示；

图3-23

➢ 更多细节

在高精度版的Safari和Notes里，可以看到更多的细节，如指针后的刻度和上一张纸被撕掉后残留的痕迹，如图3-24所示；

图3-24

➢ 更加真实

通过给高精度版的Compass和Photos图标增加丰富的纹理和细节，可使画作看起来像是真的指南针和照片，如图3-25所示。

图3-25

提示

即使栏上的图标比程序或文档图标简单，也可以在高分辨率版本上增加其细节，例如，iPad里面的艺术家图标是一个歌手的侧面剪影，高分辨率版本的图标看起来和原版本一样，但增加了很多细节。

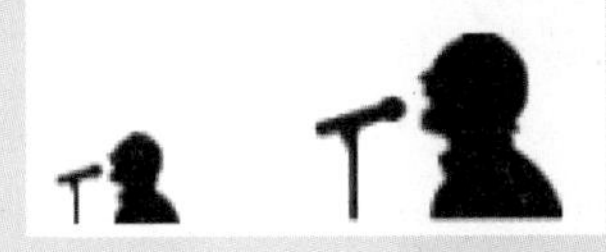

设计高分辨率图标时要掌握如下技术。

➢ 将原有图片放大至200%

要使用“nearest neighbor”缩放算法，这对缩放不是矢量图形或带有图层样式的的图像很管用，最后获得的会是放大的、像素化的图片。可以在上面再添加更丰富的细节。这种方法可以节约工作量，保留原有的布局。

如果图片是矢量版的，或者有图层效果，使用默认的算法缩放就可以了。

➢ 增加细节和深度

高分辨率版本给细节留下了很多发挥的空间，已经从原来的1像素变成了现在的4像素，所以，制作时不要急着去小元素。

➢ 考虑修整放大的元素

如果原来的分割线是很细腻的1像素，放大后，它就会变粗，成为2像素宽，但是，在放大整体尺寸后，还需要再对某些线和元素进行锐化或保留原有尺寸。

➢ 考虑为雕刻或投影等效果增加模糊

通常是把文字复制一次，然后，移动1像素，制作出雕刻效果，但将其放大之后，这个移位就变成2像素了，在高分辨率屏幕上看起来就太过细腻，不真实了。

为了优化，可以让移位保留在1像素，但要增加1像素的模糊来柔化雕刻效果。这仍然会导致2像素宽的效果，但外面这层像素看起来仍然只有半像素宽，看起来也更加舒服。

3.7 iOS 7的设计特点

与iOS 6相比，iOS 7致力于追求简单，舍弃了之前低版本的光泽感、斜边缘、阴影和边界。从视觉上来说，iOS 7中没有用精致的图标来吸引用户的全部注意力，而是营造出令人放松的气氛，整个设计的趋势是让UI少一些修饰。

在2013年6月11日召开的WWDC 2013全球开发者大会上，iOS 7操作系统被正式发布，该系统可以说是自iOS诞生以来改变最大的系统。下面将为读者总结一下iOS 7的设计特点。

● 新界面

➢ iOS 7采用了全新设计的称号，改用全新的UI设计，更趋向于平面化和简洁化，整体上采用了扁平化的设计风格。

➢ 重新设计了所有的图标，对界面排版和布局做了改变，还在解锁界面加入了动态效果。在动画效果方面，iOS 7采用了大量的3D效果，并且，有放大和缩小效果。

➢ 减少了之前低版本中的渲染效果，以简单、清新的界面风格和元素带给用户轻松的感觉，如图3-26所示。

图3-26

● 更新

➢ 设置中心

用户可以在处于任何界面的情况下，通过从屏幕底部向上滑动来开启设置中心，设置WiFi、蓝牙等开关，调节屏幕亮度，控制歌曲播放，或是快速打开AirDrop、AirPlay、手电筒、指南针、计算机及相机程序，如图3-27所示。

➢ 通知中心

无论手机处于任何界面，用户都可以通过从顶部向下滑动来打开通知中心。通知界面可以显示推送、日历、股票、天气等更多、更全面的内容。通知中心分为今天、全部和错过3个分栏，以方便用户更容易地找到有价值的通知信息，如图3-28所示。

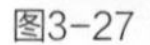

图3-27

图3-28

> 多任务菜单栏

用户可以通过双击HOME键打开多任务菜单。该菜单采用了卡片预览+图标的样式，用户可以通过向上推动卡片快速关闭程序。多任务菜单可以通过用户的使用习惯自动更新日程。

> 相机

用户可以只使用底部的一个主按钮完成拍视频、拍全景图、拍特效照片等操作。用户可以通过滑动主按钮直接切换至相机模式，各种滤镜效果可以在拍照时添加，也可以在拍摄完成后添加。

> 相册

可以按时间、地点分类的模式将加入的照片分类，还可以在iCloud中分享相册中的照片、视频，形成类似社交软件的分享平台。

> AirDrop

用户可以通过AirDrop在iOS设备间传输照片、视频、联系人等内容或其他APP中的内容，并且，不需要设置、即时生效，可通过蓝牙或WiFi传输，不过，此功能目前仅限于iPad 4、iPad mini、iPhone 5及iPod touch 5中。

> Safari浏览器

大幅度地改变了Safari界面，加入了新的全屏模式、搜索功能，以及更为立体的标签管理方式。

> iTunes Radio

iTunes Radio是iOS 7全新音乐应用的一项核心功能，类似“豆瓣电台”。用户可以创建自己的音乐站，收听音乐电台、购买音乐等，目前，只有美国可以使用此功能，其他国家也将会陆续登场。

> Siri语音助手

Siri在iOS 7中的界面全部被改变了，加入了新的声音，字体全部悬浮在半透明背景上。能更快和更广泛地搜索内容，如Bing、wiki百科、Twitter消息等，权限和语速也得到了提升。

> 商店和寻回手机

iOS 7中的AppStore进行了改版，可以自动保持APP的更新，而无需用户手动干预，也可以基于位置搜索流行的应用，还可以获取最好的教育软件。

寻回手机的iCloud功能得到了升级，用户只要输入Apple ID和密码就可以关闭寻回手机功能或清除手机内容，如图3-29、图3-30所示。

图3-29

图3-30

用寻回手机功能清除手机内容后，手机依旧会显示信息，但如果之前绑定了Apple ID，那么，即使刷机之后，也必须输入之前绑定的Apple ID和密码，才能激活并使用手机。

- 未来的车载功能

iOS界面将出现在奔驰、起亚、尼桑、英菲尼迪等12家品牌的汽车中，用户可以在汽车显示屏幕中查看信息、拨打电话。

实战1

制作iOS 7快捷设置界面

案例分析

本案例将为读者介绍iOS 7中快捷设置界面的制作步骤。本界面中所包含的图形元素较为全面，几乎会用到Photoshop中所有的形状工具。本案例的制作难点就是“钢笔工具”的使用，制作时，一定要耐心调整形状路径的锚点，以得到精致、完美的图形效果。

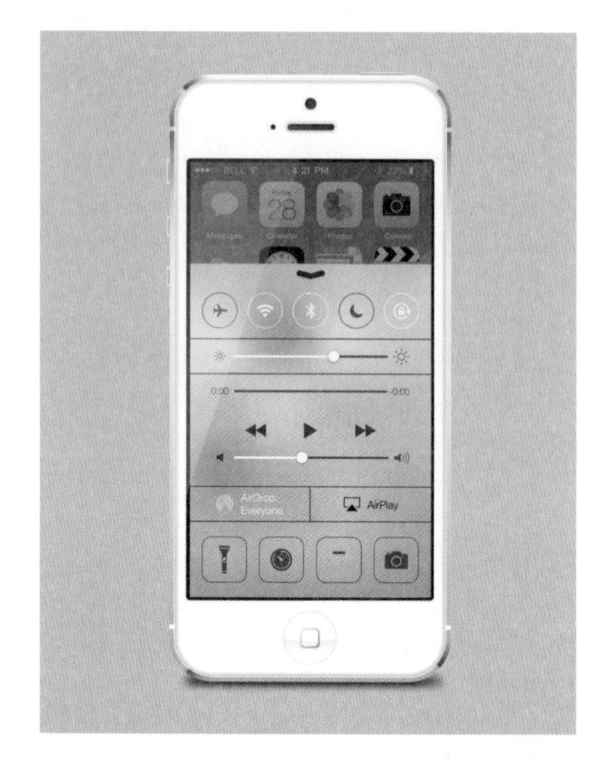

设计规范

规格尺寸	640×1136（像素）
主要工具	椭圆工具、圆角矩形工具、钢笔工具
源文件地址	第3章\源文件\001.psd
视频地址	视频\第3章\001.SWF

色彩分析

深蓝色的背景搭配零散分布于整个页面中的白色和不同明度的灰色，既突出了界面的主题，又为页面添加了活力。

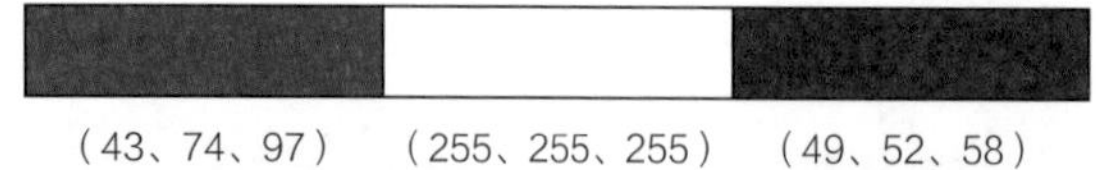

（43、74、97）　（255、255、255）　（49、52、58）

制作步骤

01 执行“文件>打开”命令，打开素材“第3章\素材\001.jpg”，如图3-31所示。新建图层，填充画布颜色为黑色，修改图层的“不透明度”为“40%”，如图3-32、图3-33所示。

图3-31

图3-32

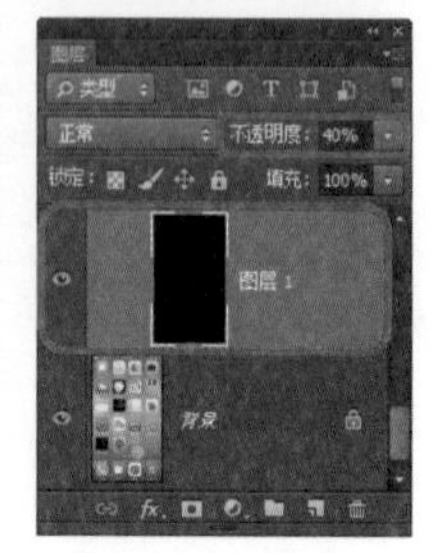

图3-33

02 复制“背景”图层至最上方，执行“滤镜>模糊>高斯模糊”命令，在弹出的“高斯模糊”对话框中设置参数值，如图3-34所示。设置完成后，单击“确定”按钮，图像效果如图3-35所示。用“矩形选框工具”在图像上半部分绘制选区，如图3-36所示。

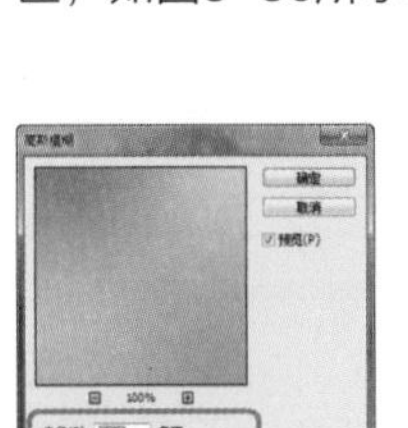
图3-34

图3-35

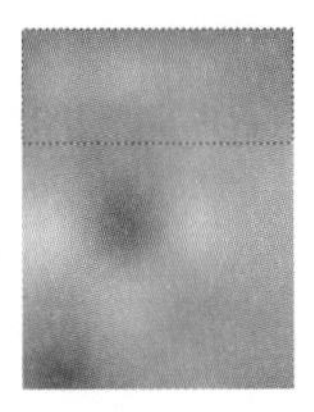
图3-36

03 按下Delete键，删除选区中的内容，效果如图3-37所示。新建“图层2”，按住Ctrl键的同时用鼠标右键单击该图层缩览图，将其载入选区，如图3-38所示。为选区填充白色，修改图层的“不透明度”为“45%”，效果如图3-39所示。

图3-37

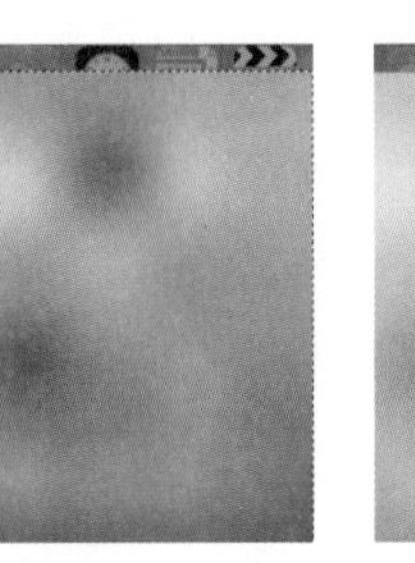
图3-38

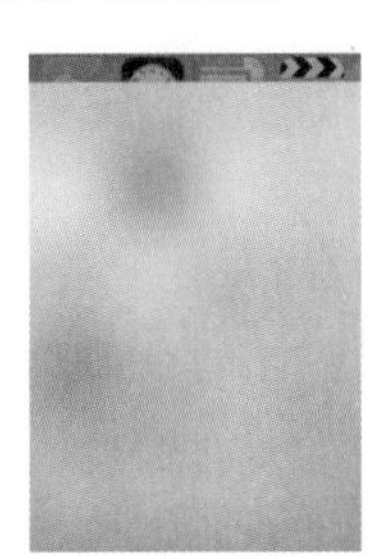
图3-39

提示

制作时，可以将复制出的图层转换为智能图层，这样可以保留为其添加的“高斯模糊”的模糊数值，方便以后对该数值的修改。将其转换为智能图层后，就无法通过绘制选区来删除图像中不需要的部分了，此时，可以单击“图层”面板底部的“添加矢量蒙版”按钮，再用蒙版遮盖图像中不需要的部分。

04 用“圆角矩形工具”在画布中创建“填充”为“RGB(39、42、42)”的矩形，如图3-40所示。按下Ctrl+T组合键，将形状适当旋转，如图3-41所示。设置“路径操作”为“合并形状”，用相同的方法完成另一半的绘制，效果如图3-42所示。

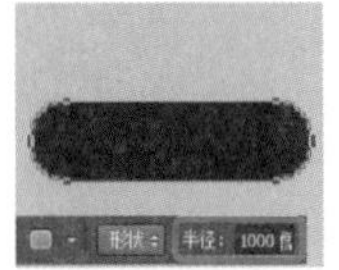
图3-40

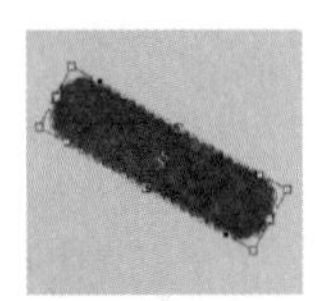
图3-41

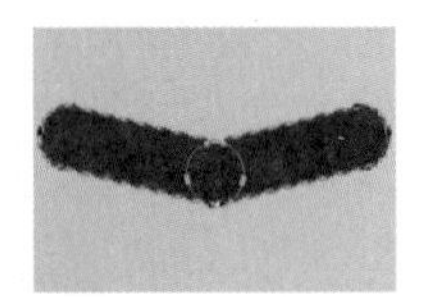
图3-42

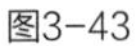

05 用“椭圆工具”在画布中创建任意颜色的形状，如图3-43所示。双击该图层缩览图，在弹出的“图层样式”对话框中选择“描边”选项并设置其参数值，如图3-44所示。

图3-43

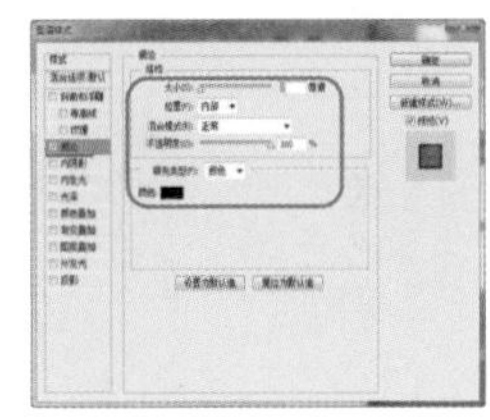
图3-44

提示

图层的“不透明度”用于控制图层、图层组中绘制的像素和形状的不透明度；“填充”则是用于控制像素和形状的透明度。给图层添加了图层样式后，设置图层的“不透明度”时，则会在改变形状或像素的不透明度的同时影响图层样式。

06 设置完成后单击“确定”按钮，修改图层“填充”为“0%”，如图3-45、图3-46所示。用“钢笔工具”在椭圆中绘制黑色的图形，如图3-47所示。

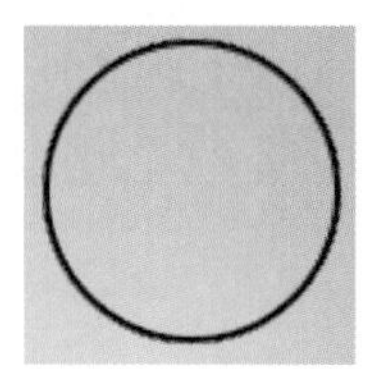

图3-45

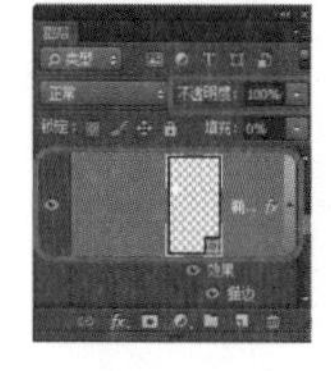

图3-46

图3-47

07 对相关图层进行编组，将其命名为“飞行模式”并修改图层“不透明度”为“65%”，图像效果如图3-48所示。复制“椭圆1”并将其向右移动，打开“图层样式”对话框，修改“描边”的图层样式，如图3-49所示。

图3-48

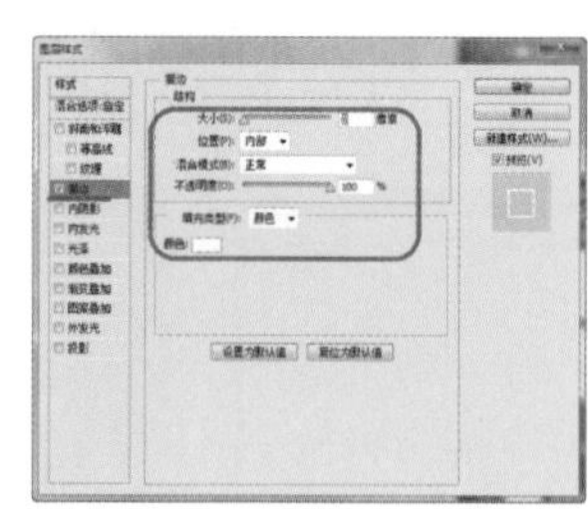

图3-49

08 设置完成后，单击“确定”按钮，用相同的方法完成相似内容的制作，如图3-50所示。

图3-50

09 新建图层，用“直线工具”在画布中画出黑色的直线，修改图层“不透明度”为“65%”，图像效果如图3-51所示。

图3-51

10 用相同的方法完成相似内容的制作，效果如图3-52所示。

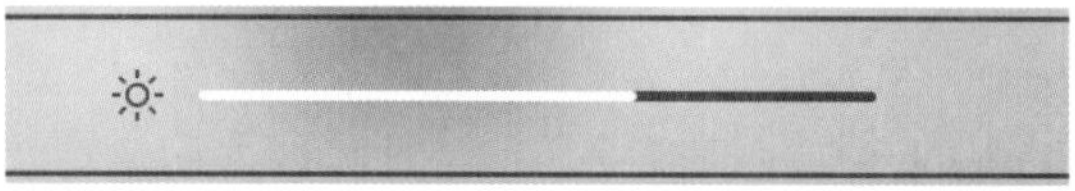

图3-52

11 选择“椭圆工具”，在画布中创建白色的正圆，如图3-53所示。双击该图层缩览图，在弹出的“图层样式”对话框中选择“外发光”选项，设置其参数值，如图3-54所示。

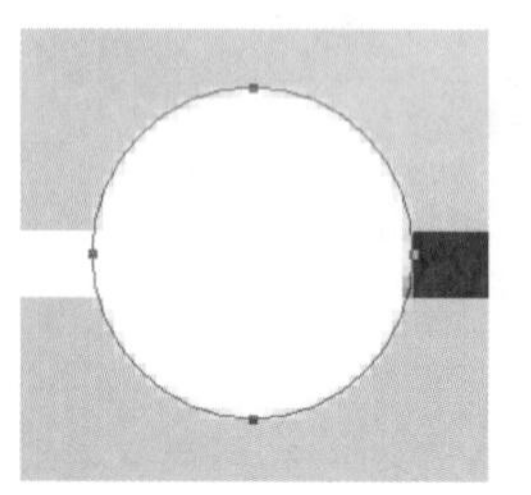
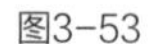

图3-53

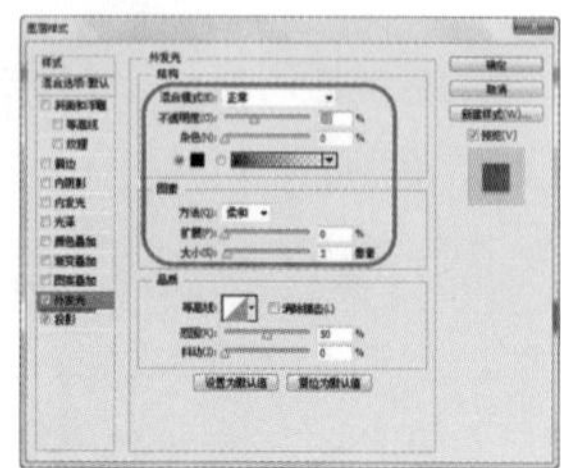

图3-54

12 选择“投影”选项并设置其参数值，如图3-55所示。设置完成后，单击“确定”按钮，图像效果如图3-56所示。

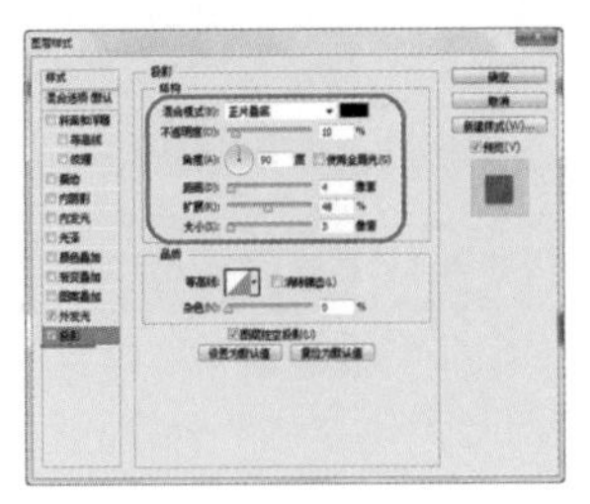

图3-55

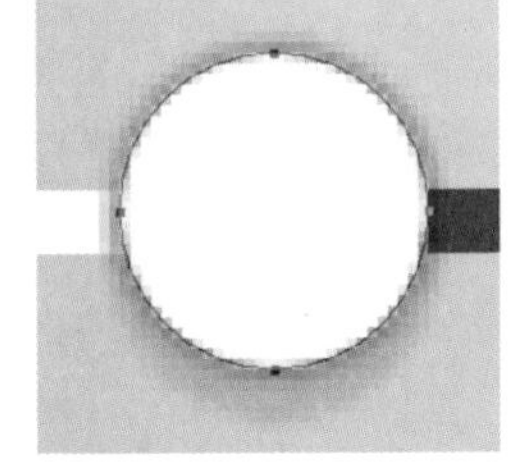

图3-56

13 用相同的方法完成相似内容的制作，效果如图3-57所示。打开“字符”面板并设置参数值，在画布中输入相应的文字，如图3-58、图3-59所示。

图3-57

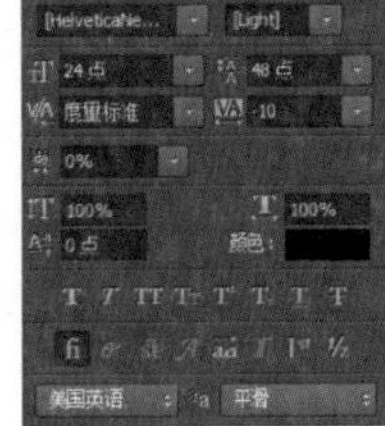

图3-58

图3-59

14 用相同的方法完成相似内容的制作，效果如图3-60所示。

图3-60

15 选择“自定义形状工具”，设置“填充”为“黑色”，在画布中创建形状，如图3-61、图3-62所示。按Ctrl+T组合键，对形状进行适当的旋转，如图3-63所示。

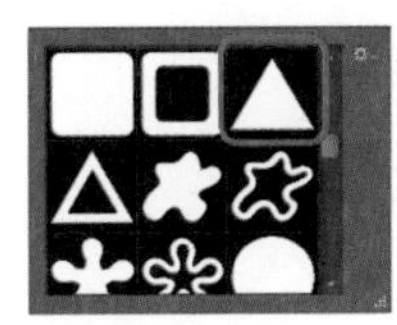

图3-61

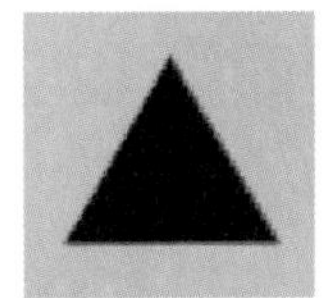

图3-62

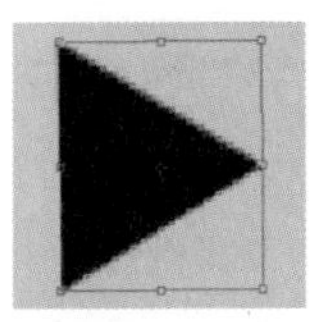

图3-63

16 用相同的方法完成相似内容的制作。对相关图层进行编组，修改“不透明度”为“75%”，如图3-64、图3-65所示。用相同的方法完成相似内容的制作，效果如图3-66所示。

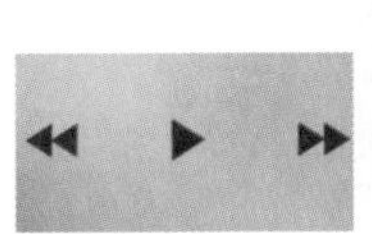

图3-64

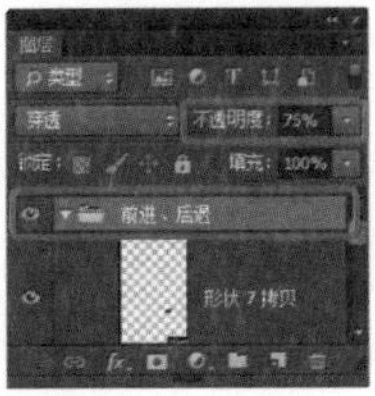

图3-65

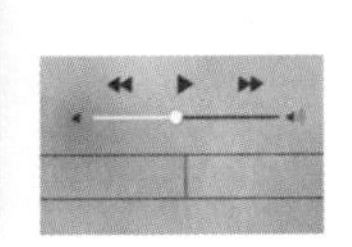

图3-66

17 选择“椭圆工具”，在画布中创建圆形，如图3-67所示。设置“路径操作”为“排除重叠形状”，在椭圆中间绘制出如图3-68所示的形状。用相同的方法继续在图像中绘制，效果如图3-69所示。

图3-67

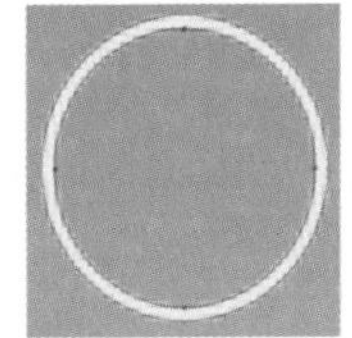

图3-68

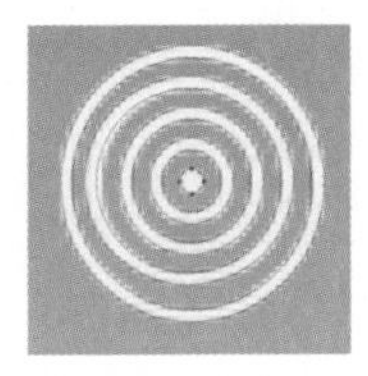

图3-69

18 选择“钢笔工具”，设置“路径操作”为“减去顶层形状”后，在图像中绘制，然后，设置“路径操作”为“合并形状组件”，效果如图3-70所示。用相同的方法完成相似内容的制作，图像最终效果如图3-71所示，“图层”面板如图3-72所示。

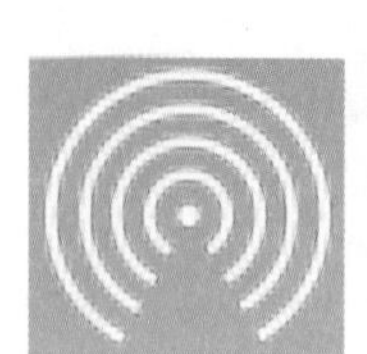
图3-70

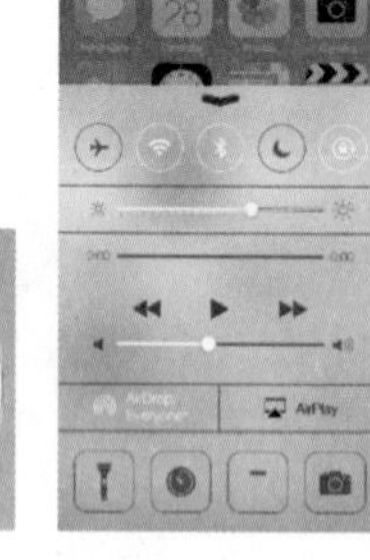
图3-71

图3-72

操作小贴士

绘制直线时，也可以将“工具模式”设置为“形状”，这样绘制出的直线可以用“直接选择工具”选择直线路径，修改同一图层中的直线之间的距离。如果将“工具模式”设置为“像素”并将所有直线绘制在同一图层中，就无法再修改直线之间的距离了。

实战2 制作iOS 6搜索栏

案例分析

本案例将向读者介绍iOS 6中搜索栏的制作方法和步骤。制作好的搜索栏的外表非常华丽，但实际上本案例的制作方法非常简单，除了一些简单的形状绘制外，就是对图层样式的运用了。

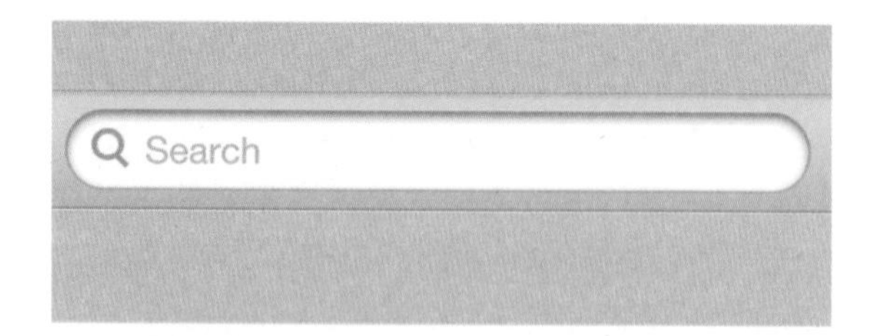

设计规范

尺寸规格	590×88（像素）
主要工具	圆角矩形工具、图层样式
源文件地址	第3章\源文件\002.psd
视频地址	视频\第3章\002.SWF

色彩分析

图像以浅灰色搭配白色，显得简单、朴素，灰白渐变的装饰则增添了其华丽感。

（255、255、255）　（182、192、199）

制作步骤

01 执行“文件>新建”命令，新建一个空白文档，如图3-73所示。选择“矩形工具”，在画布中创建一个任意颜色的矩形，如图3-74所示。

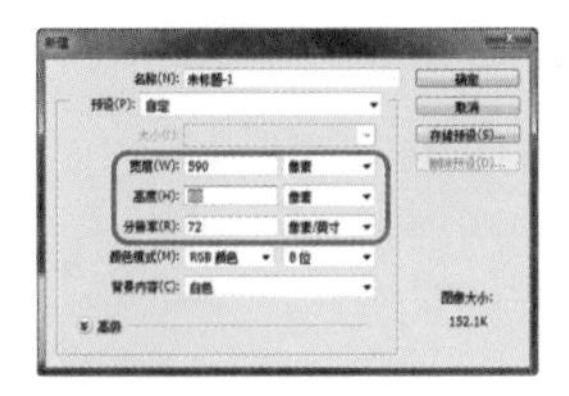

图3-73

图3-74

02 双击该图层缩览图，在弹出的“图层样式”对话框中选择“渐变叠加”选项并设置参数值，如图3-75所示。设置完成后，单击“确定”按钮，图像效果如图3-76所示。

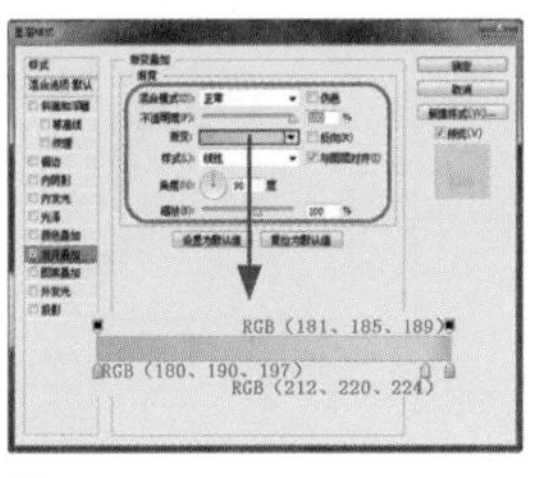

图3-75

图3-76

03 选择“直线工具”，设置“填充”颜色为“RGB（129、146、159）”，在画布底部绘制直线，如图3-77所示。选择“圆角矩形工具”，在画布中创建白色的矩形，如图3-78所示。

图3-77

图3-78

04 双击该图层缩览图，在弹出的“图层样式”对话框中选择“描边”选项并设置参数值，如图3-79所示。选择“内阴影”选项并设置参数值，如图3-80所示。

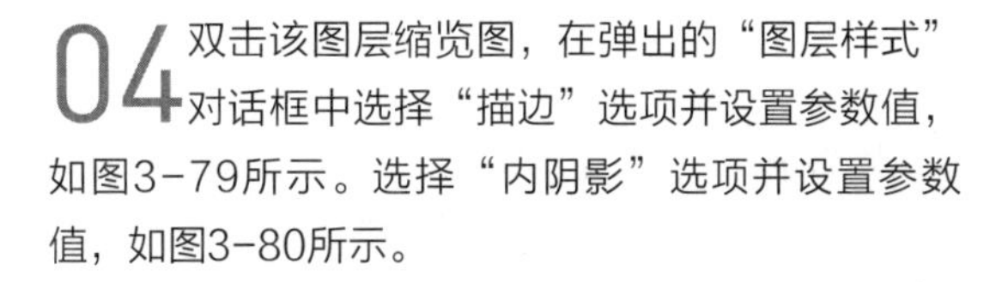

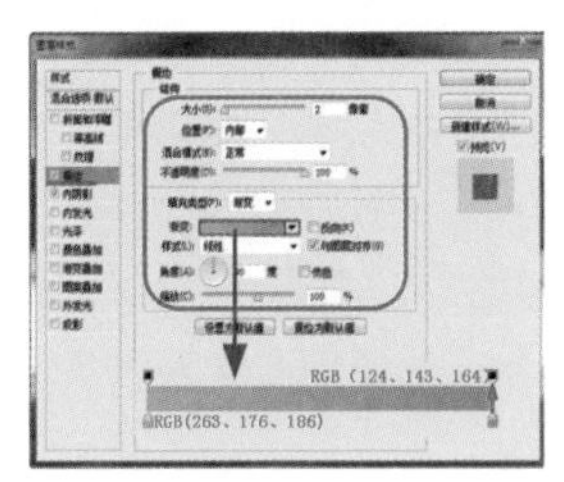

图3-79

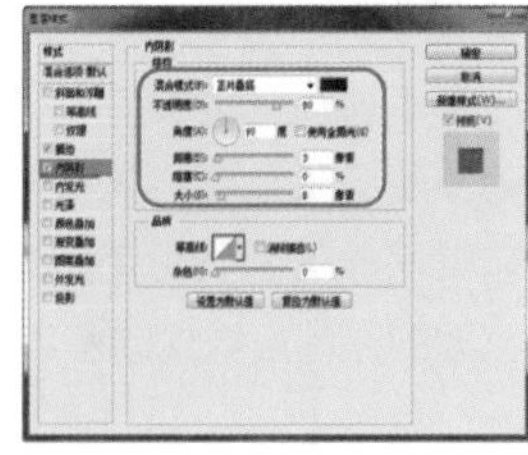

图3-80

05 设置完成后，单击“确定”按钮，图像效果如图3-81所示。

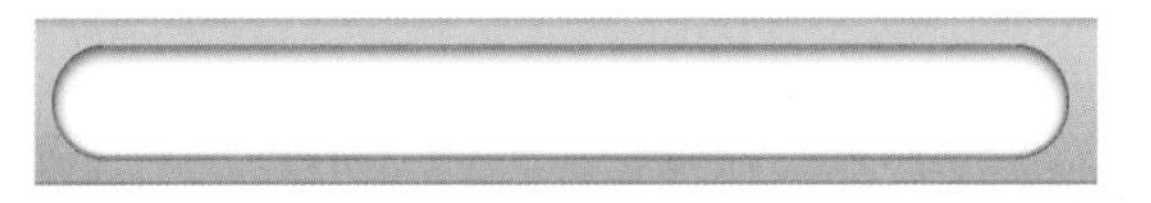

图3-81

06 选择“椭圆工具”，在画布中创建“填充”为“RGB（147、152、157）”的正圆，如图3-82所示。设置“路径操作”为“减去顶层形状”，在正圆中心绘制如图3-83所示的形状。选择“钢笔工具”，设置“路径操作”为“合并形状”，在正圆边缘绘制，效果如图3-84所示。

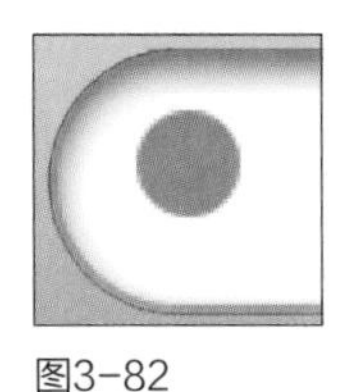

图3-82

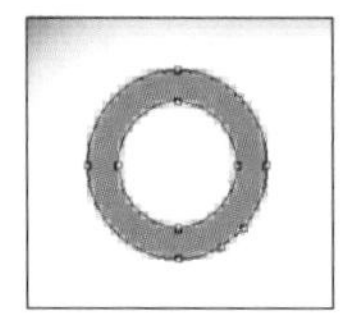

图3-83

图3-84

07 打开“字符”面板，设置各项参数值，如图3-85所示。选择“横排文字工具”，在画布中合适的位置输入文字，图像的最终效果如图3-86所示。

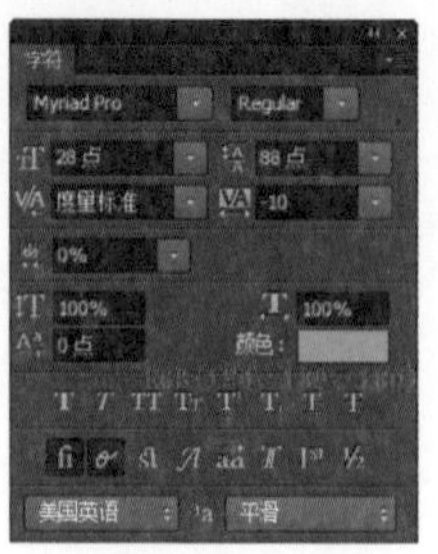

图3-85

Search

图3-86

操作小贴士

绘制图像中的放大镜图标时，将“路径操作”设置为“减去顶层形状”后，一定要注意，应先单击鼠标左键并拖动鼠标，再按住Shift键，才能绘制出正圆；若先按住Shift键，再拖动鼠标，就会将“路径操作”修改为“合并形状”了。

实战3 制作iOS 6的亮度栏

案例分析

本案例将向读者介绍iOS 6中亮度栏的制作方法和步骤，其制作方法非常简单，组成图形的元素也非常简单，都是常用的几何图形。需要注意和较难掌握的是图层样式的运用，制作时要用心学习。

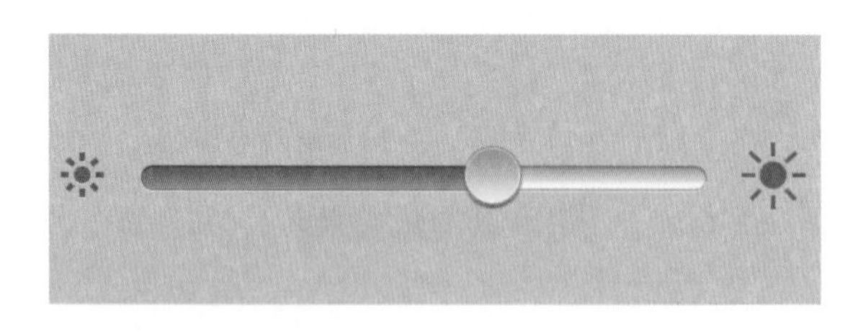

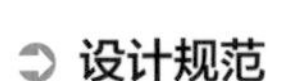

设计规范

尺寸规格	555×50（像素）
主要工具	圆角矩形工具、图层样式
源文件地址	第3章\源文件\003.psd
视频地址	视频\第3章\003.SWF

色彩分析

蓝色与不同明度的灰色搭配，使图像既简单又不失华丽，给人以质朴的感觉。

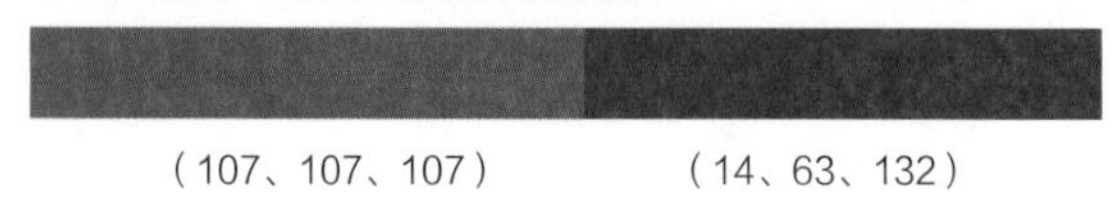

（107、107、107）　（14、63、132）

制作步骤

01 执行“文件>新建”命令，新建一个空白文档，如图3-87所示。选择“椭圆工具”，在画布中创建“填充”为“RGB（107、107、107）”的正圆，如图3-88所示。

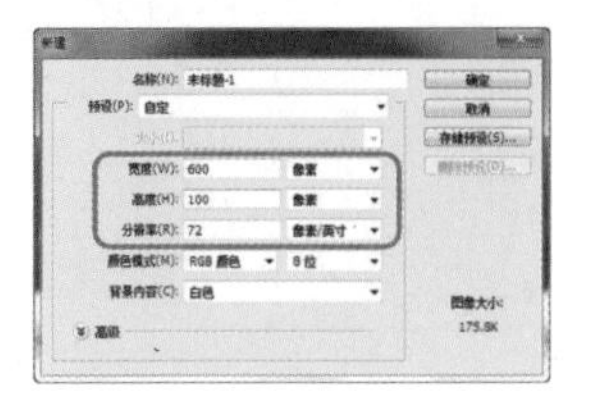
图3-87

图3-88

02 选择“直线工具”，设置“路径操作”为“合并形状”，在画布中绘制如图3-89所示的图形。用相同的方法完成相似内容的制作，如图3-90、图3-91所示。

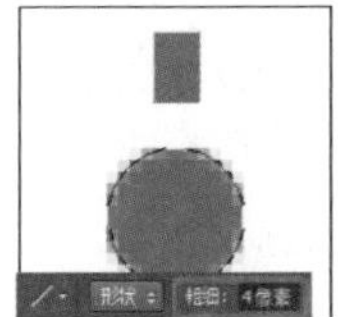
图3-89

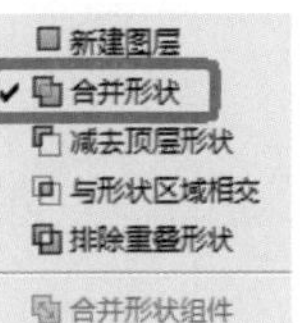

图3-90

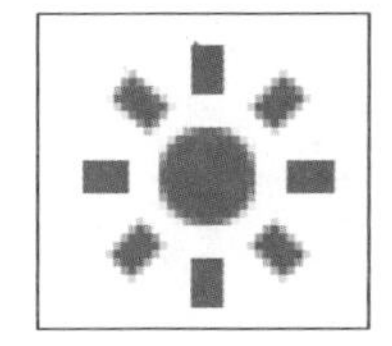
图3-91

03 用“圆角矩形工具”在画布中创建任意颜色的矩形，如图3-92所示。

图3-92

04 双击该图层缩览图，在弹出的“图层样式”对话框中选择“描边”选项并设置参数值，如图3-93所示。选择“渐变叠加”选项并设置参数值，如图3-94所示。

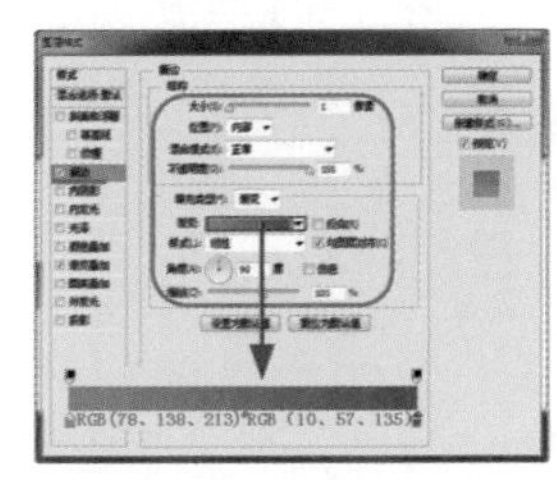

图3-93

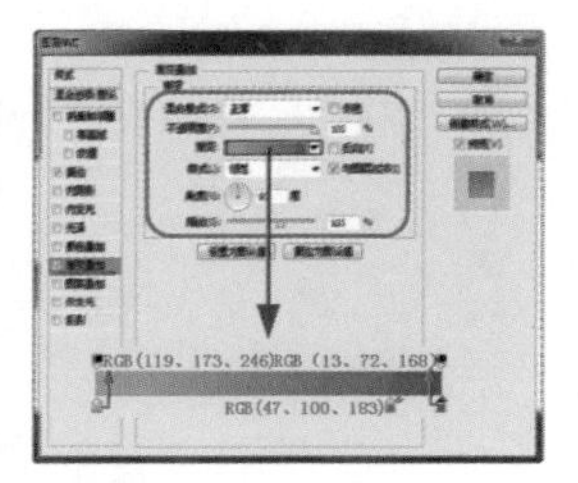

图3-94

05 设置完成后，单击“确定”按钮，图像效果如图3-95所示。用相同的方法绘制另一个圆角矩形，如图3-96所示。

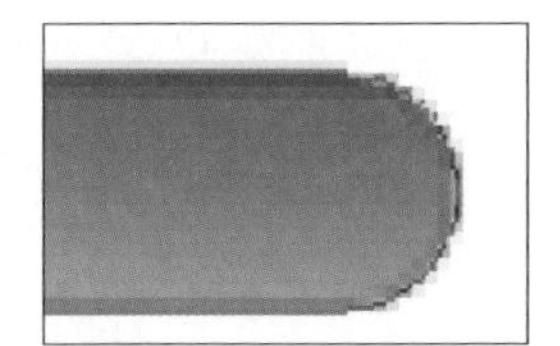
图3-95

图3-96

06 双击该图层缩览图，在弹出的“图层样式”对话框中选择“描边”选项并设置参数值，如图3-97所示。选择“渐变叠加”选项并设置参数值，如图3-98所示。

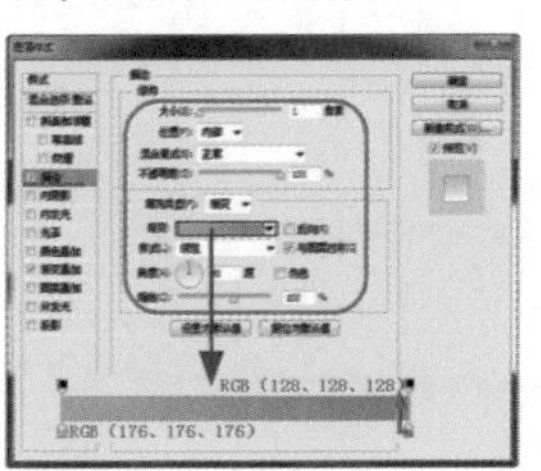

图3-97

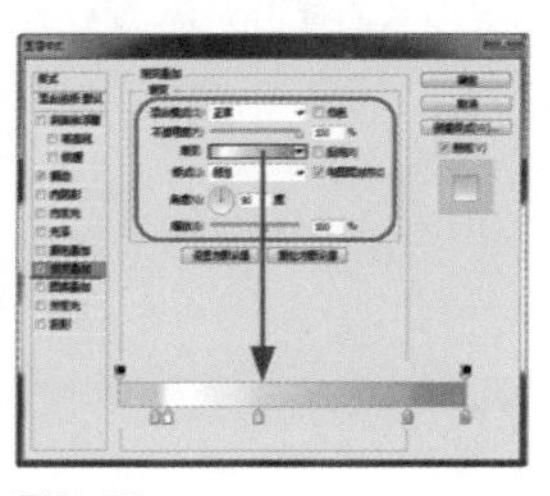
图3-98

07 设置完成后，单击“确定”按钮，图像效果如图3-99所示。用“椭圆工具”在画布中绘制正圆，如图3-100所示。

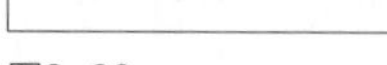
图3-99

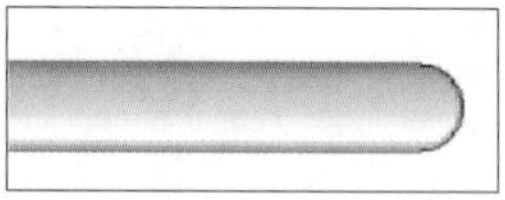

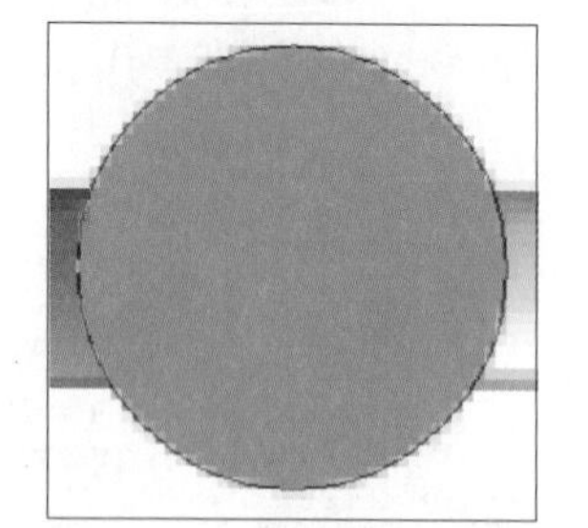
图3-100

08 双击该图层缩览图，在弹出的“图层样式”对话框中选择“描边”选项并设置参数值，如图3-101所示。选择“内阴影”选项并设置参数值，如图3-102所示。

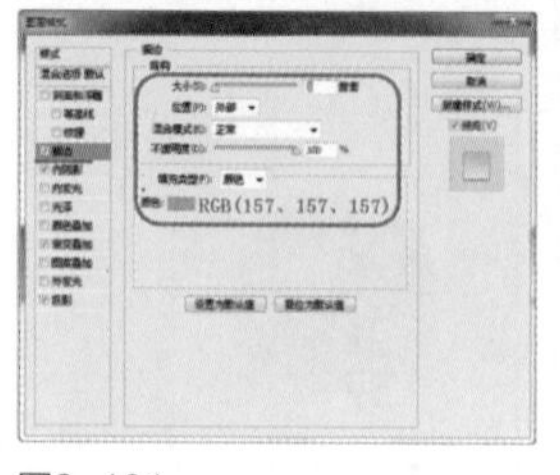

图3-101

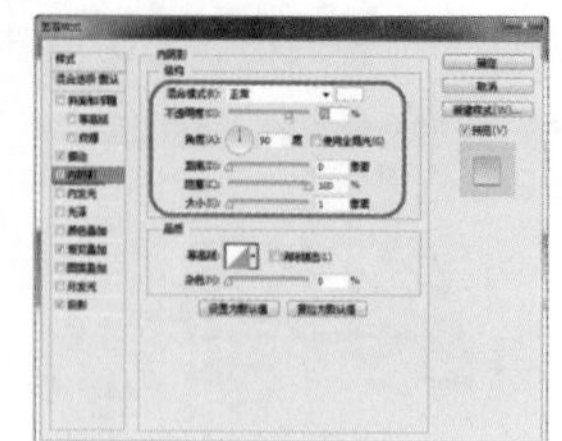
图3-102

09 选择“渐变叠加”选项并设置参数值，如图3-103所示。选择“投影”选项并设置参数值，如图3-104所示。

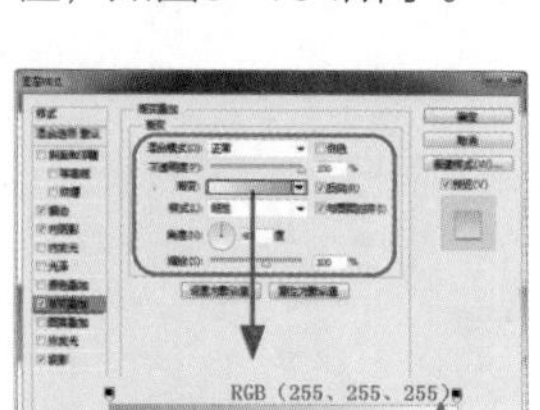

图3-103

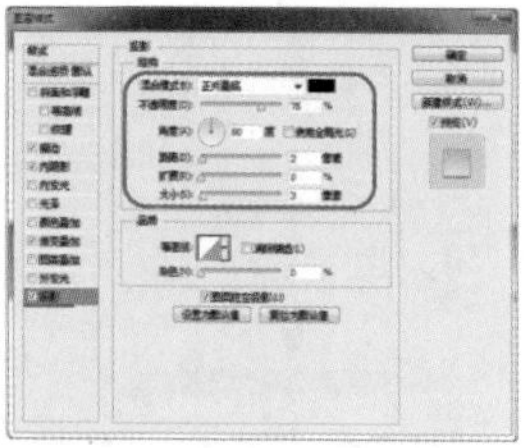

图3-104

10 设置完成后，单击“确定”按钮，用相同的方法完成相似内容的制作，图像的最终效果如图3-105所示。

图3-105

操作小贴士

为形状添加“渐变叠加”效果时，在“混合模式”为“正常”的情况下，也可以直接在选项栏中设置“填充”为渐变填充。制作两边的图像时，也可以用“矩形工具”绘制并旋转椭圆外围的线条。

实战4

制作iOS 7锁屏界面

案例分析

本案例将为读者介绍iOS 7锁屏界面的制作方法。本案例的制作步骤较少，制作方法也非常简单。案例中对混合模式的运用较多，在制作时，要对图层的混合模式有一定的了解。

设计规范

规格尺寸	640×1136（像素）
主要工具	圆角矩形工具、文字工具、钢笔工具
源文件地址	第3章\源文件\004.psd
视频地址	视频\第3章\004.SWF

色彩分析

蓝色与紫色的搭配给人以高深莫测的神秘感，而白色的主色，则突出了主题，为页面添加了灵动感。

（61、24、82）	（58、166、172）	（255、255、255）

制作步骤

01 执行“文件>打开”命令，打开素材“第3章\素材\002.jpg”，如图3-106所示。再次执行“文件>打开”命令，打开素材“第3章\素材\003.png”，将其拖到画布顶端，如图3-107所示。打开“字符”面板并设置参数值，如图3-108所示。

图3-106

图3-107

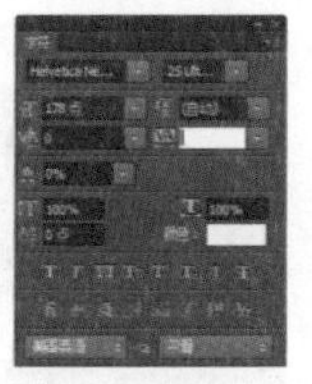

图3-108

02 用“横排文字工具”在画布中输入文字，如图3-109所示。用相同的方法输入其他文字，如图3-110所示。用“圆角矩形工具”创建白色的矩形，如图3-111所示。

图3-109

图3-110　图3-111

03 执行“编辑>变换路径>旋转”命令，对图形进行旋转，如图3-112所示。复制形状，执行“编辑>变换>水平翻转”命令，再将其拖至合适的位置，如图3-113所示。合并“圆角矩形1”和“圆角矩形1拷贝”图层，修改“混合模式”为“叠加”，效果如图3-114所示。

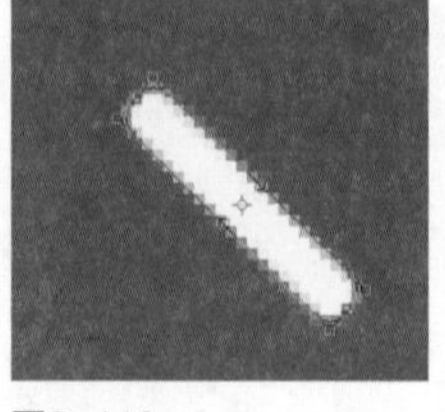
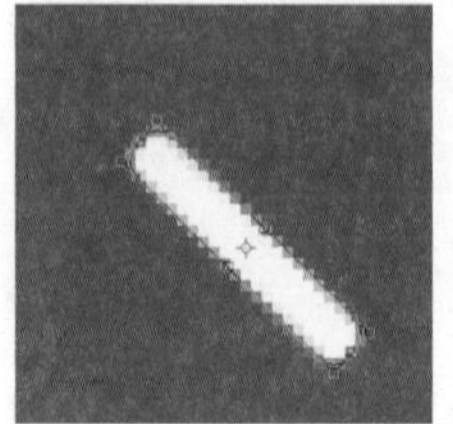

图3-112

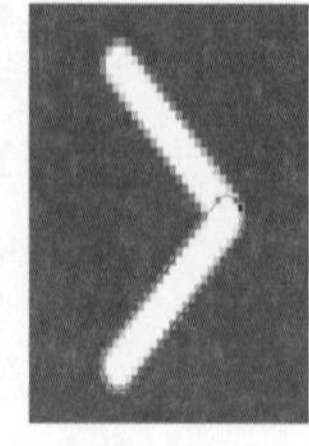

图3-113

图3-114

04 打开“字符”面板并设置参数后，在画布中输入文字，如图3-115、图3-116所示。修改图层的“混合模式”为“叠加”，图像效果如图3-117所示。

图3-115

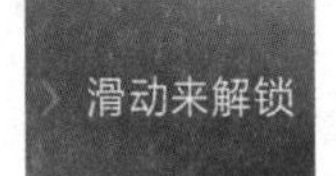

图3-116

图3-117

05 用相同的方法完成相似内容的制作，如图3-118所示。用“圆角矩形工具”在画布中创建白色的矩形，如图3-119所示。

图3-118

图3-119

06 选择“椭圆工具”，设置“路径操作”为“减去顶层形状”，在图像中绘制如图3-120所示的形状。设置“路径操作”为“排除重叠形状”，在图像中绘制如图3-121所示的形状。

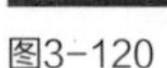

图3-120

图3-121

07 用相同的方法完成相似内容的制作，如图3-122所示。选择“钢笔工具”，设置“路径操作”为“合并形状”，在图像中绘制如图3-123所示的形状。

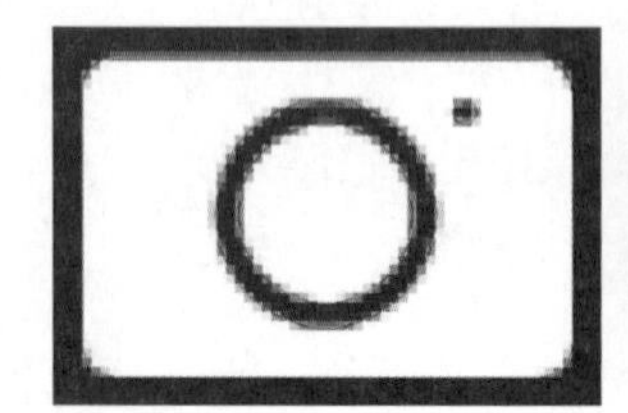

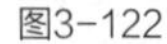

图3-122

图3-123

08 用相同的方法完成相似内容的制作，如图3-124所示。复制该图层至最上方，修改图层的“不透明度”为“40%”，图像的最终效果如图3-125所示。

操作小贴士

在制作照相机图标中间的正圆时，一定要在拖曳鼠标后再按Shift键，因为使用形状工具绘制形状时，Shift键就是修改“工具模式”为“合并形状”的快捷键。

图3-124

图3-125

实战5 制作iOS 7主界面

案例分析

本案例将为读者介绍iOS 7主屏幕界面的制作方法。其制作方法非常简单，除了之前讲过无数次的图形绘制外，其他大多数都由拖素材来完成，需要注意的是，拖入素材的排版位置一定要整齐。

设计规范

规格尺寸	640×1136（像素）
主要工具	钢笔工具、矩形工具、椭圆工具
源文件地址	第3章\源文件\005.psd
视频地址	视频\第3章\005.SWF

色彩分析

蓝色的背景与黑、白主色相搭配，增强了可识辩性，同时，给用户以清爽怡人的感觉。

（0、0、0）	（255、255、255）	（101、170、207）

制作步骤

01 执行“文件>打开”命令，打开素材“第3章\素材\004.jpg”，如图3-126所示。用“椭圆工具”在画布左上角创建白色的正圆，如图3-127所示。设置“路径操作”为“合并形状”，继续在图像中绘制，效果如图3-128所示。

图3-126

图3-127

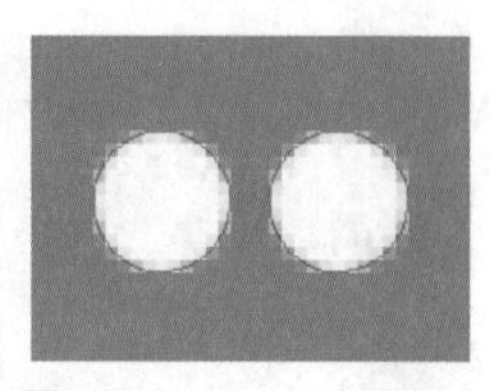
图3-128

02 用相同的方法完成相似内容的制作，效果如图3-129所示。选择“椭圆工具”，设置“填充”和“描边”为“无”，在画布中创建正圆路径，如图3-130所示。

图3-129

图3-130

03 双击该图层缩览图，在弹出的“图层样式”对话框中选择“描边”选项并设置参数值，如图3-131所示。设置完成后，单击“确定”按钮，图像效果如图3-132所示。用相同的方法完成相似内容的制作，如图3-133所示。

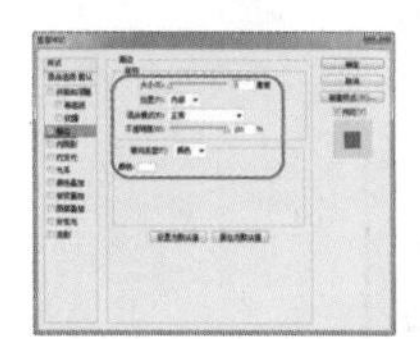
图3-131

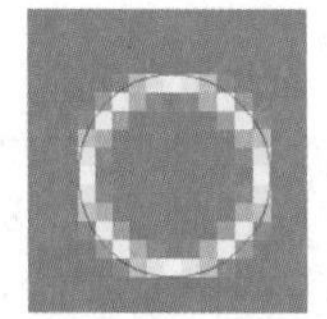
图3-132

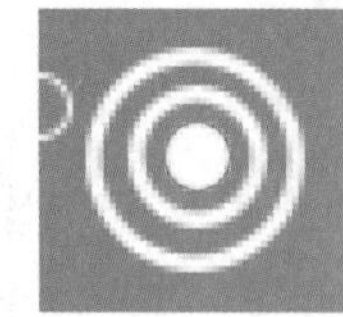
图3-133

04 对相关图层进行编组，如图3-134所示。选择“钢笔工具”，设置“工具模式”为“路径”，绘制路径，如图3-135所示。按下Ctrl+Enter组合键，将路径转换为选区，如图3-136所示。

图3-134

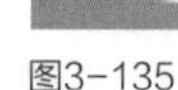
图3-135

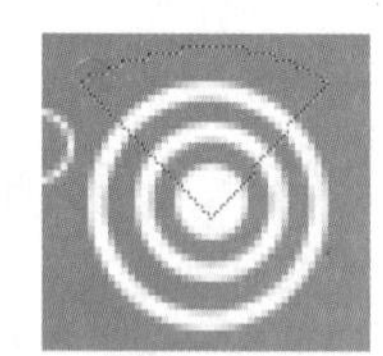
图3-136

05 单击“图层”面板底部的“添加矢量蒙版”按钮，添加图层蒙版，如图3-137、图3-138所示。打开“字符”面板并设置各项参数值，如图3-139所示。

图3-137

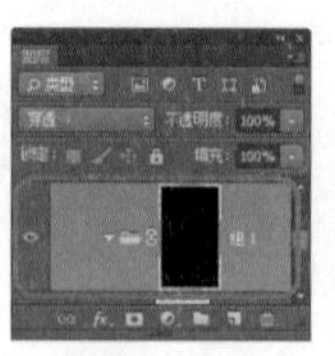
图3-138

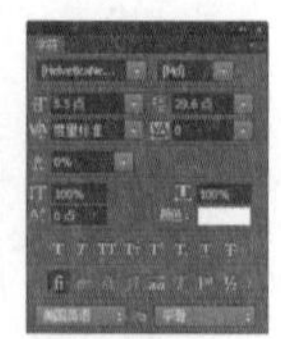
图3-139

提示

为图层添加图层蒙版是为了遮盖图像中不需要的部分，要删除不需要的部分也可以先栅格化该图层，将图层转换为像素图层，再将其删除。用图层蒙版遮盖图像中不需要的部分，可以保护原图像的完整性，方便设计者通过调整图层蒙版对不满意的地方进行修改，所以制作时最好使用图层蒙版。

06 用“横排文字工具”在画布中输入相应文字，再用相同的方法完成相似内容的制作，得到的状态栏效果如图3-140所示。

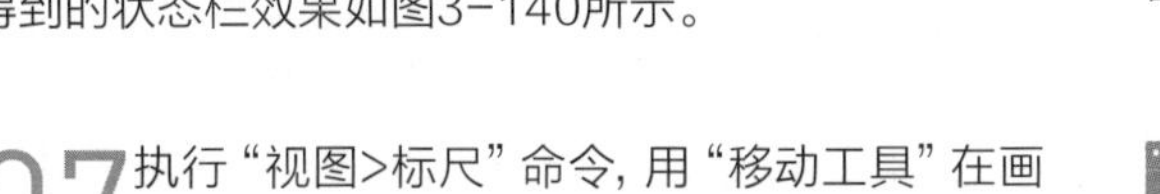

图3-140

07 执行“视图>标尺”命令，用“移动工具”在画布中拖出参考线，如图3-141所示。执行“文件>打开”命令，打开素材“第3章\素材\005.psd”，将名称为“音乐”的图标拖入设计文档，如图3-142所示。打开“字符”面板并设置参数，如图3-143所示。

图3-141

图3-142

图3-143

08 用“横排文字工具”在画布中输入文字，如图3-144所示。用相同的方法完成相似内容的制作，如图3-145所示。新建图层，用“矩形工具”在画布底部创建白色的矩形，如图3-146所示。

图3-144

图3-145

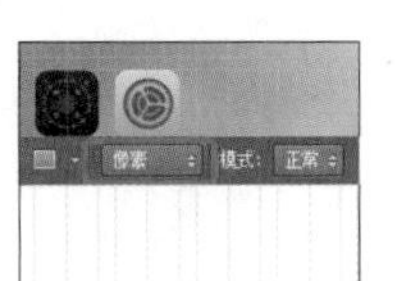

图3-146

09 打开“图层样式”对话框，选择“内阴影”选项并设置参数值，如图3-147所示。选择“渐变叠加”选项并设置参数值，如图3-148所示。

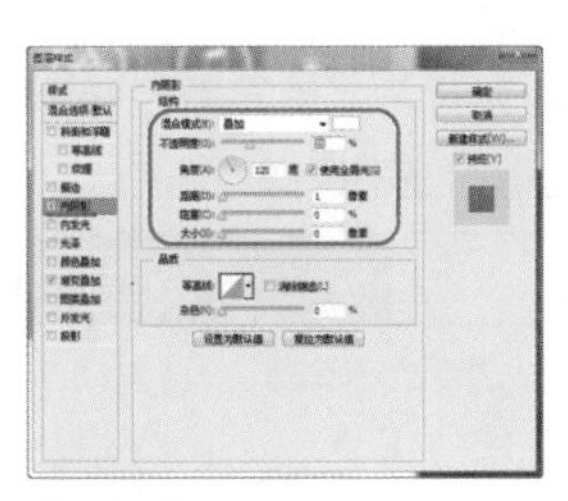
图3-147

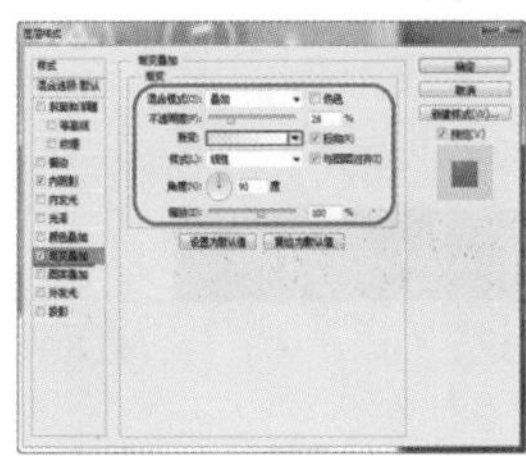
图3-148

10 设置完成后，单击“确定”按钮，在“图层”面板中设置“填充”为“5%”，“混合模式”为“叠加”，如图3-149、图3-150所示。用相同的方法完成相似内容的制作，图像的最终效果如图3-151所示。

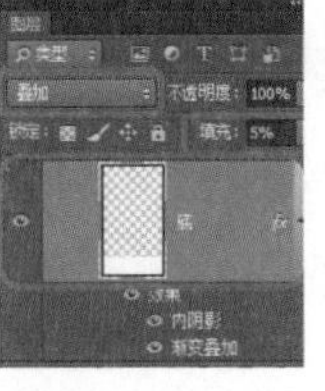

图3-149

图3-150

图3-151

操作小贴士

制作完界面后，可执行“视图>清除参考线”命令，一次性清除所有参考线；也可以执行“视图>显示>参考线”命令或按Ctrl+H组合键，隐藏参考线，再次执行该命令或按Ctrl+H组合键，即可显示参考线。

实战6

制作iOS 7闹钟界面

➲ 案例分析

本案例将为读者介绍iOS 7中闹钟界面的制作方法。虽然该界面看起来非常简朴，但制作起来却不是很容易，因为界面中的图形组成元素繁琐，而且，对路径的精确度要求较高。

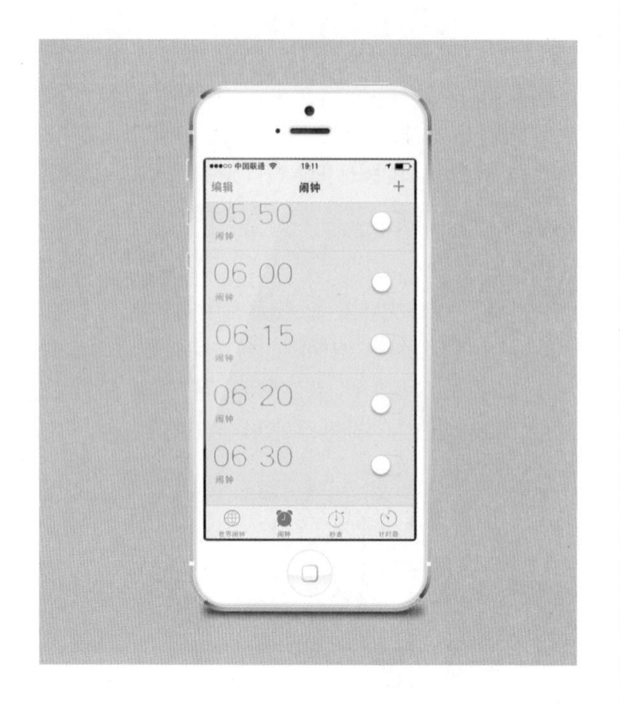

➲ 设计规范

规格尺寸	640×1136（像素）
主要工具	钢笔工具、矩形工具、文字工具
源文件地址	第3章\源文件\006.psd
视频地址	视频\第3章\006.SWF

➲ 色彩分析

整个画面以黑、白两色为背景，使界面显得简单、大气，搭配的少量红色则加强了视觉冲击力。

（0、0、0）　（255、255、255）　（233、30、46）

制作步骤

01 执行“文件>新建”命令，新建一个空白文档，如图3-152所示。为画布填充颜色“RGB（235、235、240）”。用“矩形工具”在画布顶部创建一个“填充”为“RGB（249、249、249）”的矩形，效果如图3-153所示。

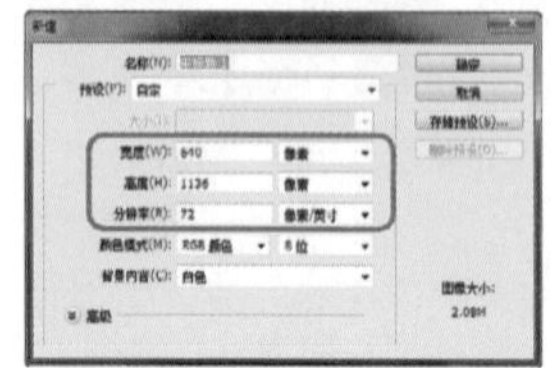

图3-152

图3-153

02 用“直线工具”在矩形底部绘制“填充”为“RGB（178、178、178）”的直线，如图3-154所示。执行“文件>打开”命令，打开素材“第3章\素材\006.png”，将其拖到画布中合适的位置，如图3-155所示。

图3-154

图3-155

03 打开“字符”面板，设置各项参数值后，用“横排文字工具”在画布中输入文字，如图3-156所示。用相同的方法完成相似内容的制作，如图3-157所示。

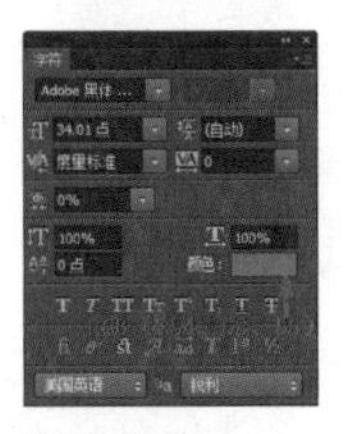

图3-156

图3-157

04 用“直线工具”在画布中绘制“填充”为“RGB（200、200、200）”的直线，如图3-158所示。打开“图层样式”对话框，选择“外发光”选项并设置参数值，如图3-159所示。

图3-158

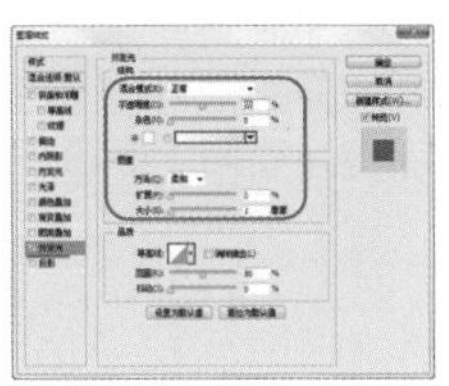

图3-159

05 设置完成后，单击“确定”按钮，图像效果如图3-160所示。用相同的方法完成相似内容的制作，如图3-161所示。

图3-160

图3-161

06 用“圆角矩形工具”在画布中创建“填充”为“RGB（235、235、240）”，“描边”为“RGB（229、229、229）”的矩形，如图3-162所示。用“椭圆工具”在画布中创建白色的正圆，如图3-163所示。

图3-162

图3-163

07 双击该图层缩览图，在弹出的“图层样式”对话框中选择“外发光”选项并设置参数值，如图3-164所示。选择“投影”选项并设置参数值，如图3-165所示。

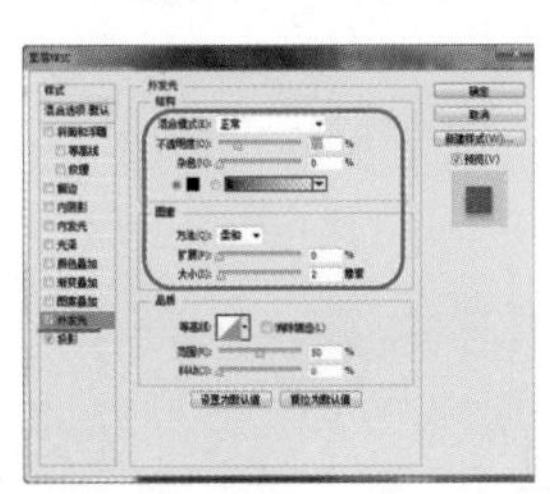

图3-164

图3-165

08 设置完成后，单击“确定”按钮，图像效果如图3-166所示。对相关图层进行编组并将其命名为“按钮”，如图3-167所示。复制组并将其向下移动，如图3-168所示。

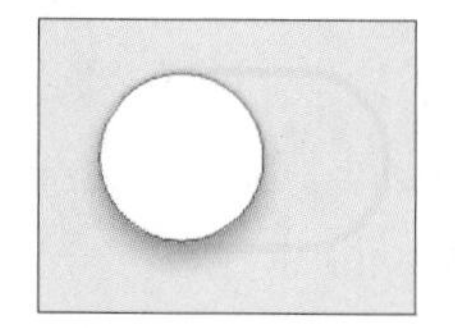
图3-166

图3-167

图3-168

09 用相同的方法完成相似内容的制作，如图3-169所示。用“椭圆工具”绘制“填充”为“无”，“描边”为“RGB（152、152、152）”的圆环，如图3-170所示。用“钢笔工具”绘制“填充”为“无”，“描边”为“RGB（152、152、152）”的曲线，如图3-171所示。

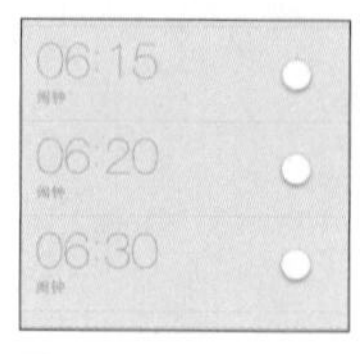

图3-169

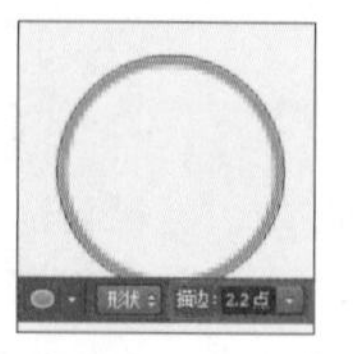

图3-170

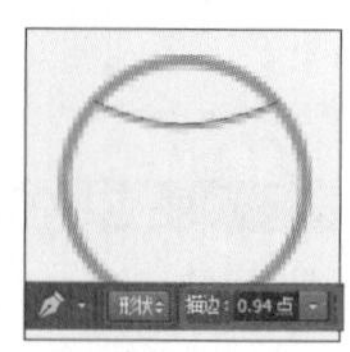

图3-171

10 用相同的方法完成相似内容的制作，如图3-172所示。用“椭圆工具”在画布中创建“填充”为“RGB（255、59、48）”的椭圆形，如图3-173所示。选择“直线工具”，设置“路径操作”为“合并形状”，在图像中绘制如图3-174所示的图形。

图3-172

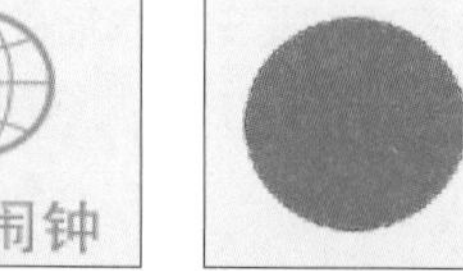
图3-173

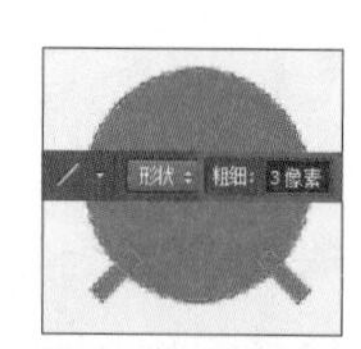

图3-174

11 继续用 “椭圆工具”在画布中创建图形，效果如图3-175所示。选择“钢笔工具”，设置“路径操作”为“减去顶层形状”，在图像中绘制如图3-176所示的图形。用相同的方法完成相似内容的制作，图像的最终效果如图3-177所示。

图3-175

图3-176

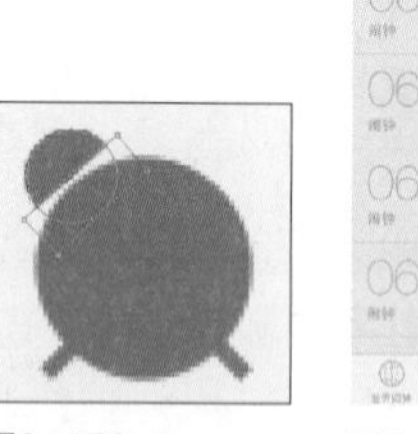

图3-177

操作小贴士

绘制形状时，如果先绘制一个“填充”为“无”，“描边”为“黑色”的图形，然后，设置“路径操作”为“合并形状”，再绘制另一个“填充”为“白色”，“描边”为“无”的图形，那么，将这两个形状合并后，绘制出的图形效果也会被合并为“填充”为“白色”，“描边”为“黑色”的形状。

实战7

制作iOS 7天气界面

➲ 案例分析

本案例将制作的是iOS 7天气界面。制作界面中的小图标时，只需制作好一个完整的图形，其他几个相同的图形通过复制图层即可得到。本界面中的元素排版非常整齐，在制作时，可以用参考线来定位，制作出美观又规整的界面效果。

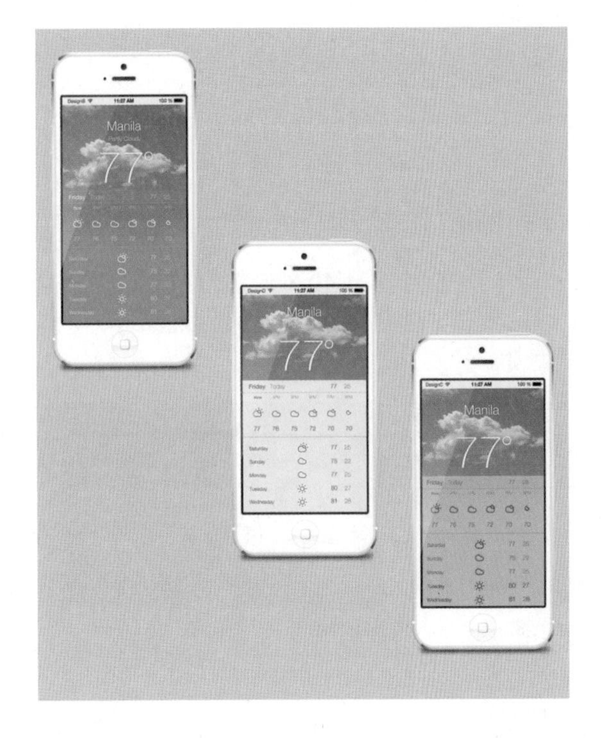

➲ 设计规范

规格尺寸	640×1136（像素）
主要工具	椭圆工具、文字工具
源文件地址	第3章\源文件\007.psd
视频地址	视频\第3章\007.SWF

➲ 色彩分析

整个界面以蓝色为背景，白色的文字和深灰色图标使整个界面的色彩不轻浮。

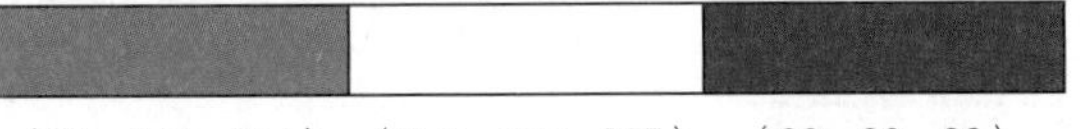

（30、111、154）（255、255、255）（60、60、60）

制作步骤

01 执行“文件>新建”命令，新建一个空白文档，如图3-178所示。为画布填充颜色为“RGB（179、199、205）”。用“矩形工具”在画布顶部创建白色的矩形，如图3-179所示。

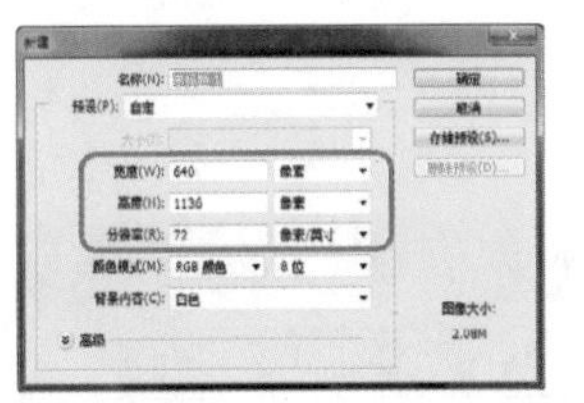

图3-178

图3-179

02 执行“文件>打开”命令，打开素材“第3章\素材\006.png”，将其拖入画布中，如图3-180所示。用相同的方法拖入素材“第3章\素材\007.jpg”，效果如图3-181所示。

图3-180

图3-181

提示

拖入素材图像时，也可以执行“文件>置入”命令，然后，在弹出“置入”对话框单击要拖入的素材图像，再单击“确定”按钮。

03 打开“字符”面板并设置参数，如图3-182所示。用“横排文字工具”在画布中输入文字，如图3-183所示。

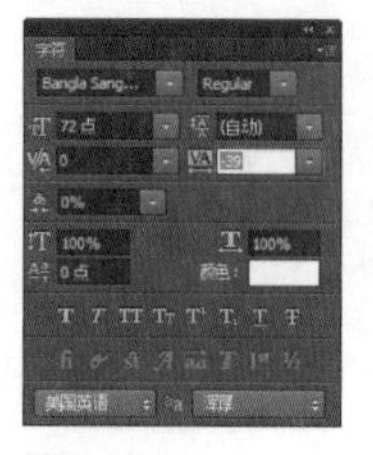
图3-182

图3-183

04 双击该图层缩览图，在弹出的“图层样式”对话框中选择“外发光”选项并设置参数，如图3-184所示。设置完成后，单击“确定”按钮，图像效果如图3-185所示。

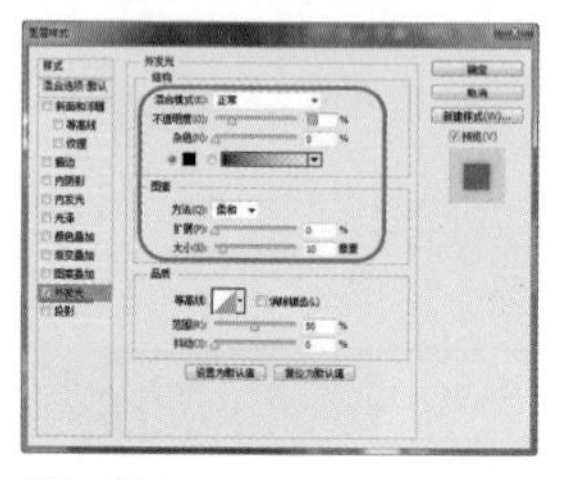
图3-184

图3-185

05 用相同的方法完成相似内容的制作，如图3-186所示。用“直线工具”在画布中绘制黑色的直线，如图3-187所示。

图3-186

图3-187

06 修改图层的“不透明度”为“50%”，如图3-188、图3-189所示。打开“字符”面板并设置参数值，如图3-190所示。

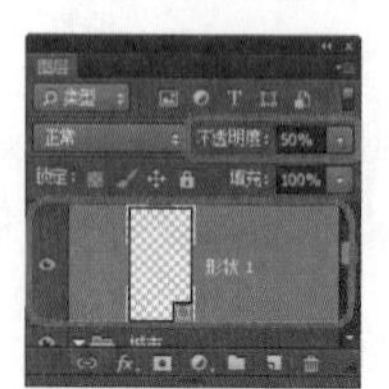
图3-188

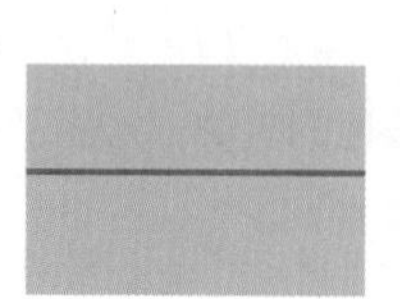
图3-189

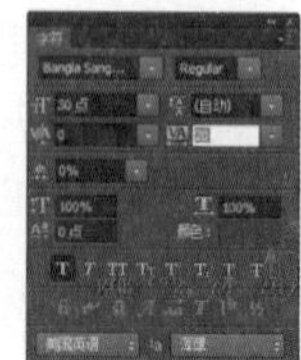
图3-190

07 用“横排文字工具”在画布中输入相应的文字，如图3-191所示。打开“图层样式”对话框，选择“内阴影”选项并设置参数值，如图3-192所示。

图3-191

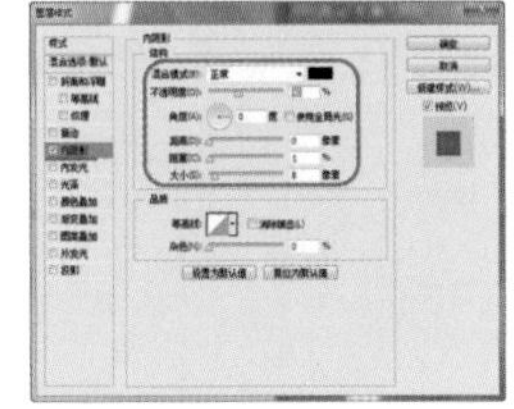

图3-192

08 设置完成后，单击“确定”按钮，图像效果如图3-193所示。用相同的方法完成相似内容的制作，如图3-194所示。选择“椭圆工具”，设置“填充”为“RGB（179、199、205）”，“描边”为“RGB（69、70、72）”，在画布中创建正圆，如图3-195所示。

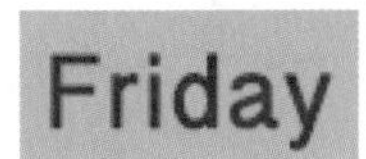

图3-193

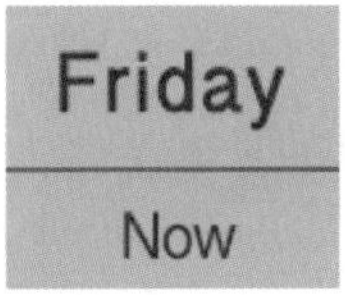

图3-194

图3-195

09 设置“路径操作”为“合并形状”，在图像中绘制如图3-196所示的图形。选择“矩形工具”，设置“路径操作”为“合并形状”，在图像中绘制如图3-197所示的图形。

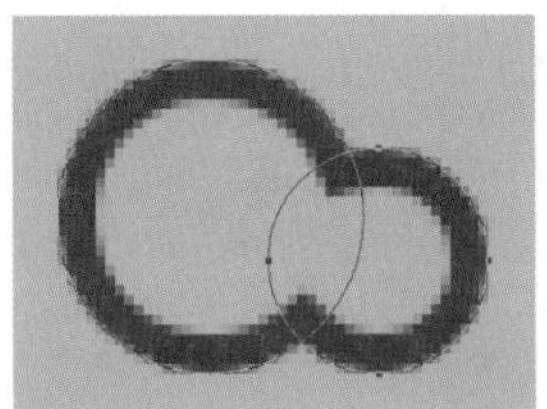

图3-196

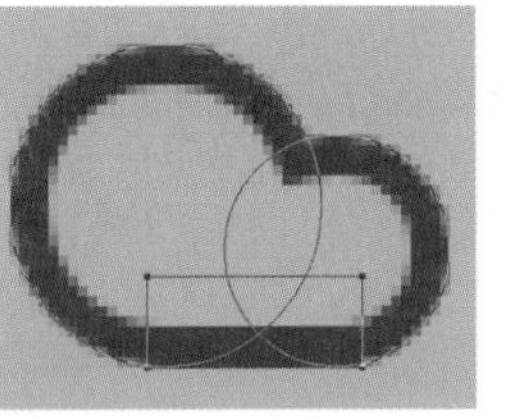

图3-197

10 用相同的方法制作另一个图形，并将该图形拖至下方，图像效果如图3-198所示。用相同的方法完成相似内容的制作，图像最终效果如图3-199所示。对所有图层进行整理编组，“图层”面板如图3-200所示。

图3-198

图3-199

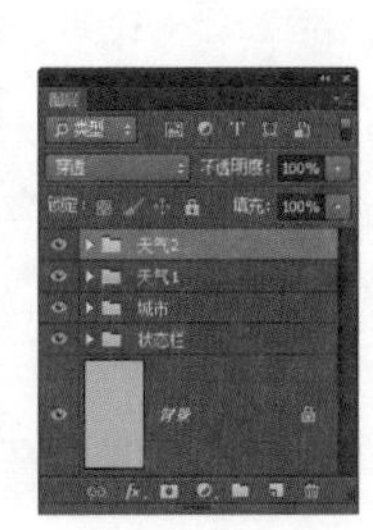

图3-200

操作小贴士

对图层编组：可以在选中所有图层后，按Ctrl+G组合键或执行“图层>图层编组”命令；也可以单击“图层”面板底部的“创建新组”按钮，然后，选中所有要编为一组的图层，再将它们拖至组中。

实战8

制作iOS 7游戏中心界面

案例分析

本案例将为读者介绍iOS 7中游戏中心界面的制作方法与步骤。因为iOS 7遵从“扁平化”的设计风格，所以，本界面的制作方法非常简单，从图像中就可以看出，本界面除了一些简单的文字外，就只有一些简单的图形了。

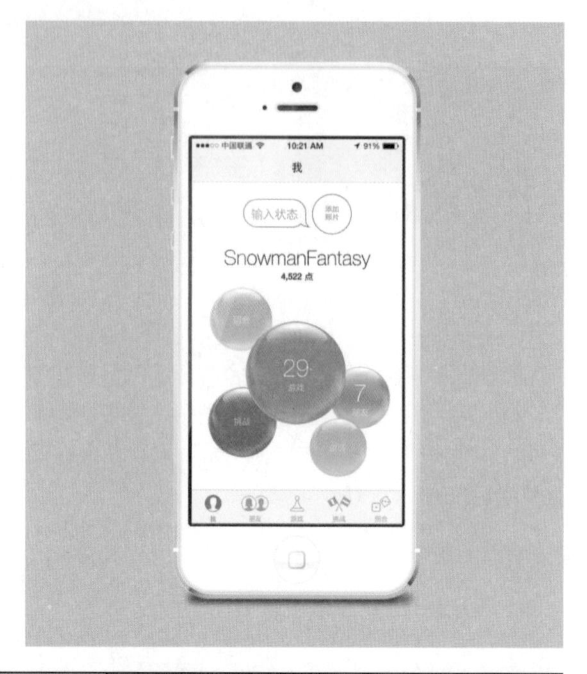

设计规范

规格尺寸	640×1136（像素）
主要工具	钢笔工具、选区工具、文字工具
源文件地址	第3章\源文件\008.psd
视频地址	视频\第3章\008.SWF

色彩分析

界面以多种鲜艳的色彩为主色，突出了主题，给人以华丽感，能使用户在看到后产生非常强烈的好奇心，达到吸引用户点击并进入的目的。

（252、173、34） （255、41、153） （49、162、255） （163、28、220） （117、224、84）

制作步骤

01 执行“文件>新建”命令，新建一个空白文档，如图3-201所示。执行“文件>打开”命令，打开素材“第3章\素材\006.png”，将其拖到画布顶端，如图3-202所示。

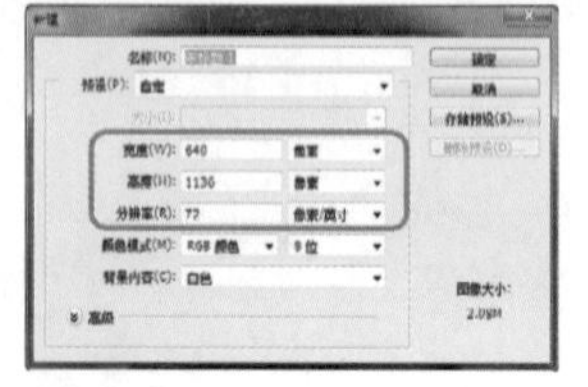

图3-201

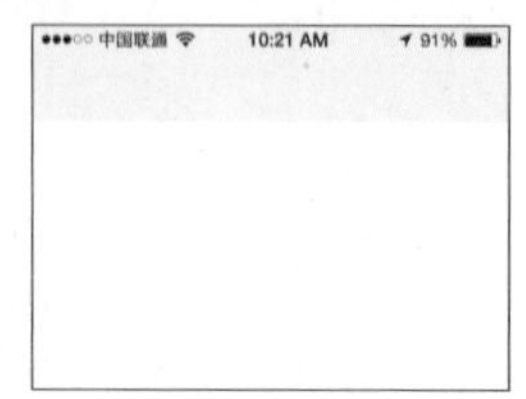

图3-202

02 打开“字符”面板并设置参数值，在画布中输入文字，如图3-203、图3-204所示。用“直线工具”在画布中绘制“填充”为“RGB（193、193、193）”的直线，如图3-205所示。

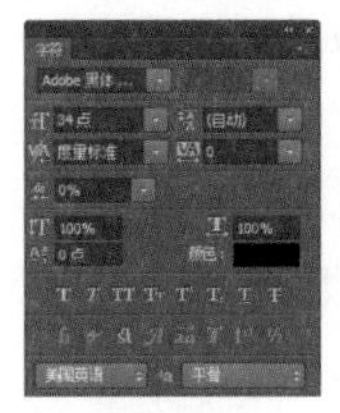
图3-203

图3-204

图3-205

03 选择“圆角矩形工具”，设置“填充”为“无”，“描边”为“RGB（80、69、204）”，在画布中绘制如图3-206所示的图形。选择“钢笔工具”，设置“工具模式”为“合并形状”，在画布中绘制图形，如图3-207所示。

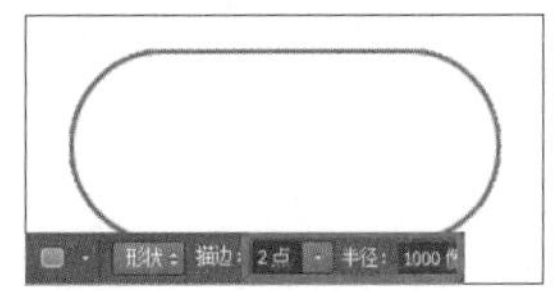
图3-206

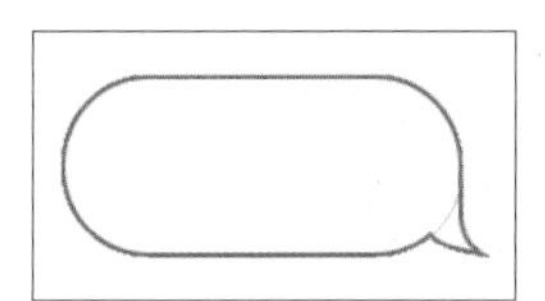
图3-207

04 打开“字符”面板并设置参数值后，在画布中输入相应的文字，修改图层的“不透明度”为“50%”，如图3-208、图3-209所示。用相同的方法完成相似的制作，效果如图3-210所示。

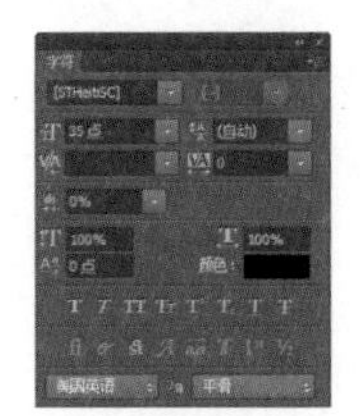
图3-208

图3-209

图3-210

05 执行“文件>打开”命令，打开素材“第3章\素材\008.png”，将其拖到画布中，如图3-211所示。复制该图形至下方，适当调整其位置和大小，效果如图3-212所示。

图3-211

图3-212

06 单击“图层”面板下方的“创建新的填充或调整图层”按钮，在弹出的下拉列表中选择“可选颜色”选项，再在弹出的“属性”面板中分别选择“红色”、“黄色”和“中性色”，设置各项参数，如图3-213、图3-214、图3-215所示。

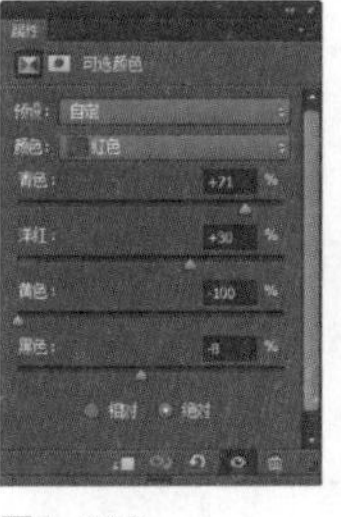
图3-213

图3-214

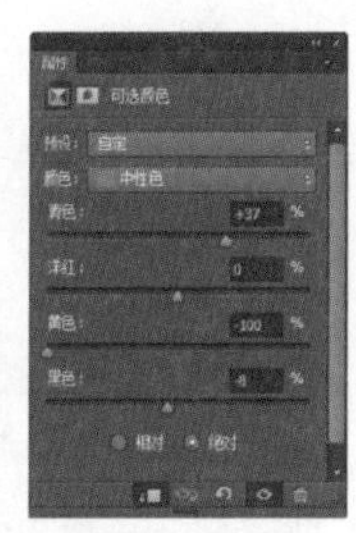
图3-215

提示

此步也可先执行“图像>调整>可选颜色”命令，再在弹出的“可选颜色”对话框设置各项参数并单击“确定”按钮，但执行该命令后，不会生成调整图层，无法再对其进行修改，因此，在没有熟练掌握该命令的情况下，最好不要执行该命令。

07 设置完成后，关闭“属性”面板，图像效果如图3-216所示。继续复制并缩放、移动图像，创建“色相/饱和度”调整图层并在“属性”面板中设置参数，如图3-217、图3-218所示。

图3-216

图3-217

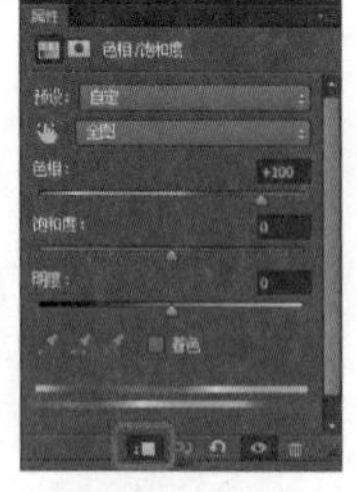

图3-218

08 图像效果如图3-219所示。关闭该面板，复制该调整图层，单击面板底部的“恢复到调整默认值”按钮，选择“黄色”并设置各项参数，如图3-220所示。单击面板中的“吸管工具”按钮后，单击画布中绿色部分，如图3-221所示。

图3-219

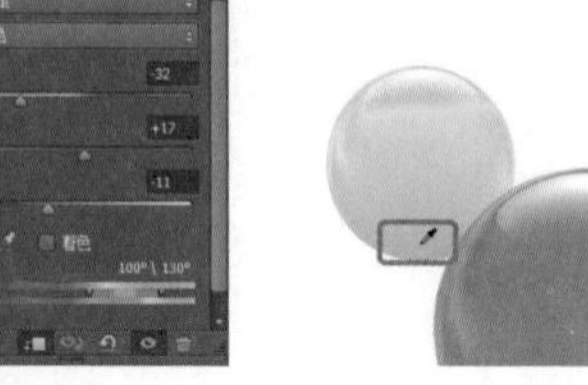

图3-220

图3-221

09 选择“绿色2”并设置参数，如图3-222所示，图像效果如图3-223所示。用相同的方法完成相似内容的制作，如图3-224所示。

图3-222

图3-223

图3-224

10 新建图层，用“椭圆选区工具”在画布中创建选区，如图3-225所示。用“油漆桶工具”为选区填充颜色为“RGB（88、86、214）”，如图3-226所示。选择“钢笔工具”，设置“工具模式”为“路径”，在画布中绘制如图3-227所示的路径。

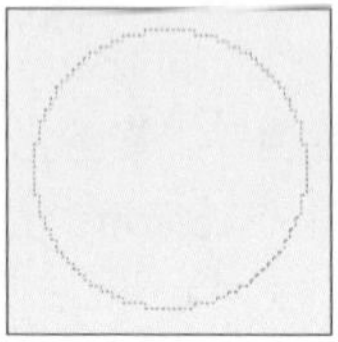

图3-225

图3-226

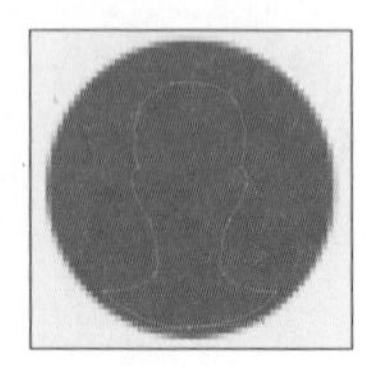

图3-227

提示

绘制正圆选区时，也可以选择“椭圆工具”，设置“工具模式”为“路径”，按下Shift键的同时单击鼠标左键并拖动鼠标，在画布中创建正圆路径，此时，选项栏上会自动出现一个“选区”按钮，单击该按钮即可将路径转换为选区。

11 按下Ctrl+Enter组合键，将路径转换为选区，如图3-228所示。用“油漆桶工具”为选区填充白色，如图3-229所示。用相同的方法完成相似的制作，效果如图3-230所示。

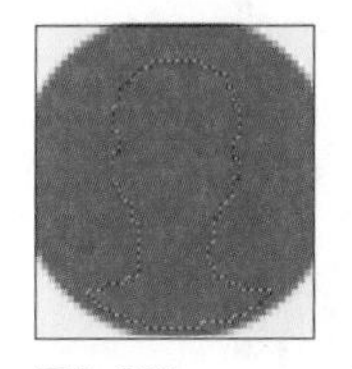
图3-228

图3-229

图3-230

12 用“椭圆工具”在画布中创建选区，如图3-231所示。新建图层，执行“编辑>描边”命令，在弹出的“描边”对话框中设置各项参数，如图3-232所示。设置完成后，单击“确定”按钮，图像效果如图3-233所示。

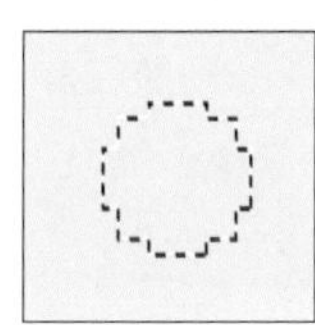
图3-231

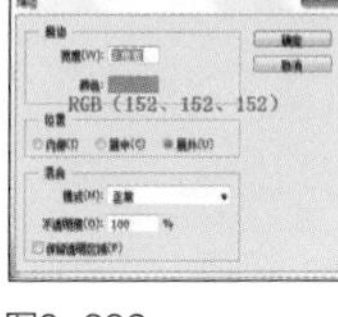

图3-232

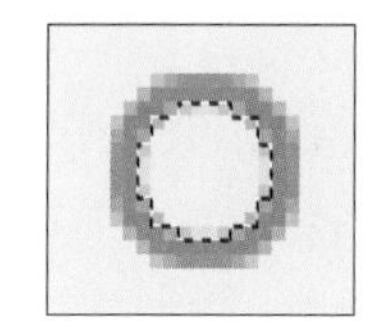
图3-233

13 用相同的方法完成相似内容的制作并将相关图层编组，图像和“图层”面板如图3-234、图3-235、图236所示。

图3-234

图3-235

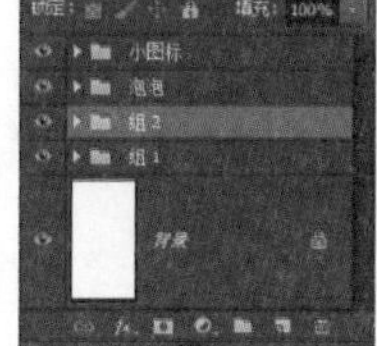

图3-236

操作小贴士

在本案例中，为读者提供了两种绘制图像的方法：创建选区并填充颜色或描边及使用“形状”来绘制图像。这两种方法虽有所不同，但它们有一个共同点，就是都需要精细地调整路径以获得精美的图像，这就要求熟练地掌握“钢笔工具”。

实战9

制作iPad的主界面

案例分析

本案例将为读者介绍iPad主界面的制作方法。其制作步骤非常简单，制作方法也很简单，唯一有些难度的就是界面底部的灰色图标底板的制作，制作时要有耐心。

设计规范

规格尺寸	1536×2048（像素）
主要工具	矩形工具、图层样式
源文件地址	第3章\源文件\009.psd
视频地址	视频\第3章\009.SWF

色彩分析

墨绿色的背景给人以深沉而神秘的感觉，零星的蓝色和深灰色则使界面显得庄重而灵动。

（42、76、42）　（92、101、96）　（50、172、197）

制作步骤

01 执行“文件>打开”命令，打开素材“第3章\素材\009.jpg”，如图3-237所示。用“矩形工具”在画布顶部创建任意颜色的矩形，如图3-238所示。

图3-237

图3-238

02 双击该图层缩览图，在弹出的“图层样式”对话框中选择“渐变叠加”选项并设置参数，如图3-239所示。单击“确定”按钮，修改“填充”为“0%”，图像效果如图3-240所示。

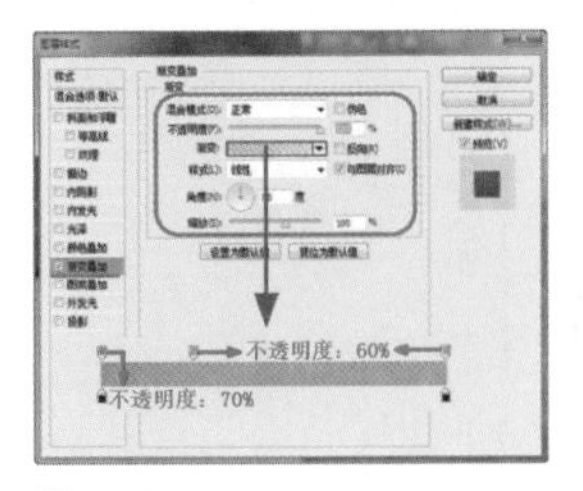

图3-239

图3-240

03 打开“字符”面板并设置参数，在画布中输入文字，如图3-241、图3-242所示。用“钢笔工具”在画布中绘制“填充”为“RGB（191、191、191）”的形状，如图3-243所示。

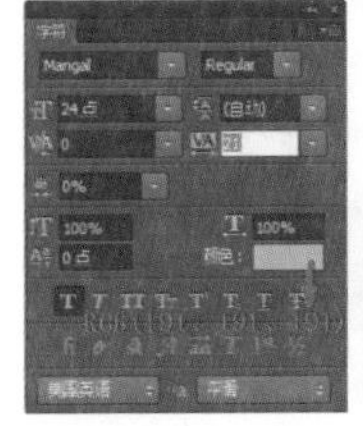

图3-241

图3-242

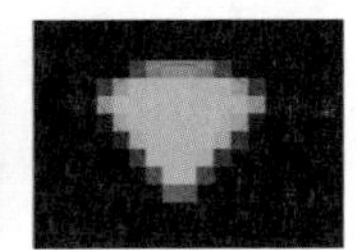

图3-243

04 设置“路径操作”为“合并形状”，在图像中绘制图形，如图3-244、图3-245所示。用相同的方法完成相似内容的制作，如图3-246所示。

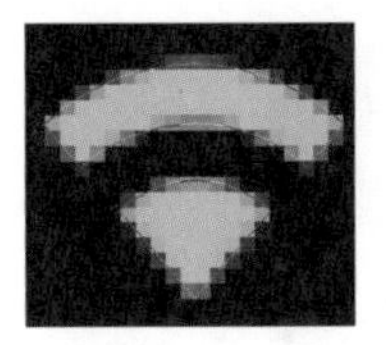

图3-244

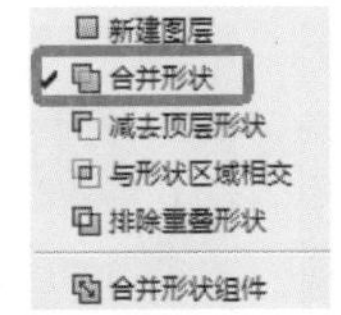

图3-245

图3-246

05 选择“圆角矩形工具”，设置“填充”为“无”，“描边”为“RGB（191、191、191）”，在画布中创建，如图3-247所示的矩形。用相同的方法绘制其他形状，如图3-248所示。

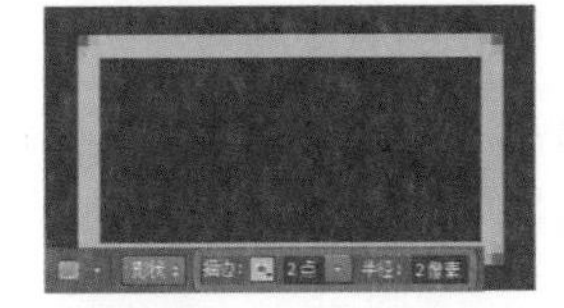

图3-247

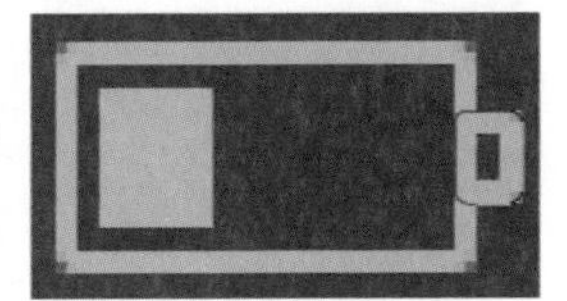

图3-248

06 用相同的方法完成相似内容的制作后，对相关图层进行编组，再将其命名为“状态栏”，如图3-249所示。

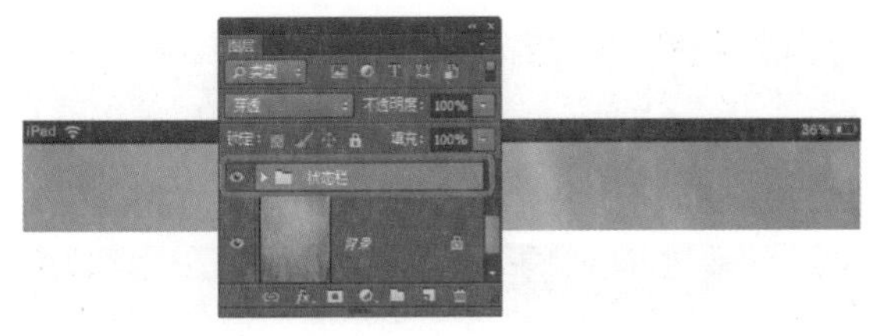

图3-249

07 执行“视图>标尺”命令，在画布中拖出参考线，如图3-250所示。执行“文件>打开”命令，打开素材“第3章\素材\010.psd”，将相应的图标拖入画布中，如图3-251所示。

图3-250

图3-251

08 打开“图层样式”对话框，选择“投影”选项并设置参数值，如图3-252所示。设置完成后，单击“确定”按钮，图像效果如图3-253所示。

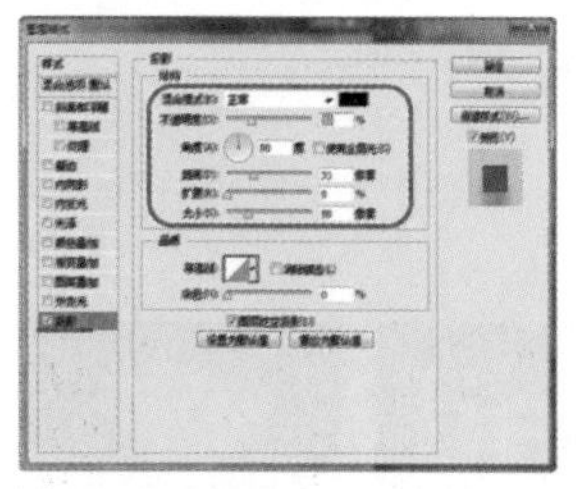

图3-252

图3-253

09 打开“字符”面板并设置参数值后，在画布中输入相应的文字，如图3-254、图3-255所示。打开“图层样式”对话框，选择“投影”选项并设置参数值，如图3-256所示。

图3-254

图3-255

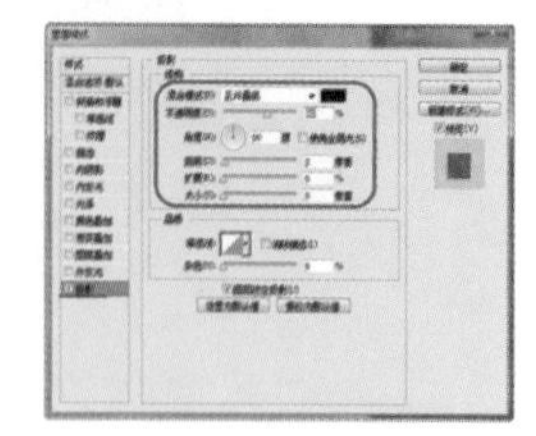

图3-256

10 设置完成后，单击“确定”按钮，图像效果如图3-257所示。用相同的方法完成相似内容的制作，效果如图3-258所示。

图3-257

图3-258

11 选择“椭圆工具”，设置“填充”为“无”，“描边”为“白色”，绘制正圆，如图3-259所示。选择“直线工具”，设置“路径操作”为“合并形状”，继续绘制如图3-260所示的图形。修改不透明度为“50%”，并用相同的方法完成相似制作。

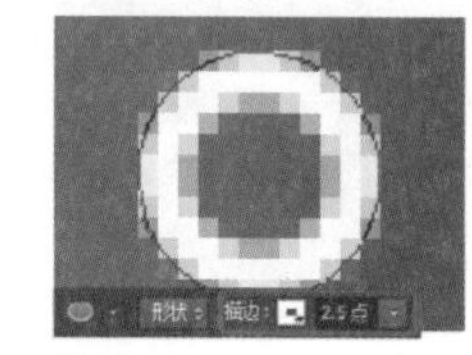

图3-259

图3-260

12 新建图层，为画布填充由黑色到透明的渐变色，如图3-261所示。用“矩形工具”在画布底部创建“填充”为“RGB（51、51、51）”的矩形，如图3-262所示。

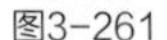

图3-261

图3-262

13 执行“编辑>变换路径>透视”命令，对图形进行透视缩放，如图3-263所示。修改图层的“不透明度”为“60%”，效果如图3-264所示。

图3-263

图3-264

14 复制该图形，修改“填充”为“白色”，图层的“不透明度”为“25%”，效果如图3-265所示。

图3-265

15 继续复制该图形并修改图层的“不透明度”为“40%”。选择“钢笔工具”，设置“路径操作”为“减去顶层形状”，在图像中绘制如图3-266所示的曲线。

图3-266

16 为该图层添加图层蒙版后，用黑白径向渐变填充画布，效果如图3-267所示。

图3-267

17 用相同的方法完成相似内容的制作，效果如图3-268所示。

图3-268

18 打开素材“第3章\素材\010.psd”，将相应的图标拖入画布中，如图3-269所示。复制该图层至下方后，执行“编辑>变换>垂直翻转”命令并将其向下拖动，再修改图层的“不透明度”为“20%”，效果如图3-270所示。

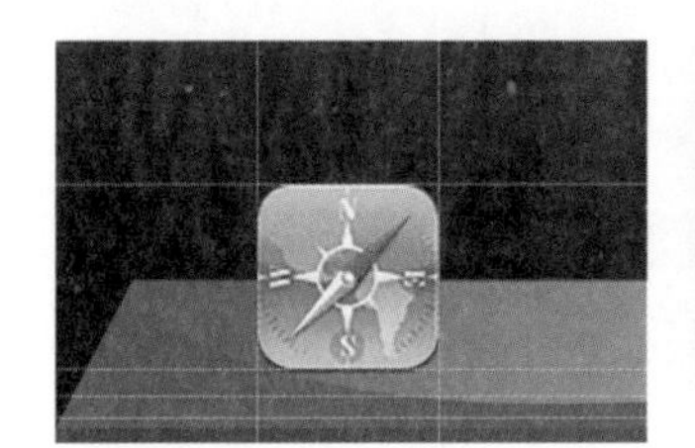

图3-269

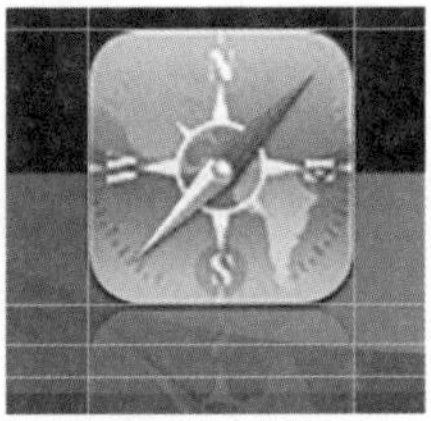

图3-270

19 打开“字符”面板并设置参数后，在画布中输入相应的文字，如图3-271、图3-272所示。用相同的方法完成相似内容的制作，图像的最终效果如图3-273所示。

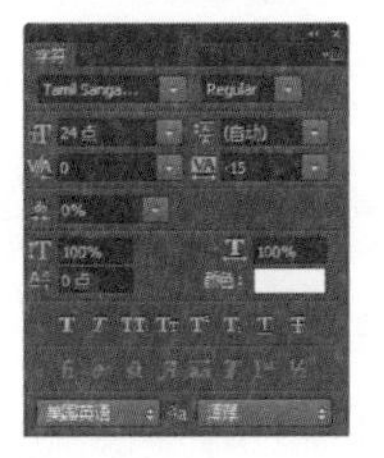

图3-271

图3-272

图3-273

操作小贴士

在制作下半部分的阴影效果时，我们使用的是新建图层并用由黑色到透明的渐变颜色填充画布的方法，这种制作阴影的方法是比较难掌握的，因为制作时无法预知拖动鼠标后的效果，只能盲目地反复试验，因此，在制作时，也可以用为图层添加“渐变叠加”图层样式的方法，或者在绘制好形状后，打开“填充”面板，选择渐变填充，两种方法都是通过调整色标位置来控制颜色渐变效果的，制作起来也比较方便。

实战10

制作iPad的相册界面

案例分析

本案例将为读者介绍iPad相册界面的制作方法。从图像中可以看出，本案例的图像效果是非常逼真、立体的。案例中的大多数操作都是为简单的图形添加图层样式，其难点也是对图层样式的控制。

设计规范

规格尺寸	1536×2048（像素）
主要工具	圆角矩形工具、图层样式
源文件地址	第3章\源文件\010.psd
视频地址	视频\第3章\010.SWF

色彩分析

界面以黑白渐变为背景，彰显大气，绿色与粉色搭配的主色则给人以小清新的感觉。

（0、0、0）（188、209、180）（177、98、120）

制作步骤

01 执行“文件>打开”命令，打开素材“第3章\素材\011.jpg”，如图3-274所示。用“矩形工具”在画布顶部创建黑色的矩形，如图3-275所示。

图3-274

图3-275

02 打开“字符”面板并设置参数值后，在画布中输入文字，如图3-276、图3-277所示。用“钢笔工具”在画布中绘制“填充”为“RGB（191、191、191）”的形状，如图3-278所示。

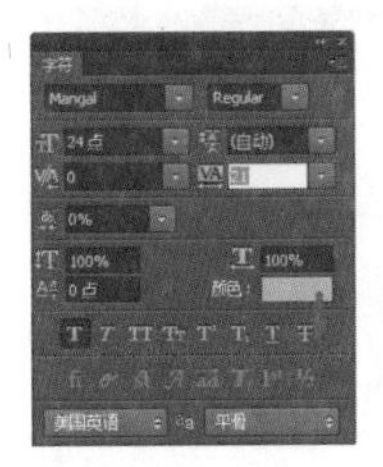

图3-276

图3-277

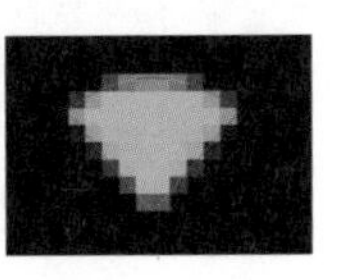
图3-278

03 设置“路径操作”为“合并形状”，如图3-279所示。在图像中绘制如图3-280所示的图形。用相同的方法完成相似内容的制作，效果如图3-281所示。

新建图层
合并形状
减去顶层形状
与形状区域相交
排除重叠形状
合并形状组件

图3-279

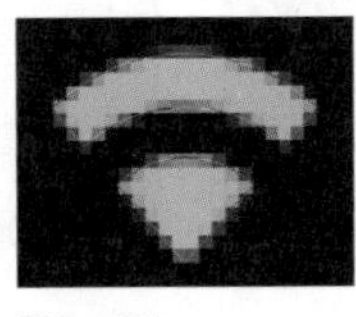
图3-280

图3-281

04 用“圆角矩形工具”在画布中创建任意颜色的矩形，如图3-282所示。

图3-282

05 选择“矩形工具”，设置“路径操作”为“减去顶层形状”，继续绘制矩形，效果如图3-283所示。

图3-283

06 修改“路径操作”为“合并形状组件”。打开“图层样式”对话框，选择“内阴影”选项并设置参数，如图3-284所示。选择“渐变叠加”选项并设置参数，如图3-285所示。

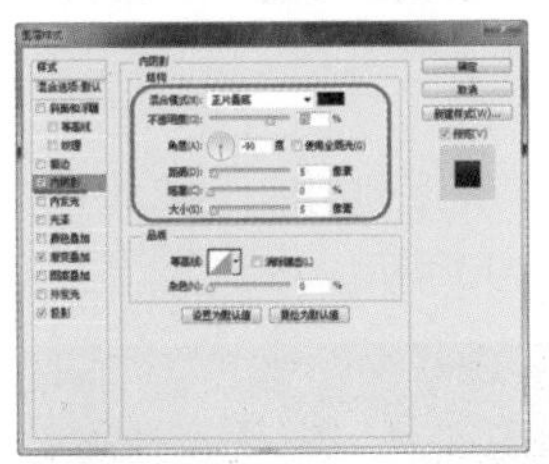
图3-284

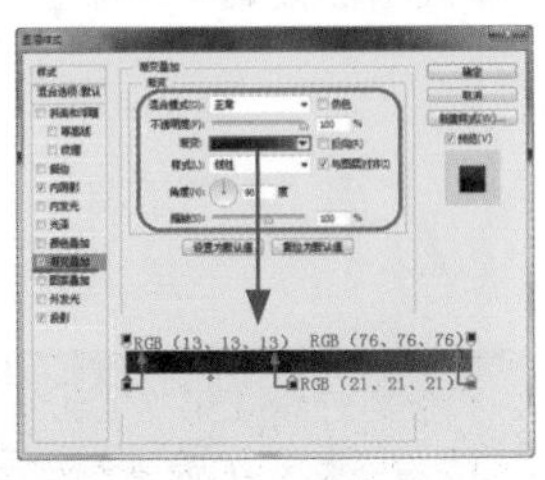

图3-285

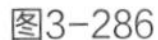

07 继续选择“投影”选项并设置参数，如图3-286所示。设置完成后，单击“确定”按钮，图像效果如图3-287所示。

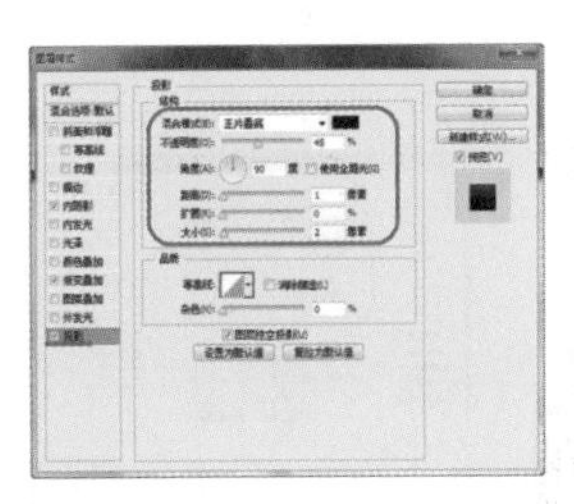
图3-286

图3-287

08 复制该图层至下方后，删除图层样式，修改“填充”为“白色”，将其向上拖移2像素，修改图层的“不透明度”为“50%”，效果如图3-288所示。用“圆角矩形工具”在画布中创建任意颜色的矩形，如图3-289所示。

图3-288

图3-289

10 用相同的方法添加“内阴影”和“渐变叠加”图层样式，如图3-292、图3-293所示。

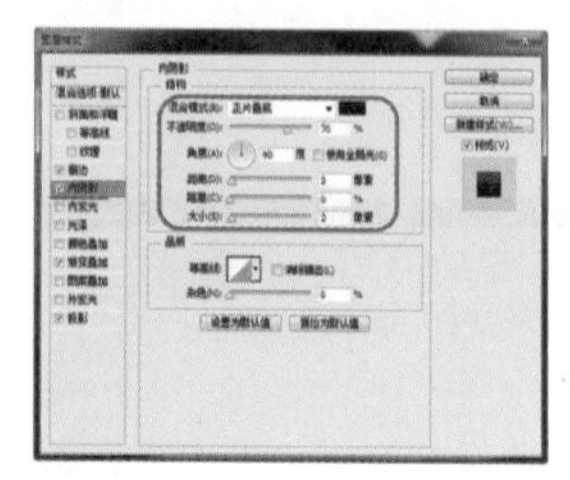

图3-292

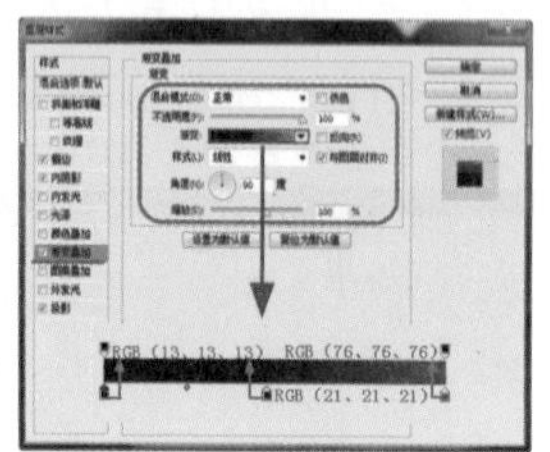

图3-293

12 打开“字符”面板并设置参数值后，在画布中输入相应的文字，如图3-296、图3-297所示。打开“图层样式”对话框，选择“投影”选项并设置参数，如图3-298所示。

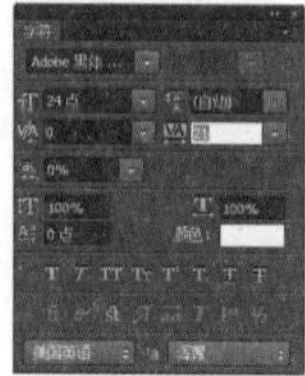

图3-296

图3-297

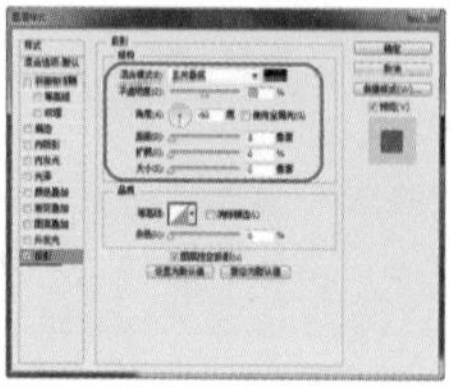

图3-298

09 选择“钢笔工具”，设置“路径操作”为“减去顶层形状”，在图像中绘制如图3-290所示的图形。打开“图层样式”对话框，选择“描边”选项并设置参数值，如图3-291所示。

图3-290

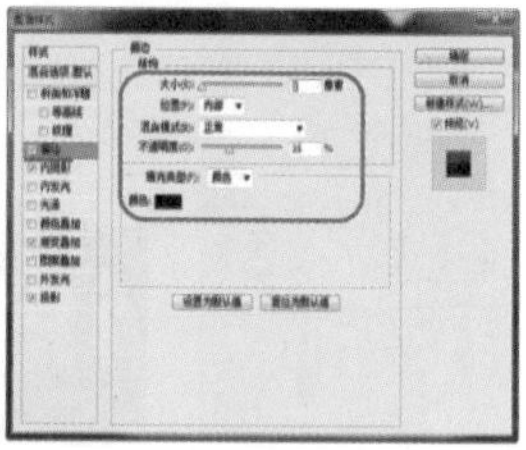

图3-291

11 继续添加“投影”图层样式，如图3-294所示。设置完成后的图像效果如图3-295所示。

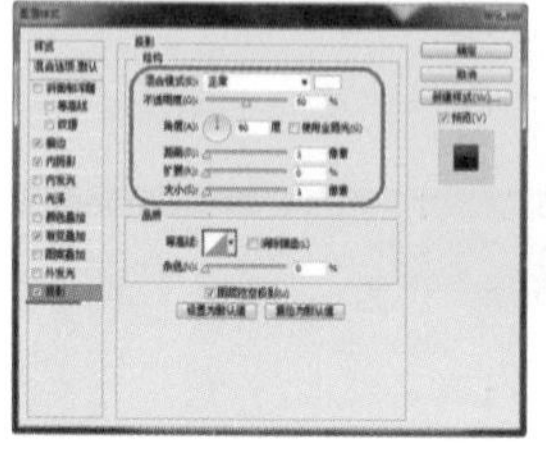

图3-294

图3-295

13 设置完成后，单击“确定”按钮，用相同的方法完成相似内容的制作，效果如图3-299所示。

图3-299

14 用“矩形工具”在画布底部创建任意颜色的矩形，效果如图3-300所示。

图3-300

15 打开“图层样式”对话框，选择“渐变叠加”选项并设置参数，如图3-301所示。设置完成后，单击“确定”按钮，设置图层“填充”为“10%”，图像效果如图3-302所示。

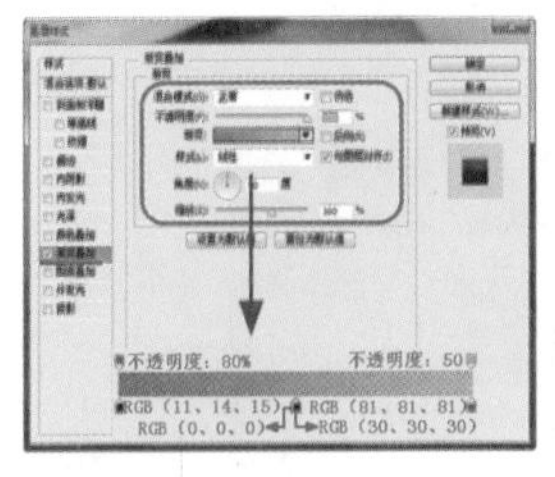

图3-301

图3-302

16 选择“直线工具”，在画布中绘制白色的直线，如图3-303所示。修改图层“填充”为“10%”，效果如图3-304所示。

图3-303

图3-304

17 用相同的方法完成相似内容的制作，效果如图3-305所示。用“矩形选框工具”在画布中创建选区，如图3-306所示。

图3-305

图3-306

18 按下Ctrl+C组合键后，再按下Ctrl+V组合键，系统将自动生成“图层1”，将该图层拖至最上方后，适当地拖移并缩放图像，再为其创建剪贴蒙版，如图3-307、图3-308所示。

图3-307

图3-308

19 对相关图层进行编组，“图层”面板如图3-309所示。图像的最终效果如图3-310所示。

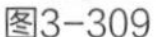

图3-309

图3-310

操作小贴士

本案例主要制作的就是背景图像上的选项栏及栏上按钮，制作时要注意的是选项栏的底与栏上按钮应对齐。因为选项栏和按钮都是有高光效果的，所以，制作时应将高光与阴影之间的界线对齐。

实战11

制作iPad的发送邮件界面

案例分析

本案例将制作的是iPad的电子邮件发送界面，界面中的图形元素都是有着立体的、逼真的图像效果。界面的制作方法其实很简单，但要对路径的调整多下些工夫。

设计规范

规格尺寸	1536×2048（像素）
主要工具	钢笔工具、圆角矩形工具
源文件地址	第3章\源文件\011.psd
视频地址	视频\第3章\011.SWF

色彩分析

整个界面以黑、白及浅灰色渐变为主色，简单、大方而不失华丽。

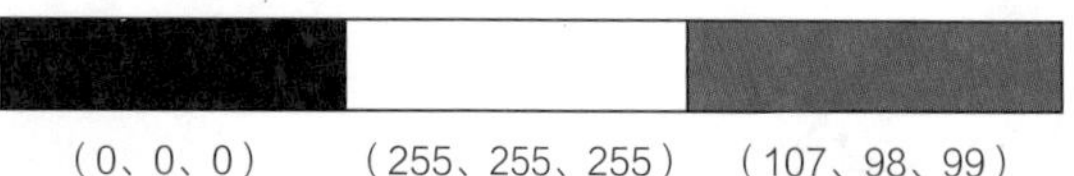

（0、0、0）（255、255、255）（107、98、99）

制作步骤

01 执行“文件>打开”命令，打开素材“第3章\素材\012.jpg”，如图3-311所示。新建图层并为画布填充黑色，修改图层的“不透明度”为“50%”，如图3-312所示。

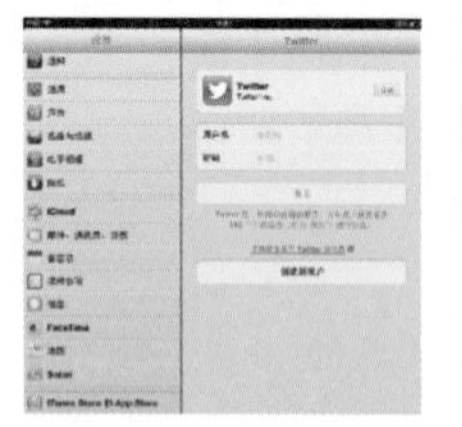

图3-311

图3-312

提示

选择“油漆桶工具”后，选项栏会显示出关于“油漆桶工具”的设置选项，也可以在这里修改“不透明度”为“50%”，填充后的图像效果是相同的。

02 用“圆角矩形工具”在画布中创建任意颜色的矩形，如图3-313所示。双击该图层缩览图，选择“渐变叠加”选项并设置参数，如图3-314所示。

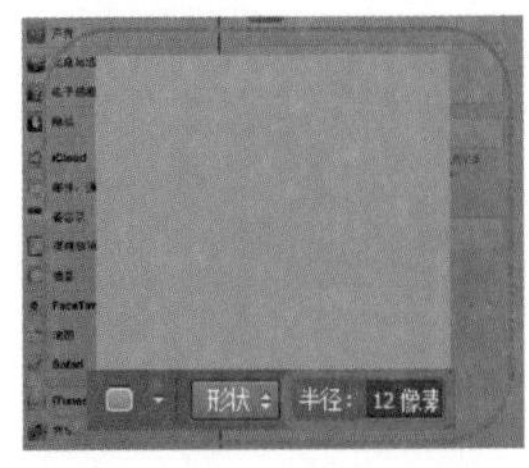
图3-313

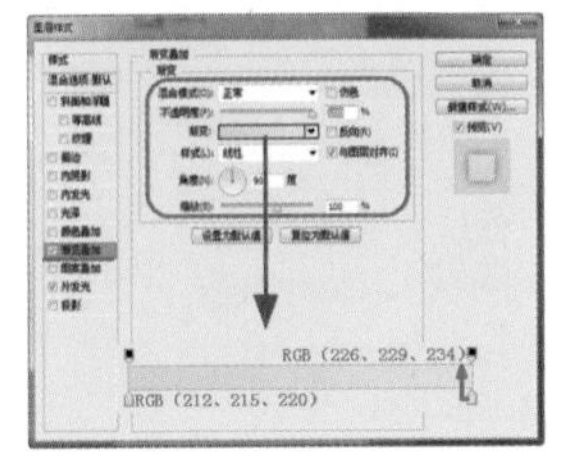

图3-314

03 选择“外发光”选项并设置参数，如图3-315所示。设置完成后，单击“确定”按钮，图像效果如图3-316所示。

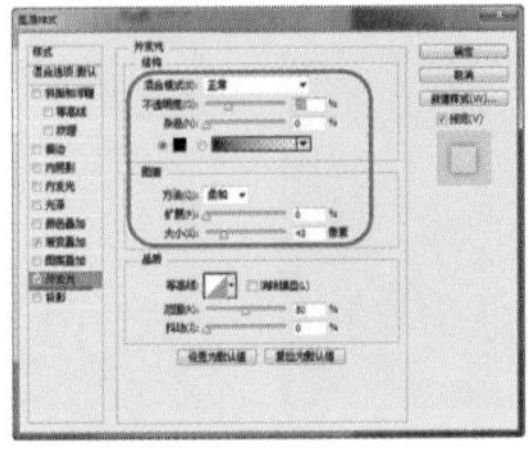
图3-315

图3-316

04 复制该图形后，选择“矩形工具”，设置“路径操作”为“减去顶层形状”，在图像中绘制如图3-317所示的矩形。设置“路径操作”为“合并形状组件”，删除“外发光”样式，然后，打开“图层样式”对话框，选择“渐变叠加”选项并修改参数，如图3-318所示。

图3-317

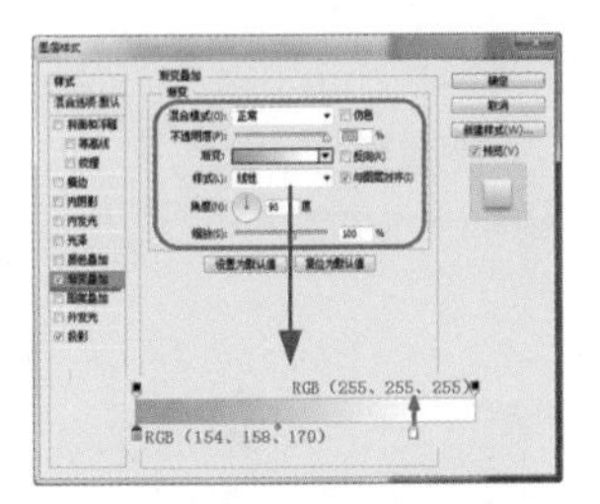

图3-318

提示

将“路径操作”设置为“合并形状组件”后，图层中的所有路径将被合并为一条路径。在制作图像时，设置“路径操作”为“减去顶层形状”，可将圆角矩形的下半部分减去，但形状路径还存在，所以，为图层添加图层样式时，图像的下半部分也会被添加图层样式，使渐变样式难以控制，而将“路径操作”设置为“合并形状组件”后，就能方便地控制渐变样式了。

05 选择“投影”选项并设置参数，如图3-319所示。设置完成后，单击“确定”按钮，图像效果如图3-320所示。

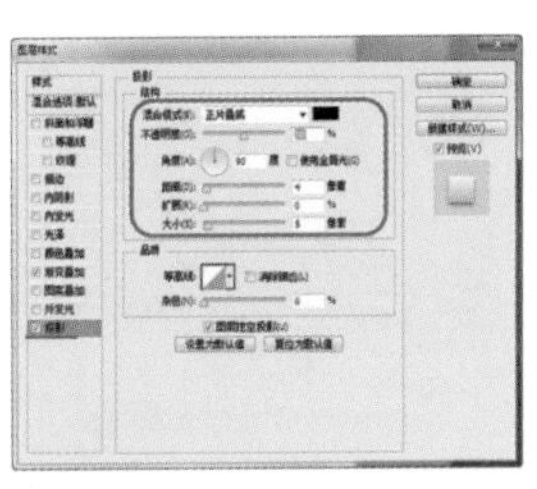
图3-319

图3-320

06 选择“直线工具”，在画布中绘制“填充”为“RGB（122、128、145）”的直线，如图3-321所示。打开“字符”面板并设置参数后，在画布中输入相应的文字，如图3-322、图3-323所示。

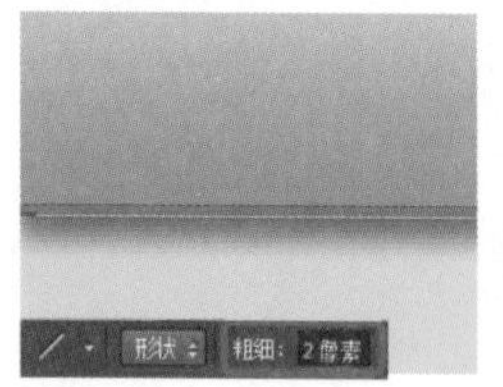

图3-321

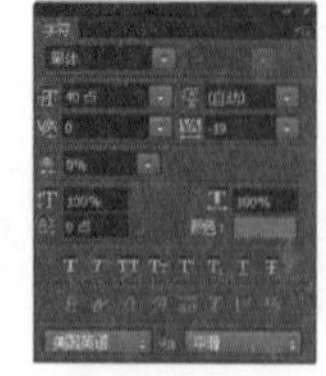
图3-322

新帕户
图3-323

07 双击该图层缩览图，在弹出的“图层样式”对话框中选择“投影”选项并设置参数，如图3-324所示。设置完成后，单击“确定”按钮，图像效果如图3-325所示。

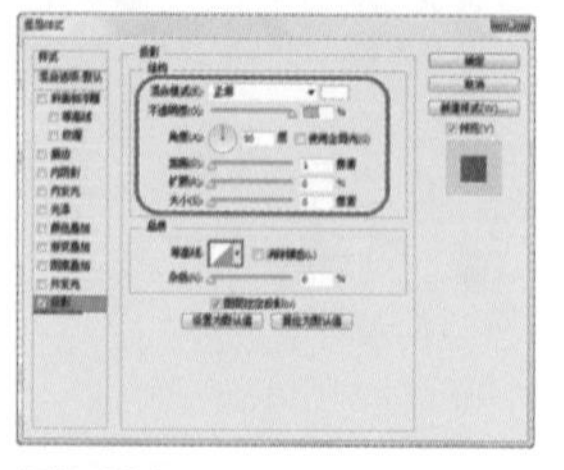
图3-324

新帐户
图3-325

08 用相同的方法完成相似内容的制作，如图3-326所示。选择“圆角矩形工具”，设置“填充”为“白色”，“描边”为“RGB（179、180、185）”，在画布中创建矩形，如图3-327所示。

图3-326

图3-327

09 复制该图层至下方，修改“填充”和“描边”为“白色”，设置“不透明度”为“50%”，再将其向下移动1像素，如图3-328所示。用相同的方法完成相似的制作，如图3-329所示。

图3-328

图3-329

10 用“圆角矩形工具”在画布中创建任意颜色的矩形，如图3-330所示。打开“图层样式”对话框，选择“描边”选项并设置参数，如图3-331所示。

图3-330

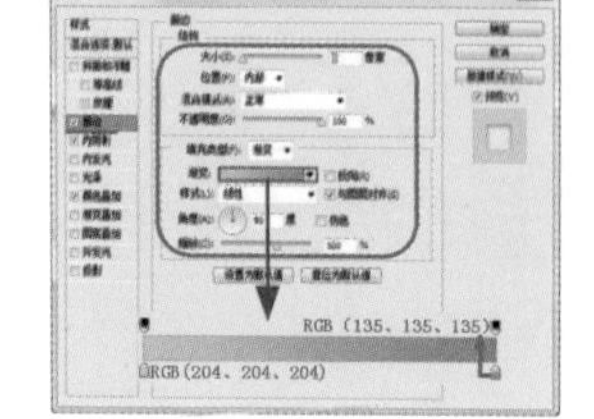

图3-331

11 选择“内阴影”选项并设置参数，如图3-332所示。选择“颜色叠加”选项并设置参数，如图3-333所示。

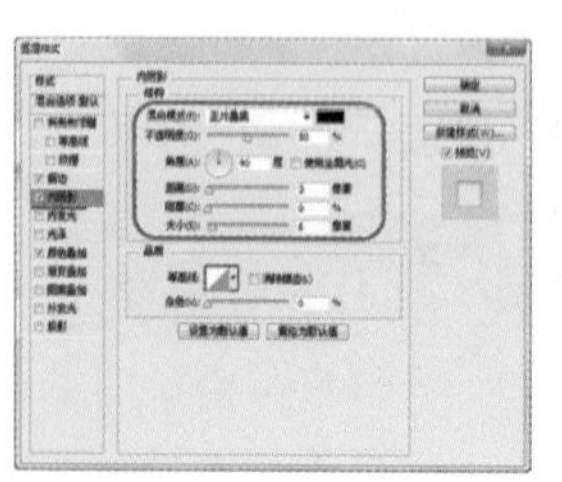
图3-332

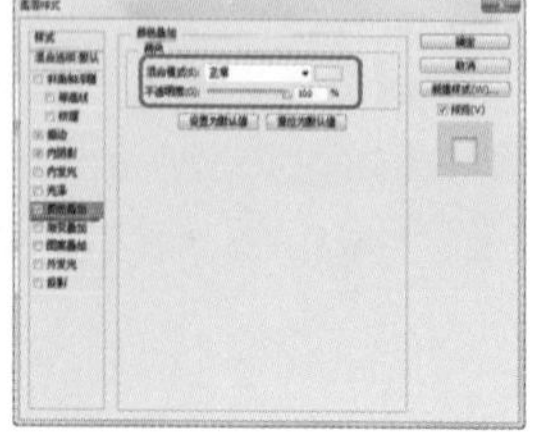
图3-333

12 设置完成后，单击“确定”按钮，图像效果如图3-334所示。用“钢笔工具”在画布中创建图形，并修改图层的“不透明度”为“60%”，如图3-335所示。

图3-334

图3-335

13 选择“椭圆工具”，设置“描边”为“RGB（126、126、126）”，在画布中创建圆环，如图3-336所示。复制“形状4”至上方，修改“不透明度”为“15”，如图3-337所示。

图3-336

图3-337

14 用“椭圆工具”在画布中创建任意颜色的图形，如图3-338所示。打开“图层样式”对话框，选择“描边”选项并设置参数，如图3-339所示。

图3-338

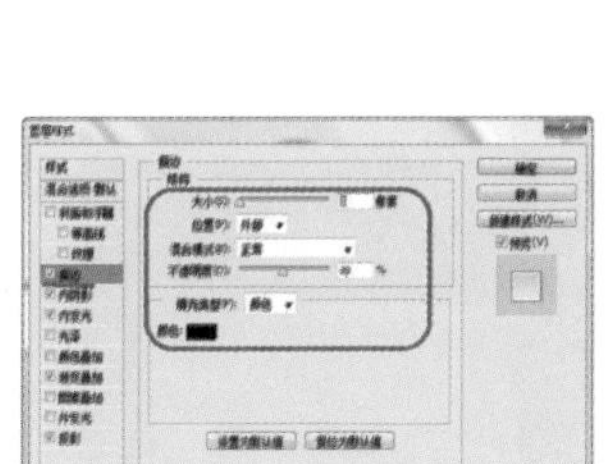

图3-339

15 选择“内阴影”和“内发光”选项并设置参数，如图3-340、图3-341所示。

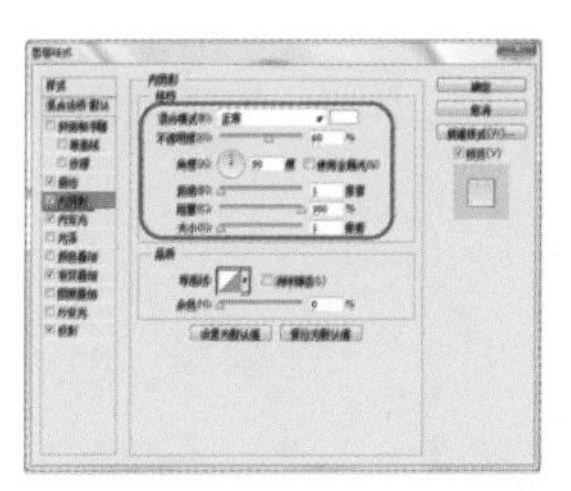

图3-340

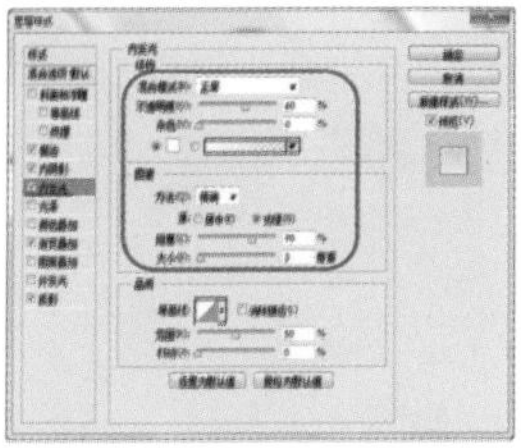

图3-341

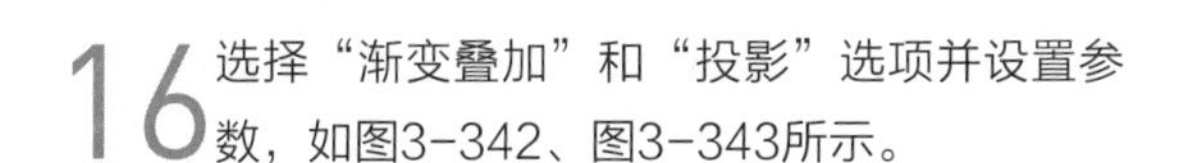

16 选择“渐变叠加”和“投影”选项并设置参数，如图3-342、图3-343所示。

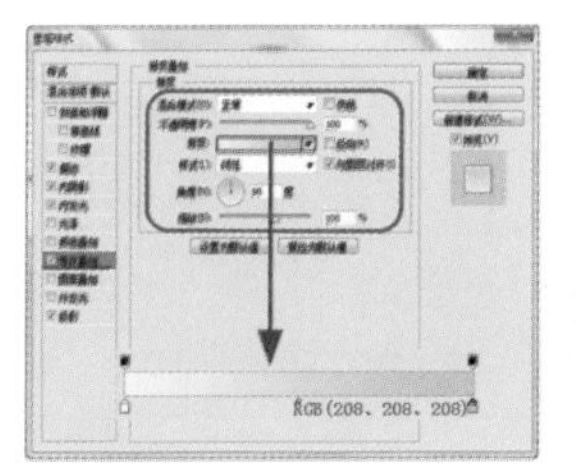

图3-342

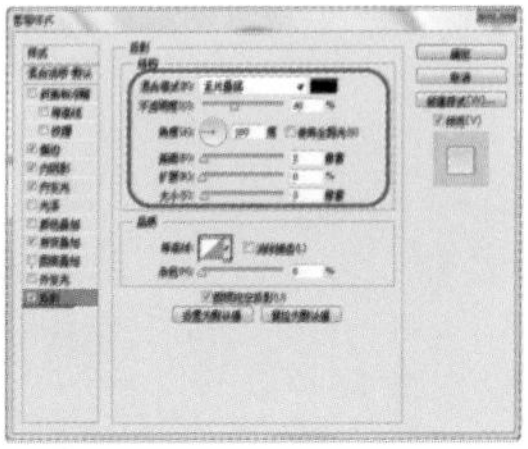

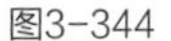

图3-343

17 设置完成后，单击“确定”按钮，图像效果如图3-344所示。用相同的方法完成相似内容的制作，如图3-345所示。

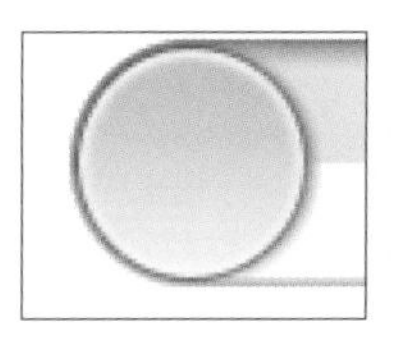

图3-344

图3-345

18 用“椭圆工具”在画布中绘制黑色的正圆环，如图3-346所示。打开“图层样式”对话框，选择“投影”选项并设置参数值，如图3-347所示。

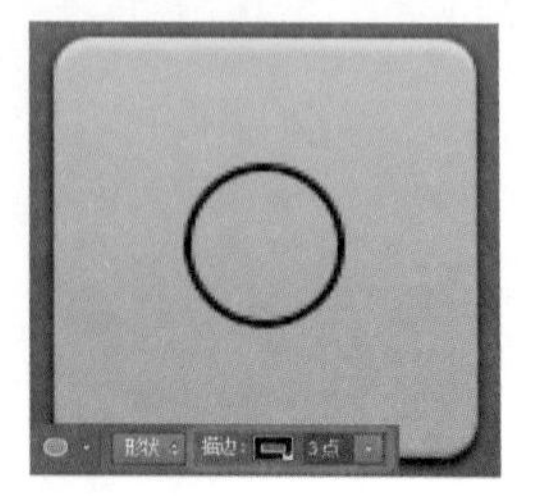

图3-346

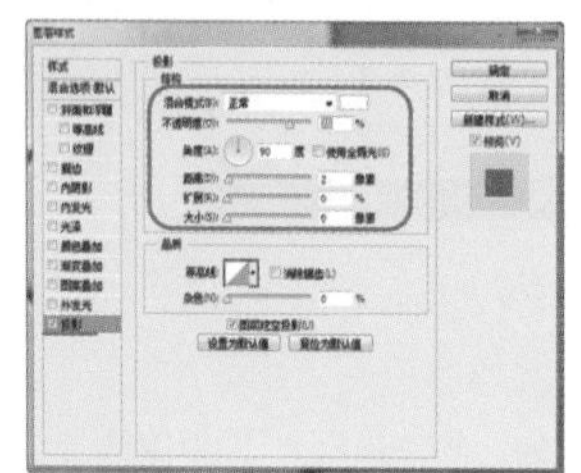

图3-347

19 设置完成后，单击“确定”按钮，图像效果如图3-348所示。复制该图像后，删除图层样式并将其向上移动，如图3-349所示。用相同的方法复制并拖移圆环，效果如图3-350所示。

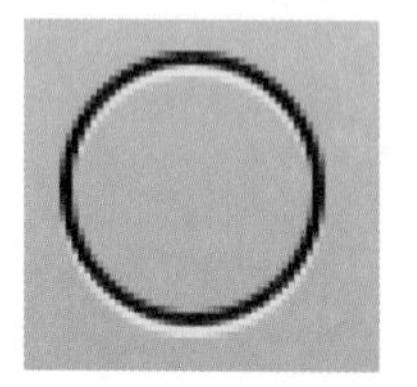

图3-348

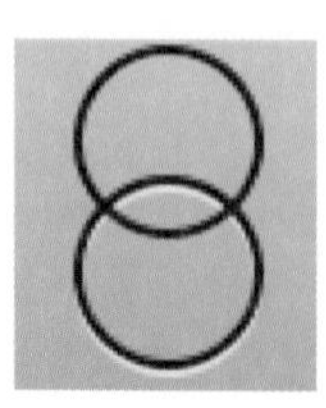

图3-349

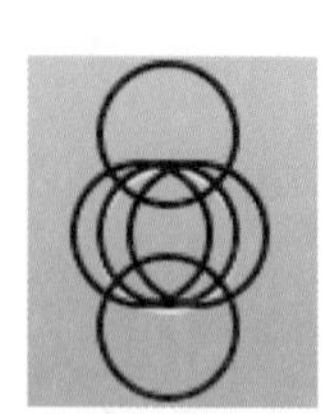

图3-350

20 用“直线工具”在画布中绘制“粗细”为“2像素”的直线，如图3-351所示。将所有圆环和直线编组，按住Alt键并单击“椭圆3”缩览图，将其载入选区，如图3-352所示。为该组添加图层蒙版，如图3-353所示。

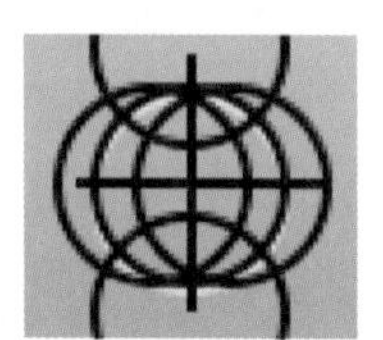

图3-351

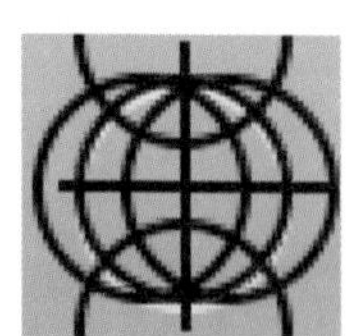

图3-352

图3-353

21 用相同的方法完成相似的制作，图像最终效果和“图层”面板如图3-354、图3-355所示。

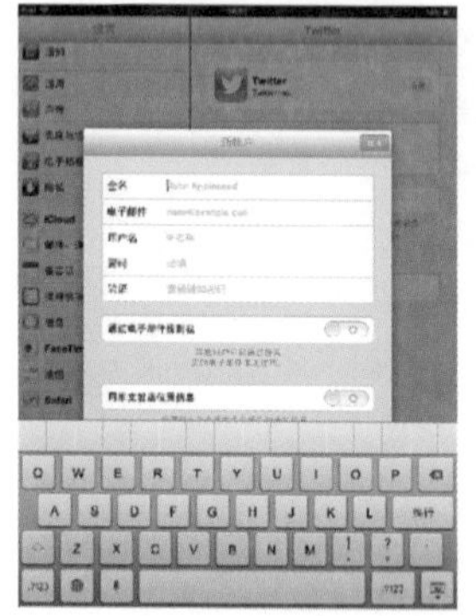

图3-354

图3-355

操作小贴士

建议在制作按钮时将“工具模式”设置为“形状”，这样，只要制作好一个按钮并编组，就可通过复制组并缩放图像得到其他按钮，而且，缩放后的图像圆角不会被改变。如果将“工具模式”设置为“像素”，那么，绘制出的形状经缩放后不仅圆角会被改变，图像也会更模糊。

实战12

制作iOS 6解锁界面

案例分析

本案例将为读者介绍iOS 6中数字解锁界面的制作方法与步骤。iOS 6推崇拟物化的设计风格，所以，本界面的界面元素都特别逼真。本界面中的图形是非常简单的，难点就是对添加在简单图形之上的图层样式的控制。

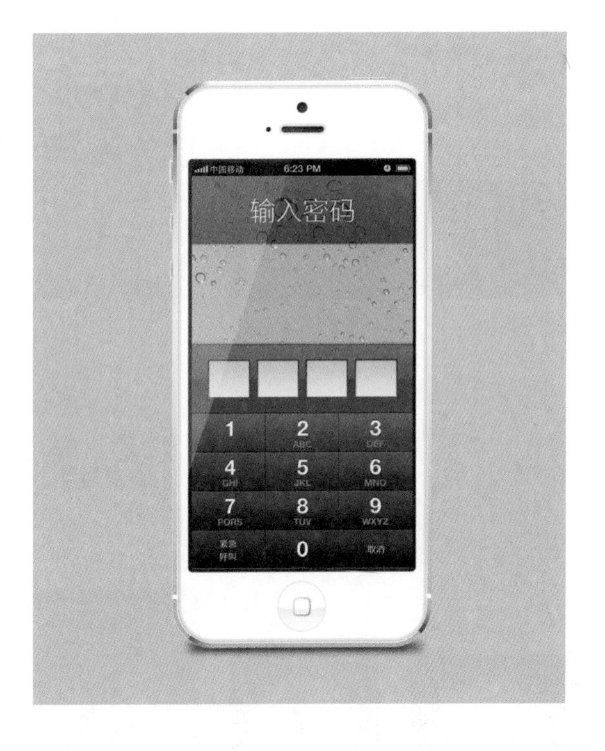

设计规范

规格尺寸	640×1136（像素）
主要工具	矩形工具、文字工具、图层样式
源文件地址	第3章\源文件\012.psd
视频地址	视频\第3章\012.SWF

色彩分析

整个界面以不同明度的灰色为背景，突出了层次感，搭配的白色文字，为页面添加了活力。

（36、36、36） （191、192、194） （255、255、255）

制作步骤

01 执行“文件>打开”命令，打开素材图像“第3章\素材\013.jpg”，如图3-356所示。用“矩形工具”绘制一个黑色矩形，将其作为状态栏的背景，如图3-357所示。

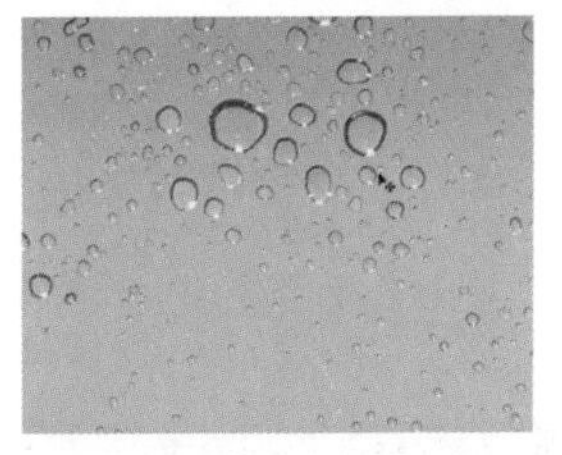
图3-356

图3-357

02 用“矩形工具”绘制一个白色的矩形，如图3-358所示。设置“路径操作”为“合并形状”后，继续绘制其他图形，得到如图3-359所示的效果。设置该图层的“不透明度”为“75%”，如图3-360所示。

图3-358

图3-359

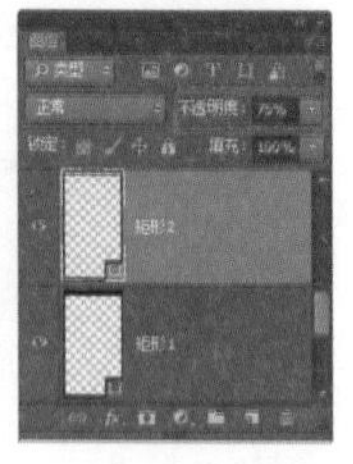
图3-360

04 用“椭圆工具”绘制一个正圆，如图3-363所示。选择“矩形工具”，设置“路径操作”为“减去顶层形状”，继续绘制指针，效果如图3-364所示。设置该图层的“不透明度”为“80%”，如图3-365所示。

图3-363

图3-364

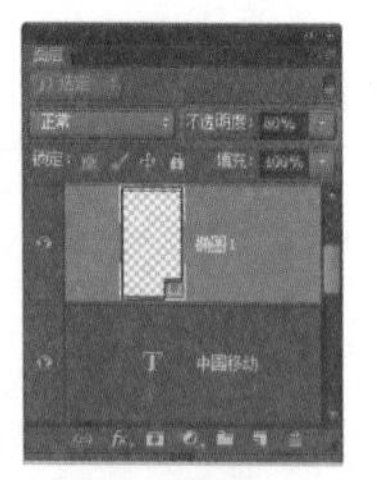
图3-365

05 用相同的方法完成状态栏中其他元素的制作，效果如图3-366所示。将相关图层编组并命名为“状态栏”。

图3-366

03 打开“字符”面板，适当设置字符属性，如图3-361所示。用“横排文字工具”输入相应的文字，如图3-362所示。

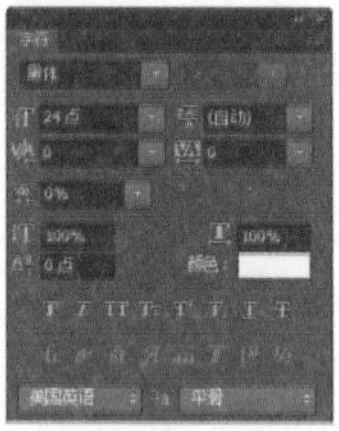

图3-361

图3-362

06 用“矩形工具”在状态栏下方创建一个矩形，如图3-367所示。双击该图层缩览图，打开“图层样式”对话框，选择“渐变叠加”选项并设置参数值，如图3-368所示。

图3-367

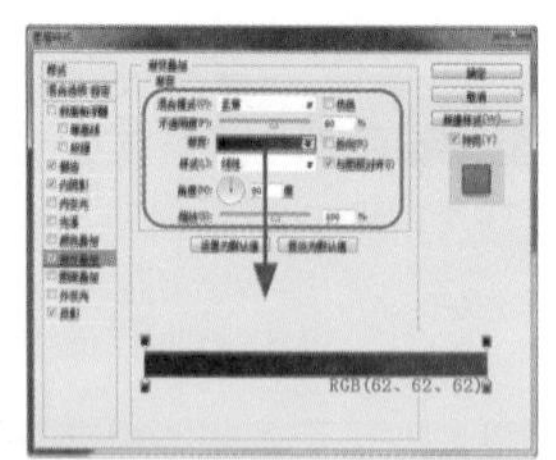
图3-368

提示

用户也可以通过“图层>图层样式”命令，或者单击“图层”面板下方的fx按钮，为选定的图层添加不同的图层样式。

07在对话框中选择“描边”选项并设置参数值，如图3-369所示。选择“内阴影”选项并设置参数值，如图3-370所示。

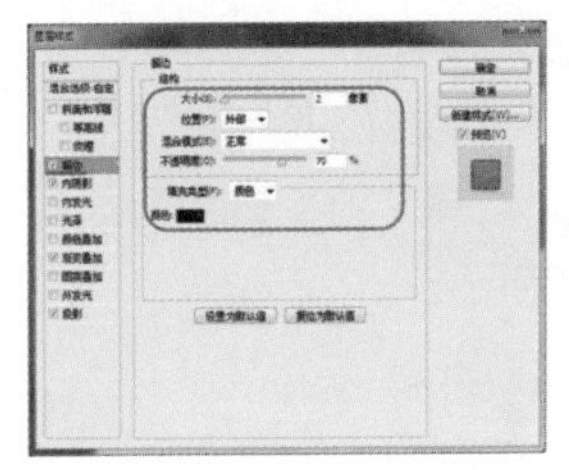
图3-369

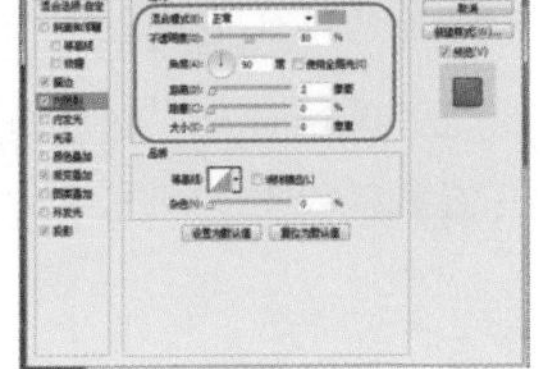
图3-370

08最后，选择“投影”选项并设置参数值，如图3-371所示。设置完成后，设置该图层的“填充”为“0%”，效果如图3-372所示。

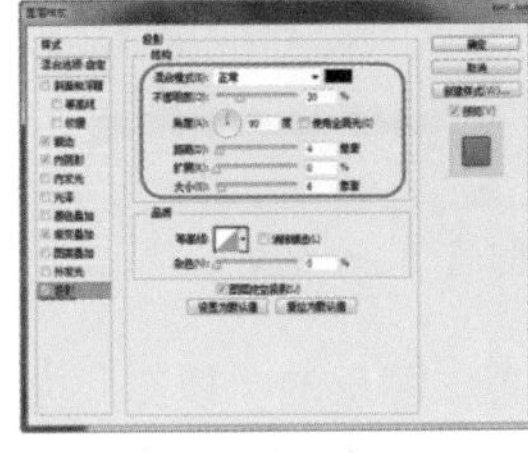
图3-371

图3-372

提示

这里的图层“填充”与形状“填充”不是同一个概念，形状“填充”是指形状的填充颜色，而图层“填充”则是指相应图层的填充不透明度。

09用相同的方法完成文字的制作，如图3-373所示。按下Ctrl+G组合键将相关图层编组并命名为“输入密码”，如图3-374所示。

10用相同的方法完成文本框的制作，如图3-375、图3-376所示。

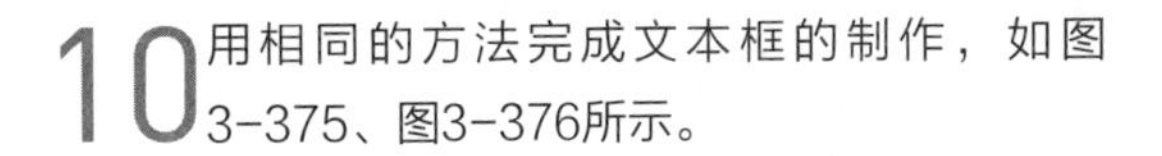

图3-373

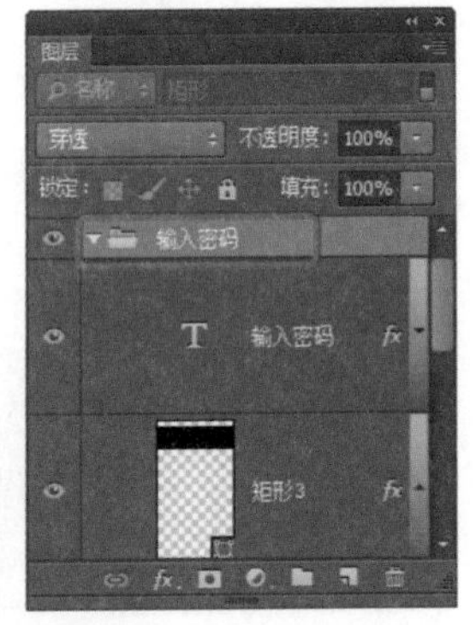

图3-374

图3-375

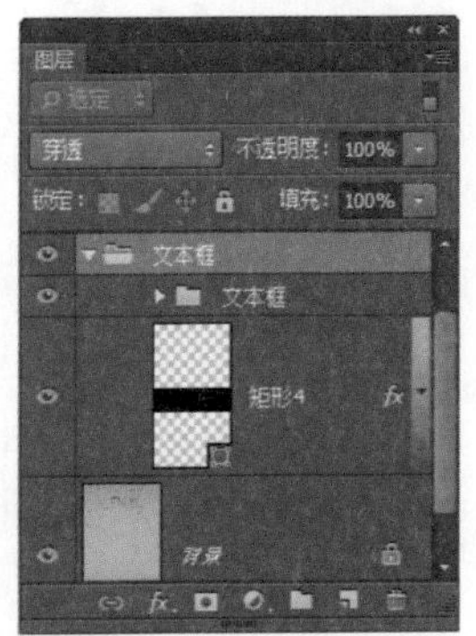

图3-376

11 用“矩形工具”在文本框下方绘制一个矩形，如图3-377所示。双击该图层缩览图，打开“图层样式”对话框，选择“渐变叠加”选项并设置参数值，如图3-378所示。

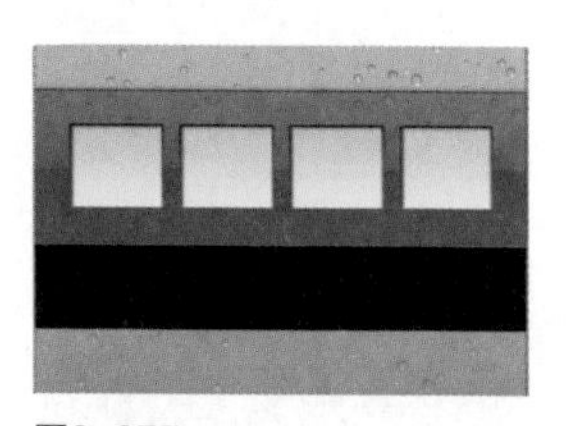
图3-377

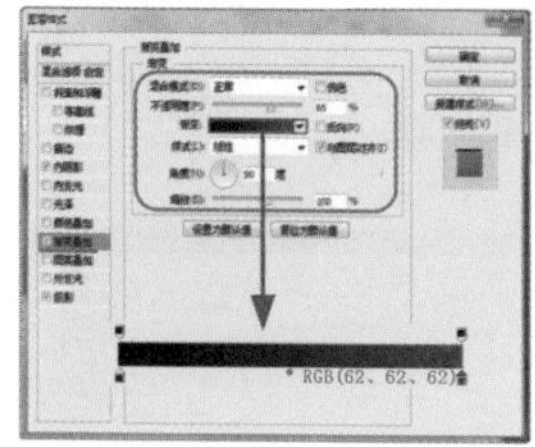

图3-378

12 在对话框中选择“内阴影”选项并设置参数值，如图3-379所示。选择“投影”选项并设置参数值，如图3-380所示。

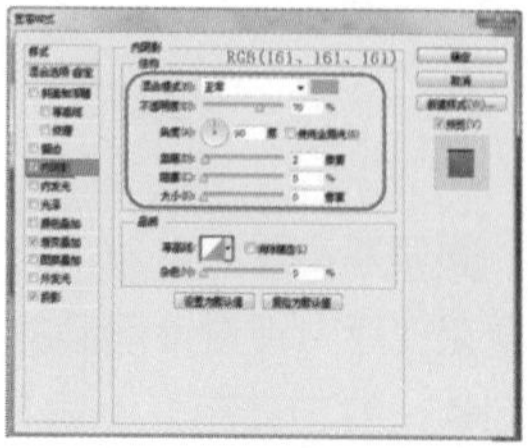

图3-379

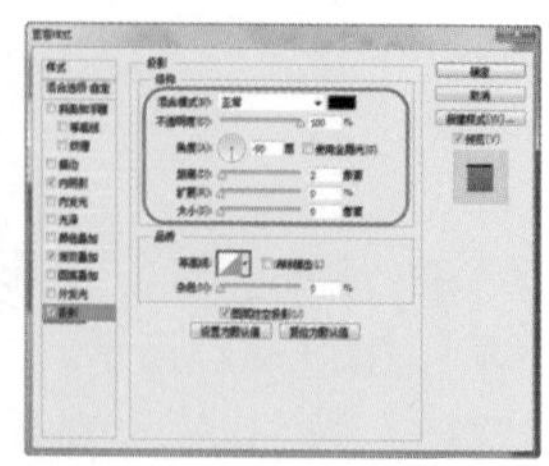
图3-380

13 设置完成后，再设置该图层的“填充”为“0%”，图形效果如图3-381所示。用“直线工具”绘制两根“粗细”为“2像素”的黑色线条，如图3-382所示。

图3-381

图3-382

提示

绘制完第一根线条后，请设置“路径操作”为“合并形状”或按下Shift键后，再继续绘制第二根线条，以将它们拼合到一个图层中。

14 双击该图层缩览图，打开“图层样式”对话框，选择“描边”选项并设置参数值，如图3-383所示。设置完成后，修改该图层的“不透明度”为“60%”，得到如图3-384所示的效果。

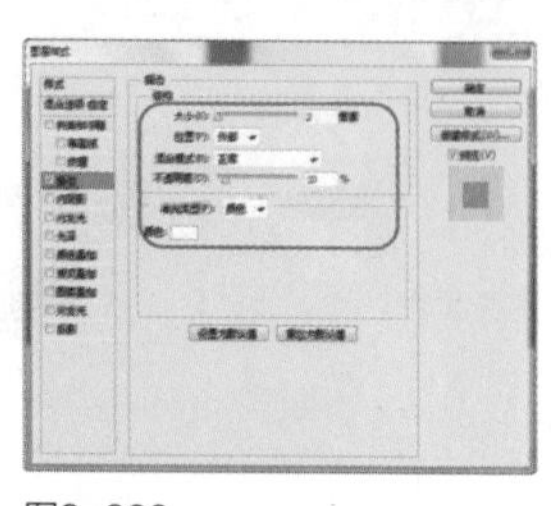
图3-383

图3-384

15 打开“字符”面板，适当设置字符属性，如图3-385所示。用“横排文字工具”输入相应的文字，如图3-386所示。

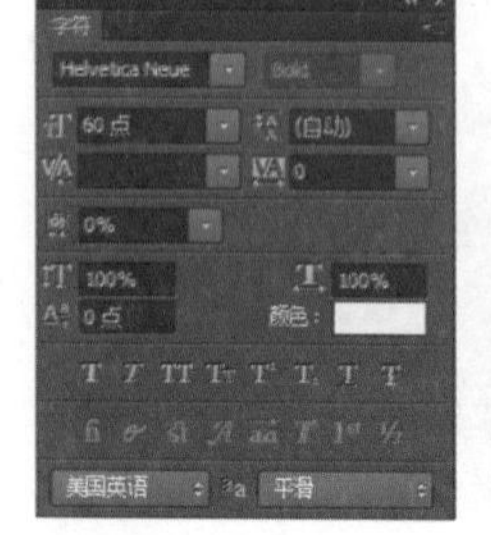

图3-385

图3-386

16 双击该图层缩览图，打开“图层样式”对话框，选择“投影”选项并设置参数值，如图3-387所示。设置完成后，得到如图3-388所示的文字投影效果。

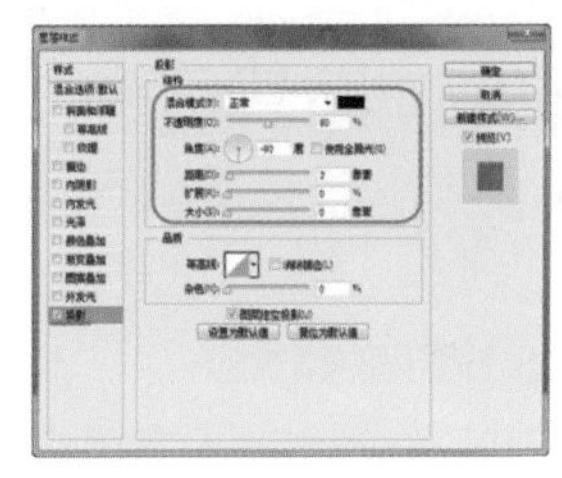

图3-387

图3-388

17 用相同的方法完成其他文字的制作，效果如图3-389所示。分别对相关图层和图层组进行编组，如图3-390所示。

图3-389

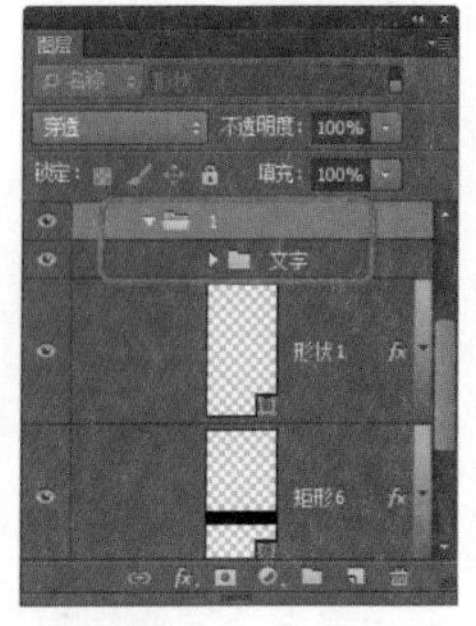

图3-390

18 用相同的方法完成其他内容的制作，如图3-391、图3-392所示，操作完成。

图3-391

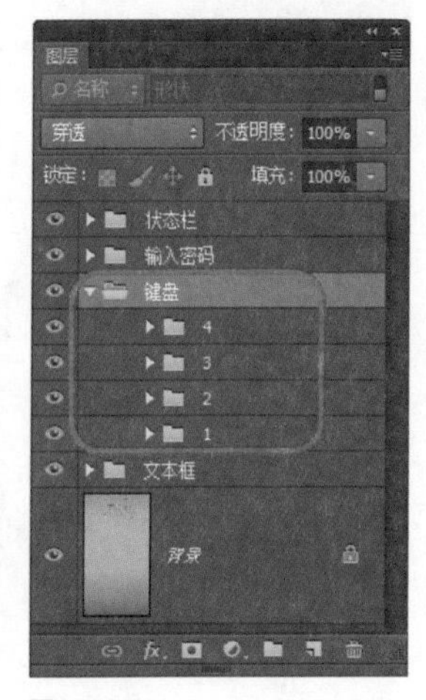

图3-392

操作小贴士

将“路径操作”设置为“合并形状”后，可以将两个或多个图形绘制在同一个形状图层中，也可以先绘制好多个图形，再选中所有形状图层并按下Ctrl+E组合键，将所有形状合并到一个图层中。

实战13

制作iOS 6阅读器界面

案例分析

本案例将为读者介绍iOS 6界面的制作方法。本案例中会用到大量的图层样式，以做出令人震撼的图像效果。除了图层样式比较难以掌握之外，案例中的难点还有许多不规则图形的绘制。

设计规范

规格尺寸	640×1136（像素）
主要工具	圆角矩形工具、文字工具、直线工具
源文件地址	第3章\源文件\013.psd
视频地址	视频\第3章\013.SWF

色彩分析

置于页面下方的黑色文字，使页面色彩效果不轻浮；橘黄色可增加视觉冲击力；小片的深蓝色则突出而不突兀。

制作步骤

01 执行“文件>新建”命令，新建一个空白文档，如图3-393所示。用“矩形工具”在画布顶部创建黑色的矩形，如图3-394所示。

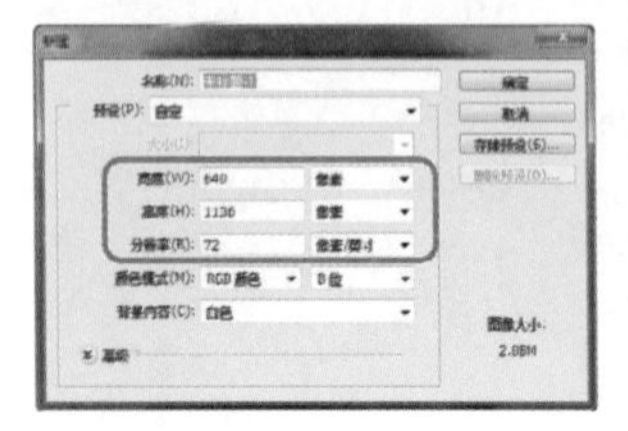

图3-393

图3-394

02 用“直线工具”在画布中绘制白色的直线，如图3-395所示。设置“路径操作”为“合并形状”后，继续在图像中绘制，效果如图3-396所示。用相同的方法完成相似内容的制作，效果如图3-397所示。

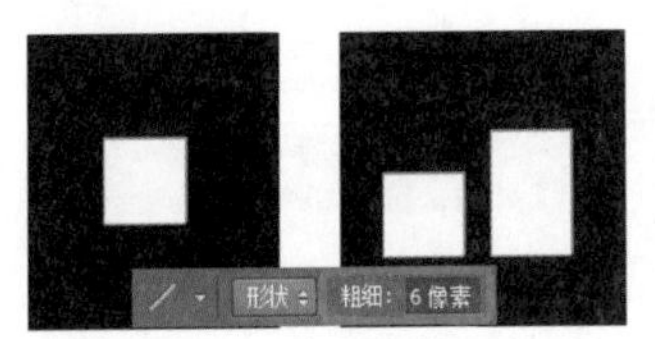

图3-395　　图3-396

图3-397

03 打开“字符”面板并设置参数后，在画布中输入相应的文字，如图3-398、图3-399所示。选择“圆角矩形工具”，设置“填充”为“无”，“描边”为“白色”，在画布中创建“半径”为“3像素”的图形，如图3-400所示。

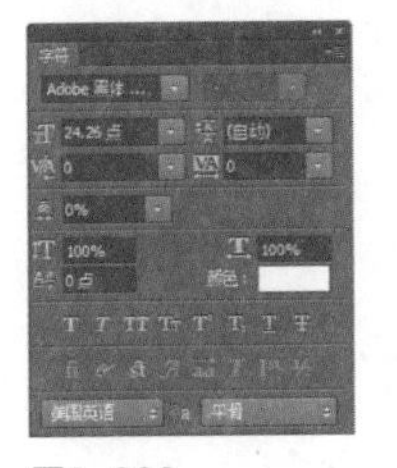

图3-398

图3-399

图3-400

04 设置“填充”为“白色”，在图像中创建另一个图形，如图3-401所示。用“椭圆工具”在画布中创建图形，如图3-402所示。

图3-401

图3-402

05 选择“矩形工具”，设置“路径操作”为“减去顶层形状”，在图像中绘制如图3-403所示的矩形。对相关图层进行编组并命名为“状态栏”，如图3-404所示。

图3-403

图3-404

06 用“圆角矩形工具”在画布中创建任意颜色的矩形，如图3-405所示。

图3-405

07 选择“矩形工具”，设置“路径操作”为“减去顶层形状”，在图像中绘制如图3-406所示的矩形。

图3-406

08 设置“路径操作”为“合并形状组件”，图像效果如图3-407所示。

图3-407

09 双击该图层缩览图，在弹出的“图层样式”对话框中选择“描边”选项并设置参数，如图3-408所示。选择“渐变叠加”选项并设置参数，如图3-409所示。

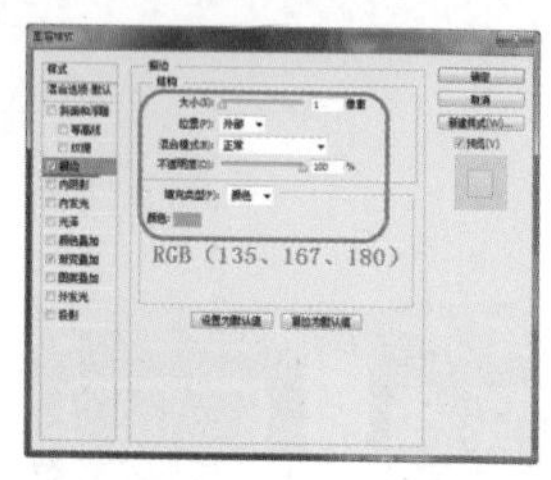

图3-408

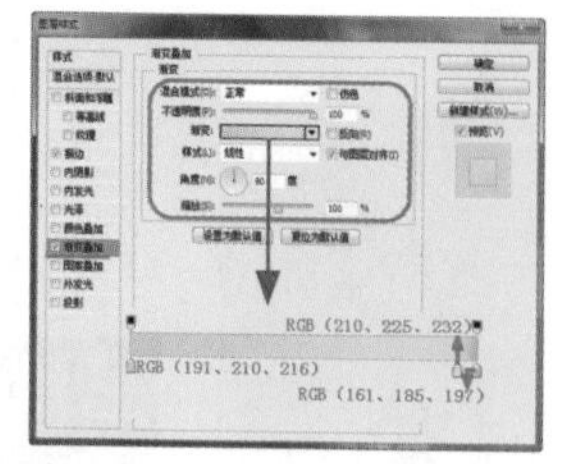

图3-409

10 设置完成后，单击“确定”按钮，图像效果如图3-410所示。用“直线工具”在画布中绘制“填充”为“RGB（133、158、163）”的直线，如图3-411所示。

图3-410

图3-411

11 用“圆角矩形工具”创建任意颜色的矩形，如图3-412所示。选择“钢笔工具”，设置“路径操作”为“减去顶层形状”，在图像中绘制如图3-413所示的图形。

图3-412

图3-413

12 设置“路径操作”为“合并形状组件”，双击该图层缩览图，在弹出的“图层样式”对话框中选择“描边”选项并设置参数，如图3-414所示。选择“内阴影”选项并设置参数，如图3-415所示。

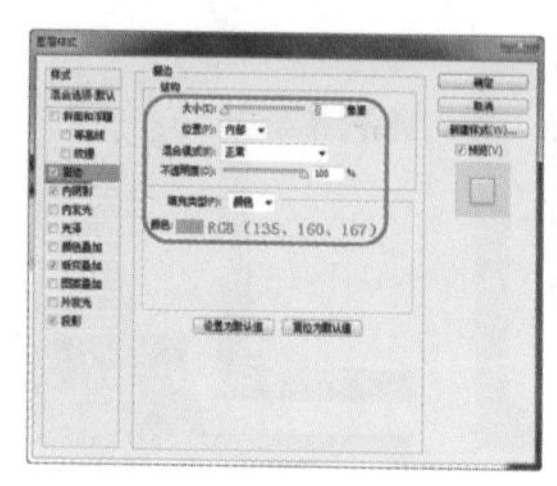

图3-414

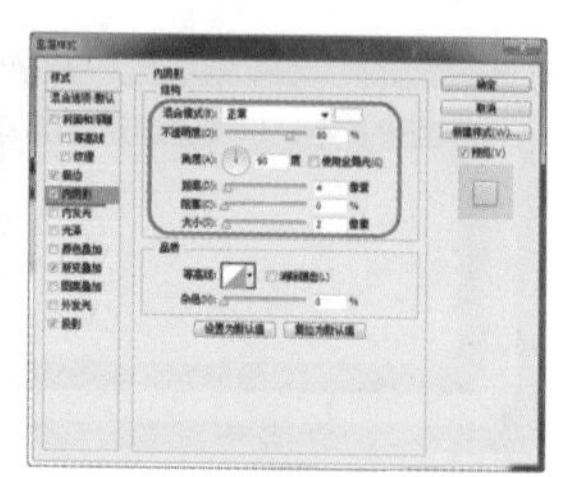

图3-415

13 选择“渐变叠加”、“投影”选项并设置参数，如图3-416、图3-417所示。

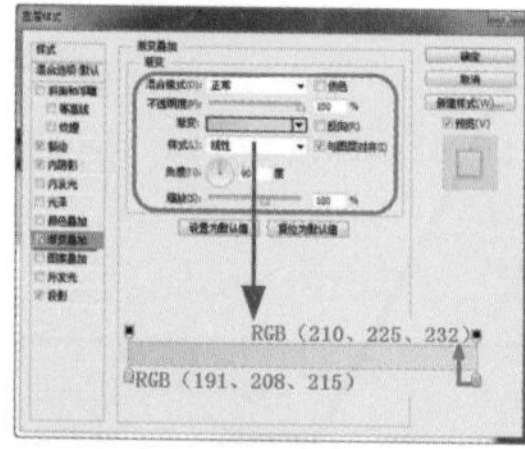

图3-416

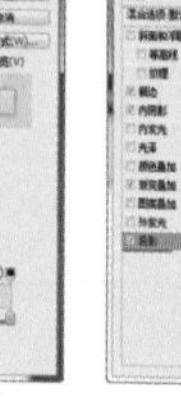

图3-417

14 设置完成后，单击“确定”按钮，图像效果如图3-418所示。打开“字符”面板并设置参数，如图3-419所示。

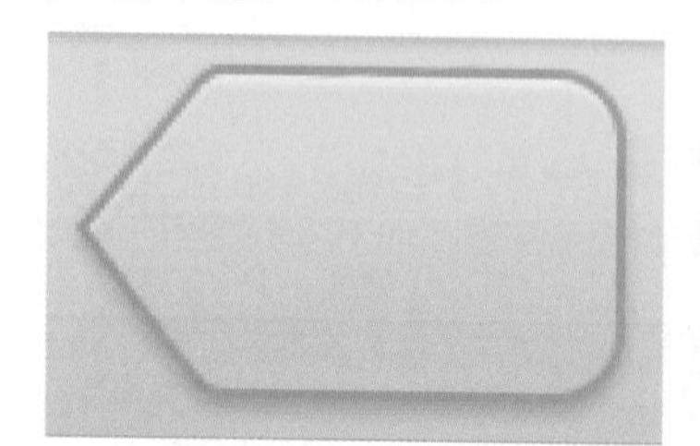
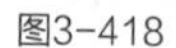

图3-418

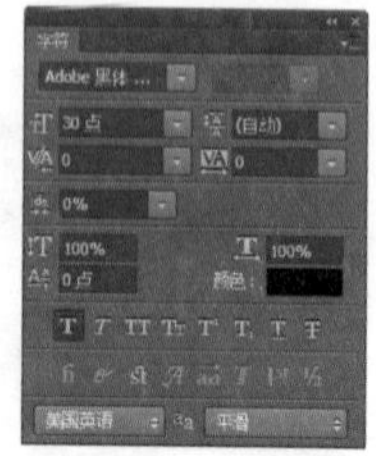

图3-419

15 用“横排文字工具”在画布中输入相应的文字，如图3-420所示。双击该图层缩览，在弹出的“图层样式”对话框选择“投影”选项并设置参数，如图3-421所示。

图3-420

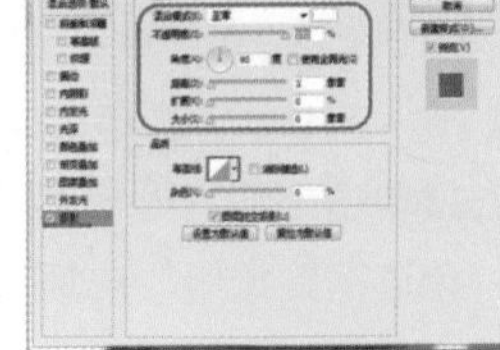
图3-421

16 设置完成后，单击“确定”按钮，图像效果如图3-422所示。用相同的方法完成相似内容的制作后，对相关图层进行编组并命名为“选项栏”，如图3-423、图3-424所示。

图3-422

图3-423

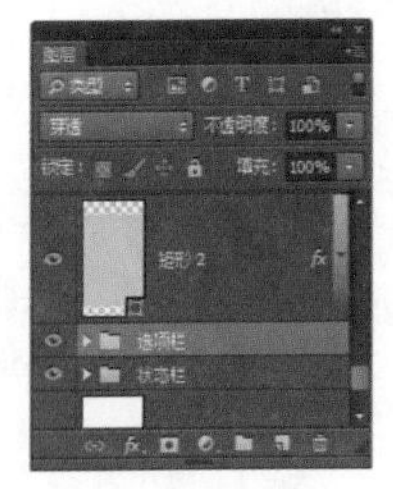
图3-424

提示

本案例的主要难点就是选项栏的制作，除了对“返回”按钮形状路径的控制外，就是本章中多次提到的，同时也是几乎所有iOS 6界面制作中的共同点——对图层样式的控制。由于许多元素的样式都是相同的，因此，可以用鼠标右键单击图层缩览图，从而复制并粘贴图层样式。

17 用“圆角矩形工具”在画布中创建“填充”为“RGB（232、233、235）”的矩形，如图3-425所示。打开“图层样式”对话框，选择“描边”选项并设置参数，如图3-426所示。

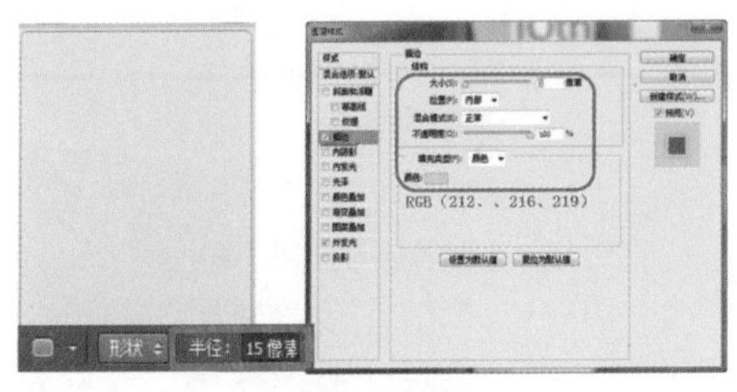

图3-425　图3-426

18 选择“外发光”选项并设置参数，如图3-427所示。设置完成后，单击“确定”按钮，图像效果如图3-428所示。

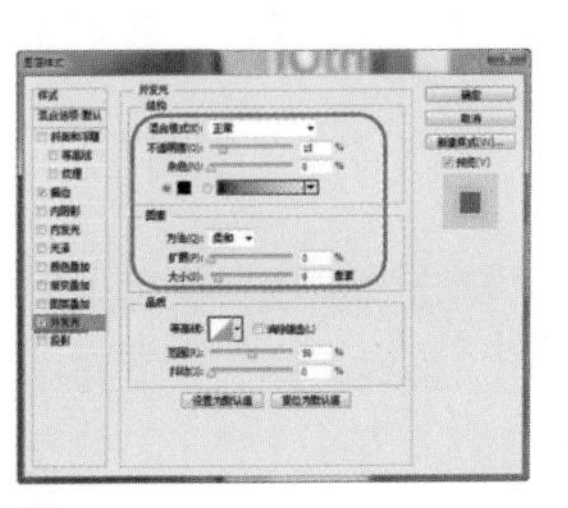
图3-427

图3-428

19 用“矩形工具”在画布中创建“填充”为“白色”，“描边”为“RGB（212、216、219）”的矩形，如图3-429所示。用鼠标右键单击该图层缩览图，在弹出的快捷菜单中选择“创建剪贴蒙版”选项，图像效果如图3-430、图3-431所示。

图3-429

图3-430

图3-431

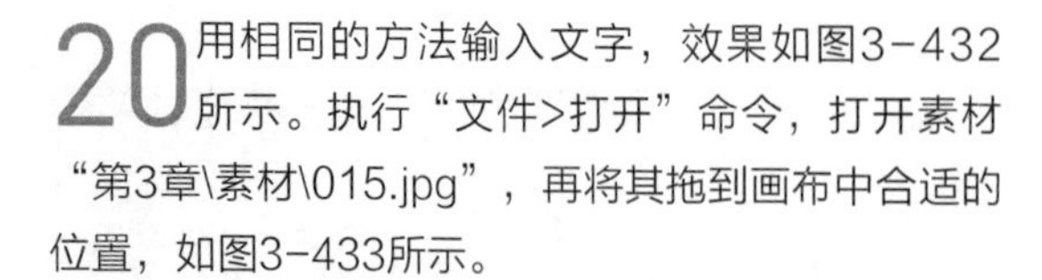

20 用相同的方法输入文字，效果如图3-432所示。执行“文件>打开”命令，打开素材“第3章\素材\015.jpg”，再将其拖到画布中合适的位置，如图3-433所示。

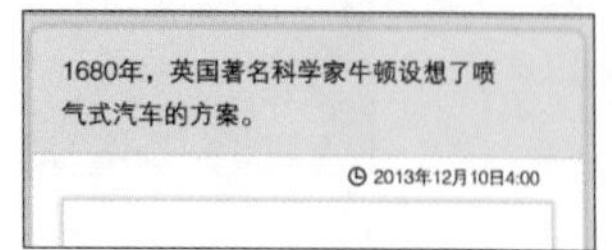

图3-432

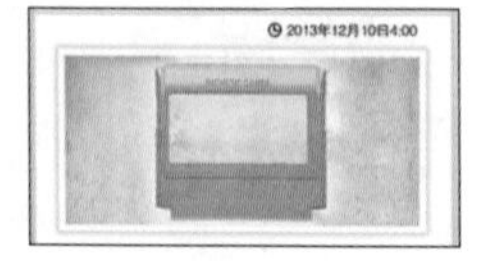

图3-433

21 用相同的方法输入其他文字，效果如图3-434所示。用“圆角矩形工具”在画布底部创建任意颜色的矩形，如图3-435所示。

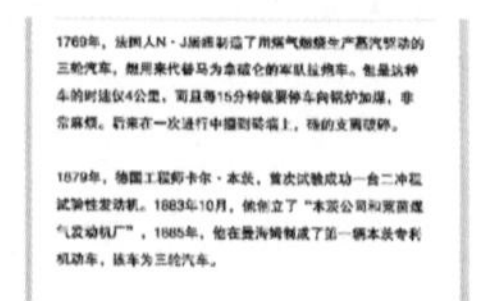

图3-434

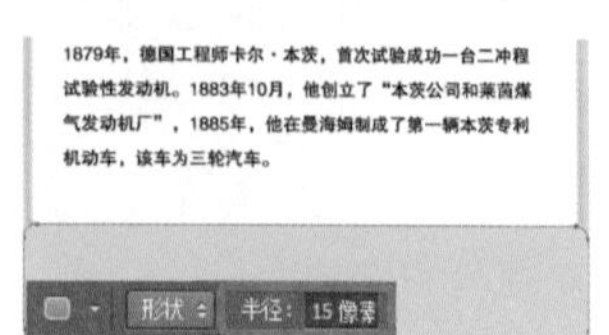

图3-435

22 选择“矩形工具”，设置“路径操作”为“减去顶层形状”，在图像中绘制如图3-436所示的矩形。绘制完成后，修改“路径操作”为“合并形状组件”，效果如图3-437所示。

图3-436

图3-437

23 打开“图层样式”对话框，选择“内阴影”选项并设置参数，如图3-438所示。打开“图层样式”对话框，选择“渐变叠加”选项并设置参数，如图3-439所示。

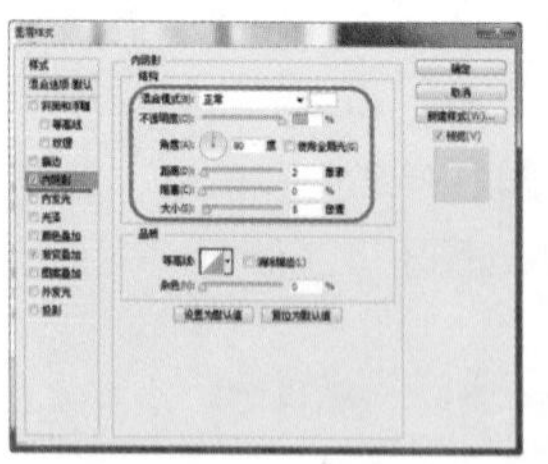

图3-438

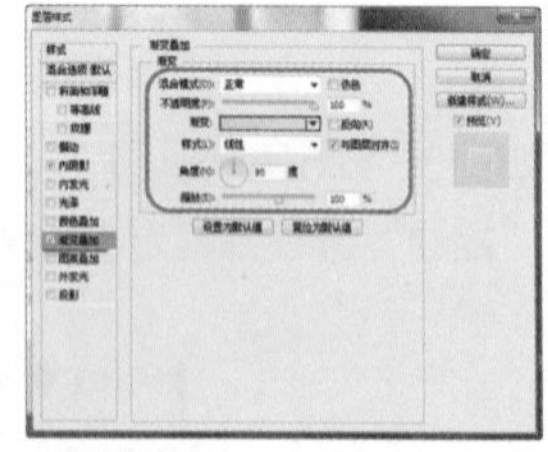

图3-439

24 设置完成后，单击“确定”按钮，图像效果如图3-440所示。用“直线工具”在画布中绘制“填充”为“RGB（156、179、185）”的直线，如图3-441所示。

图3-440

图3-441

25 用“直线工具”在画布中绘制“填充”为“RGB（143、167、179）”的直线，如图3-442所示。设置“路径操作”为“合并形状”，绘制另一条直线，效果如图3-443所示。

图3-442

图3-443

26 打开“图层样式”对话框，选择“投影”选项并设置参数，如图3-444所示。设置完成后，单击“确定”按钮，图像效果如图3-445所示。

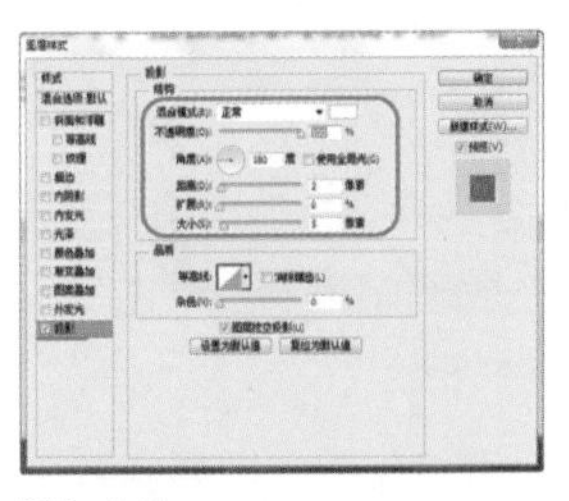

图3-444

图3-445

27 用“矩形工具”在画布中创建任意颜色的矩形，如图3-446所示。设置“路径操作”为“减去顶层形状”，在图像中绘制如图3-447所示的矩形。

图3-446

图3-447

28 选择“钢笔工具”，设置“路径操作”为“减去顶层形状”，在图像中绘制如图3-448所示的图形。绘制完成后，设置“路径操作”为“合并形状组件”，然后，再次设置“路径操作”为“合并形状”，在图像中绘制如图3-449所示的图形。

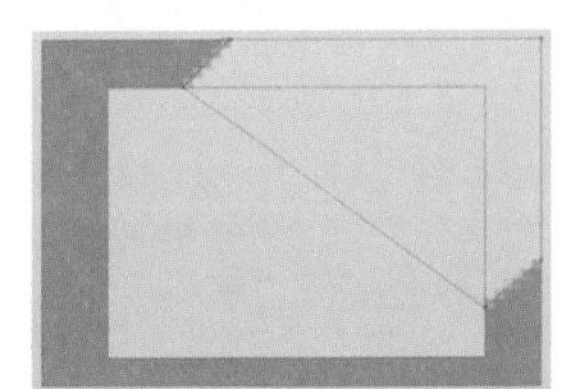

图3-448

图3-449

29 双击该图层缩览图，在弹出的“图层样式”对话框中选择“内阴影”选项并设置参数，如图3-450所示。选择“渐变叠加”选项并设置参数，如图3-451所示。

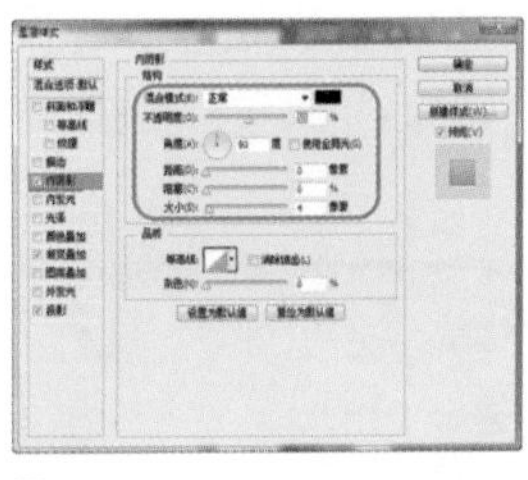

图3-450

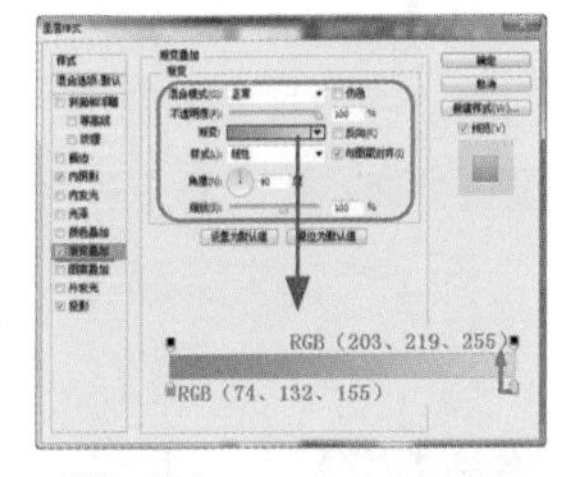

图3-451

提示

绘制完图形并将“路径操作”修改为“合并形状组件”后，可以将形状中的多个路径合并为一条路径。此处将“路径操作”修改为“合并形状组件”，是为了方便以后绘制图形。

30 选择“投影”选项并设置参数，如图3-452所示。设置完成后，单击“确定”按钮，图像效果如图3-453所示。

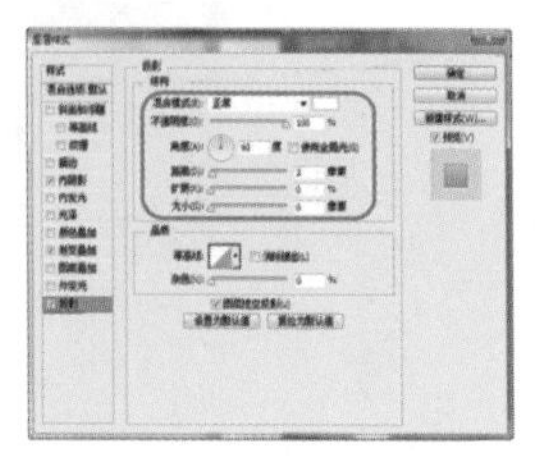

图3-452

图3-453

31 用相同的方法完成相似内容的制作，效果如图3-454所示。用“矩形工具”在画布中创建任意颜色的矩形，如图3-455所示。

图3-454

图3-455

32 双击该图层缩览图，在弹出的“图层样式”对话框中选择“内阴影”选项并设置参数，如图3-456所示。选择“渐变叠加”选项并设置参数，如图3-457所示。

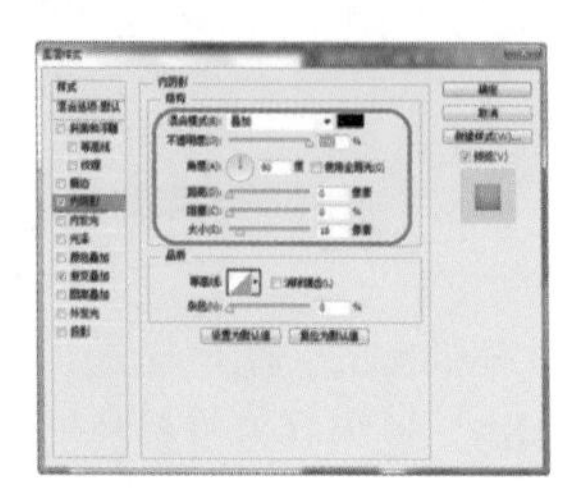

图3-456

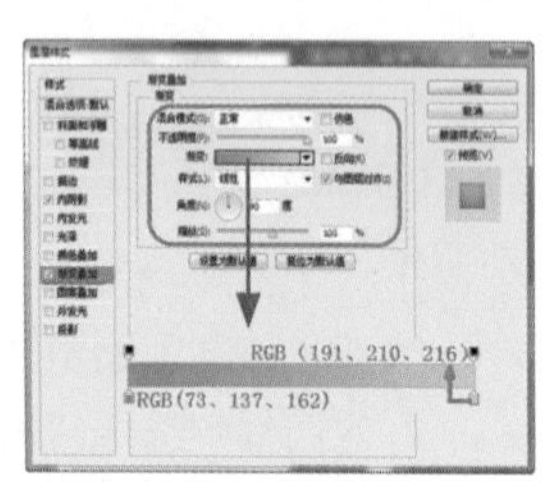

图3-457

33 设置完成后，单击“确定”按钮，图像效果如图3-458所示。新建图层并用“画笔工具”在画布中绘制白色的高光，如图3-459所示。

图3-458

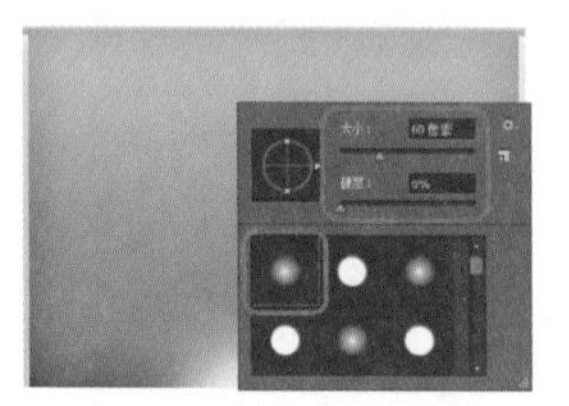

图3-459

34 用“自定义形状工具”在图像中绘制图形，如图3-460所示。双击该图层缩览图，在弹出的“图层样式”对话框中选择“内阴影”选项并设置参数，如图3-461所示。

图3-460

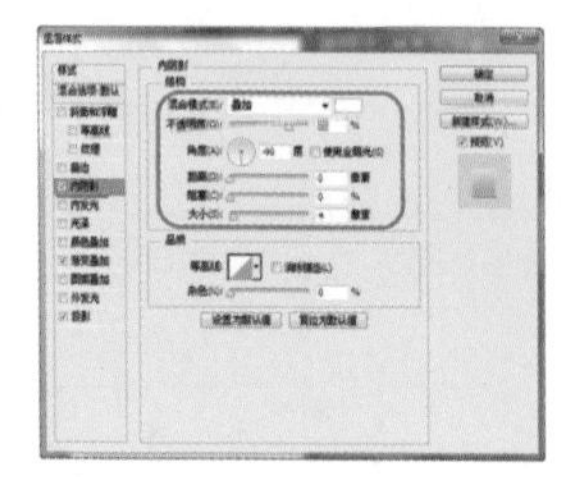

图3-461

35 继续选择“渐变叠加”和“投影”选项并设置参数，如图3-462、图3-463所示。

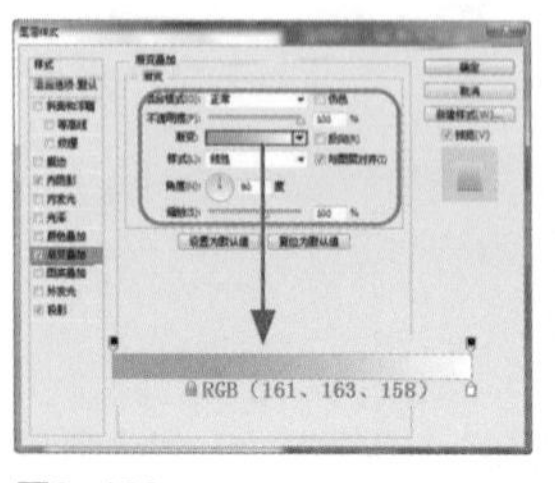

图3-462

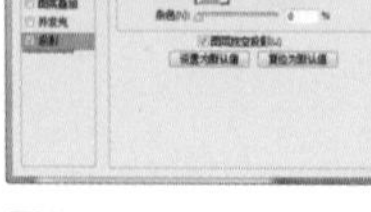

图3-463

36 设置完成后，单击“确定”按钮，图像效果如图3-464所示。用相同的方法完成相似内容的制作，最终效果如图3-465所示，“图层”面板如图3-466所示。

图3-464

图3-465

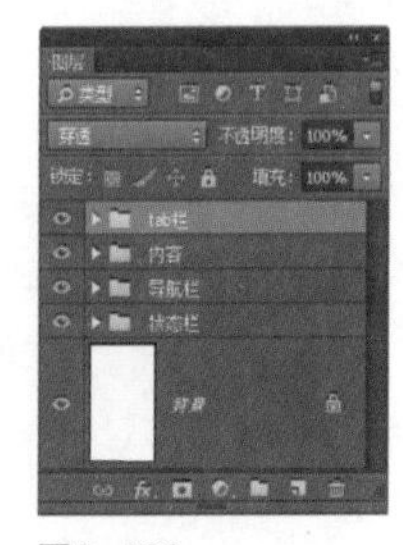

图3-466

37 隐藏除了“圆角矩形3”和“形状2”之外的所有图层，执行“视图>标尺”命令，沿图像边缘拖出参考线，如图3-467所示。用“矩形选框工具”在参考线内部绘制相同大小的选区，如图3-468所示。

图3-467

图3-468

38 执行“编辑>合并拷贝”命令后，按下Ctrl+N组合键，弹出“新建”对话框，如图3-469所示。单击“确定”按钮，按下Ctrl+V组合键，复制图像，隐藏“背景”图层，然后，执行“文件>存储为Web所用格式”命令，弹出“存储为Web所用格式”对话框，如图3-470所示。

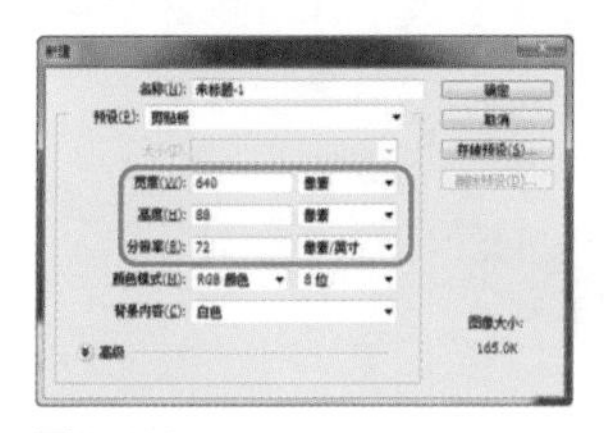
图3-469

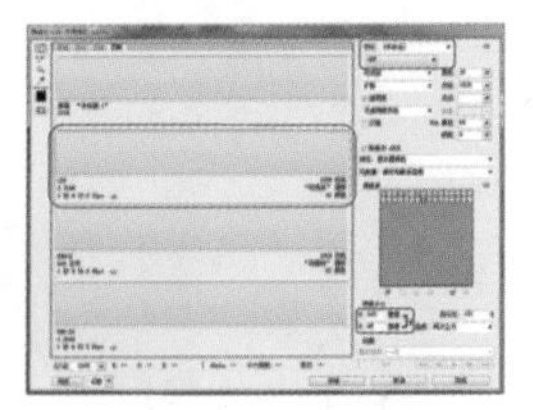
图3-470

39 设置完成后，单击“存储”按钮，对图像进行优化存储，如图3-471所示。隐藏其他图层，仅显示“按钮”图层，如图3-472所示。

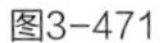
图3-471

图3-472

40 执行“图像>裁切”命令，弹出“裁切”对话框，如图3-473所示。单击“确定”按钮，裁掉画布周围的透明像素。执行“文件>存储为Web所用格式”命令，弹出“存储为Web所用格式”对话框，如图3-474所示。

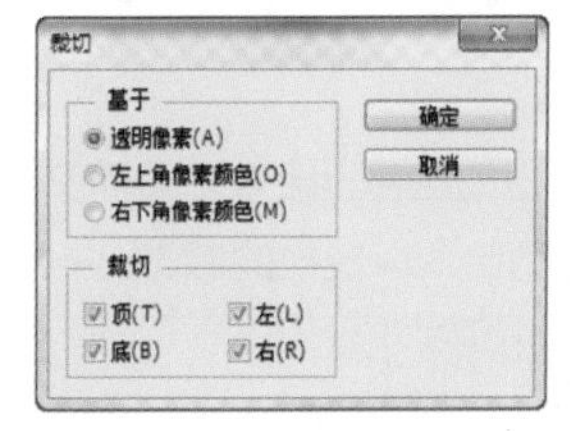

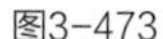
图3-473

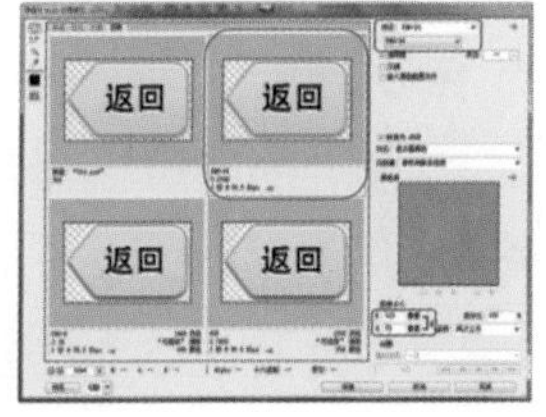

图3-474

41 用相同的方法对界面中的其他部分进行切片存储，如图3-475所示。

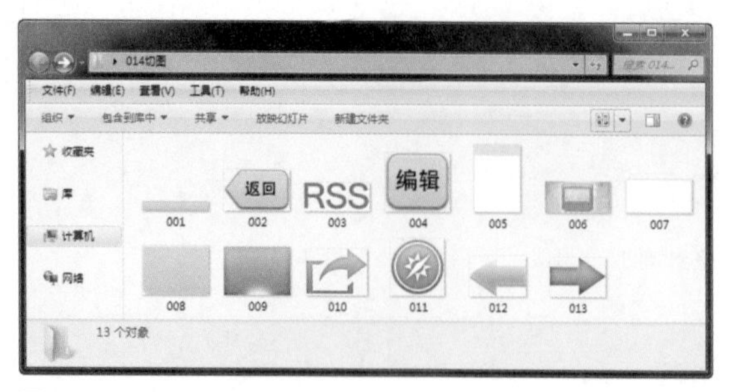

图3-475

操作小贴士

在被切的图像元素周围拖出参考线，用“矩形选框工具”在参考线内创建选区，合并复制的图层，然后，新建文档并复制图层，最后，隐藏背景图层并对图像进行优化存储。这种方法适用于没有投影、外发光图层样式和透明图层，并且，边缘较清晰的图像。

也可隐藏其他图层，直接执行“图像>裁切”命令，裁切掉透明像素即可。这种方法适用于边缘存在着难以用肉眼分辨的透明像素和投影、外发光等的图层样式，可利用Photoshop来分辨图像边缘。

实战14 制作iPhone4中的小界面

案例分析

本案例将为读者介绍iPhone4小界面的制作方法。除了对形状图层样式的控制及对不规则图形路径的调整之外，本界面的色彩搭配也是非常不易制作的。

设计规范

规格尺寸	640×960（像素）
主要工具	圆角矩形工具、文字工具、图层样式
源文件地址	第3章\源文件\014.psd
视频地址	视频\第3章\014.SWF

色彩分析

淡黄色的背景搭配淡粉色的主色，给人轻盈而又温暖的感觉；少许的淡绿色则给人以轻松的感觉。

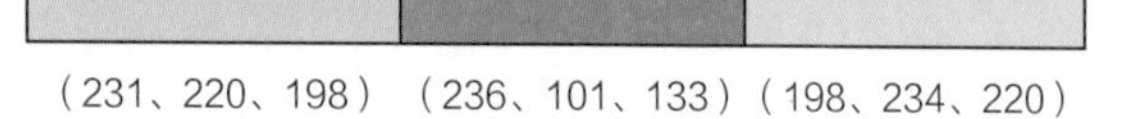

（231、220、198）（236、101、133）（198、234、220）

制作步骤

01 执行“文件>新建”命令，新建一个空白文档，如图3-476所示。填充画布颜色为“RGB（231、220、198）”。新建图层，用“圆角矩形工具”在画布右上角创建“填充”为“RGB（236、101、133）”的矩形，如图3-477所示。

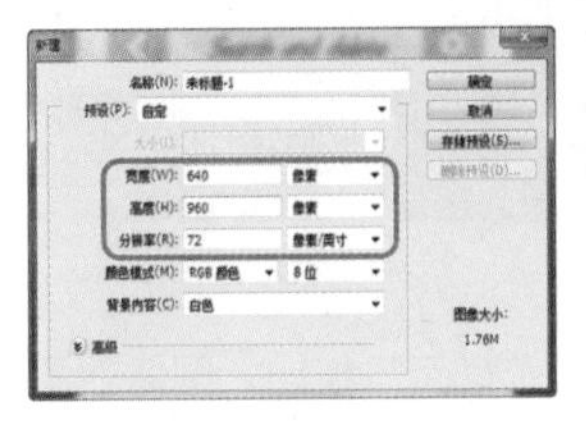

图3-476

图3-477

02 用“矩形选框工具”在图像中绘制选区，如图3-478所示。按下Delete键，删除选区中的内容，然后，再按下Ctrl+D组合键，取消选区，图像效果如图3-479所示。

图3-478

图3-479

03 选择“画笔工具”，设置前景色为“RGB(236、101、133)”，打开“画笔”工具并设置参数，如图3-480所示。设置完成后，关闭“画笔”面板，按住Shift键并在图像中绘制如图3-481所示的图形。

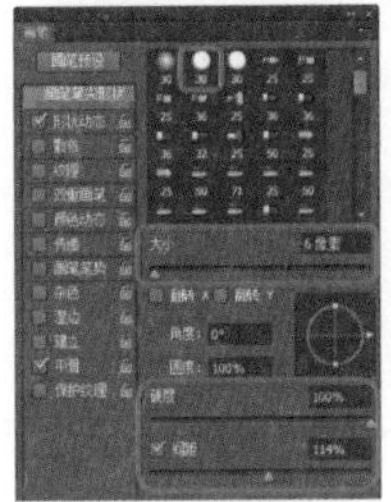
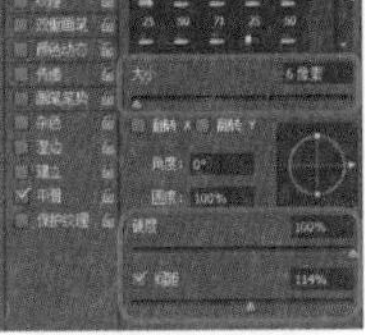

图3-480

图3-481

04 双击该图层缩览图，在弹出的“图层样式”对话框中选择“内阴影”选项并设置参数，如图3-482所示。设置完成后，单击“确定”按钮，图像效果如图3-483所示。

图3-482

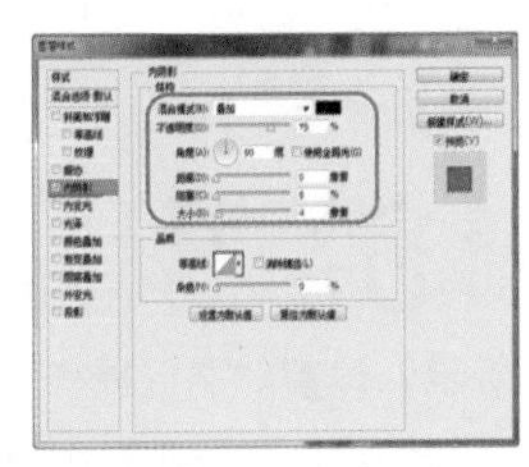

图3-483

05 用“圆角矩形工具”在画布中创建矩形，如图3-484所示。按下Ctrl+T组合键，对图像进行旋转操作，如图3-485所示。复制该图形，执行“编辑>变换>垂直翻转”命令，然后，用“移动工具”将其拖移至合适的位置，如图3-486所示。

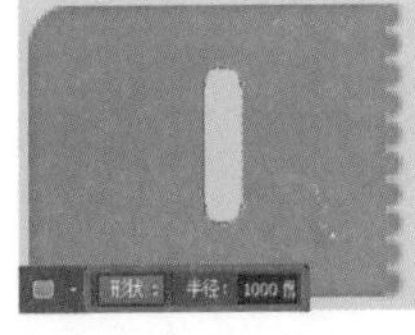

图3-484

图3-485

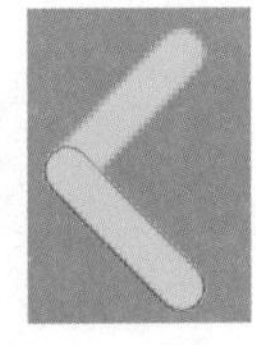

图3-486

06 按下Ctrl+E组合键，合并“圆角矩形1”和“圆角矩形1拷贝”图层，再为图像添加“内发光”图层样式，如图3-487所示。选择“投影”选项并设置参数，如图3-488所示。

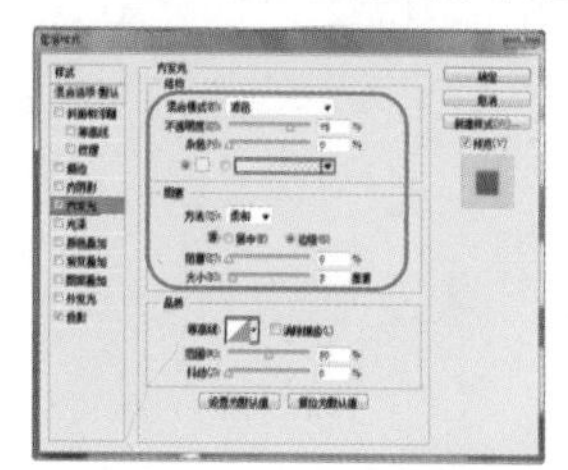

图3-487

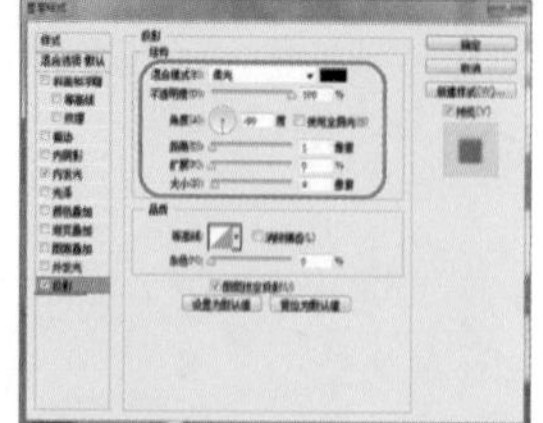

图3-488

07 设置完成后，单击“确定”按钮，图像效果如图3-489所示。打开“字符”面板并设置参数后，用“横排文字工具”在画布中输入文字，如图3-490、图3-491所示。

图3-489

图3-490

图3-491

08 打开“图层样式”对话框，选择“内阴影”选项并设置参数，如图3-492所示。选择“投影”选项并设置参数，如图3-493所示。

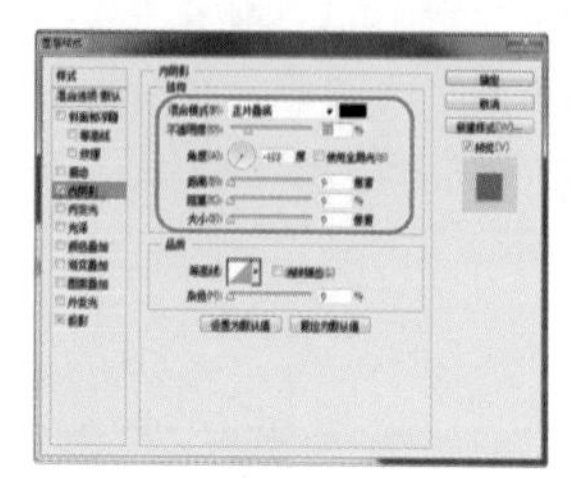

图3-492

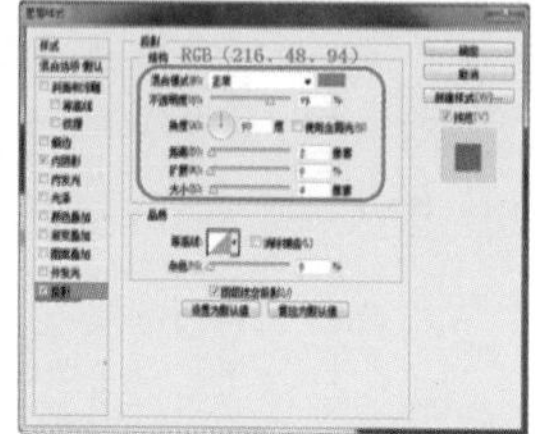

图3-493

09 设置完成后，单击“确定”按钮，图像效果如图3-494所示。用相同的方法完成相似内容的制作，效果如图3-495所示。

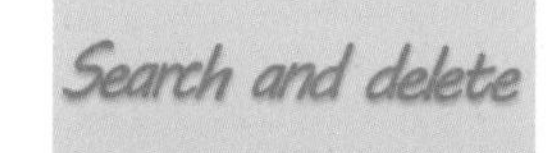

图3-494

图3-495

10 用“椭圆工具”创建“填充”为“RGB（231、220、198）”的正圆，如图3-496所示。设置“路径操作”为“减去顶层形状”，在图像中绘制如图3-497所示的图形。选择“矩形工具”，设置“路径操作”为“合并形状”，在图像中绘制如图3-498所示的图形。

图3-496

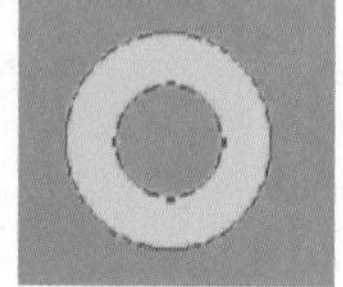

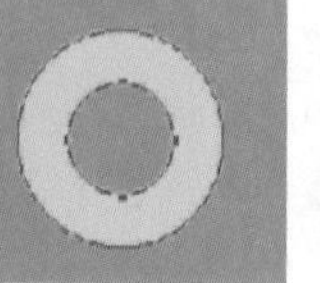

图3-497

图3-498

11 打开“图层样式”对话框，选择“内发光”选项并设置参数，如图3-499所示。选择“投影”选项并设置参数，如图3-500所示。

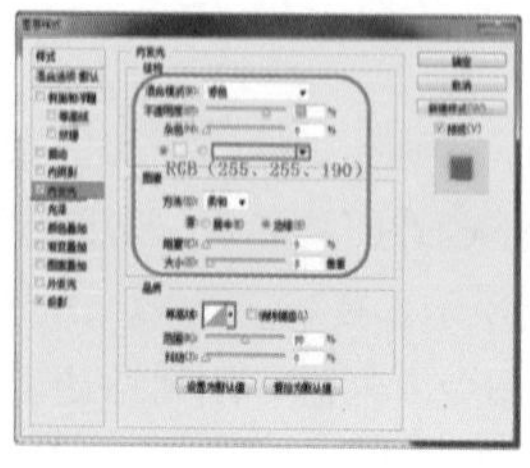

图3-499

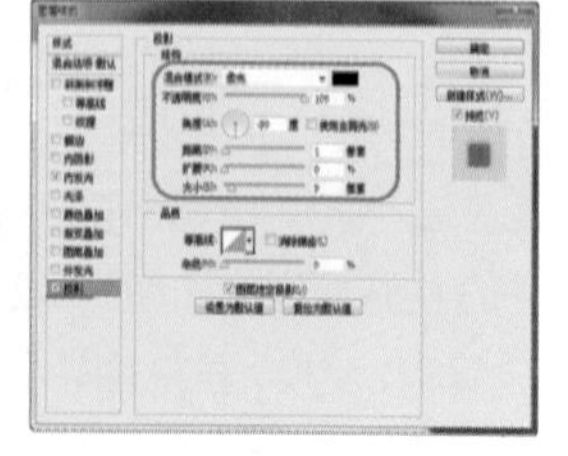

图3-500

12 设置完成后，单击“确定”按钮，图像效果如图3-501所示。用相同的方法完成相似内容的制作，效果如图3-502所示。

图3-501

图3-502

13 选择“矩形工具”，设置“工具模式”为“形状”，在图像中绘制白色的矩形，如图3-503所示。复制该矩形，并将其向右移动，如图3-504所示。用相同的方法完成相似内容的制作，如图3-505所示。

图3-503

图3-504

图3-505

14 将所有白色矩形编组后，将“图层2”载入选区，为该组添加图层蒙版，如图3-506所示。将“图层2” 载入选区，用黑白线性渐变填充画布，修改图层的“不透明度”为“10%”，效果如图3-507所示。

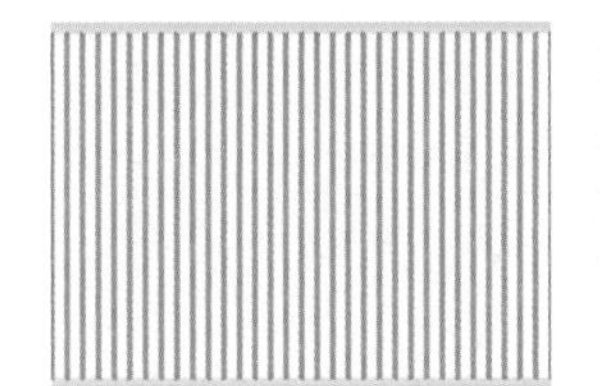

图3-506

图3-507

15 执行“文件>打开”命令，打开素材“第3章\素材\016.png”，将其拖入画布中，如图3-508所示。为图层添加“投影”图层样式，如图3-509所示。

图3-508

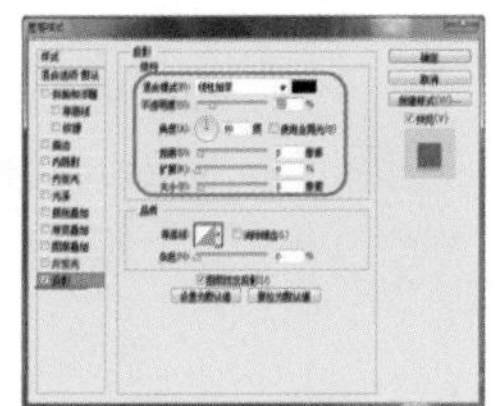

图3-509

16 设置完成后，单击“确定”按钮。用“椭圆选区工具”在图像下方创建“羽化”为3像素的选区，如图3-510所示。为选区填充黑色后，取消选区，效果如图3-511所示。

图3-510

图3-511

17 在“图层”面板中设置图层的“混合模式”为“柔光”，“不透明度”为“60%”，如图3-512、图3-513所示。打开“字符”面板并设置参数，如图3-514所示。

图3-512

图3-513

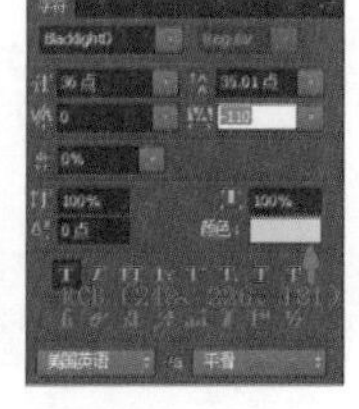

图3-514

18 用“横排文字工具”在画布中输入相应的文字，如图3-515所示。打开“图层样式”对话框，选择“内发光”选项并设置参数，如图3-516所示。

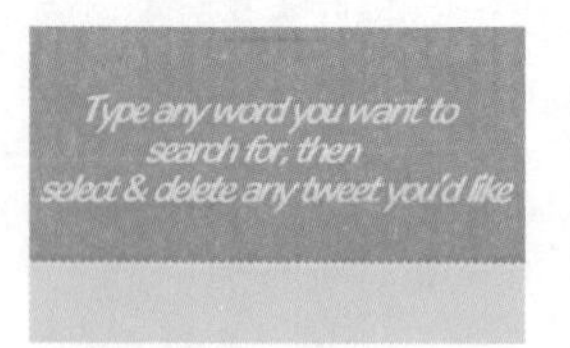

图3-515

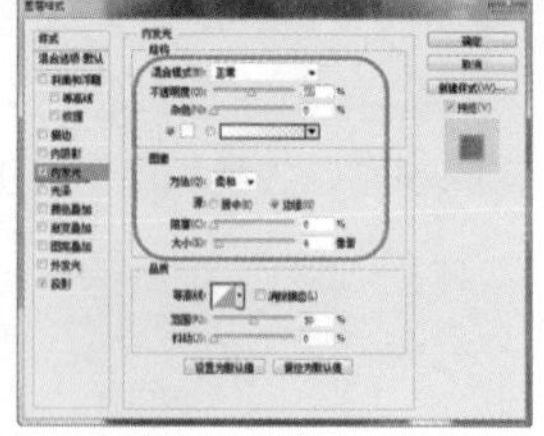
图3-516

19 选择“投影”选项并设置参数，如图3-517所示。设置完成后，单击“确定”按钮，用相同的方法完成相似内容的制作，图像效果如图3-518所示。

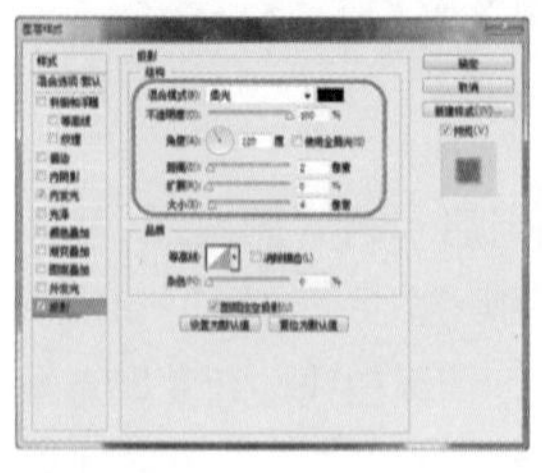
图3-517

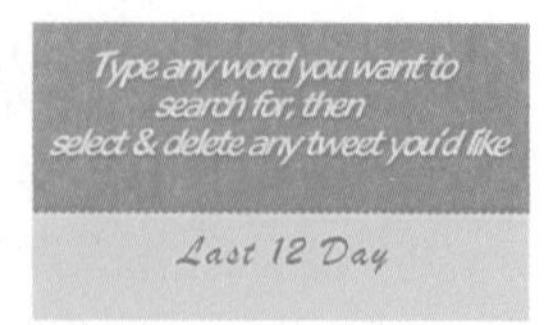

图3-518

提示

本界面中的文字都是居中于页面的，输入文字时，可先选择“横排文字工具”，在页面中单击鼠标左键并拖动鼠标，创建一个与页面相同宽度的文本框，在文本框内输入文字后，再单击选项栏中的“居中对齐文本”命令，即可将输入的所有文字居中于整个页面。

20 用“圆角矩形工具”在画布中创建白色的矩形，如图3-519所示。打开“图层样式”对话框，选择“描边”选项并设置参数，如图3-520所示。

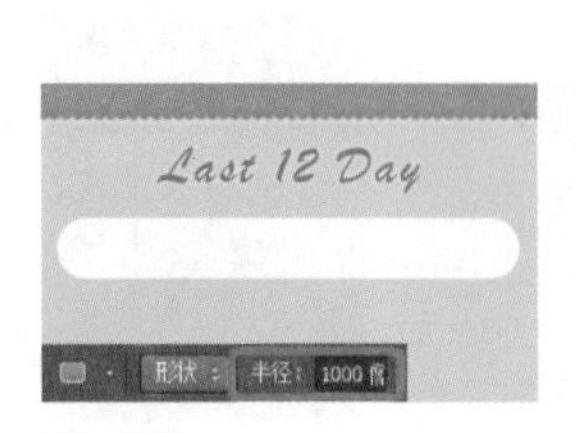

图3-519

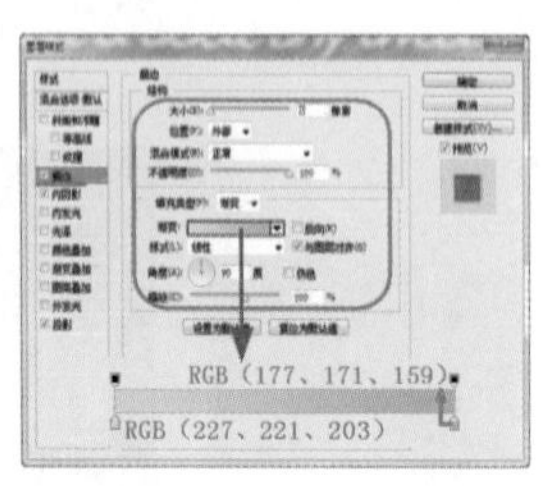

图3-520

21 选择“内阴影”选项并设置参数，如图3-521所示。选择“投影”选项并设置参数，如图3-522所示。

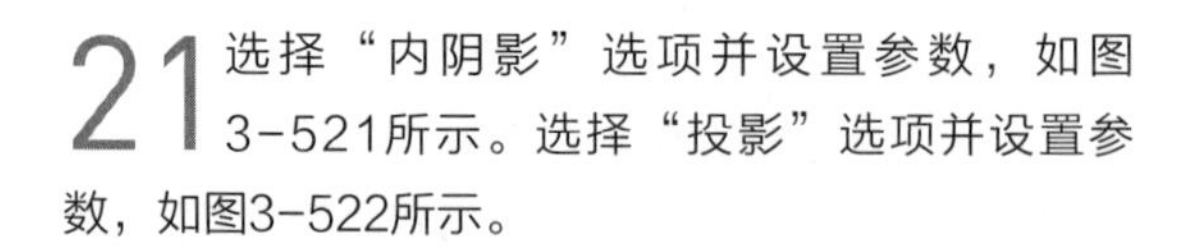

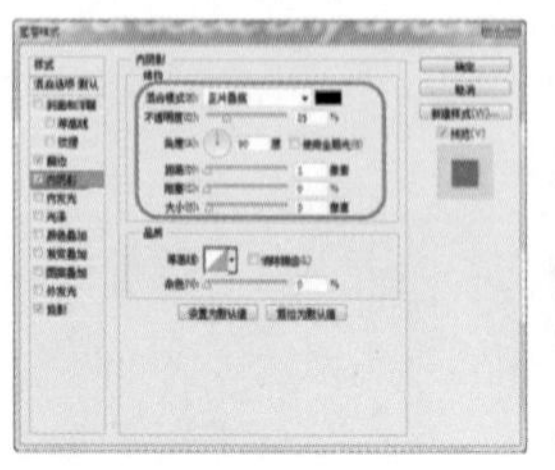
图3-521

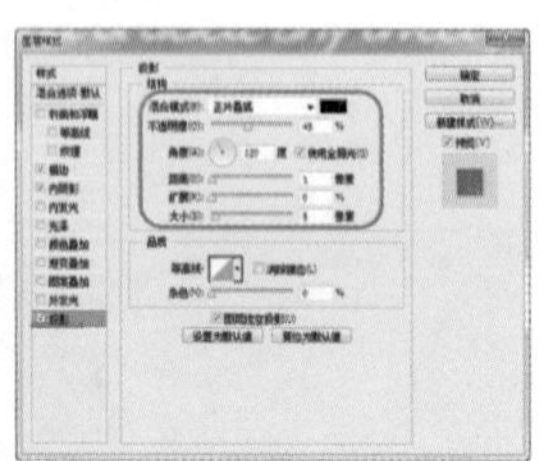
图3-522

22 设置完成后，单击“确定”按钮，图像效果如图3-523所示。用“椭圆工具”在画布中创建“填充”为“RGB（226、65、106）”的正圆，如图3-524所示。

图3-523

图3-524

23 设置“路径操作”为“减去顶层形状”，在图像中绘制如图3-525所示的图形。选择“钢笔工具”，设置“路径操作”为“合并形状”，在图像中绘制图形，如图3-526、图3-527所示。

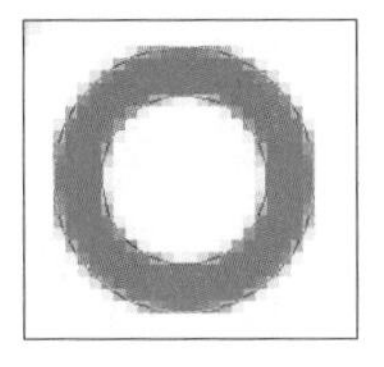

图3-525

图3-526

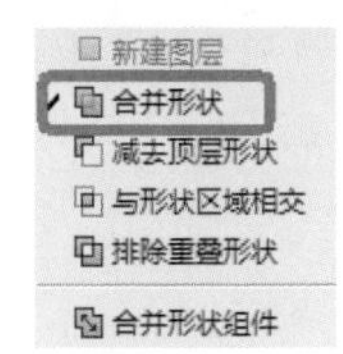

图3-527

24 打开“图层样式”对话框，选择“内阴影”选项并设置参数，如图3-528所示。设置完成后，单击“确定”按钮，图像效果如图3-529所示。

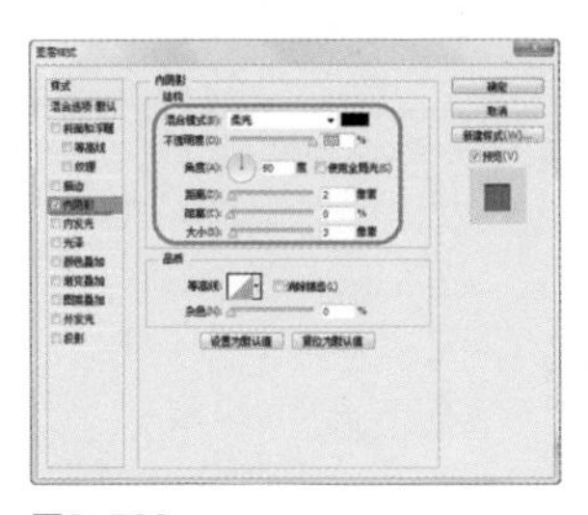

图3-528

图3-529

25 用相同的方法完成相似的制作，效果如图3-530所示。选择“圆角矩形工具”，打开“填充”面板并设置参数，在画布中创建“半径”为“15像素”的圆角矩形，如图3-531所示。

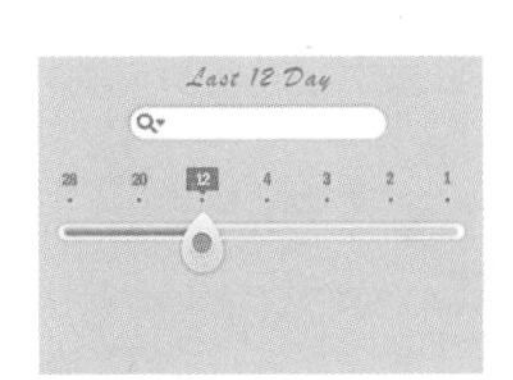

图3-530

图3-531

26 打开“图层样式”对话框，选择“内阴影”选项并设置参数，如图3-532所示。选择“投影”选项并设置参数，如图3-533所示。

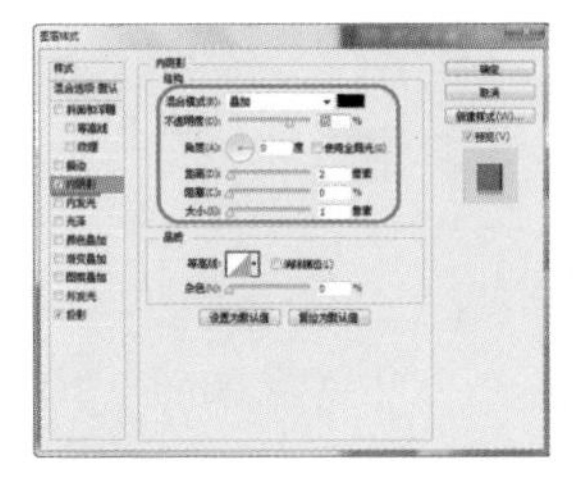

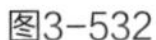
图3-532

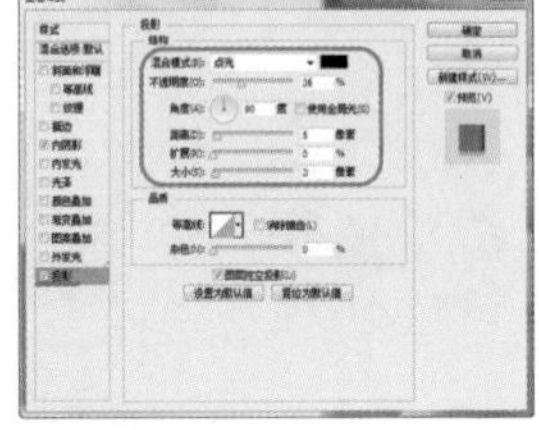

图3-533

27 设置完成后，单击“确定”按钮，图像效果如图3-534所示。复制该图形至下方，清除图层样式并将其向下移动，修改“填充”为“RGB（226、65、106）”，效果如图3-535所示。用相同的方法完成相似内容的制作，图像最终效果如图3-536所示。

图3-534

图3-535

图3-536

28 隐藏除“图层1”以外的所有图层，如图3-537所示。执行“视图>标尺”命令，在图像边缘拖出参考线，如图3-538所示。

图3-537

图3-538

提示

切片时，为了避免被切出的图形出现缺失的情况，可在图像边缘拖动参考线时，反复按键盘上的Ctrl+（+）组合键，将设计文档放大，使图像的边缘更清晰。参考线一定要与图像的边缘对其，1像素的误差也不能有。

29 用“矩形选框工具”在参考线内部绘制与其大小相同的选区，如图3-539所示。执行“编辑>合并拷贝”命令后，按Ctrl+N组合键，弹出“新建”对话框，如图3-540所示。

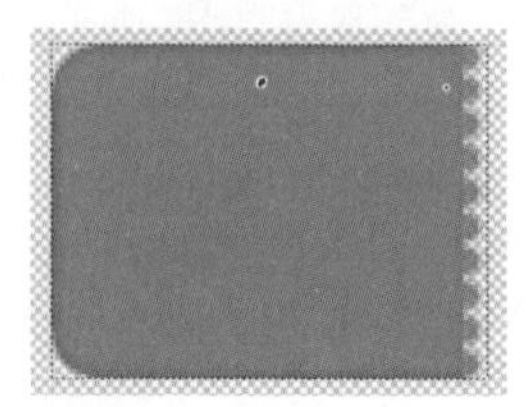
图3-539

图3-540

30 单击“确定”按钮，按下Ctrl+V组合键，复制图像，隐藏“背景”图层后，执行“文件>存储为Web所用格式”命令，弹出“存储为Web所用格式”对话框，如图3-541所示。设置完成后，单击“存储”按钮，对图像进行优化存储，如图3-542所示。

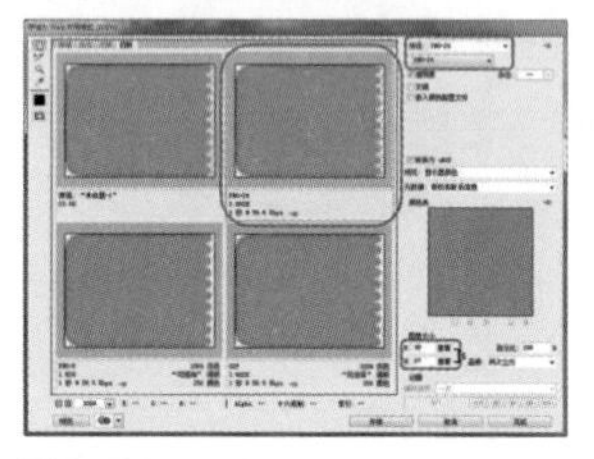
图3-541

图3-542

31 隐藏除“圆角矩形1”以外的所有图层，如图3-543所示。执行“图像>裁切”命令，弹出“裁切”对话框，如图3-544所示。设置好选项后，单击“确定”按钮，裁掉画布周围的透明像素。

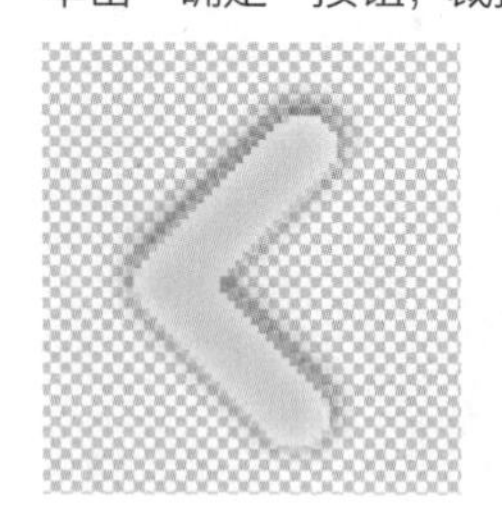
图3-543

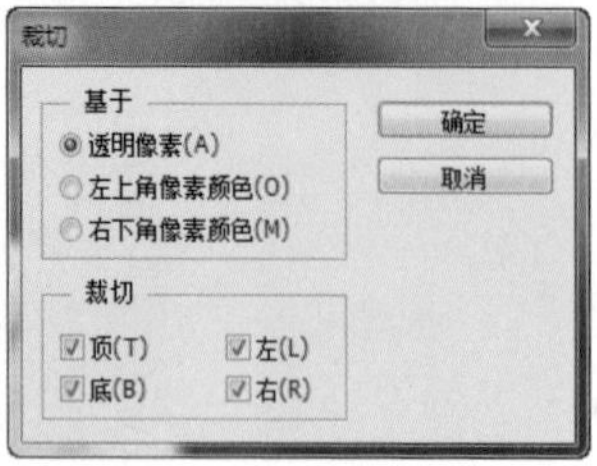

图3-544

32 执行“文件>存储为Web所用格式”命令后，弹出“存储为Web所用格式”对话框，如图3-545所示。设置完成后，单击“存储”按钮，对图像进行优化存储，如图3-546所示。

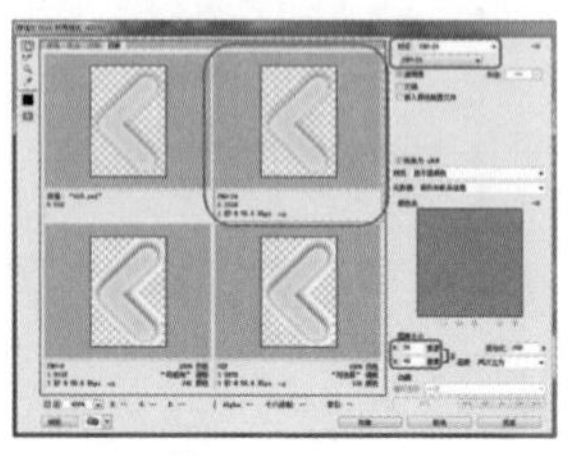
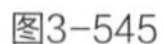
图3-545

图3-546

33 用相同的方法对界面中的其他部分进行切片存储，如图3-547所示。

操作小贴士

设置好画笔笔尖形状和间距后，可以通过单击鼠标左键并拖动鼠标绘制出连续的、相同大小、相同间距的圆，从而制作出按钮边缘的花边。注意，不要将矢量图形与像素图形结合使用，因为形状图层上是无法绘制出像素图像的。

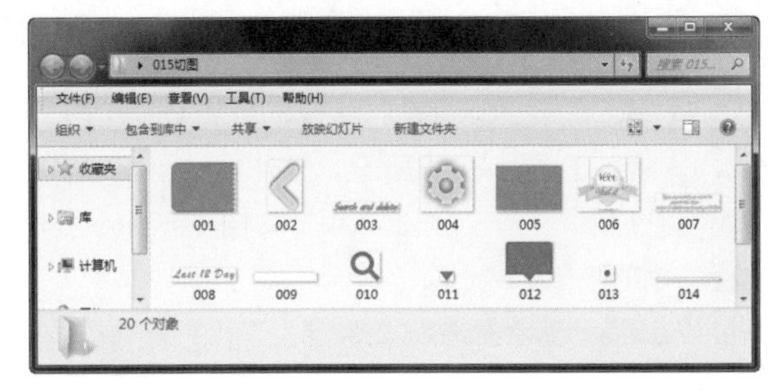

图3-547

实战15 制作精美的游戏界面

案例分析

本案例将制作一款精美、可爱的游戏界面。这款界面中的零碎元素特别多，包括各种花边、按钮、文字、图标和花纹等。有些元素的质感比较复杂，制作时要遵循“少量多次”的原则，即多次复制图层并添加不同的图层样式，以方便后面的修改。

设计规范

规格尺寸	768×1024（像素）
主要工具	圆角矩形工具、路径操作、图层样式、多边形选框工具
源文件地址	第3章\源文件\015.psd
视频地址	视频\第3章\015.SWF

色彩分析

土黄色的背景营造出了温暖的气氛，明亮的青色、粉红色和黄色使界面显得活泼、可爱，而可爱的图形和文字则强化了这种热闹的氛围。

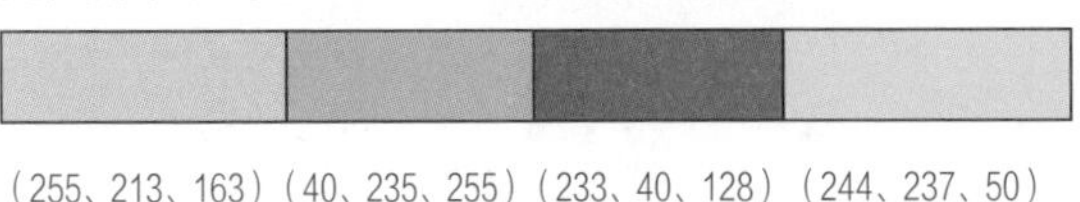

（255、213、163）（40、235、255）（233、40、128）（244、237、50）

制作步骤

01 执行“文件>新建”命令，新建一个空白文档，如图3-548所示。打开素材图像“第2章\素材\17.png”，将其拖入设计文档并适当调整其位置，如图3-549所示。

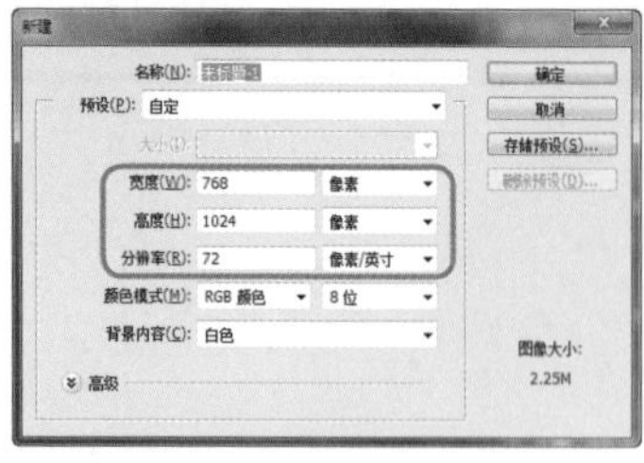

图3-548

图3-549

03 用“圆角矩形工具”创建一个“填充”为“RGB（255、214、166）”的圆角矩形，如图3-552所示。双击该图层缩览图，打开“图层样式”对话框，选择“描边”选项并设置参数值，如图3-553所示。

图3-552

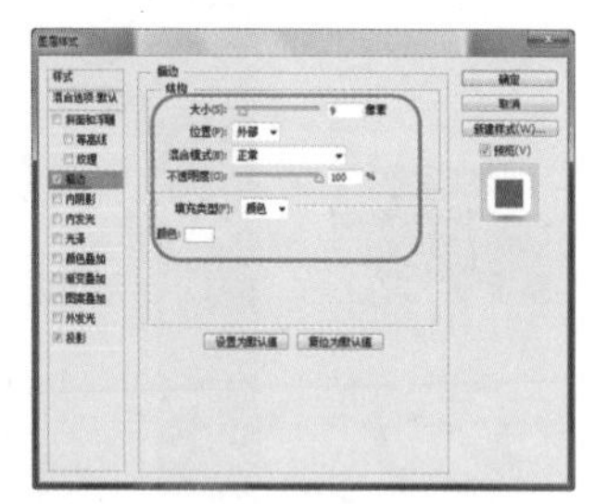

图3-553

05 用“钢笔工具”创建如图3-556所示的白色图形。多次复制该图形并分别调整其位置、大小和角度，得到如图3-557所示的效果。按下Ctrl+Alt+G组合键，为其创建剪切蒙版，设置“不透明度”为“10%”，如图3-558所示。

02 新建图层，填充黑色并设置该图层的“不透明度”为“70%”，如图3-550、图3-551所示。

图3-550

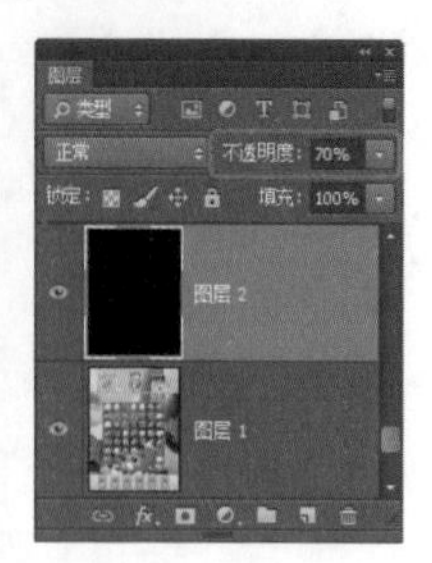

图3-551

04 继续选择“投影”选项并设置参数值，如图3-554所示。设置完成后，单击“确定”按钮，得到的效果如图3-555所示。

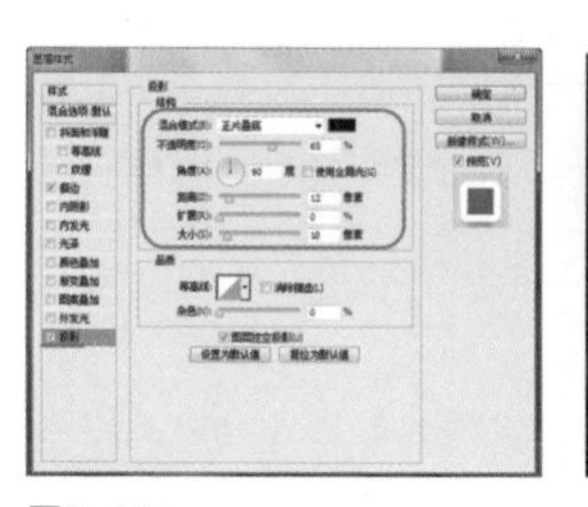

图3-554

图3-555

图3-556

图3-557

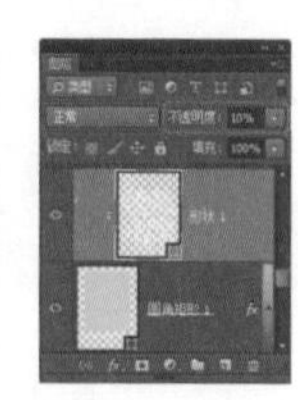

图3-558

提示

如果用“路径选择工具”选中并拖动花纹进行复制，那么，复制出的花纹将全部在一个图层中。

06 复制“圆角矩形1”图层至图层最上方后，清除图层样式并将其等比例缩小，如图3-559所示。按住Ctrl键并单击该图层缩览图，载入选区，对选区进行缩放，效果如图3-560所示。

图3-559

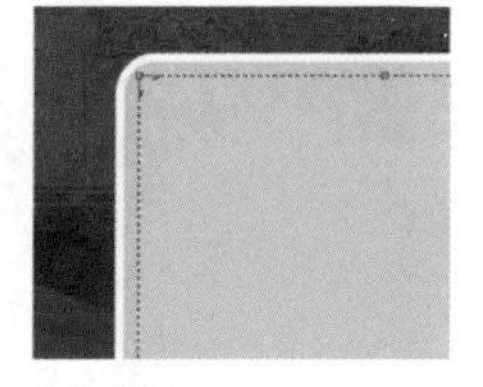
图3-560

07 按下Alt键，为该图层添加蒙版，得到的边框效果如图3-561所示。“图层”面板如图3-562所示。

图3-561

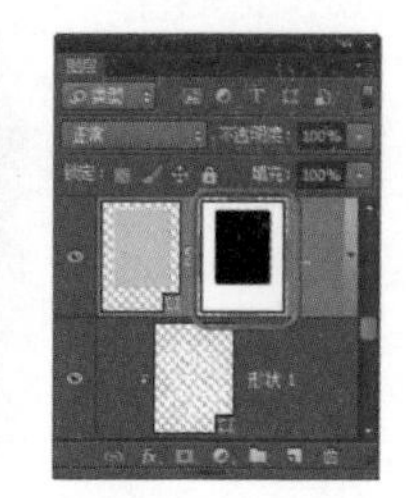
图3-562

08 双击该图层缩览图，打开“图层样式”对话框，选择“渐变叠加”选项并设置参数值，如图3-563所示。设置完成后，得到的图形效果如图3-564所示。

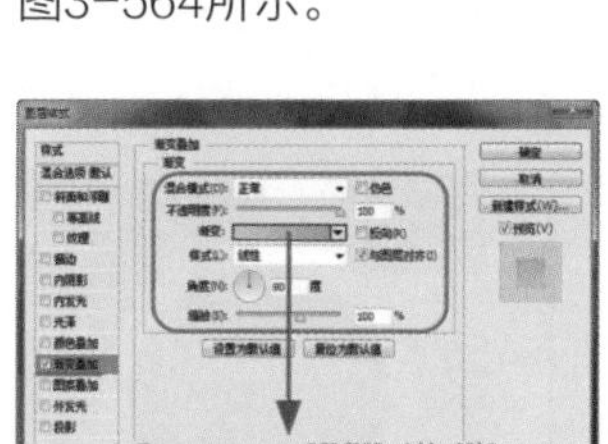

图3-563

图3-564

09 用相同的方法完成相似内容的制作，如图3-565、图3-566所示。按Ctrl键并单击该图层缩览图，载入选区，新建图层并填充任意色，效果如图3-567所示。

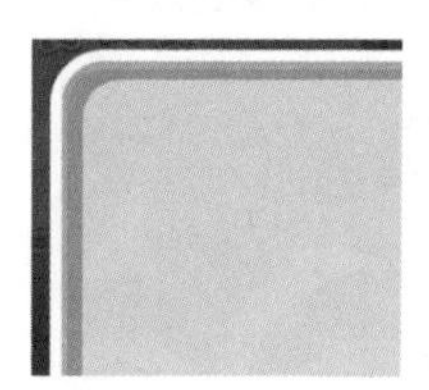
图3-565

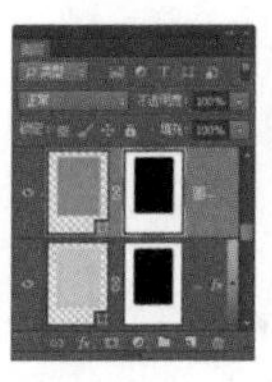
图3-566

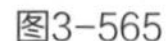
图3-567

10 双击该图层缩览图，打开“图层样式”对话框，选择“内阴影”选项并设置参数值，如图3-568所示。设置完成后，修改该图层的“填充”为“0%”，效果如图3-569所示。

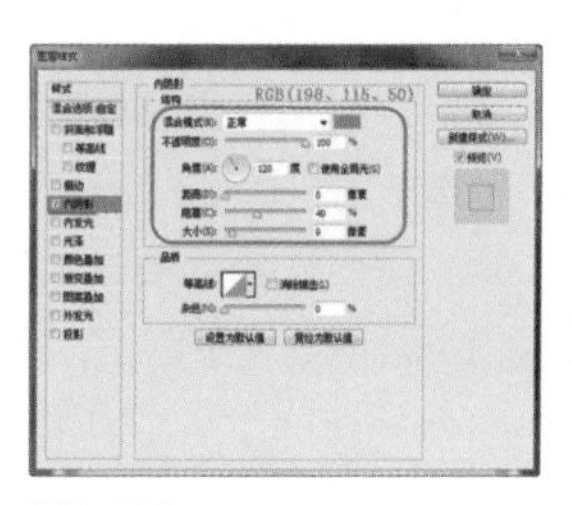

图3-568

图3-569

11 将相关图层编组为“框架”。用“椭圆工具”在边框右上角创建一个白色正圆，如图3-570所示。打开“图层样式”对话框，选择“投影”选项并设置参数，如图3-571所示。

图3-570

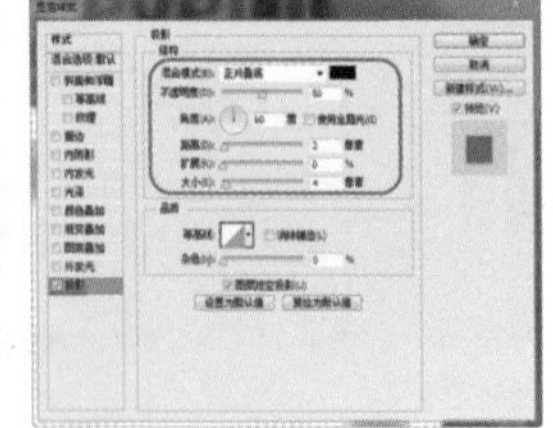
图3-571

12 设置完成后，得到的图形效果如图3-572所示。按下Ctrl+J组合键，复制该图形，清除图层样式并将其等比例缩小，如图3-573、图3-574所示。

图3-572

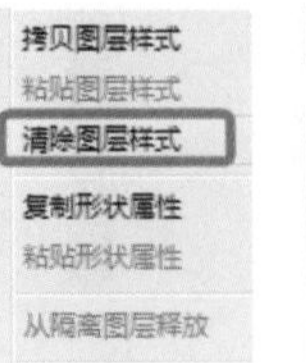

图3-573

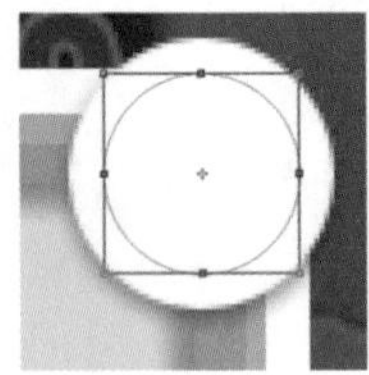
图3-574

13 双击该图层缩览图，打开“图层样式”对话框，选择“渐变叠加”选项并设置参数值，如图3-575所示。选择“描边”选项并设置参数值，图3-576所示。

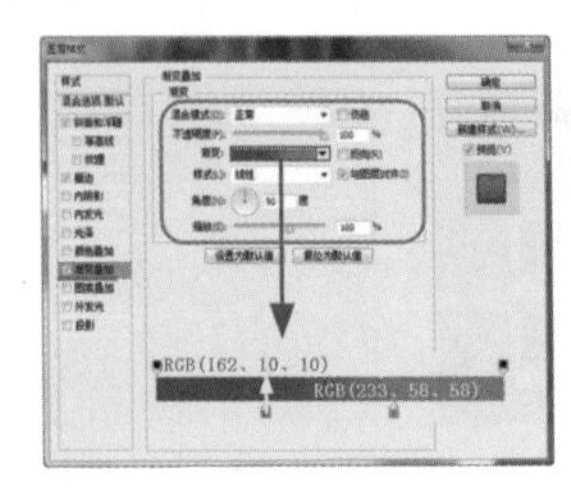
图3-575

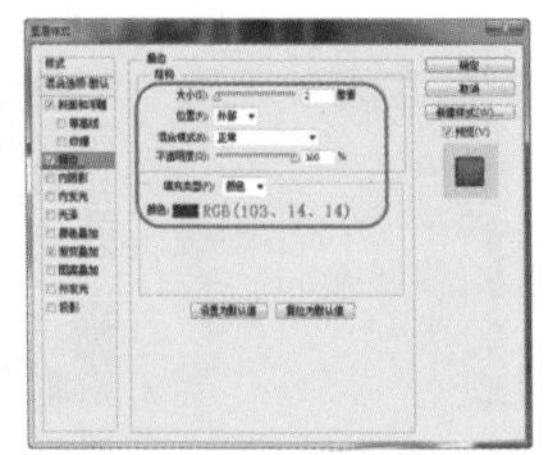
图3-576

14 选择“斜面和浮雕”选项并设置参数值，如图3-577所示。设置完成后，单击“确定”按钮，得到如图3-578所示的效果。

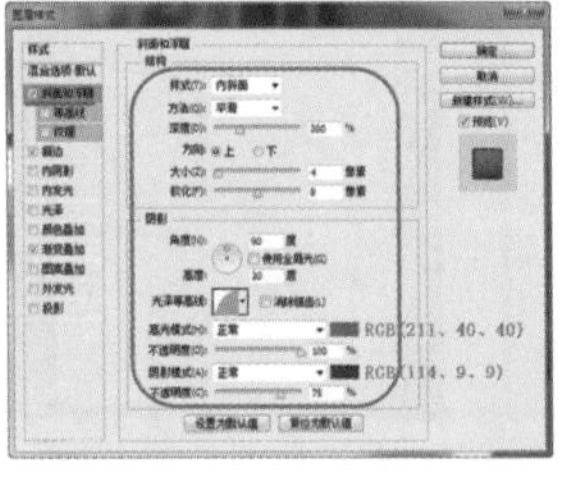
图3-577

图3-578

15 按下Ctrl+J组合键，复制该图形，清除图层样式，设置其“不透明度”为“35%”，如图3-579、图3-580所示。用“任意选择工具”适当调整正圆的形状，效果如图3-581所示。

图3-579

图3-580

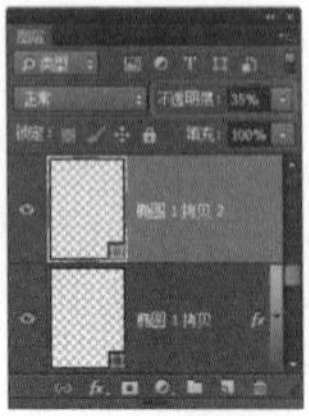

图3-581

16 用相同的方法完成其他内容的制作，效果如图3-582所示。按下Ctrl+G组合键，将相关图层编组并命名为“关闭按钮”。用“矩形工具”创建一个“填充”为“RGB（40、236、255）”的矩形，如图3-583所示。

图3-582

图3-583

17 选择“圆角矩形工具”，设置“路径操作”为“合并形状”，绘制矩形并适当调整其角度和形状，如图3-584所示。按下Ctrl+T组合键，将该矩形向左移动，如图3-585所示。

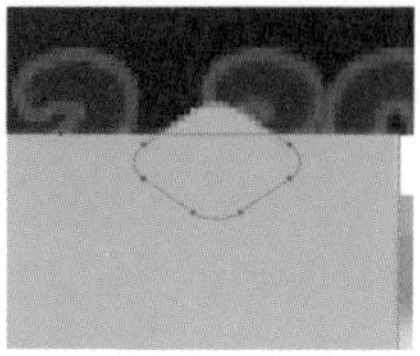

图3-584

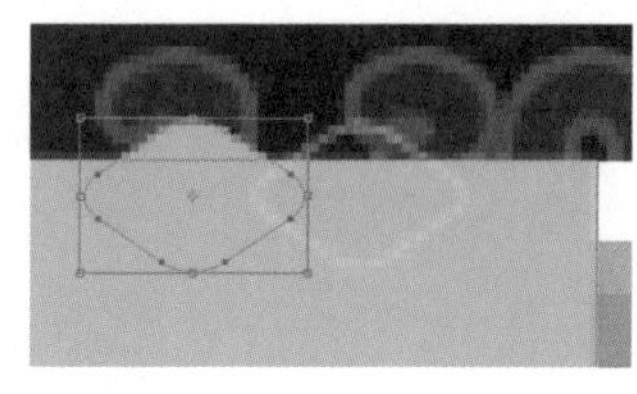

图3-585

18 多次按下Ctrl+Shift+Alt+T组合键，得到如图3-586所示的花边。用相同的方法完成相似内容的制作，效果如图3-587所示。

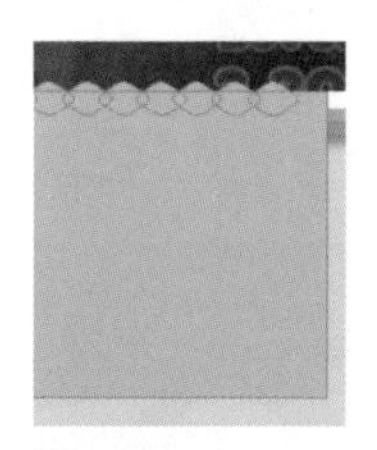

图3-586

图3-587

19 选择“矩形工具”，设置“路径操作”为“减去顶层形状”，裁切掉矩形之外的花边部分，如图3-588所示。用相同的方法制作出如图3-589所示的条纹效果。

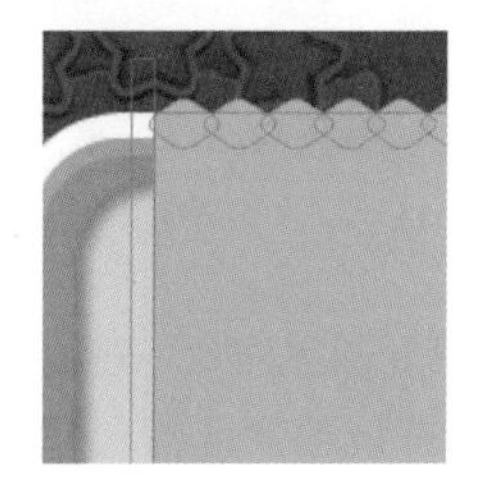

图3-588

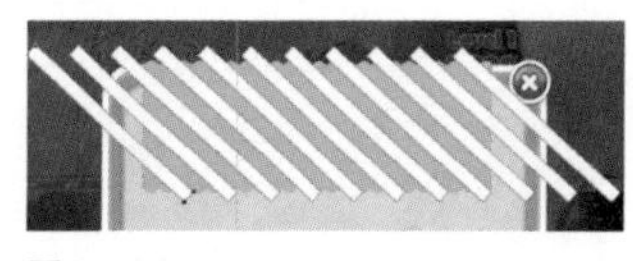

图3-589

提示

如果复合形状中的某个子形状的复合效果不准确，就可以用“路径选择工具”将其选中，再在选项栏中修改其“路径操作”和“路径排列方式”。

20 按下Ctrl+Alt+G组合键，为其创建剪贴图层，设置其“不透明度”为“20%”，如图3-590、图3-591所示。

图3-590

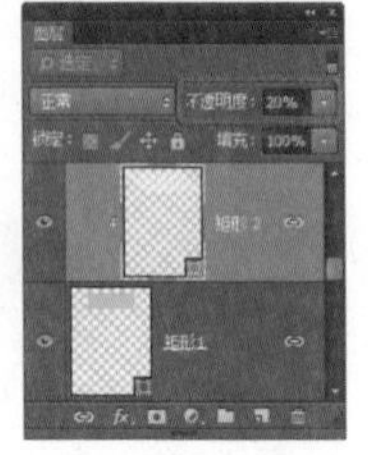
图3-591

21 按住Ctrl键并单击“矩形1”的缩览图，载入选区，如图3-592所示。新建图层，执行“编辑>描边”命令，弹出“描边”对话框，设置参数，如图3-593所示。

图3-592

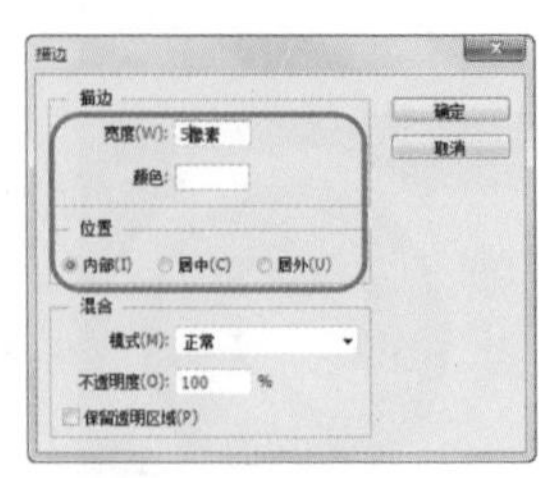
图3-593

22 设置完成后单击“确定”按钮，设置“不透明度”为“40%”，如图3-594、图3-595所示。

图3-594

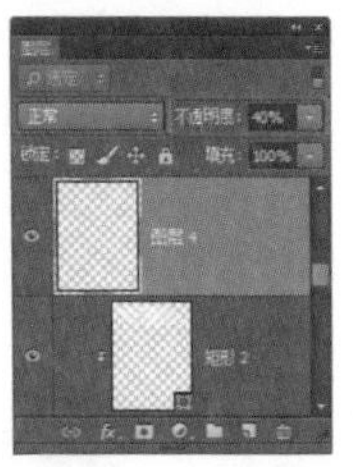
图3-595

23 用相同的方法完成相似内容的制作，如图3-596、图3-597所示。将相关图层编组后，按下Ctrl+Alt+E组合键，盖印选定图层，得到“组1合并”图层，如图3-598所示。

图3-596

图3-597

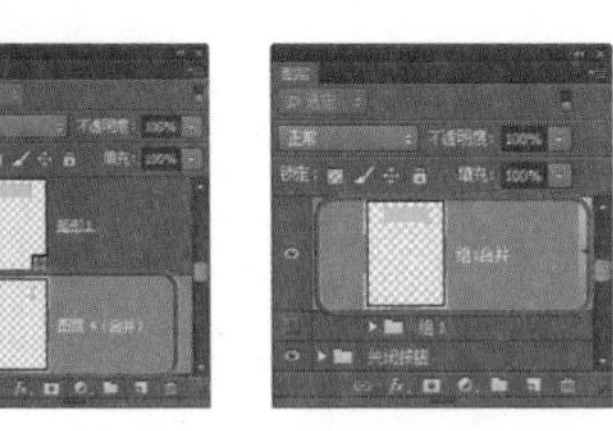
图3-598

24 双击该图层缩览图，打开“图层样式”对话框，选择“投影”选项并设置参数值，如图3-599所示。设置完成后，得到的图形效果如图3-600所示。

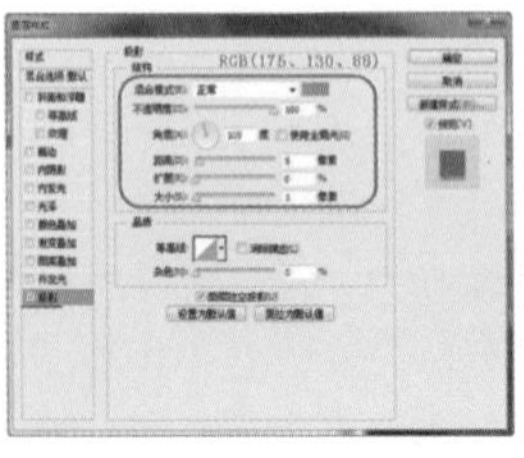
图3-599

图3-600

25 选择“多边形工具”，适当设置参数，如图3-601所示。绘制一个白色的星星，如图3-602所示。设置该图层的“不透明度”为“30%”，如图3-603所示。

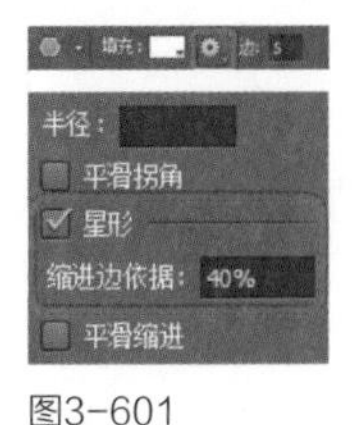

图3-601

图3-602

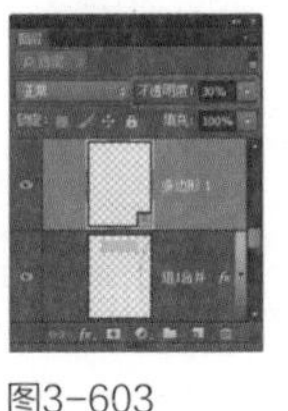
图3-603

26 用相同的方法完成相似内容的制作，如图3-604所示。将相关图层编组为“星星”，如图3-605所示。

图3-604

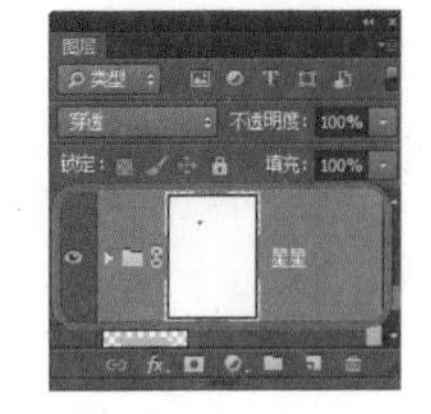

图3-605

27 用“椭圆工具”创建如图3-606所示的白色图形。双击该图层缩览图，打开“图层样式”对话框，选择“投影”选项并设置参数值，如图3-607所示。

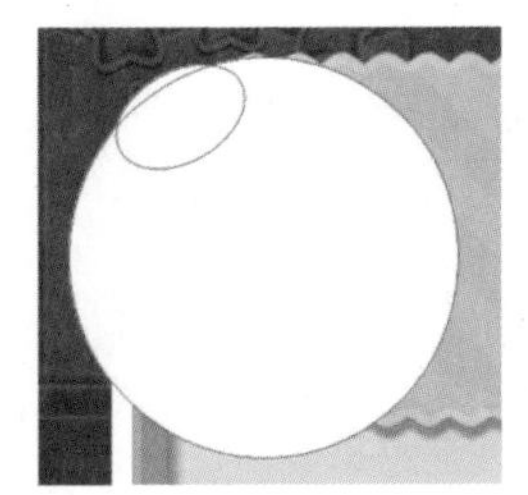
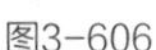
图3-606

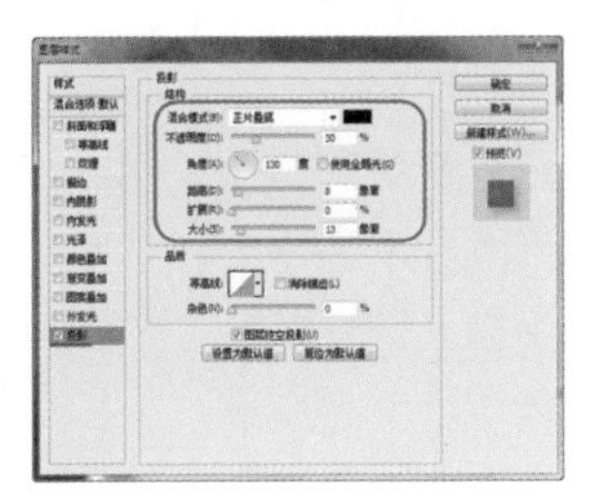
图3-607

28 设置完成后，绘制一个“填充”为“RGB（255、222、0）”的正圆，如图3-608所示。打开“图层样式”对话框，选择“内阴影”选项并设置参数值，如图3-609所示。

图3-608

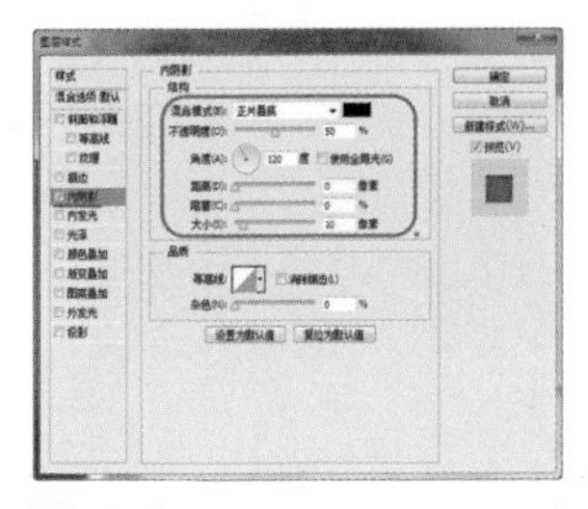
图3-609

29 设置完成后，得到的图形效果如图3-610所示。打开素材图像“第2章\素材\018.png”，将其拖入设计文档，适当调整位置，如图3-611所示。载入“椭圆4”的选区，按下Ctrl+Shift+I组合键，翻转选区，再用“多边形选框工具”交叉创建出如图3-612所示的选区。

图3-610

图3-611

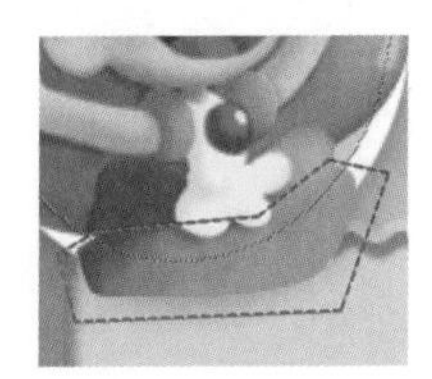
图3-612

30 按下Alt键，为该图层添加蒙版，如图3-613所示。将相关图层编组并命名为“大图标”，如图3-614所示。打开“字符”面板并设置参数，如图3-615所示。

图3-613

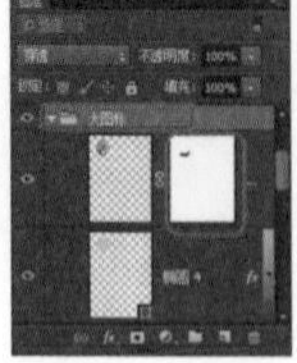

图3-614

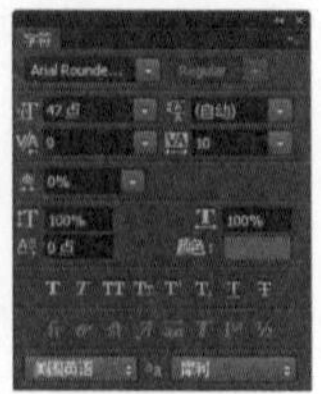

图3-615

31 用“横排文字工具”输入相应的文字，如图3-616所示。执行“类型>转换为形状”命令，将文字转换为形状，效果如图3-617所示。

图3-616　　图3-617

32 用“直接选择工具”适当调整文字的形状，如图3-618所示。双击该图层缩览图，打开“图层样式”对话框，选择“描边”选项并设置参数值，如图3-619所示。

图3-618

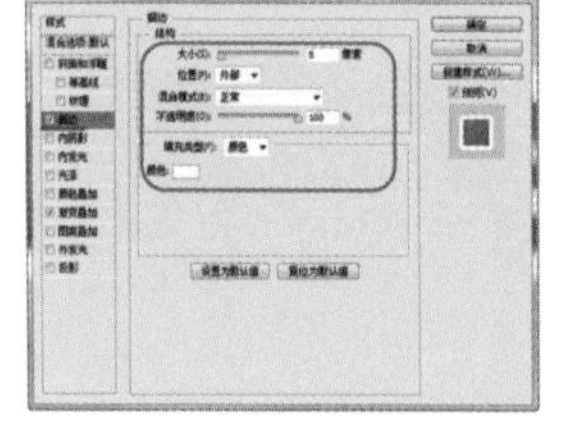

图3-619

33 选择“渐变叠加”选项并设置参数值，如图3-620所示。图像效果如图3-621所示。

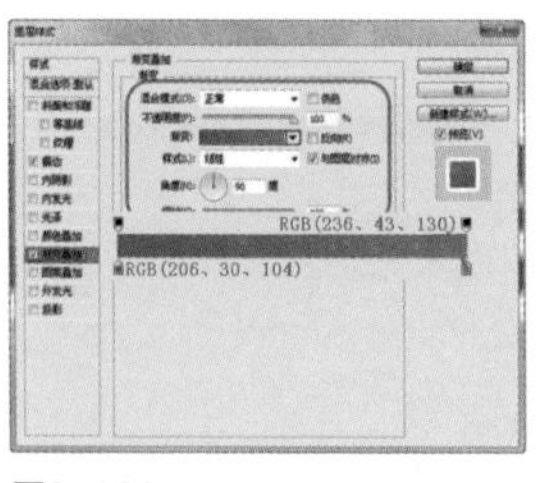

图3-620

图3-621

34 复制该图层至其下方后，用鼠标右键单击图层缩览图，在弹出的快捷菜单中选择“栅格化图层样式”选项，如图3-622所示。双击该图层缩览图，打开“图层样式”对话框，选择“投影”选项并设置参数值，如图3-623所示。

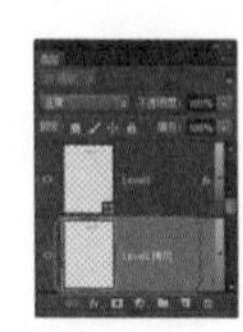

图3-622

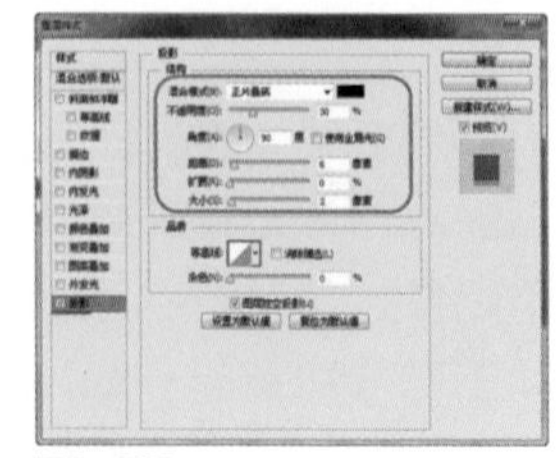

图3-623

35 完成后的效果如图3-624所示。打开“字符”面板并设置参数，如图3-625所示。

图3-624

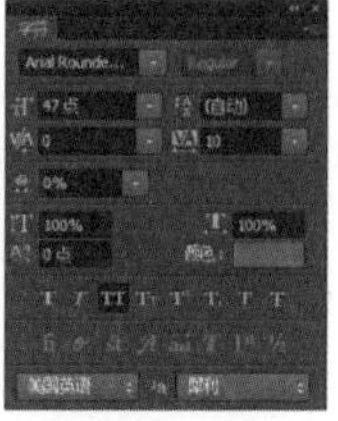
图3-625

36 用“横排文字工具”输入相应的文字，如图3-626所示。双击该图层缩览图，打开“图层样式”对话框，选择“描边”选项并设置参数值，如图3-627所示。

图3-626

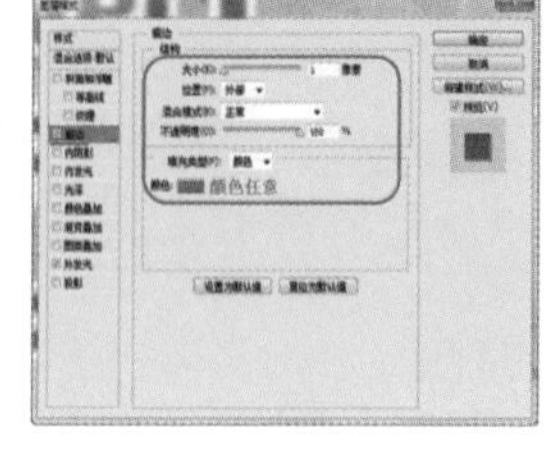
图3-627

37 用相同的方法完成相似内容的制作，如图3-628、图3-629所示。

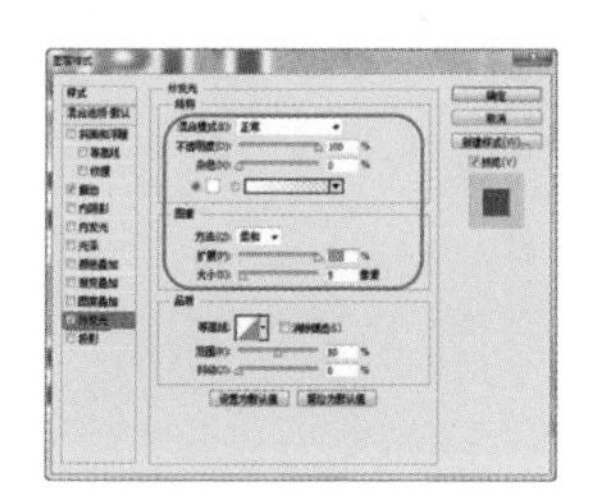
图3-628

图3-629

38 执行“图层>图层样式>创建图层”命令，“图层”面板如图3-630所示。打开“描边”图层的“图层样式”对话框，选择“渐变叠加”选项并设置参数值，如图3-631所示。

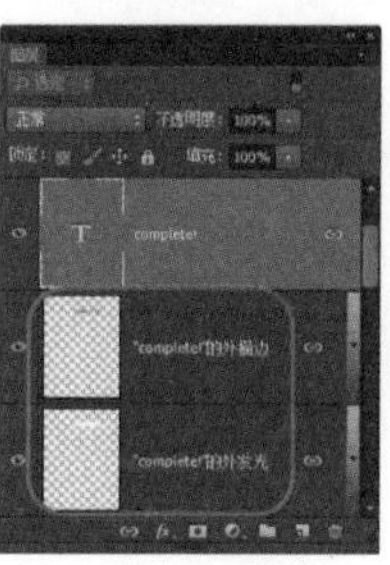
图3-630

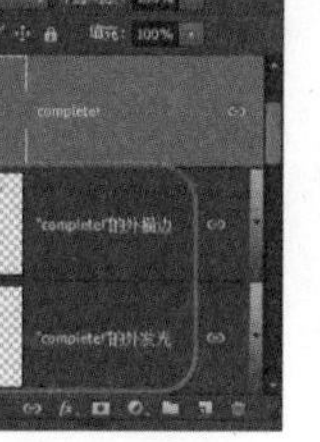
图3-631

39 双击“外发光”图层的缩览图，打开“图层样式”对话框，选择“混合选项”选项并设置参数值，如图3-632所示。选择“投影”选项并设置参数值，如图3-633所示。

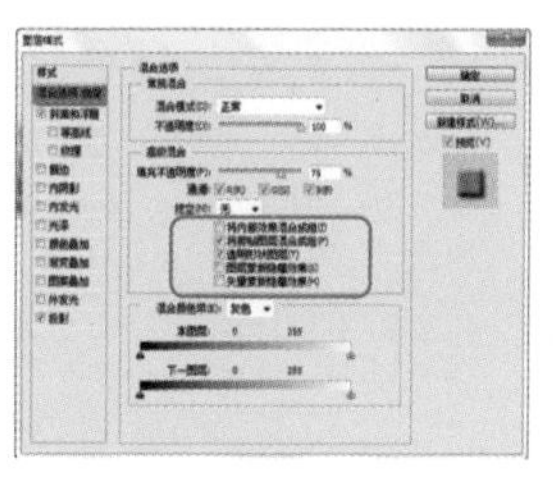
图3-632

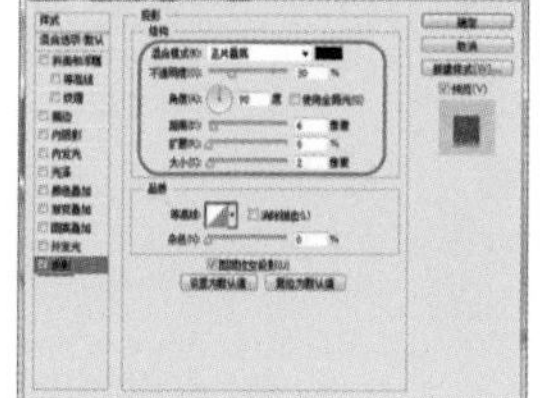
图3-633

40 设置完成后得到的文字效果如图3-634所示。将相关图层编组，如图3-635所示。

图3-634

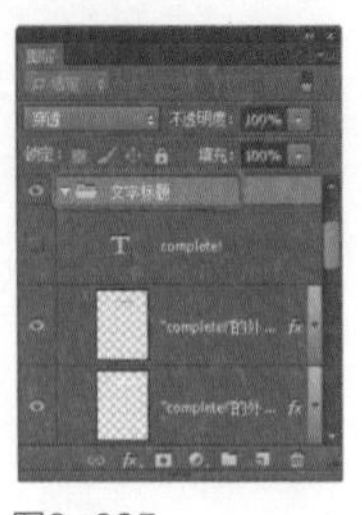

图3-635

41 用相同的方法完成相似内容的制作，如图3-636、图3-637所示。

图3-636

图3-637

42 用相同的方法完成其他页面的制作，效果如图3-638、图3-639、图3-640、图3-641所示。

图3-638 启动界面

图3-639 新手指引

图3-640 场景地图

图3-641 信息提示

43 仅显示“图层1”和“图层2”图层，如图3-642所示。执行“文件>存储为Web所用格式”命令，弹出“存储为Web所用格式”对话框，参数设置如图3-643所示。

图3-642

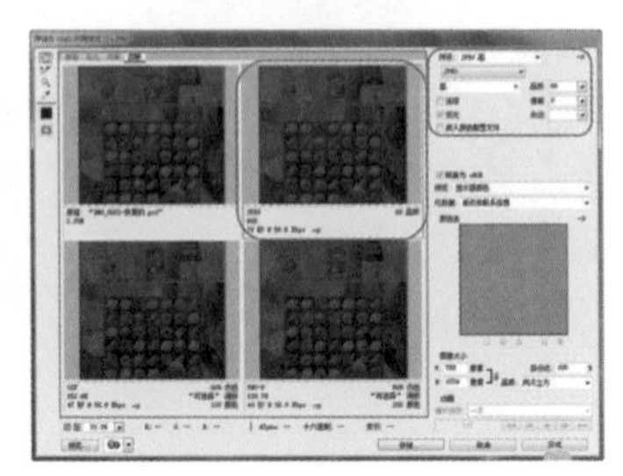

图3-643

44 设置完成后，单击“存储”按钮，对图像进行优化存储，如图3-644所示。仅显示“框架”图层组，如图3-645所示。

提示

按住Alt键并单击一个图层或图层组缩览图前面的眼睛图标后，该图层或图层组之外的所有图层将全部被隐藏。

图3-644

图3-645

45 执行“图像>裁切”命令，弹出“裁切”对话框，参数设置如图3-646所示。单击“确定”按钮，裁掉画布周围的透明像素，如图3-647所示。

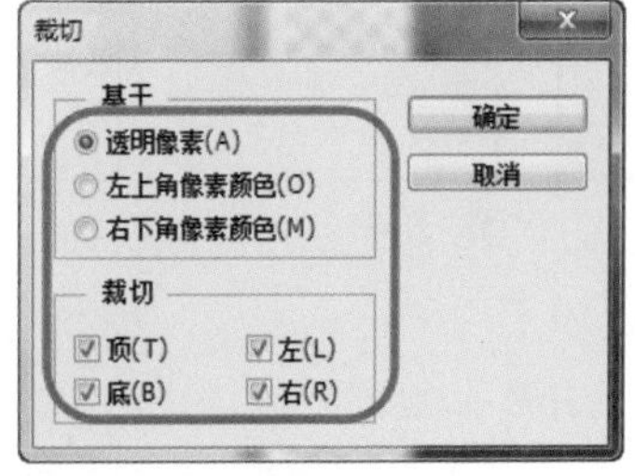

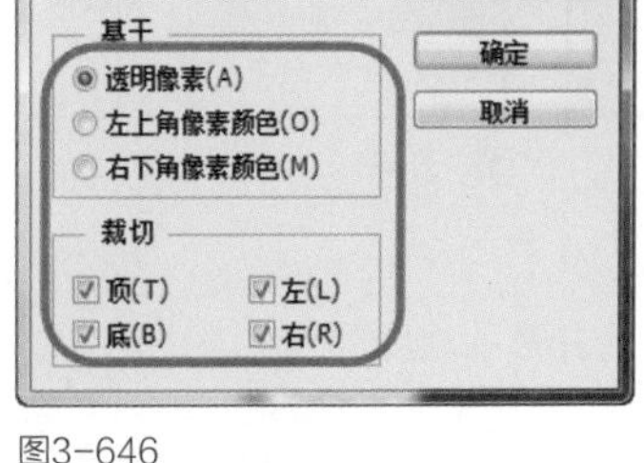

图3-646

图3-647

46 执行“文件>存储为Web所用格式”命令，弹出“存储为Web所用格式”对话框，参数设置如图3-648所示。设置完成后，单击对话框底部的“存储”按钮，对图像进行优化存储，如图3-649所示。

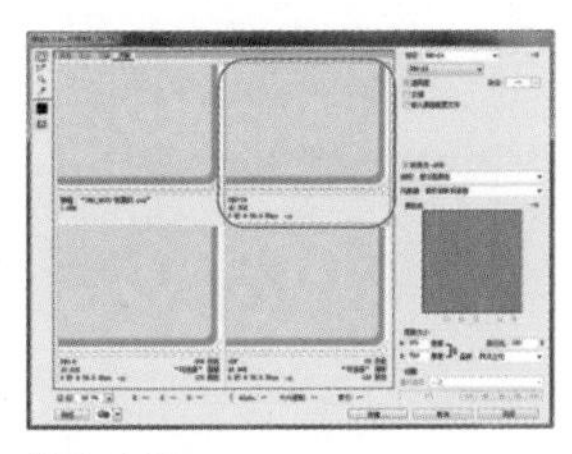

图3-648

图3-649

提示

用户也可以按下Ctrl+Shift+Alt+E组合键，快速打开“存储为Web所用格式”对话框并对图像进行优化存储。

47 按下Ctrl+Z组合键，恢复裁切，仅显示“标签蓝”图层组，如图3-650所示。执行“图像>裁切”命令，在弹出的“裁切”对话框中设置参数，如图3-651所示。

图3-650

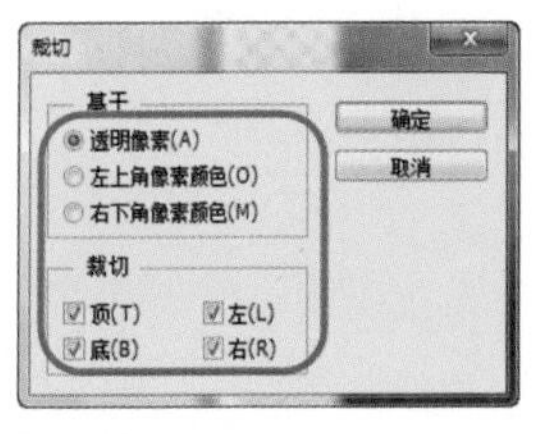

图3-651

48 单击“确定”按钮，将图像周围的透明像素裁掉，设置如图3-652所示。执行“文件>存储为Web所用格式”命令，弹出“存储为Web所用格式”对话框，对图像进行优化存储，如图3-653所示。

49 用相同的方法对界面中的其他部分进行切片存储，如图3-654所示。

图3-652

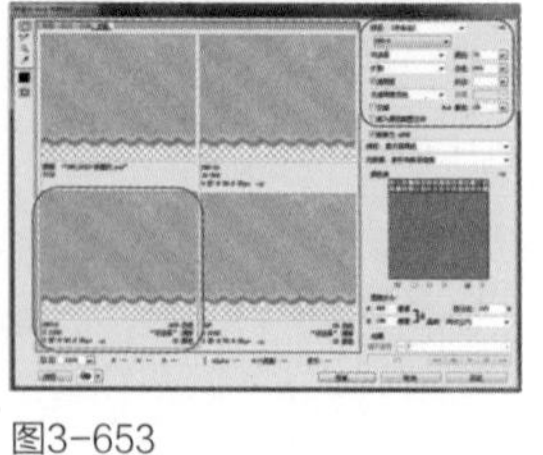

图3-653

图3-654

操作小贴士：巧用“合并形状组件”

用“路径操作”绘制了复杂的复合形状后，若要对其进行进一步的调整，则可先用“路径操作”中的“合并形状组件”选项将所有的子形状拼合为一个完整的形状，再用“直接选择工具”调整路径的形状，以避免过分受到复杂路径的影响。

第4章 Android系统APP界面设计实战

在前一章中，我们向读者介绍了iOS系统应用的设计。本章将主要介绍Android系统应用及元素的设计风格。

随着Android平台的发展，其应用界面也逐渐形成了一套统一的规则。在设计一套产品时，要从交互层面和视觉层面两方面来考虑设计平台的问题，使界面在保持易用性的同时又不缺乏创新。

几乎所有的系统平台都倾向于打造独特的交互和视觉模式，从而吸引自身的用户群体。App除了要有美观的UI界面之外，合理的操作和行为模式也是其必备的因素。

精彩案例

- 制作Android导航栏
- 制作Android启动图标
- 制作Android时间选择器
- 制作GO天气的主界面
- 制作平板电脑的游戏界面

本章精彩案例

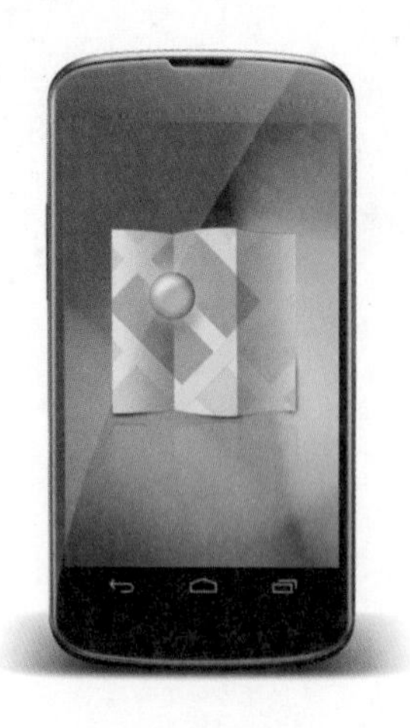

实战8　制作Android启动图标
源文件：第4章\源文件\008.psd

实战15　制作指南针界面
源文件：第4章\源文件\015.psd

实战17　制作学习类软件的界面
源文件：第4章\源文件\017.psd

实战16　制作GO天气的主界面
源文件：第4章\源文件\016.psd

实战18　制作平板电脑的游戏界面
源文件：第4章\源文件\020.psd

4.1 Android 2.3与Android 4.0的界面元素

Android系统的界面元素包括状态栏、导航栏、按钮、图标等。Android 2.3和Android 4.0的界面元素有较大的区别，如图4-1、图4-2所示。

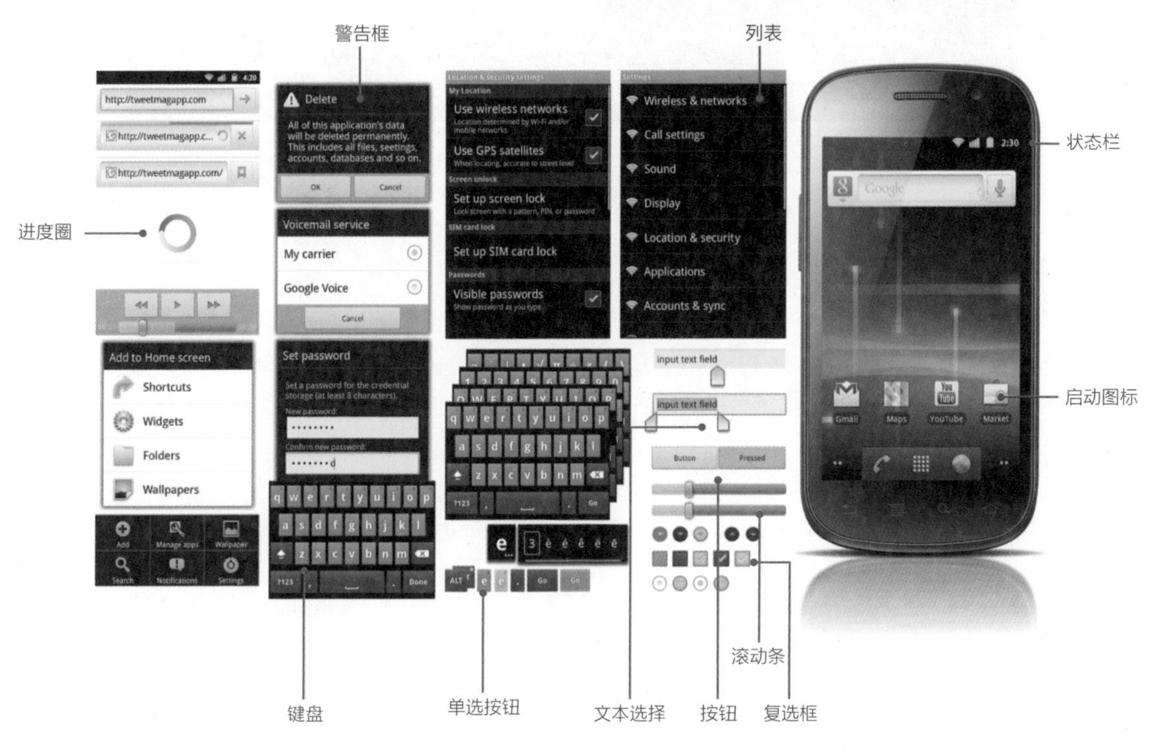

图4-1

图4-2

经过对Android 4.0与Android 2.3版本标准控件的对比，可以非常明显地观察到二者之间的区别。

- 导航栏

Android 2.3及更早版本的系统使用的是物理按键导航，分别为返回、菜单、搜索、主页按钮。Android 4.0系统使用的是嵌入屏幕的虚拟按键导航，分别为返回、主页、最近任务按钮。

- 选择

在早期版本中，长按操作按键后，会出现情景菜单的浮出层。在Android 4.0中，长按操作按键后，操作栏的位置会被覆盖一个临时的情景操作栏，而不再弹出情景菜单浮出层。

- 其他细节

Android 4.0新增了横滑移除内容的交互手势操作，在部分模块中，支持通过向左或向右横滑来移除内容的操作，如“最近任务”和“消息通知”抽屉。

4.2 Android App UI概论

Android系统UI提供的框架包括了主界面（Home）的体验、设备的全局导航及通知栏。为确保Android体验的一致性和使用的愉快度，需更加充分地利用App。图4-3、图4-4、图4-5所示为主界面、全部App界面及最近任务界面。

图4-3　　图4-4　　图4-5

● 主界面

主界面是用来收藏App、文件夹和小工具的地方，可通过左、右横划来导航不同的主屏幕。

● 全部App界面

该界面用于浏览设备中安装的所有App和小插件，用户可以随意拖动App或小工具的图标并将它们放置到界面的任意空白位置。

● 最近任务界面

该界面用于快速切换最近使用的App，它为多个同时进行的任务提供了一个清晰的导航路径。

4.2.1 UI栏

UI栏是专用于显示通知、设备的通信状态及设备的导航的区域，如图4-6所示。通常，UI栏会随着运行的App的需要而显示。体验电影和图片时，可以暂时隐藏UI栏，尽情地享受全屏内容。

● 状态栏

栏的左边显示等待通知，右边显示时间、电池和信号强度。向下划动状态栏将显示通知详情。

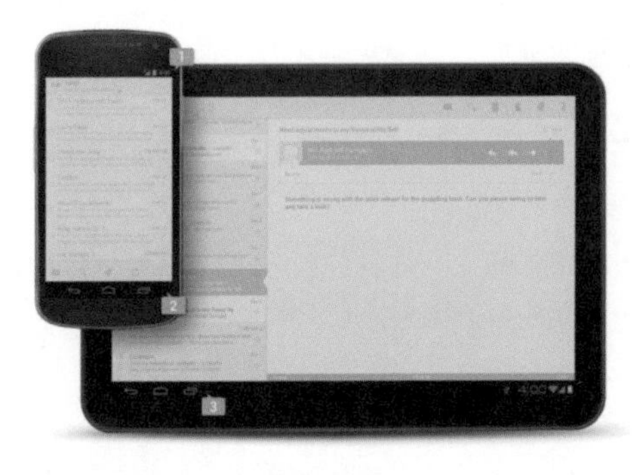

图4-6

- 导航栏

由Android 2.3及更早版本的物理按键导航（返回、菜单、搜索、主页）变成了Android 4.0嵌入屏幕的虚拟按键（返回、主页、最近任务）。

- 系统栏

用于平板电脑，包含了状态栏和导航栏的元素。

4.2.2 通知

App可以通过通知系统将重要信息告知用户，它提供了更新、提醒及一些不需要打断用户的非重要信息。可通过向下滑动状态栏来打开通知抽屉，如图4-7所示。

大部分的通知都是一行标题和一行信息，如有必要，可以增加第三行。

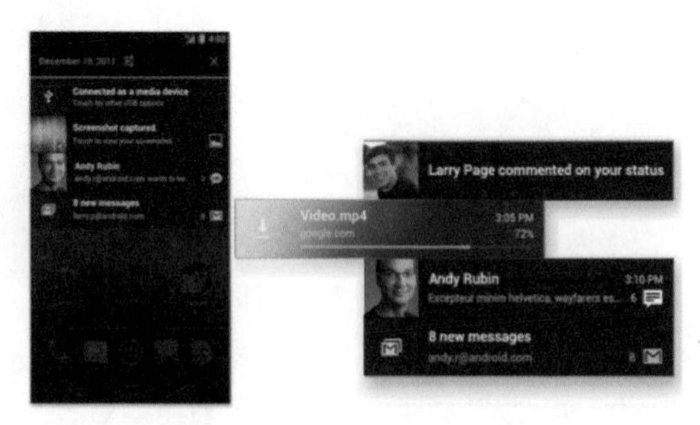

图4-7

4.2.3 App UI

一个典型的Android App界面通常会包含操作栏和内容区域，如图4-8所示。

- 主操作栏

主操作栏包含导航App层级、视图的元素及最重要的操作，是App的命令和控制中心。

- 视图控制

视图包括了内容不同的组织方式或不同的功能，用于切换App提供的不同视图。

- 内容区域

用于显示内容的区域。

- 次操作栏

次操作栏提供了一种方式，就是把操作从主操作栏分配并放置到次操作栏中，可以将其放在主操作栏的下方或屏幕的底部。

图4-8

4.3 UI设计原则

为了使用户感兴趣，Android用户体验设计团队设定了以下原则并把它当成自己的创意和设计思想。

● 惊喜

无论是漂亮的界面还是一个适时的声音效果，都能给人带来体验的乐趣。微妙的效果也能营造出令人惊喜的操作体验，如图4-9所示。

● 真实对象比按钮和菜单更有趣

直接触摸App里的对象，既可以减少用户执行任务的认知负担，又可以满足用户更多的情感需求，如图4-10所示。

● 个性化

用户常常喜欢个性化的设置。这能使人感到亲切，同时，也满足了用户的控制欲，所以，应提供实用、漂亮、有趣、可定义且不妨碍主要任务的默认设置，如图4-11所示。

● 记住用户的习惯

追踪用户的使用行为，避免重复向用户提问，如图4-12所示。

图4-9

图4-10

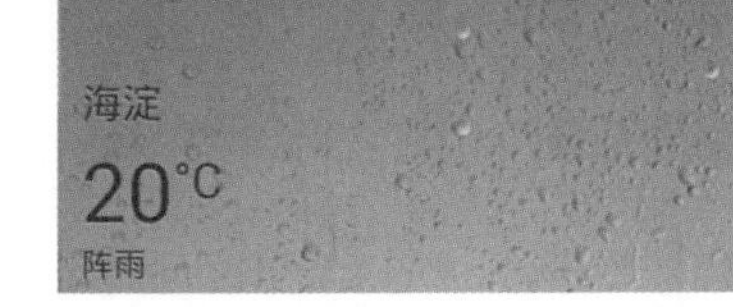

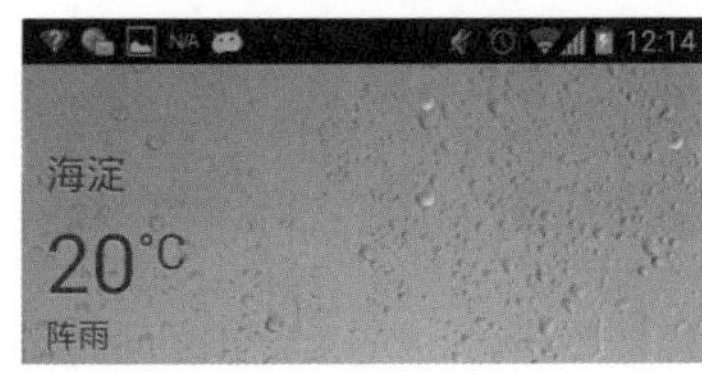

图4-11

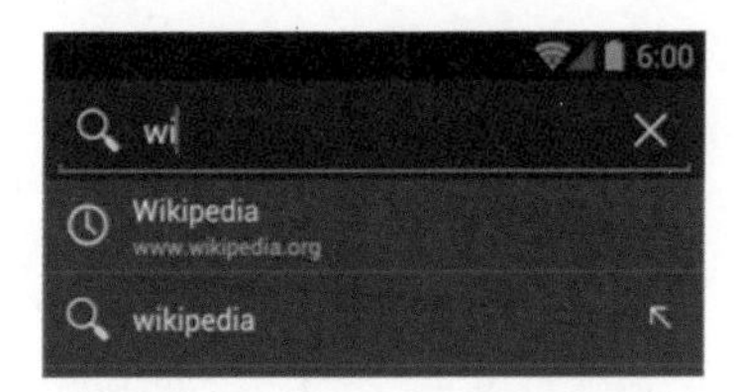

图4-12

● 表达应尽量简洁

应尽量使用简短的句子，过长的语句会使用户失去耐心，如图4-13所示。

● 图片比文字更容易理解

用图片代替文字解释想法，更容易获得用户的注意，如图4-14所示。

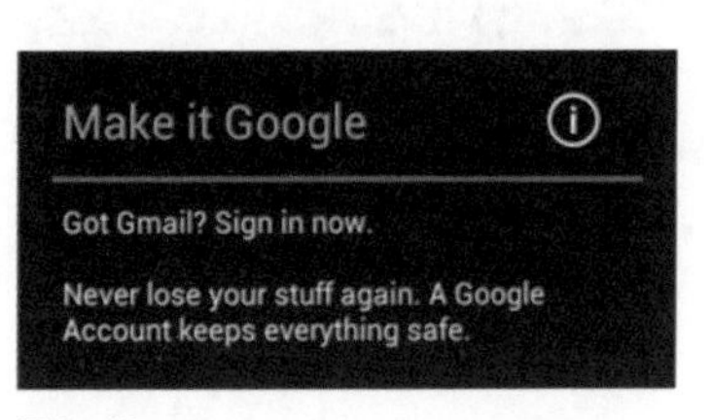

图4-13

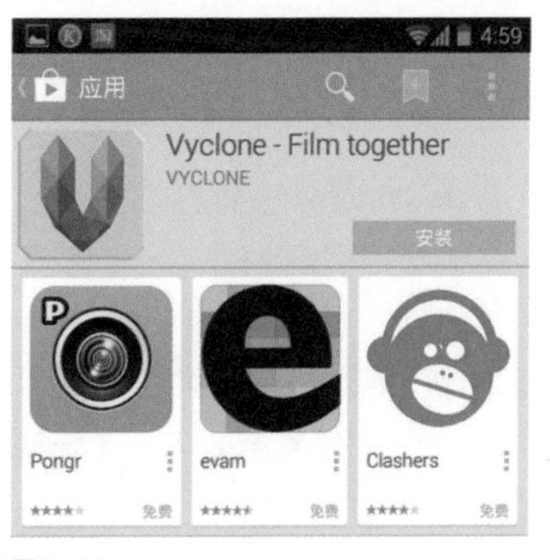

图4-14

- 为用户做决定

要尽最大的努力去猜用户的想法，而不是什么都问用户，太多的选择和问题会让用户感到厌烦。因为猜测可能是错的，所以，要提供后退操作，如图4-15所示。

- 有选择性地显示内容

用户看到太多选择时会不知所措，所以，应把任务和信息打散成容易操作的内容，以方便隐藏此时不需要的操作选项，如图4-16所示。

图4-15

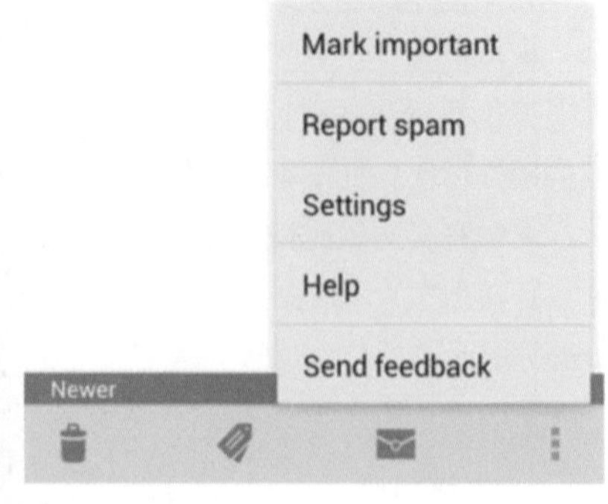

图4-16

- 此时的位置

想让用户知道自己的位置，就要让App的每一页都有区别，并且，用转场显示每个屏之间的关系，还要在任务进程中提供清晰的反馈，如图4-17所示。

- 永不丢失东西

保存用户自定义的东西，并且，保证在任何地方都可以获取它们。记住设置、个性化触控及创建电话和电脑之间的同步，如图4-18所示。

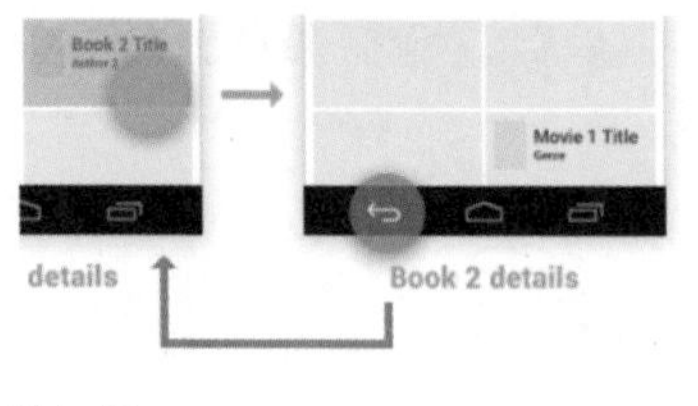

图4-17

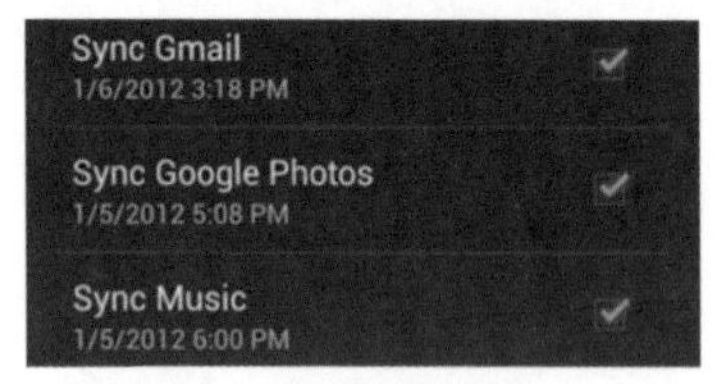

图4-18

- 避免视觉和操作上的误导

使每个操作在视觉上的区别更大一些，避免因那些看上去差不多的样式误导了用户的操作，如图4-19所示。

- 拒绝不重要的打扰

应帮助用户挡住一些不重要的信息。因为骚扰会令人费神且沮丧，所以，用户希望保持专注，除非是非常重要和求实效的事情，如图4-20所示。

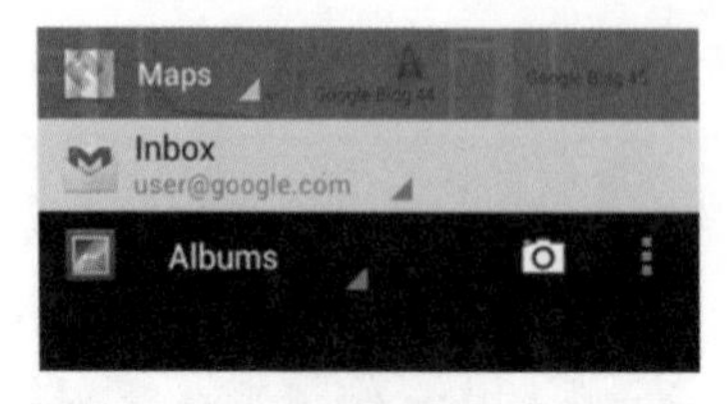

图4-19

图4-20

● 通用的操作方式

其他Android App已有的视觉样式和通用方式使学习App变得更加容易了，例如，横划操作就是一个很好的导航的快捷切换方式，如图4-21所示。

● 让用户改正时要温和些

当用户使用App时，会期望它很智能，如果出了问题，就应给出清晰的恢复指引，而不是详细的技术报告，如图4-22所示。

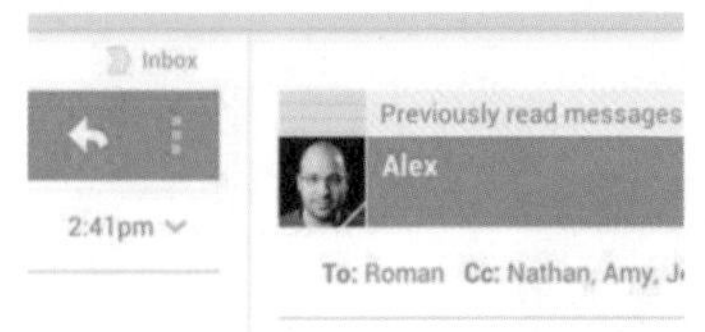

图4-21

图4-22

● 反馈

应把复杂的任务分拆成容易完成的小步骤，即使操作有了很小的改变也要给出反馈，如图4-23所示。

● 重要的操作更灵敏

让用户更容易发现哪些是重要的功能，这些功能的操作应非常灵敏，如照相机的快门键和音乐播放器的暂停键，如图4-24所示。

图4-23

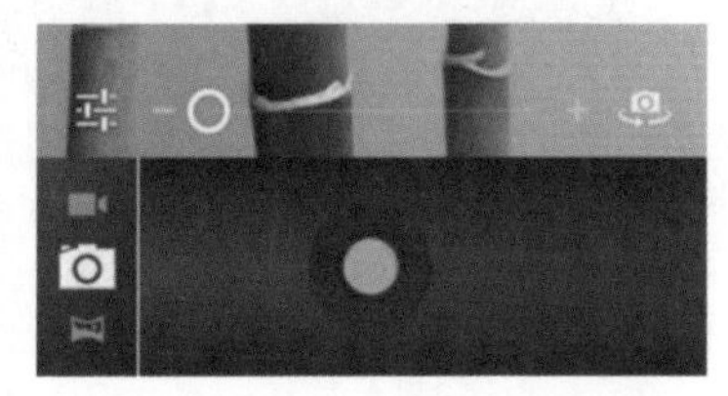

图4-24

4.4 Android界面的设计风格

4.4.1 设备与显示

无论是手机、平板电脑还是其他设备，它们都具有不同的屏幕尺寸和构成元素。Android系统可以灵活地转换不同大小的App，以适应不同高度和宽度的屏幕。图4-25所示为不同尺寸的设备，如图4-26所示为不同尺寸的图标。

图4-25

提示

当设计不同尺寸的图标时，有以下两种方法：

- 使用标准尺寸，然后将其放大或缩小到其他尺寸；
- 使用设备的最大尺寸，然后将其缩小到需要的小屏幕尺寸。

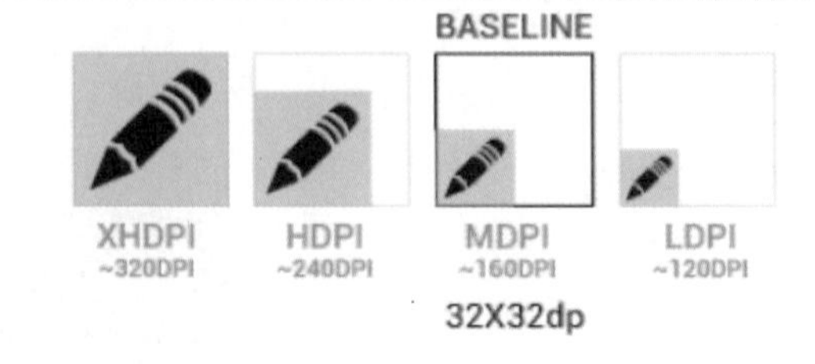

图4-26

4.4.2 主题样式

主题样式是Android为了保持App或操作行为的视觉风格一致而创造的机制。风格决定了组成用户界面元素的视觉属性，如颜色、高度，空白及字体大小。为了使各个App在平台上达到更好的统一效果，这次Android雪糕三明治系统为App提供了3套系统主题，如图4-27、图4-28、图4-29所示。

Holo浅色主题　Holo深色主题　Holo浅色底+深色操作栏主题

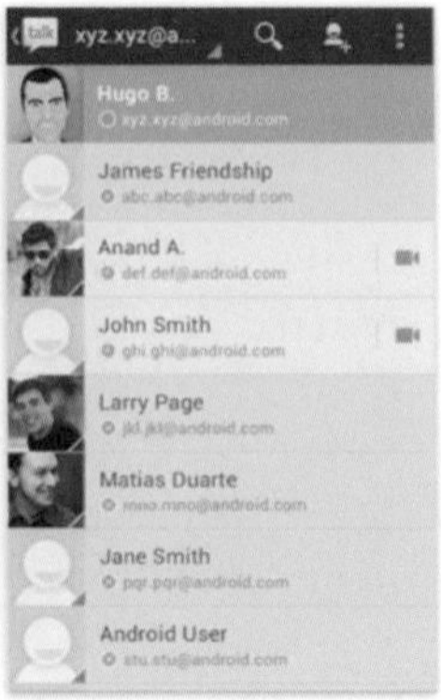

图4-27

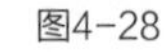

图4-28

图4-29

4.4.3 单位和网格

可通过为不同大小的屏幕设计不同的布局，为不同密度的屏幕提供不同的位图图像，来优化App的用户界面，如图4-30所示。

提示

不同设备的屏幕物理大小与屏幕密度都各不相同，屏幕物理大小是指手机（小于600dP）或平板电脑（大于或等于600DP）的物理尺寸，屏幕密度是LDPI，MDPI，HDPI，XHDPI。

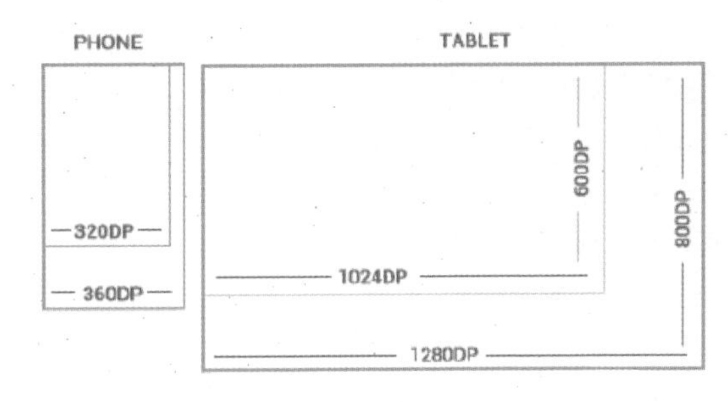

图4-30

可触摸的UI元件的标准尺寸为48DP，转换为物理尺寸约为9mm。建议目标大小为7～10mm，因为这是手指能准确并舒适地触摸的范围，如图4-31所示。

图4-31

每个UI元素之间的间距为8DP，如图4-32所示。

提示

无论在什么屏幕上，触摸目标的大小都绝不能比建议的最低值小，所以，设计的元素的高和宽至少都是48DP，这样，整体信息密度和触摸目标之间才能取得一个很好的平衡。

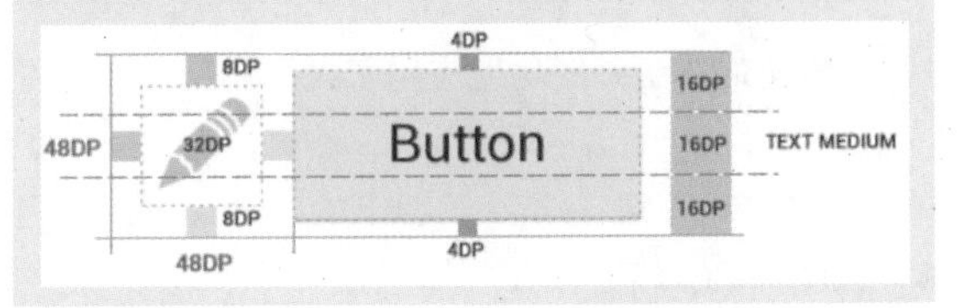

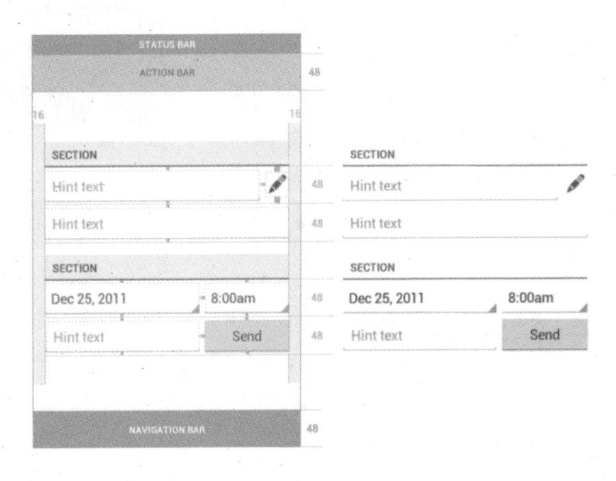

图4-32

4.4.4 触摸反馈

为了加强手势行为的结果，可将颜色和光作为触摸的反馈。当触摸任何一个可操作的区域时，系统都要提供视觉反馈，使用户知道哪些是可操作的。图4-33所示为HOME键的触摸反馈。

图4-33

当用户尝试的滚动操作已超过内容边界时，系统会给出明确的视觉线索，例如，当用户向左滚动第一个主屏幕时，屏幕的内容就会向右倾斜，使用户知道再往左方的导航是不可用的，如图4-34所示。

当操作更复杂的手势时，触摸反馈可以暗示用户操作的结果，例如，在最近任务里横划缩略图时，缩略图会变暗淡，以暗示此手势会引起对象的移除，如图4-35所示。

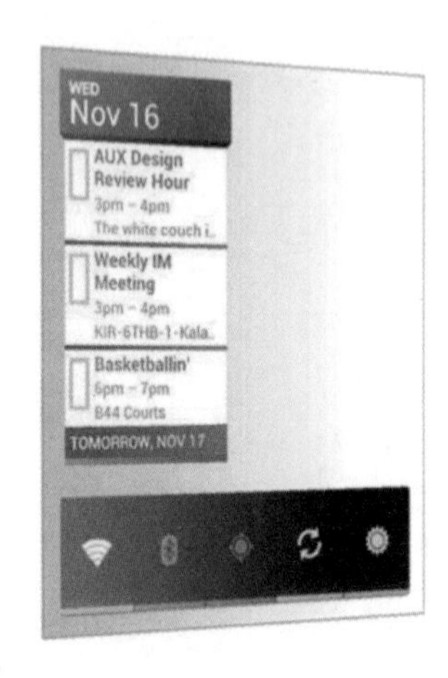

图4-34

图4-35

4.4.5 字体

为了帮助用户快速了解信息，Android对设计语言进行了传统的排版并成功地应用了大小、空间、节奏及底层网格对齐这些工具。

Android冰淇淋三明治引入了一种新的字体：Roboto。它是专门为高分辨率屏幕下的UI所设计的。目前，TextView的框架默认支持常规、粗体、斜体和粗斜体，如图4-36所示。

图4-36

为了创建有序的、易于理解的布局，界面中通常会使用不同大小的字体，但是，在相同的用户界面中应避免使用过多的不同大小的字体，否则，界面会很乱。Android框架中使用的文字大小标准如图4-37所示。

图4-37

提示

Android UI的默认颜色样式为textCorlorPrimary和textColorSecondary。浅色主题颜色样式为textColor Primarylnverse和textColor Secondarylnverse。右图所示为深色主题与浅色主题中的两种文字。

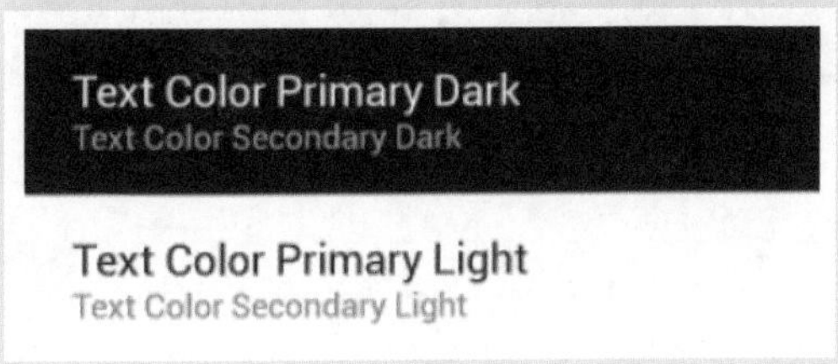

4.4.6 颜色

选择适合自己品牌的颜色，不仅可以增强界面的美感，还可以为视觉元素提供更好的对比。要注意的是，红、绿颜色对红绿色盲不适用。

系统中的每种颜色都有相应的一系列不同饱和度的色彩，以供不同的需求。蓝色为Android调色板中标准的颜色，如图4-38所示。

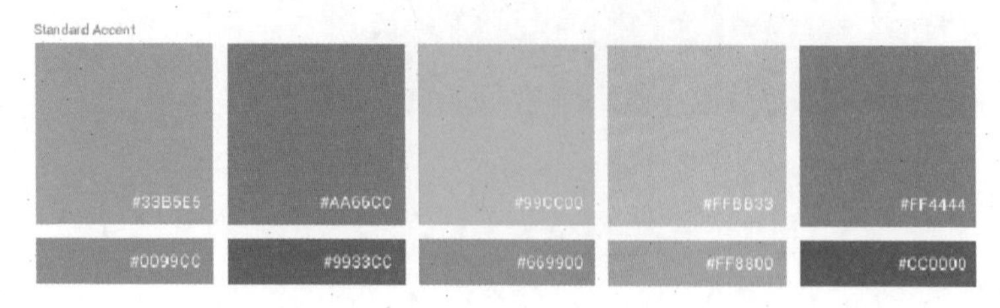

图4-38

4.4.7 图标

图标为操作、状态和App提供了一个快速且直观的表现形式，如图4-39所示。Android系统中的图标主要分为启动图标、操作栏图标和小图标等。每种图标的尺寸和规范均不相同，需要根据实际用途来确定图标的大小。

图4-39

提示

Android系统的主界面启动图标风格与iOS 6的高亮图标风格不同，制作时应该明确二者之间的差异性。

- 启动图标

启动图标有着独特的设计风格，在视觉上达到了从上向下的透视效果，可以使用户感受到一定的立体感，如图4-40所示。

图4-40

在界面中，启动图标代表着App的视觉表现，所以，要确保启动图标在任意壁纸上都能清晰可见。图4-41所示为Android启动图标。

图4-41

提示

移动设备上的启动图标尺寸必须是48×48dp，应用市场中的启动图标尺寸必须是512×512dp，图标的整体大小为48×48dp。

- 操作栏图标

操作栏图标是简单的平面按钮，它能在传达一个单纯的概念的同时，让用户对其作用一目了然。图4-42所示为Android的操作栏图标。

图4-42

提示

手机的操作栏图标尺寸是32×32dp，整体大小为32×32dp，图形区域为24×24dp。如果图标中图形的线条太长（如电话、书写笔），那么，可将其向左向或右旋转45°，以填补空间的焦点。描边和空白之间的间距应至少为2dp。

操作栏的图标为平面风格，通常用流畅的曲线或尖锐的形状来表现。图4-43、图4-44所示为不同颜色的操作栏。

> 颜色：#FFFFFF
> 可用：80%透明度
> 禁用：30%透明度

图4-43

> 颜色：#333333
> 可用：60%透明度
> 禁用：30%透明度

图4-44

- 小图标

小图标可用于提供操作或标记特定项目的状态，例如，在Gmail App中，消息前的星形图标就是用于标记重要消息的，如图4-45所示。

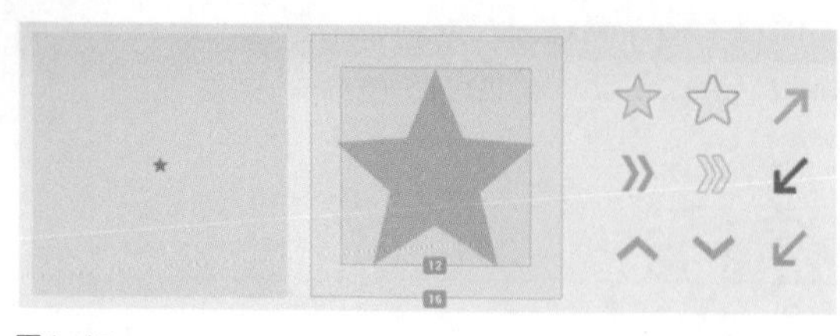

图4-45

可以用单一的视觉隐喻使用户很容易地识别和理解其目的，所以，可以有目的性地为图标选择颜色，例如，Gmail使用黄色的星形图标来标记消息，如图4-46所示。

提示

小图标的尺寸为16×16dp，整体大小为16×16dp，可视区域为12×12dp。小图标拥有中性、平面、简洁的风格。

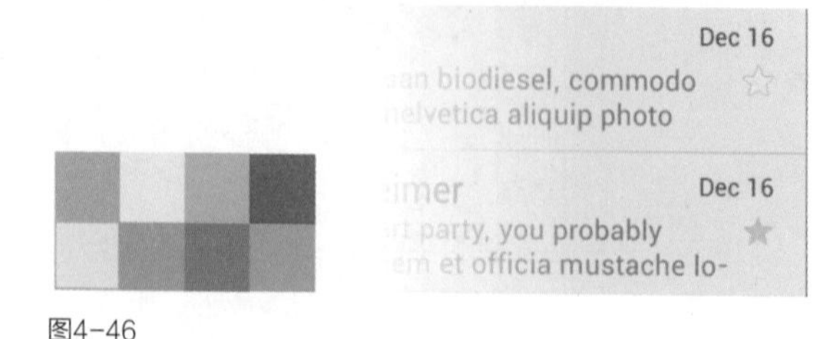

图4-46

4.4.8 写作风格

为App写句子时，应注意以下几条规则。

- 保持简短

简明而准确，限制使用30个字符（包括空格）以内，除非必要，绝对不增加字符，如图4-47所示。

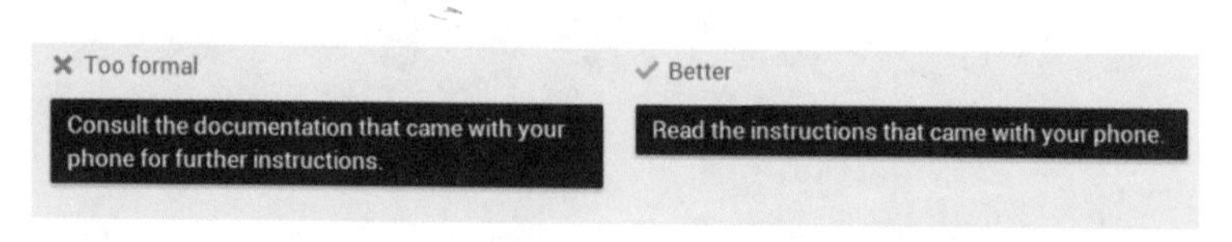

图4-47

- 保持简单

使用简短的话，包括主动动词和普通名词，如图4-48所示。

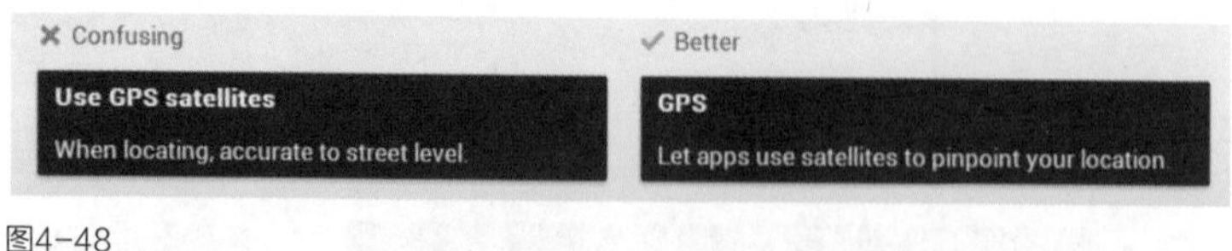

图4-48

- 保持友好

应使用第二人称（“你”），避免唐突和骚扰，使用户感到安全、愉快有活力，如图4-49所示。

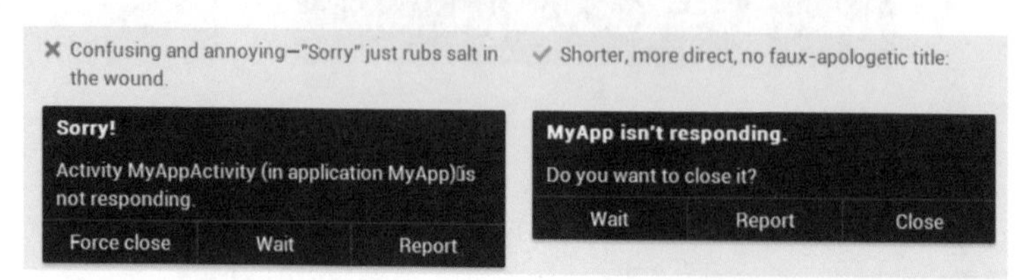

图4-49

● 先讲最重要的事情

前两个单词（约11个字符，包括空格）至少包括一个最重要的信息；如果不是这样，请重新开始，如图4-50所示。

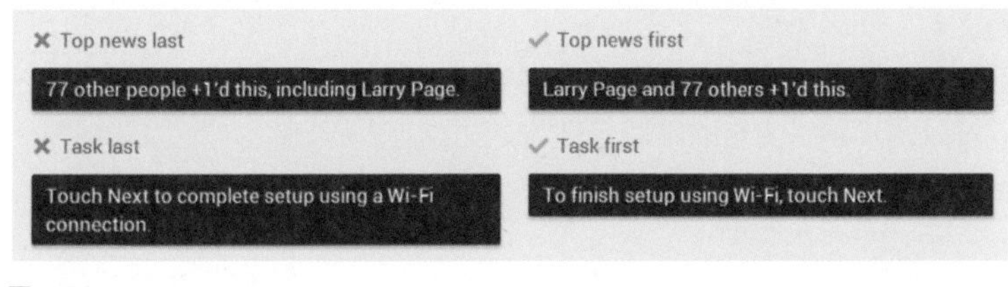

图4-50

● 仅描述必要的，避免重复

不要试图解释细节，不要将一个重要的词在一段文本内不断重复，如图4-51所示。

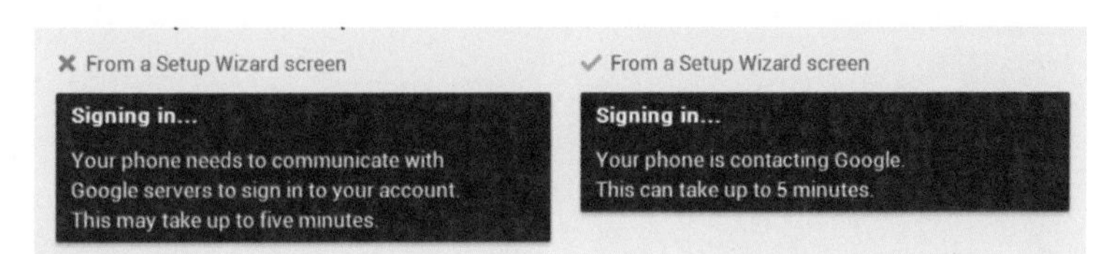

图4-51

4.5 Android App的常用结构

Android 4.0中的导航栏、操作栏及多面板布局都是重要的设计元素，Android 4.0还新增了许多交互细节、信息展示和视觉样式等规范。

一个典型的Android App应包括顶级视图、详情和编辑视图。如果导航的层级结构是深而复杂的，那么，可用目录视图来连接顶级视图和详情视图，如图4-52所示。

图4-52

● 顶级视图

App的顶级通常包括其支持的不同视图。视图既可以展示相同内容的不同呈现方式，又可以展示App的不同功能模块。

● 目录视图

目录视图允许进入更深层级的内容。

● 详情/编辑视图

详情或编辑视图用于创造内容。

提示

App的结构主要取决于想展开给用户的内容和任务，多种多样的App可满足各种不同的需求。

- 电脑或照相机，是在一个屏幕里围绕一个核心功能的App。
- 电话的其主要目的是在不同的操作中切换，而不是有更深层次导航的App。
- Gmail或应用市场，这种结合了一系列深层级内容视图的App。

实战1 制作Android导航栏

案例分析

该案例是制作Android的导航栏，Android 4.0以虚拟按键代替了传统手机的物理按键，虚拟按键包括返回，Home和最近任务。

设计规范

尺寸规格	768×96（像素）
主要工具	圆角矩形工具、矩形工具
源文件地址	第4章\源文件\001.psd
视频地址	视频\第4章\001.SWF

色彩分析

黑色的背景配以灰色的按键，整体色彩搭配协调，不刺激眼睛。

（139、139、139）　　（0、0、0）

制作步骤

01 执行“文件>新建”命令，弹出“新建”对话框，新建一个空白文档，如图4-53所示。用“矩形工具”在画布中绘制一个与画布大小相同的黑色矩形，如图4-54所示。

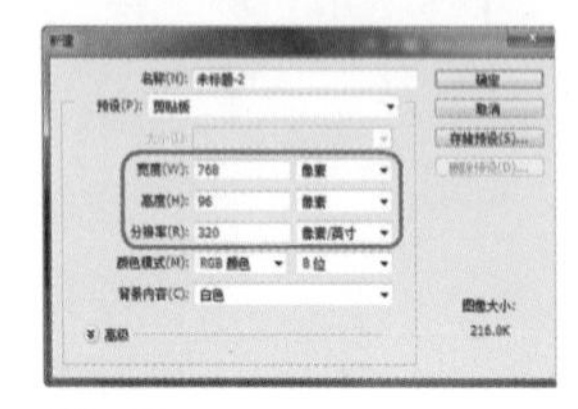

图4-53

图4-54

02 选择“圆角矩形工具”，设置“填充”为“RGB（139、139、139）”，在画布中绘制一个圆角矩形，如图4-55所示。设置“路径操作”为“减去顶层形状”，继续在画布中绘制图形，如图4-56所示。

图4-55

图4-56

03 选择“矩形工具”，设置“路径操作”为“减去顶层形状”，在画布中绘制矩形，如图4-57所示。选择“直线工具”，设置“路径操作”为“合并形状”，在画布中绘制如图4-58所示的图形。

图4-57

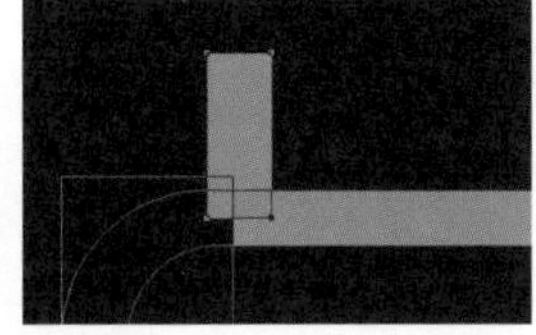

图4-58

04 执行“编辑>变换路径>斜切”命令，适当调整图形，如图4-59所示。用相同的方法完成其他内容的制作，效果如图4-60所示。

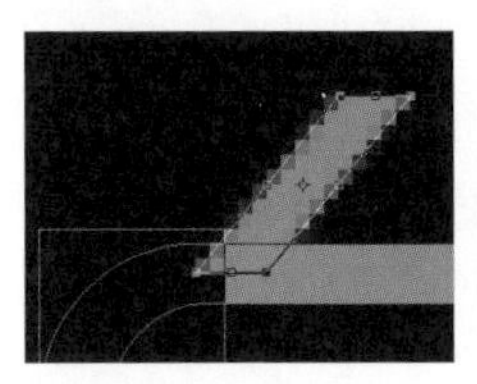

图4-59

图4-60

05 用“矩形工具”在画布中绘制一个矩形，如图4-61所示。用“转换点工具”在矩形路径中间添加锚点，再用“任意选择工具”调整形状，如图4-62所示。

图4-61

图4-62

06 用“矩形工具”设置“路径操作”为“减去顶层形状”，绘制如图4-63所示的图形。用相同的方法完成其他内容的制作，效果如图4-64所示。

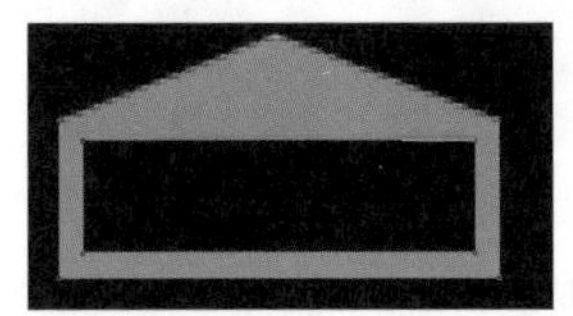

图4-63

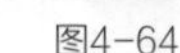

图4-64

07 用相同的方法完成其他内容的制作，图像的最终效果如图4-65所示。

图4-65

操作小贴士

选择任意一个形状工具后，单击形状图层就可以看到一个图形中的所有路径了。绘制左边的返回模拟按键时，对图形进行了多次的图形加减法运算，因此，该图形中包含的路径非常多。设置“路径操作”为“合并形状组件”后，所有路径将合并为一条路径。

实战2 制作Android操作栏

案例分析

该案例是制作操作栏，操作栏是重要的结构元素，其图标由椭圆工具和钢笔工具绘制而成，没有任何的图层样式。该案例的难度不大，注意图标细节的制作即可。

设计规范

尺寸规格	768×98（像素）
主要工具	椭圆工具、钢笔工具、路径操作
源文件地址	第4章\源文件\002.psd
视频地址	视频\第4章\002.SWF

色彩分析

该图标主要为白色，背景为黑色，对比鲜明，易于理解，识别性强。

（29、30、32） （255、255、255）

制作步骤

01 设置“背景色”为“RGB（29、30、32）”，执行“文件>新建”命令，新建一个空白文档，如图4-66所示。用“直线工具”在画布顶端绘制一条“填充”为“RGB（64、66、67）”的直线，如图4-67所示。

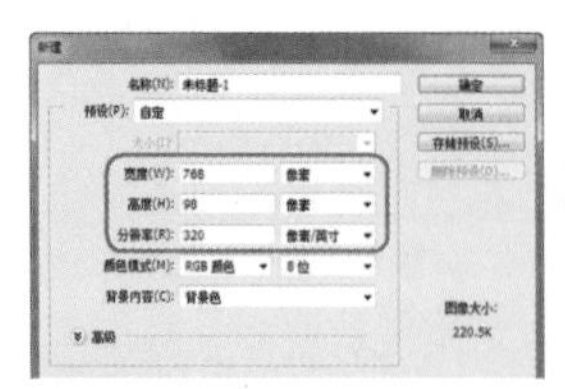

图4-66 图4-67

02 用“椭圆工具”绘制一个白色的正圆，如图4-68所示。修改“路径操作”为“减去顶层形状”，绘制一个圆环，如图4-69所示。选择“直线工具”，设置“路径操作”为“合并形状”，在圆环中绘制直线，效果如图4-70所示。

图4-68

图4-69

图4-70

03 用相同的方法绘制出如图4-71所示的图形。复制该图层，执行“编辑>变换路径>旋转90度（顺时针）”命令，效果如图4-72所示。用相同的方法绘制一个白色的正圆，如图4-73所示。

图4-71

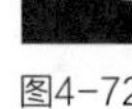

图4-72

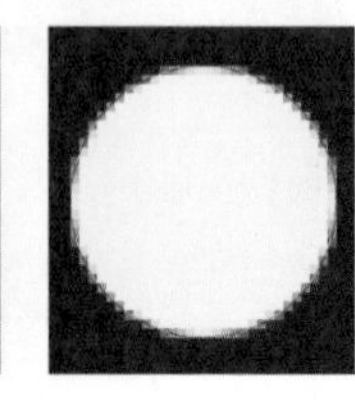

图4-73

提示

制作该图形时，可先用“椭圆工具”在画布中绘制一个正圆，然后修改“路径操作”为“减去顶层形状”，绘制一个圆环，再修改“路径操作”为“与形状区域相交”，在左上方位置绘制一个正圆。

04 选择“钢笔工具”，按住Shift键并绘制个一个三角形，如图4-74所示。选择“椭圆工具”，按住Alt键并绘制一个椭圆，如图4-75所示。用“矩形工具”绘制一个“填充”为“RGB（142、143、144）”的矩形，如图4-76所示。

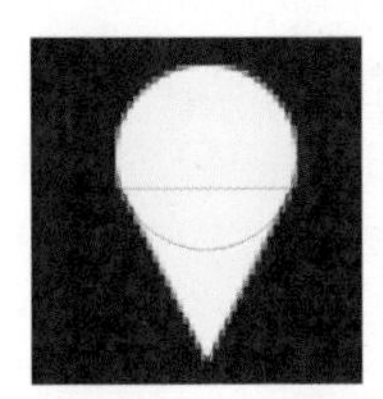

图4-74

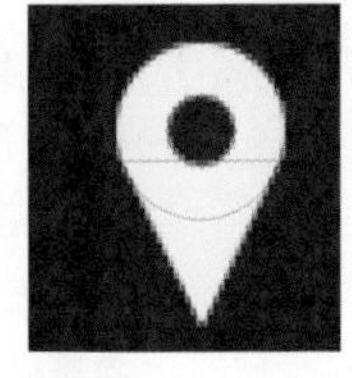

图4-75

图4-76

05 用相同的方法完成其他内容的制作，最终效果如图4-77所示。

图4-77

操作小贴士

使用“椭圆工具”时，按住Shift键的同时拖动鼠标，可以绘制出正圆；按住Alt键的同时拖动鼠标，则可绘制出以鼠标指针起始点为椭圆左上角的椭圆；按住Shift+Alt组合键的同时拖动鼠标，则可绘制出以鼠标指针起始点为中心的正圆。

实战3 制作Android选择栏

案例分析

该案例是制作选择栏，栏中有多个图标按钮供用户选择，图标是简单的平面效果，易于理解，制作难度不大。

设计规范

尺寸规格	768×96（像素）
主要工具	椭圆工具、直线工具、路径操作
源文件地址	第4章\源文件\003.psd
视频地址	视频\第4章\003.SWF

色彩分析

白色的图标，墨绿色的背景，对比鲜明，蔚蓝色的点缀，使界面鲜明许多。

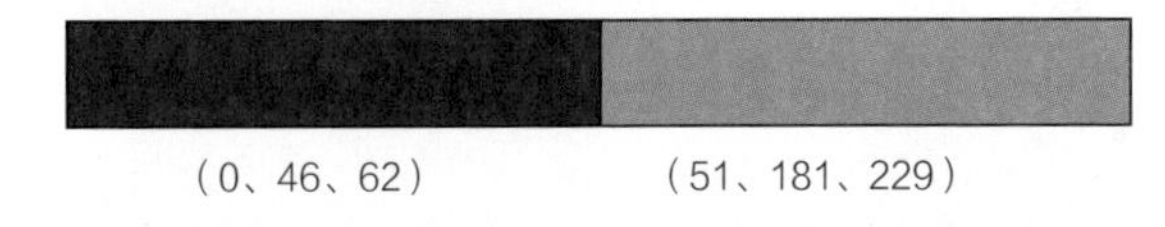

（0、46、62）　（51、181、229）

制作步骤

01 执行“文件>新建”命令，新建一个空白文档，如图4-78所示。新建图层，设置“前景色”为“RGB（0、46、62）”，按下Alt+Delete组合键，为画布填充前景色，如图4-79所示。

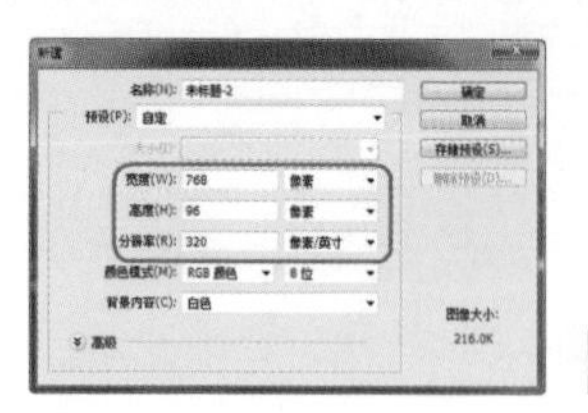

图4-78

图4-79

02 选择“直线工具”，设置“填充”为“RGB（51、181、229）”，“粗细”为“6像素”，在画布中绘制直线，如图4-80所示。将相关图层编组并命名为“背景”，如图4-81所示。

图4-80

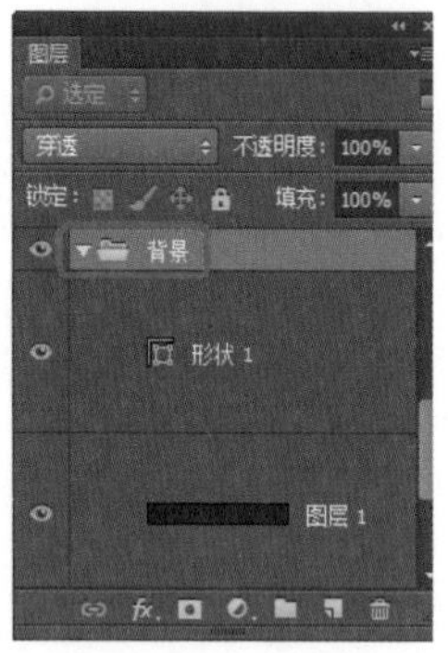

图4-81

03 选择“圆角矩形工具”，设置“半径”为“7像素”，在画布中创建白色的矩形，如图4-82所示。选择“椭圆工具”，设置“路径操作”为“减去顶层形状”，在画布中绘制椭圆形，如图4-83所示。修改“路径操作”为“合并形状”，继续绘制圆形，如图4-84所示。

图4-82

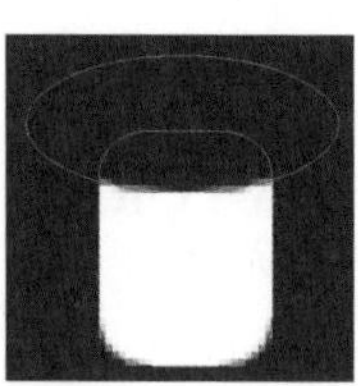

图4-83

图4-84

04 用相同的方法完成其他内容的制作，如图4-85所示。双击该图层缩览图，弹出“图层样式”对话框，选择“外发光”选项并设置参数，如图4-86所示。

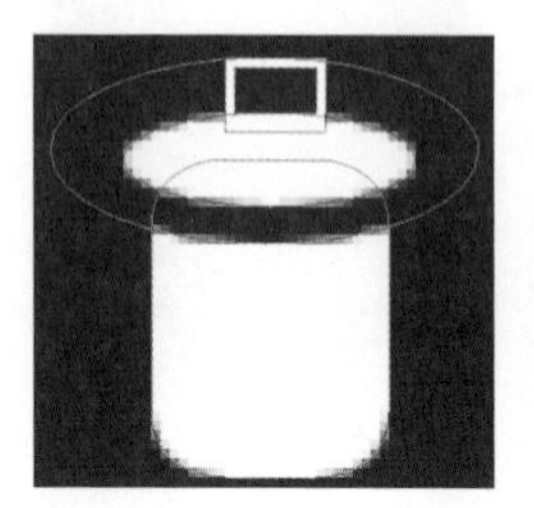

图4-85

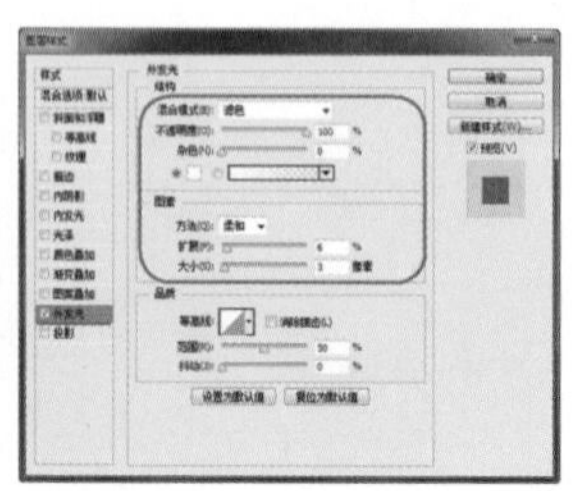

图4-86

05 设置完成后，单击“确定”按钮，得到的效果如图4-87所示。用“椭圆工具”在画布中绘制一个正圆，如图4-88所示。选择“直线工具”，设置“路径操作”为“合并形状”，在画布中绘制如图4-89所示的图形。

图4-87

图4-88

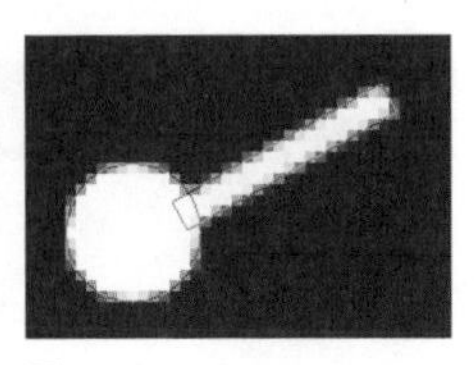
图4-89

06 用相同的方法完成其他内容的制作，如图4-90所示。修改图层的“不透明度”为“80%”，如图4-91、图4-92所示。

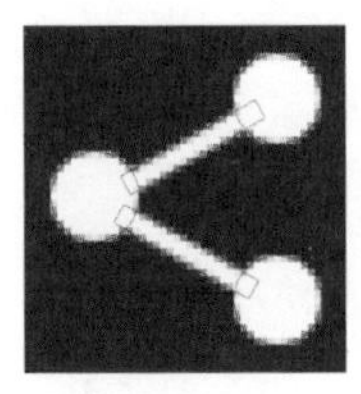
图4-90

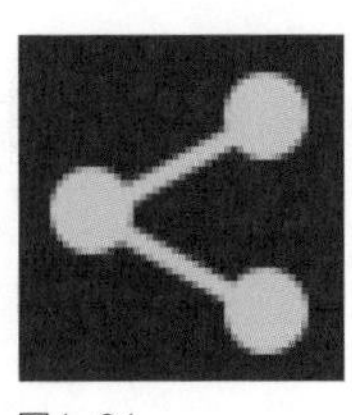
图4-91

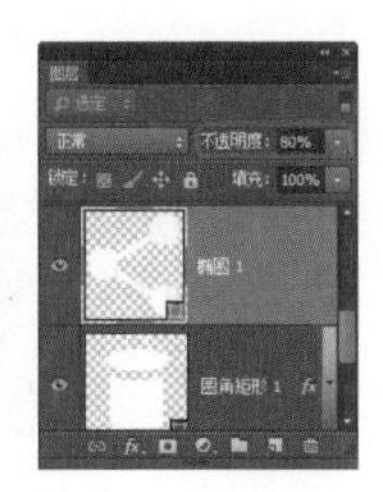
图4-92

提示

为了制作出更加标准、精致的三角形，可先用“矩形工具”在画布中绘制一个矩形，然后，删除左上角的锚点即可。

07 用“钢笔工具”在画布中绘制一个三角形，修改图层的“不透明度”为“80%”，如图4-93所示。打开“字符”面板并设置参数值，如图4-94所示。用“横排文字工具”在画布中输入文字，如图4-95所示。

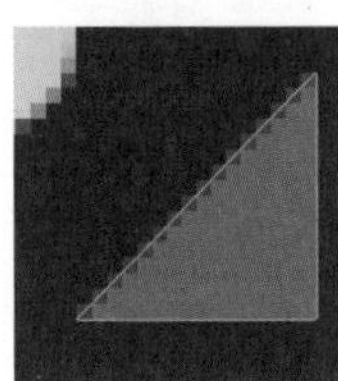
图4-93

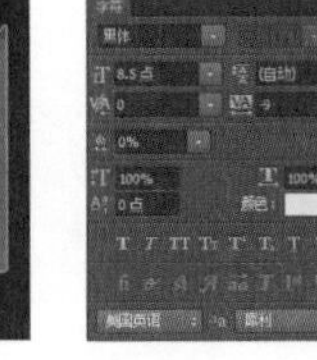
图4-94

选中了1项

图4-95

提示

如果在输入文字之前选中了另一个文字图层，那么，设置的字符属性就是针对该图层的文字了，所以，设置时不要选中其他文字图层。

08 用相同的方法完成其他内容的制作，图像的最终效果如图4-96所示。

图4-96

操作小贴士

在设计过程中，可用Ctrl+Z组合键来恢复上一步的操作状态；可用Ctrl+Alt+Z组合键来连续恢复操作；可用Ctrl+Shift+Z组合键使操作状态前进一步，也可在“历史记录”面板中进行恢复。按下F12键后，可恢复设计文档最后一次保存的状态。

实战4 制作Android状态栏

案例分析

该案例是制作状态栏，其界面简单、整洁，界面中的图标可以用“椭圆工具”和“矩形工具”绘制而成，应注意每个元素之间的距离。

设计规范

尺寸规格	768×50（像素）
主要工具	椭圆工具、钢笔工具、路径操作
源文件地址	第4章\源文件\004.psd
视频地址	视频\第4章\004.SWF

色彩分析

该图标主要为蓝色，背景为黑色，对比鲜明，易于理解，识别性强。

（0、46、62）　（51、181、229）

制作步骤

01 执行“文件>新建”命令，弹出“新建”对话框，新建一个空白文档，如图4-97所示。用“矩形工具”在画布中绘制一个同画布大小相同的黑色矩形，如图4-98所示。

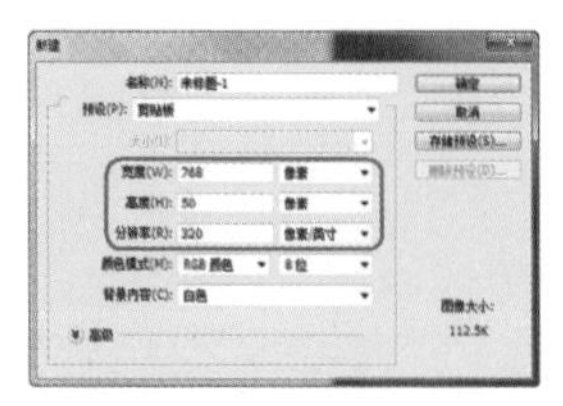

图4-97

图4-98

02 用“椭圆工具”在画布中绘制一个“填充”为“RGB（67、67、67）”的正圆，如图4-99所示。修改“路径操作”为“减去顶层形状”，绘制一个圆环，如图4-100所示。用相同的方法绘制其他的圆环，如图4-101所示。

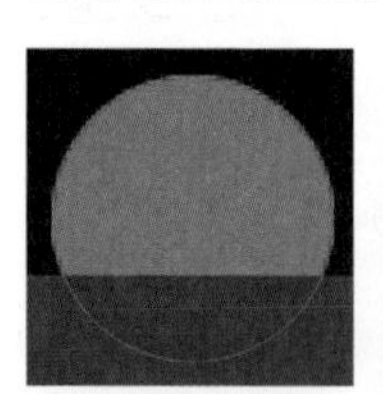

图4-99

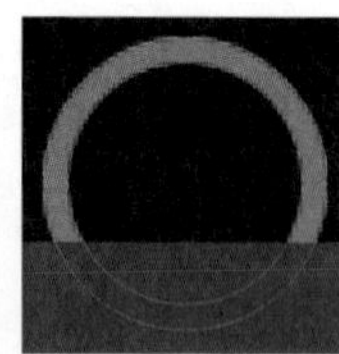

图4-100

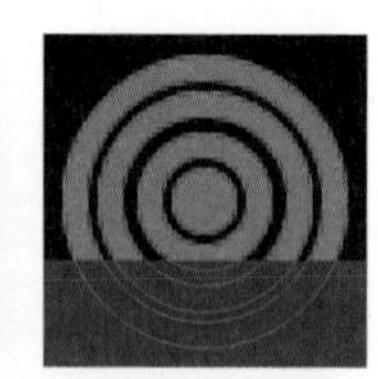

图4-101

03 选择“钢笔工具”，设置“路径操作”为“与形状区域相交”，绘制一个扇形，如图4-102所示。用“矩形工具”在画布中绘制一个矩形，如图4-103所示。用“删除锚点工具”删除左上角的锚点，做出一个三角形，如图4-104所示。

图4-102

图4-103

图4-104

04 双击该图层缩览图，弹出“图层样式”对话框，选择“渐变叠加”选项并进行相应的设置，如图4-105所示。设置完成后，单击“确定”按钮，修改图层的“填充”为“0%”，得到的效果如图4-106所示。

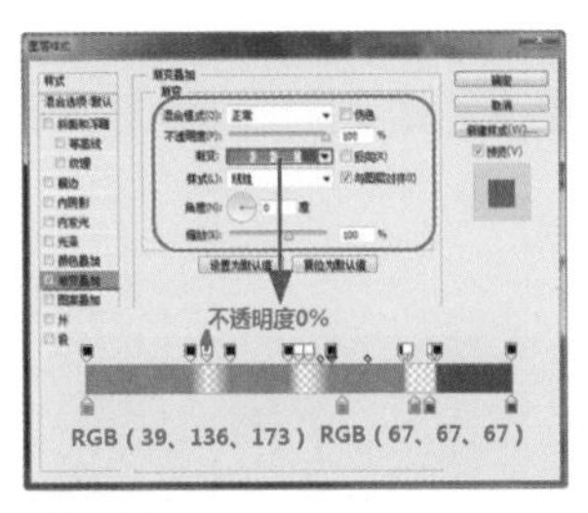

图4-105

图4-106

05 用“矩形工具”在画布中绘制一个“填充”为“RGB（64、64、64）”的矩形，如图4-107所示。修改“路径操作”为“合并形状”，继续绘制一个矩形，如图4-108所示。用相同的方法绘制一个颜色为“RGB（39、137、174）”的矩形，如图4-109所示。

图4-107

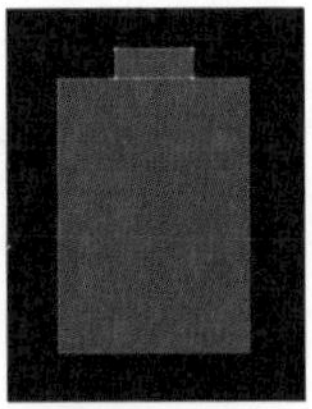

图4-108

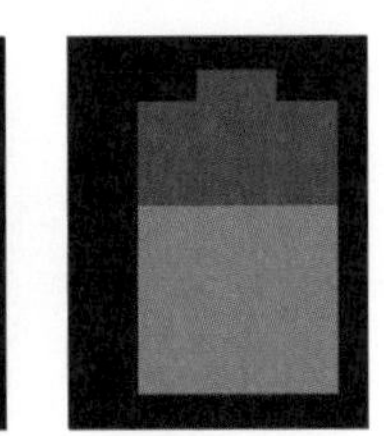

图4-109

06 将相关图层编组为“电池”，如图4-110所示。打开“字符”面板并设置各参数，如图4-111所示。用“横排文字工具”在画布中输入文字，如图4-112所示。

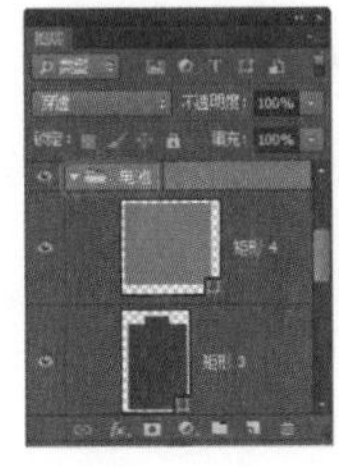
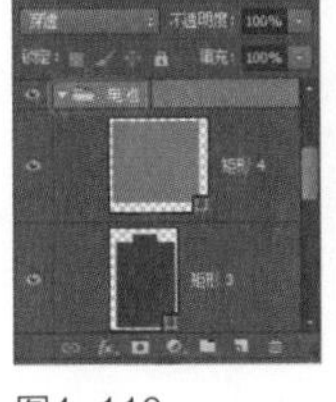

图4-110

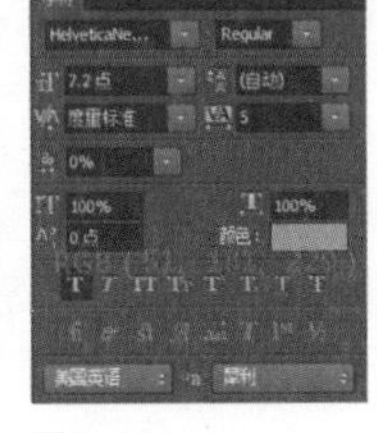

图4-111

图4-112

07 用相同的方法完成其他内容的制作，如图4-113所示。

图4-113

操作小贴士

制作手机信号图标时，也可以先用“直线工具”在画布中绘制一条直线，然后，选择“直接选择工具”，单击并拖动图形左上角的锚点，再复制该图形并调整图形的位置和高度，得到其他图形，最后，选中所有图形并按下Ctrl+E组合键，合并所有图形。

实战5 制作Android进度条

➲ 案例分析

该案例是制作进度条，该案例的制作很简单，只需绘制不同颜色的直线，需要注意的是进度的交点处的发光的效果。

➲ 设计规范

尺寸规格	683×99（像素）
主要工具	椭圆工具、钢笔工具、路径操作
源文件地址	第4章\源文件\005.psd
视频地址	视频\第4章\005.SWF

➲ 色彩分析

直线主要左边为蓝色，右边为灰色，使左右对比鲜明，进度一目了然。

（77、77、77）　　（51、181、229）

1.22MB/8.96MB　23%

制作步骤

01 执行“文件>新建”命令，弹出“新建”对话框，新建一个空白文档，如图4-114所示。新建图层，设置“前景色”为“RGB（51、51、51）”，按下Alt+Delete组合键，为画布填充颜色，如图4-115所示。

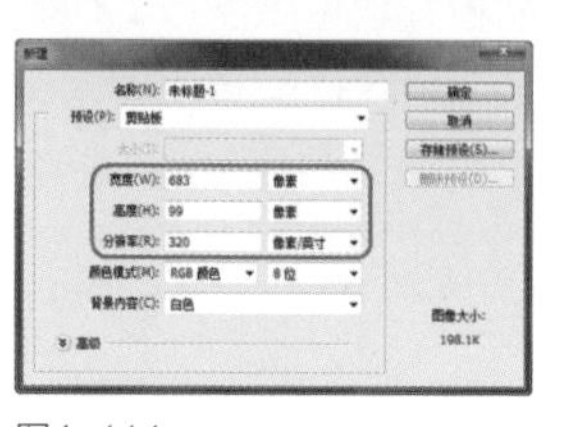

图4-114

图4-115

02 选择“直线工具”，设置“粗细”为“6像素”，在画布中绘制一条白色的直线，如图4-116所示。双击该图层缩览图，弹出“图层样式”对话框，选择“外发光”选项并进行相应的设置，如图4-117所示。

图4-116

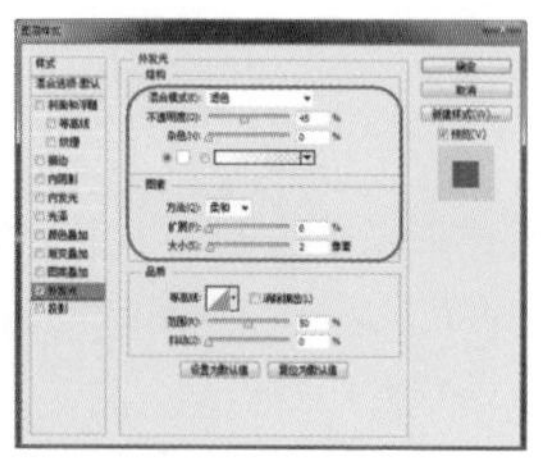

图4-117

03 设置完成后，单击“确定”按钮，修改图层的“不透明度”为“13%”，得到的效果如图4-118所示。“图层”面板如图4-119所示。

图4-118

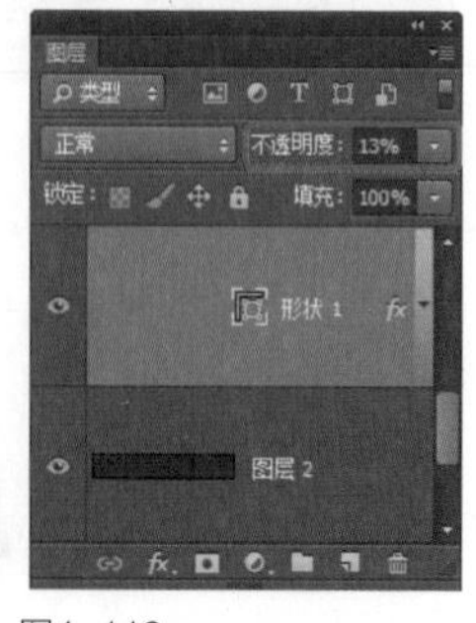

图4-119

04 用相同的方法绘制出其他直线，效果如图4-120所示。选择“直线工具”，设置“粗细”为“6像素”，“填充”为RGB（53、181、228），在画布中绘制如图4-121所示的图形。

图4-120

图4-121

05 双击该图层缩览图，弹出“图层样式”对话框，选择“投影”选项并进行相应的设置，如图4-122所示。设置完成后，单击“确定”按钮，得到的效果如图4-123所示。

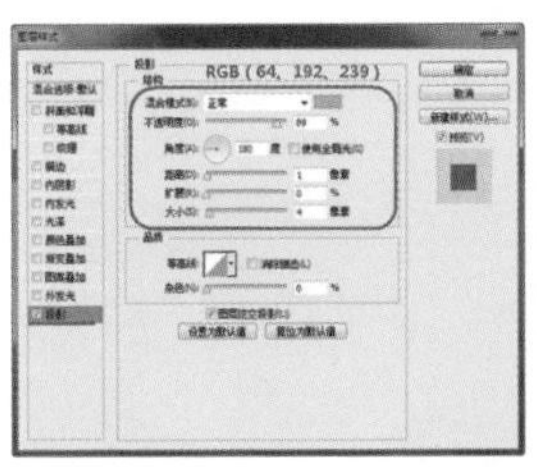
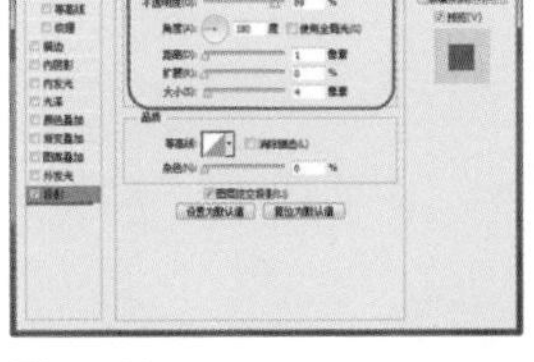

图4-122

图4-123

06 选择“直线工具”，设置“粗细”为“3像素”，绘制一条直线。设置“路径操作”为“合并形状”，继续绘制直线，如图4-124所示。打开“字符”面板并设置参数值，如图4-125所示。用“横排文字工具”在画布中输入文字，如图4-126所示。

图4-124

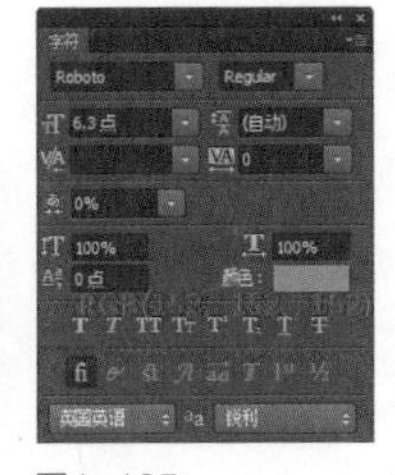

图4-125

图4-126

07 用相同的方法完成其他文字的制作，效果如图4-127所示。

图4-127

操作小贴士

制作进度条右边的小叉号时，可以先绘制好一条斜线，然后，按下Ctrl+J组合键，复制该形状，再执行“编辑>变换路径>水平翻转”命令，方便且快捷地得到角度准确的标准图像效果，最后，选中两个形状图层并按下Ctrl+E组合键，合并图层。

实战6 制作Android开关按钮

案例分析

该案例是制作开关按钮，当按钮为打开状态时，按钮为蓝色；当按钮为关闭状态时，按钮为灰色，两种按钮的制作方法相同。

设计规范

尺寸规格	493×102（像素）
主要工具	矩形工具、文字工具
源文件地址	第4章\源文件\006.psd
视频地址	视频\第4章\006.SWF

色彩分析

蓝色的按钮背景和白色的文字可清晰地为用户传达出信息。

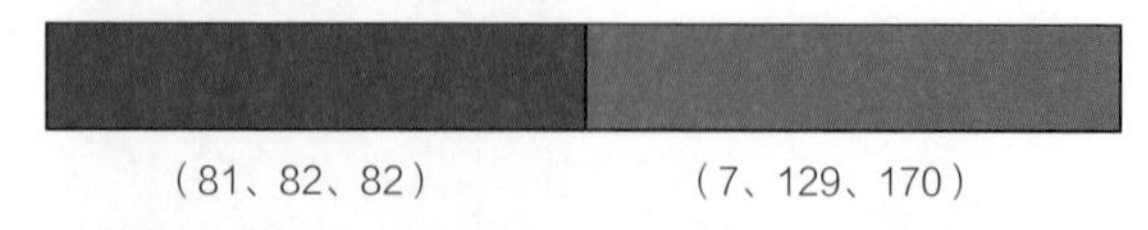

（81、82、82）（7、129、170）

制作步骤

01 执行“文件>新建”命令，弹出“新建”对话框，新建一个空白文档，如图4-128所示。选择“矩形工具”，设置“填充”为“RGB（35、35、36）”，在画布中绘制一个矩形，如图4-129所示。

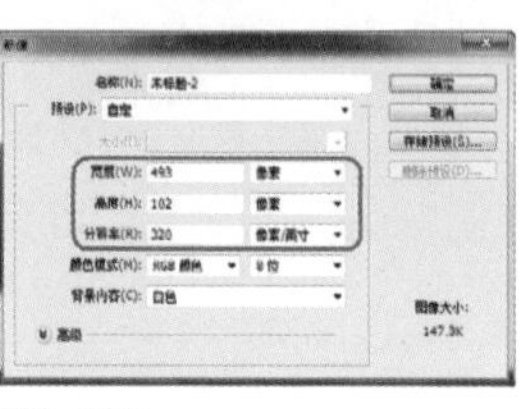

图4-128

图4-129

02 选择“圆角矩形工具”，设置“填充”为“RGB（7、129、170）”，在画布中绘制一个圆角矩形，如图4-130所示。双击该图层缩览图，弹出“图层样式”对话框，选择“斜面和浮雕”选项并进行相应的设置，如图4-131所示。

图4-130

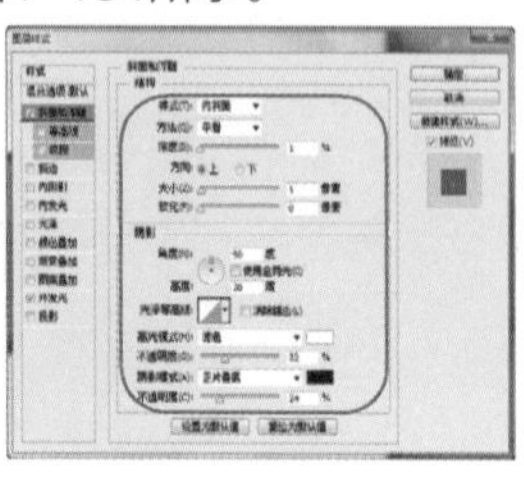

图4-131

03 继续选择“外发光”选项并进行相应的设置，如图4-132所示。设置完成后，单击“确定”按钮，得到的效果如图4-133所示。

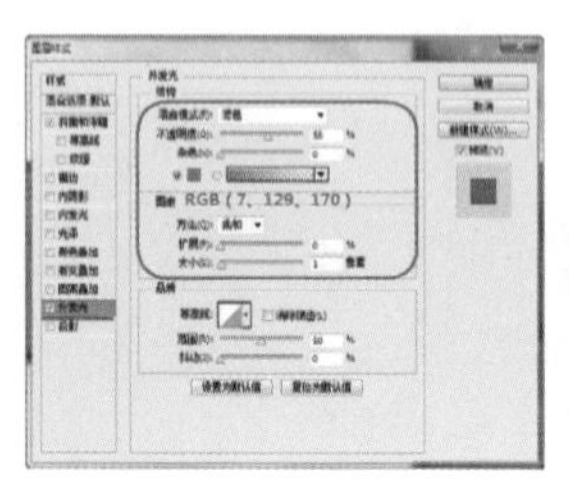

图4-132

图4-133

04 打开“字符”面板并设置参数值，如图4-134所示。用“横排文字工具”在画布中输入文字，如图4-135所示。将相关图层编组为“开”，如图4-136所示。

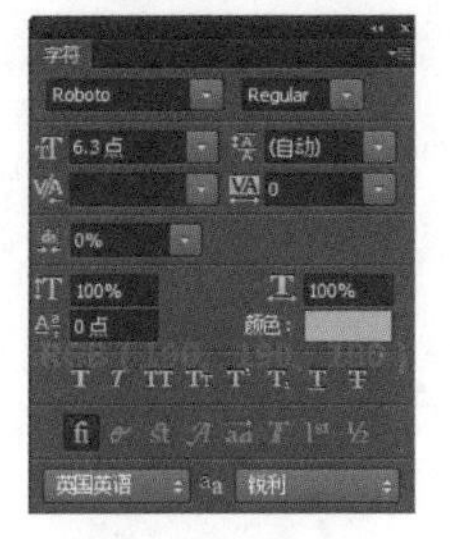
图4-134

图4-135

图4-136

05 用相同的方法完成其他内容的制作，如图4-137所示。

图4-137

操作小贴士

“斜面和浮雕”是Photoshop图层样式中最为复杂的一种，其中包括内斜面、外斜面、浮雕、枕形浮雕和描边浮雕，虽然每一项中所包含的设置选项都是一样的，但制作出来的效果却有很大的差异。

实战7 制作Android时间选择器

案例分析

该案例是制作时间选择控件，界面背景为不透明的黑色，主要内容是制作文字，应注意文字的不同大小和颜色样式。制作勾选框时，应注意形状的细节，以及图层样式的添加。

设计规范

尺寸规格	654×622（像素）
主要工具	直线工具、钢笔工具、文字工具
源文件地址	第4章\源文件\007.psd
视频地址	视频\第4章\007.SWF

色彩分析

控件的背景为深灰色，使蓝色的标题文字及白色文字更加突出。

（40、40、40）　（51、181、229）

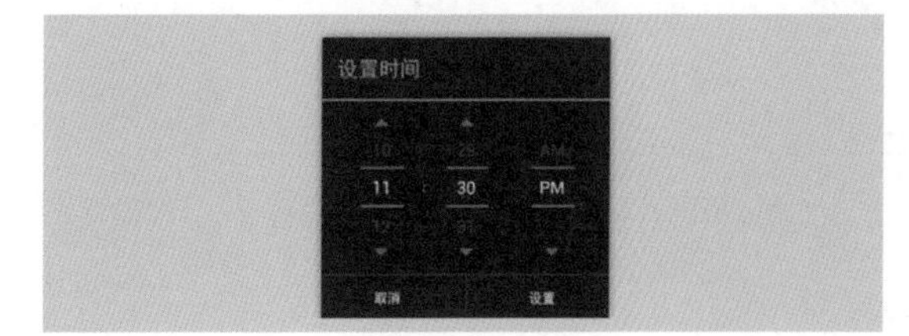

制作步骤

01 设置“背景色”为“黑色”，执行“文件>新建”命令，弹出“新建”对话框，新建一个空白文档，如图4-138所示。选择“圆角矩形工具”，设置“填充”为“RGB（40、40、40）”，在画布中绘制一个圆角矩形，如图4-139所示。

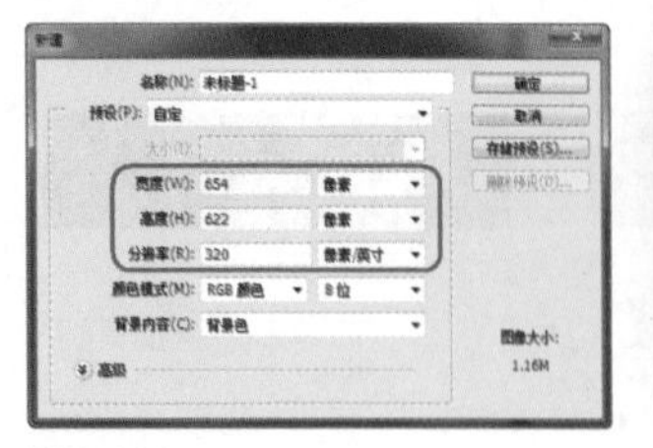

图4-138

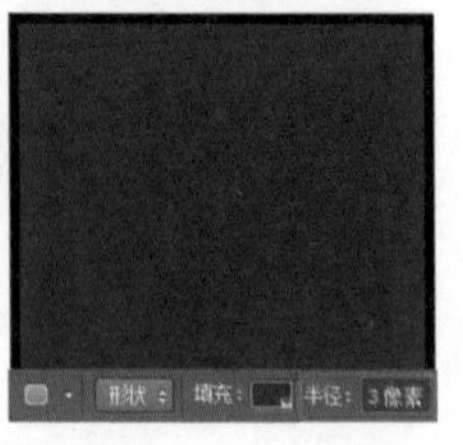

图4-139

02 双击该图层缩览图，弹出“图层样式”对话框，选择“斜面和浮雕”选项并进行相应的设置，如图4-140所示。选择“投影”选项并进行相应的设置，如图4-141所示。

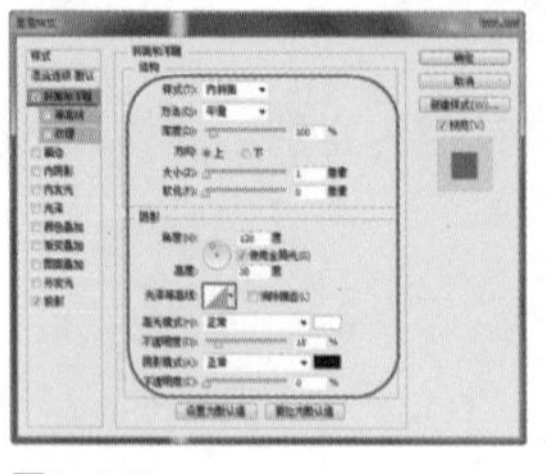

图4-140

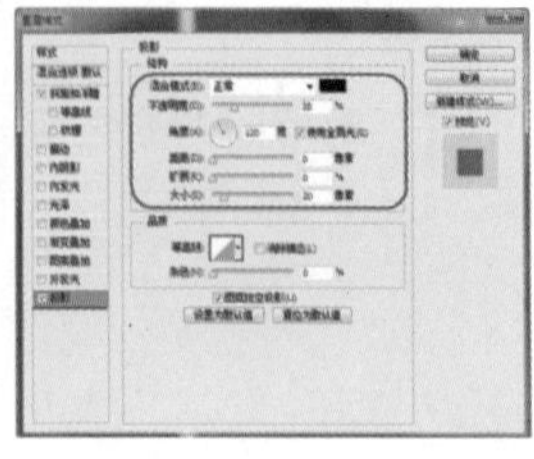

图4-141

03 设置完成后，单击“确定”按钮，得到的效果如图4-142所示。选择“直线工具”，设置“填充”为“RGB（51、181、229）”，在画布中绘制一条直线，如图4-143所示。

图4-142

图4-143

04 打开“字符”面板并设置参数值，如图4-144所示。用“横排文字工具”在画布中输入文字，如图4-145所示。将相关图层编组为“提示”，如图4-146所示。

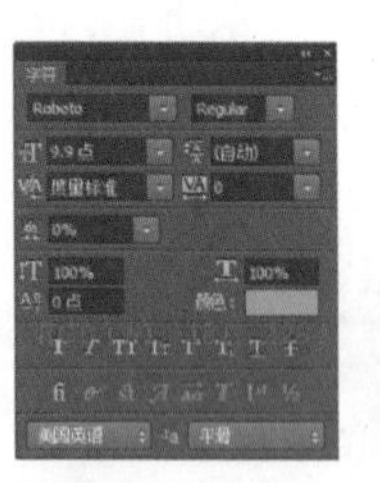

图4-144

图4-145

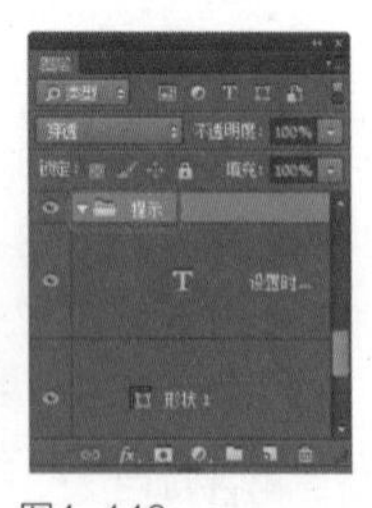

图4-146

提示

用户可以在形状工具的选项栏中修改图形的长度和宽度，但不要直接修改直线的宽度，因为该控件中直线的宽度是固定的。

05 选择“钢笔工具”，设置“填充”为“RGB（102、102、102）”，在画布中绘制三角形，如图4-147所示。复制该图层，执行“编辑>变换>旋转180度”命令，适当调整其调整位置，如图4-148所示。用相同的方法绘制直线，如图4-149所示。

图4-147

图4-148

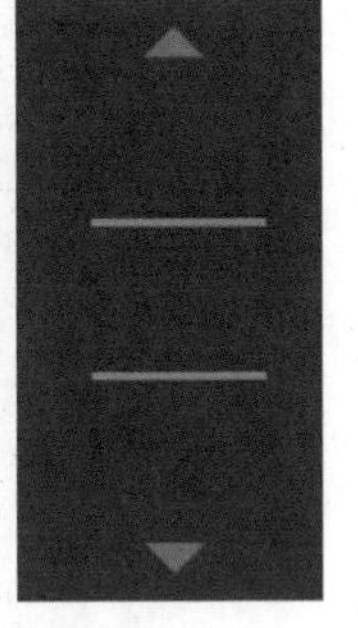

图4-149

06 打开“字符”面板并设置参数，如图4-150所示。用“横排文字工具”在画布中输入文字，如图4-151所示。双击该图层缩览图，弹出“图层样式”对话框，选择“渐变叠加”选项并进行相应的设置，如图4-152所示。

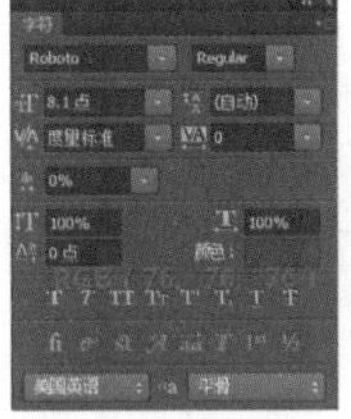

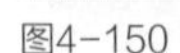

图4-150

图4-151

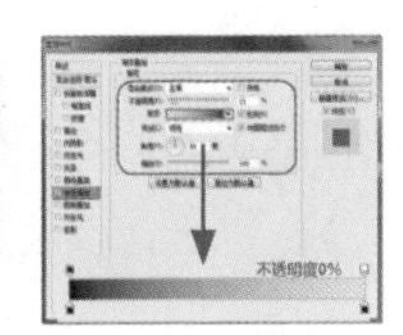

图4-152

07 设置完成后，单击“确定”按钮，得到的效果如图4-153所示。用相同的方法完成其他内容的制作，如图4-154所示。将相关图层编组，“图层”面板如图4-155所示。

图4-153

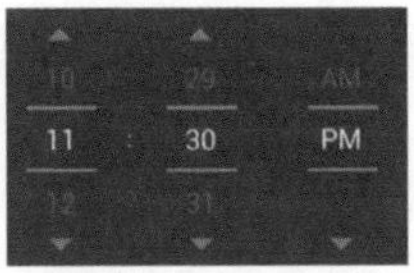

图4-154

图4-155

08 选择“直线工具”，设置“粗细”为“2像素”，在画布下方中绘制两条白色直线，如图4-156所示。分别修改图层的“填充”为“15%”，效果如图4-157所示。

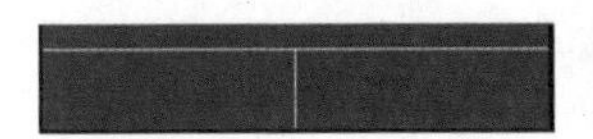

图4-156

图4-157

09 用相同的方法完成文字内容的制作，如图4-158所示。“图层”面板如图4-159所示。

图4-158

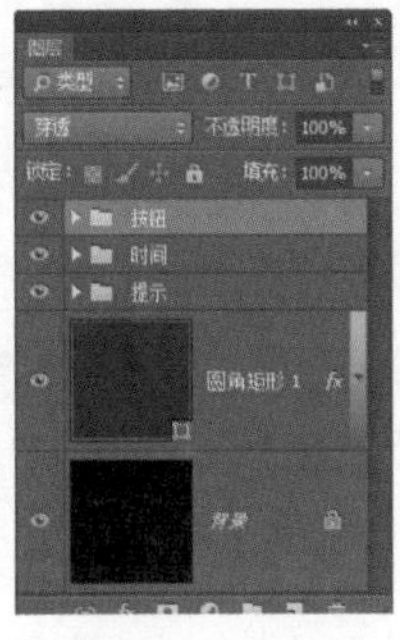

图4-159

操作小贴士

新建一个图层可用Ctrl+Shift+N组合键，以默认选项建立一个新的图层可用Ctrl+Alt+Shift+N组合键，通过复制建立一个图层可用Ctrl+J组合键，通过剪切建立一个图层可用Ctrl+Shift+J组合键，将图层与前一图层编组可用Ctrl+G组合键，取消编组可用Ctrl+Shift+G组合键。

实战8 制作Android启动图标

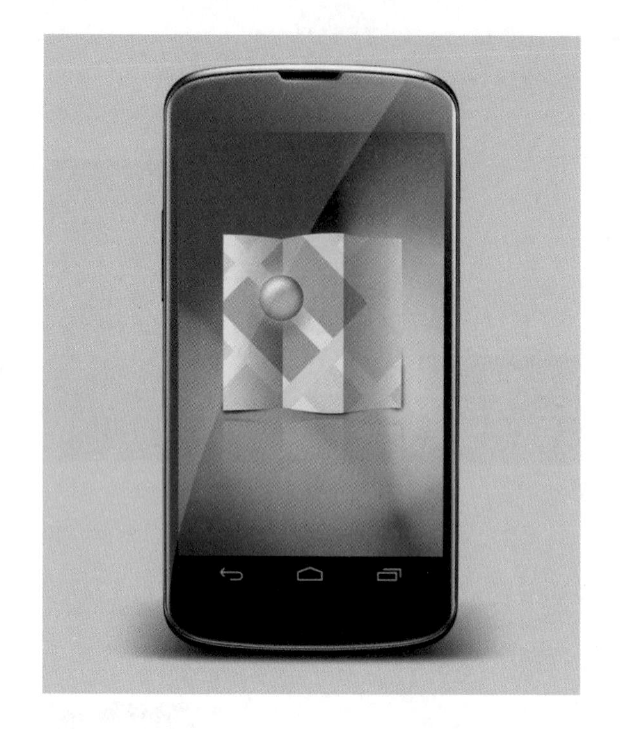

➲ 案例分析

本案例是制作一款用于所有应用界面中的图标，其中的立体水晶球效果通过添加图层样式得到，折叠的效果由添加阴影得到。

➲ 设计规范

尺寸规格	512×512（像素）
主要工具	椭圆工具、直线工具、图层样式
源文件地址	第4章\源文件\008.psd
视频地址	视频\第4章\008.SWF

➲ 色彩分析

图标以灰色为主，蓝色的水晶球似小水滴，黄色的点缀使界面色彩更加丰富。

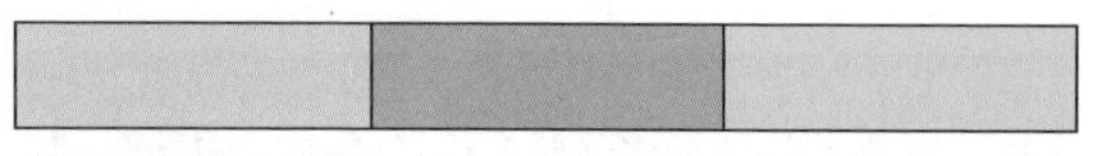

（227、224、216）（55、212、238）（248、239、33）

制作步骤

01 执行“文件>新建”命令，弹出“新建”对话框，新建一个空白文档，如图4-160所示。选择“钢笔工具”，设置“填充”为“RGB（227、224、216）”，在画布中绘制如图4-161所示的图形。

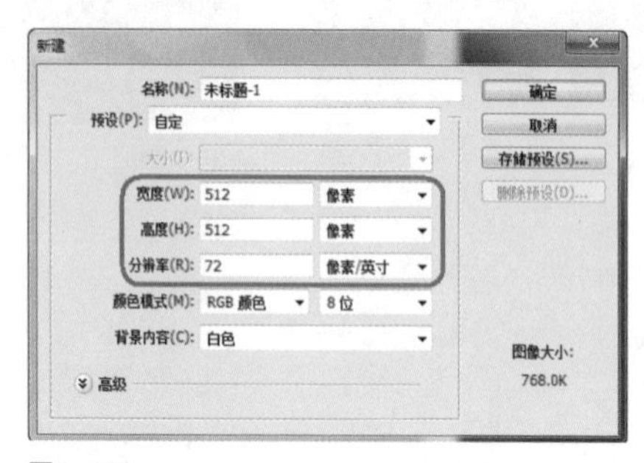

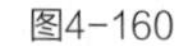

图4-160

图4-161

02 选择“矩形工具”，设置“填充”为“RGB（188、171、140）”，在画布中绘制一个矩形，如图4-162所示。按Ctrl+T组合键，旋转其角度，如图4-163所示。

图4-162

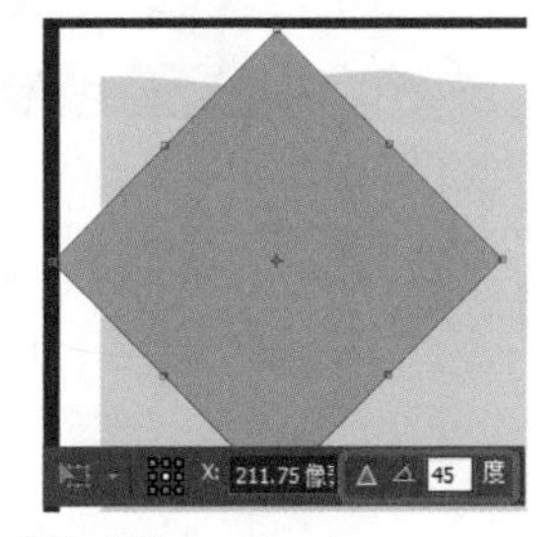

图4-163

03 按下Alt+Ctrl+G组合键，为其创建剪贴蒙版，如图4-164所示。选择“直线工具”，设置“填充”为“RGB（235、235、235）”，在画布中绘制直线，如图4-165所示。

图4-164

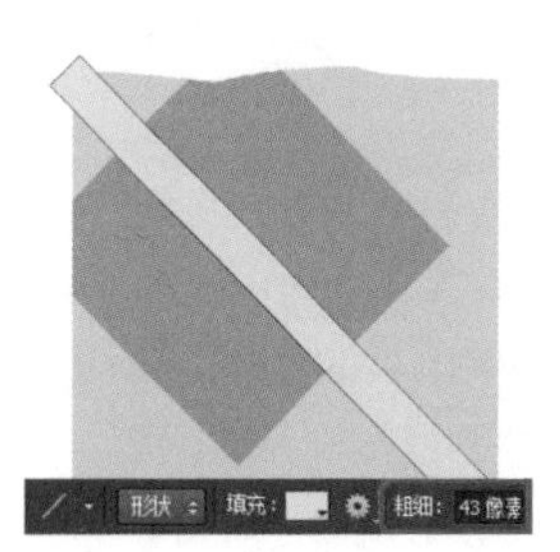

图4-165

04 设置“路径操作”为“合并形状”，继续绘制其他直线，如图4-166所示。双击该图层缩览图，弹出“图层样式”对话框，选择“投影”选项并进行相应的设置，如图4-167所示。

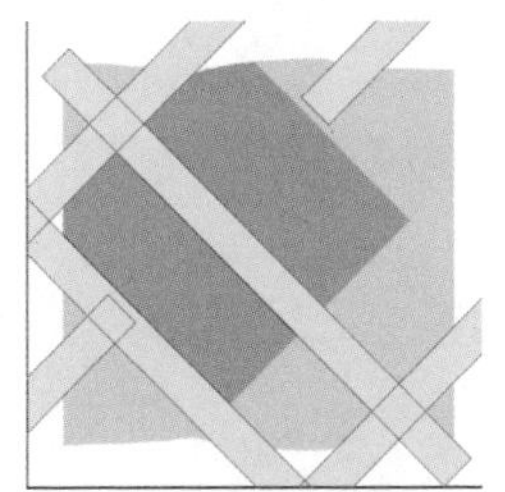
图4-166

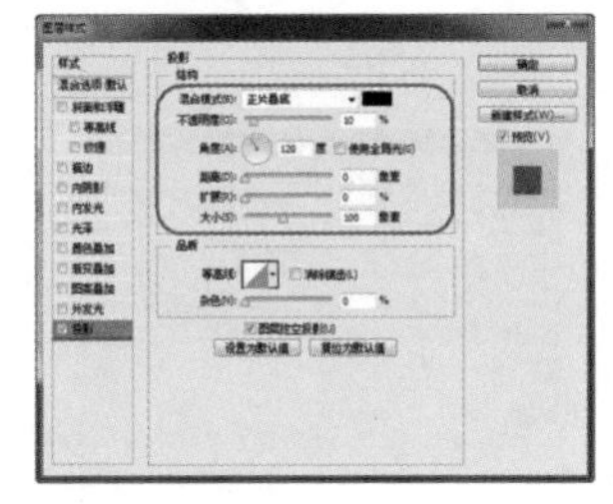
图4-167

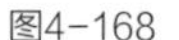

05 设置完成后，单击“确定”按钮，得到的效果如图4-168所示。按下Alt+Ctrl+G组合键，为其创建剪贴蒙版，如图4-169所示。

图4-168

图4-169

06 用相同的方法完成其他内容的制作，如图4-170所示。新建图层，用“矩形选框工具”在画布中绘制一个矩形选区，如图4-171所示。用“渐变工具”为选区填充由黑色到透明的线性渐变，按Ctrl+D组合键，取消选区，效果如图4-172所示。

图4-170

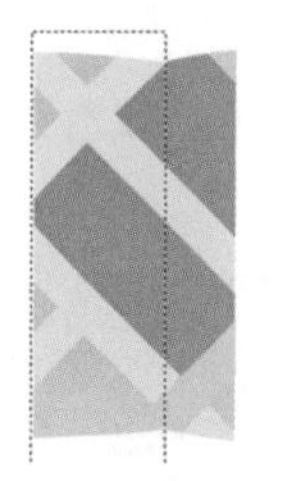
图4-171

图4-172

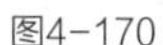

07修改图层的“不透明度”为“40%”，按下Ctrl+Alt+G组合键，为其创建剪贴蒙版，如图4-173所示。“图层”面板如图4-174所示。用相同的方法完成其他内容的制作，将相关图层编组，图像效果如图4-175所示。

图4-173

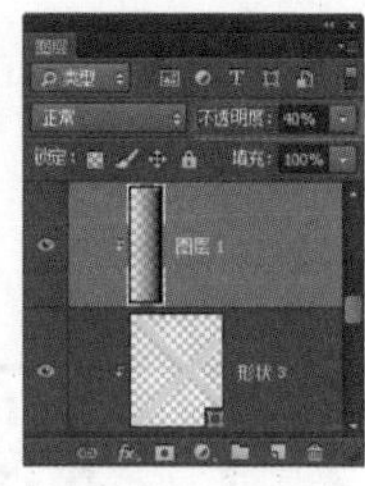

图4-174

图4-175

08选择“椭圆工具”，设置“填充”为“RGB（60、233、249）”，在画布中绘制一个正圆，如图4-176所示。双击该图层缩览图，弹出“图层样式”对话框，选择“内阴影”选项并进行相应的设置，如图4-177所示。

图4-176

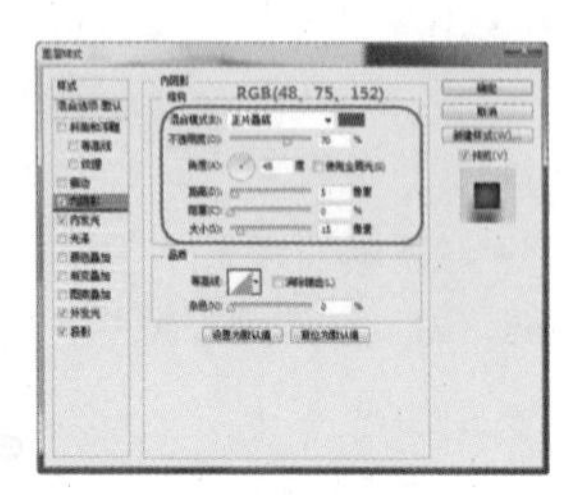

图4-177

09选择“内发光”选项并进行相应的设置，如图4-178所示。选择“外发光”选项并进行相应的设置，如图4-179所示。

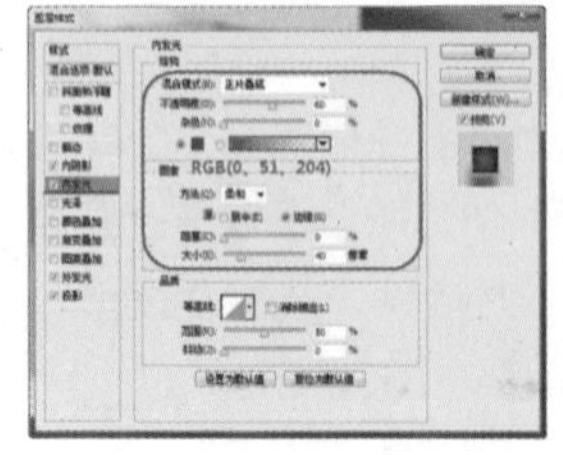

图4-178

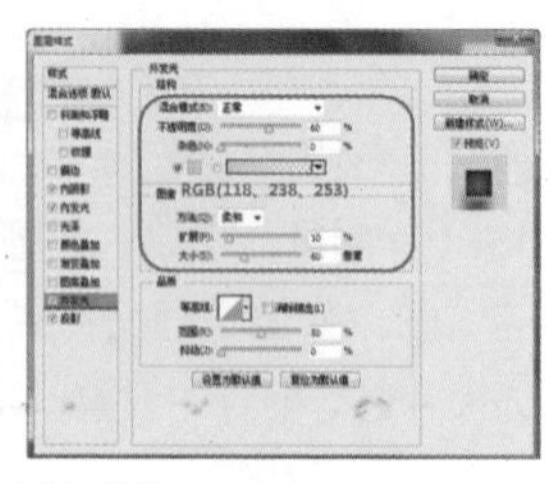

图4-179

10选择“投影”选项并进行相应的设置，如图4-180所示。设置完成后，单击“确定”按钮，得到的效果如图4-181所示。

提示

设置“光泽”样式时，用户可以在打开“图层样式”对话框的状态下，通过在文档中拖动鼠标指针来设置光泽效果。

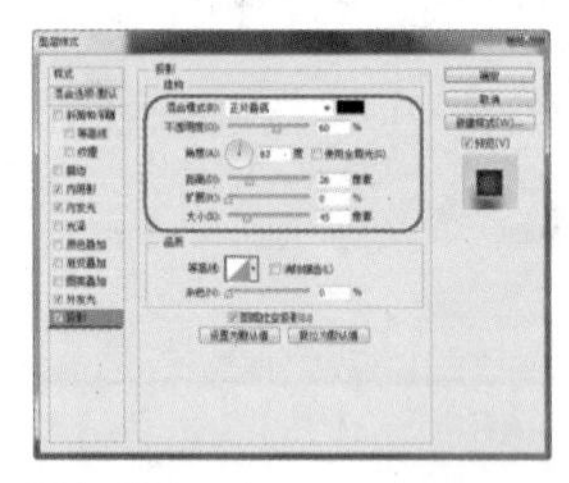

图4-180

图4-181

11新建图层，设置“前景色”为“RGB（11、66、169）”，用“画笔工具”进行涂抹，如图4-182所示。执行“图层>智能对象>转换为智能对象”命令，图层缩略图如图4-183所示。按下Ctrl+F组合键，弹出“高斯模糊”对话框，设置参数，如图4-184所示。

图4-182

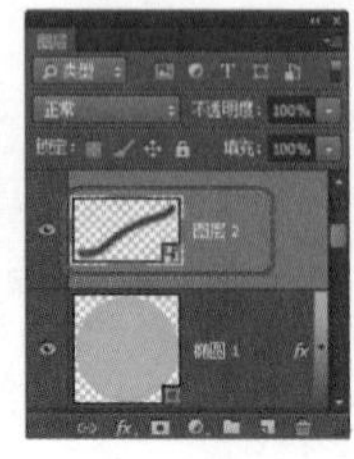

图4-183

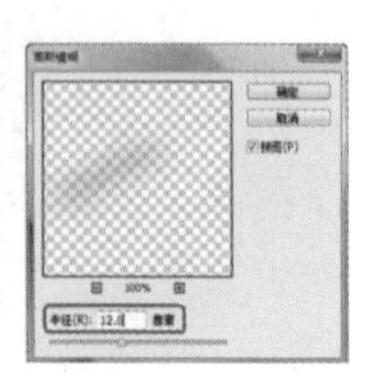

图4-184

12 设置完成后，单击“确定”按钮，得到的效果如图4-185所示。用相同的方法完成高光与阴影的制作，效果如图4-186所示。隐藏“背景”图层，执行“图层>裁切”命令，裁切掉多余的透明像素，如图4-187所示。

图4-185

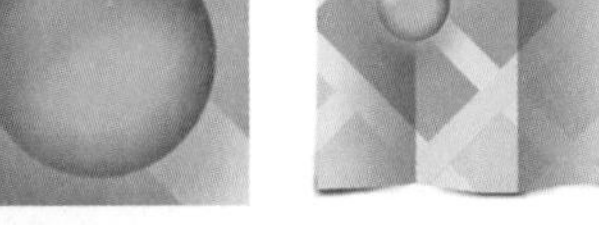

图4-186

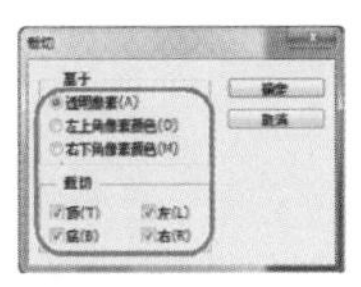

图4-187

13 执行“文件>存储为Web所用格式”命令，在弹出的对话框中设置各参数，如图4-188所示。单击“存储”按钮，将其命名并存储，如图4-189所示。

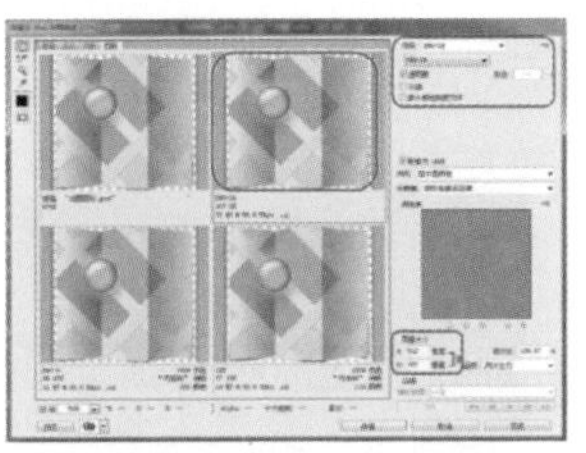

图4-188

图4-189

操作小贴士

在Photoshop中，“画笔工具”的应用比较广泛，可用它绘制出比较柔和的线条，其效果如同用毛笔画出的线条。选择该工具后，可在选项栏打开“画笔”面板并设置画笔的笔尖形状、笔刷尺寸、“不透明度”、“流量”和“喷枪”等属性。

实战9 制作Android主界面

案例分析

本案例是制作Android手机的主界面，制作方法非常简单。需要自己制作的元素非常少，只有少量的图形和文字，其他的图标基本都是用素材完成的。

设计规范

尺寸规格	768×1184（像素）
主要工具	直线工具、文字工具、椭圆工具
源文件地址	第4章\源文件\009.psd
视频地址	视频\第4章\009.SWF

色彩分析

深色的背景配上各种颜色鲜艳、形状不规则的图标，显得个性十足。

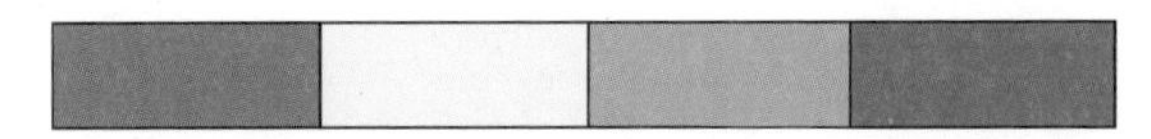

（76、112、138）（248、248、248）（0、183、238）（219、16、17）

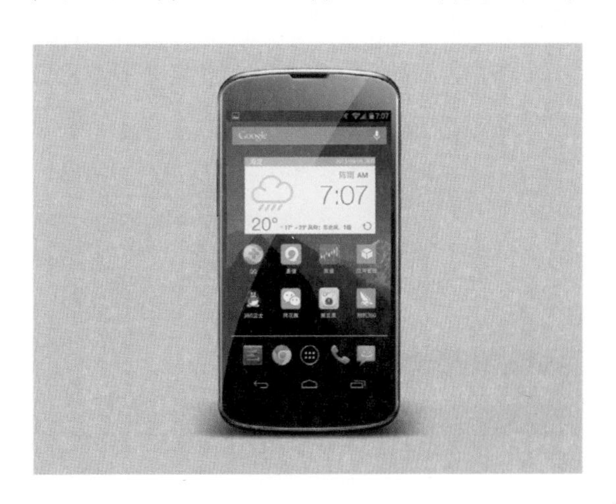

制作步骤

01 执行“文件>新建”命令，弹出“新建”对话框，新建一个空白文档，如图4-190所示。执行“文件>打开”命令，打开素材文件“第4章\素材\001.jpg”，将其拖入设计文档，如图4-191所示。

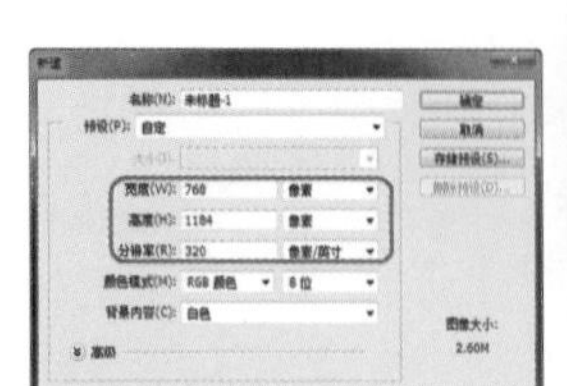
图4-190

图4-191

02 执行“文件>打开”命令，打开文件“第4章\源文件\004.psd”，选中相关图层并将其拖入设计文档，适当调整图标的位置，如图4-192所示。按下Ctrl+G组合键，将其编组为“状态栏”，“图层”面板如图4-193所示。

图4-192

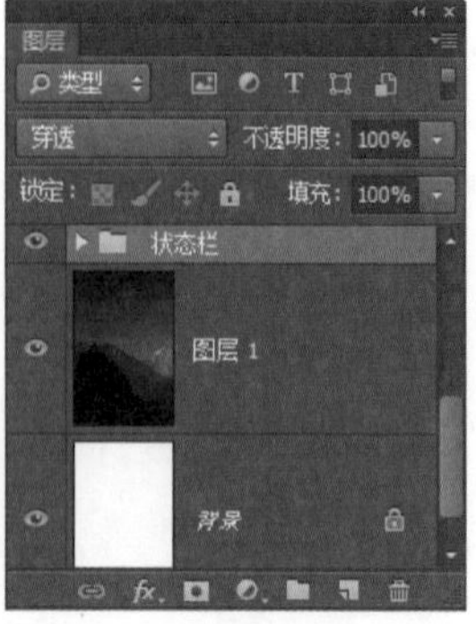

图4-193

03 选择“圆角矩形工具”，设置“半径”为“3像素”，在画布中绘制一个白色的圆角矩形，如图4-194所示。双击该图层缩览图，弹出“图层样式”对话框，选择“投影”选项并进行相应的设置，如图4-195所示。

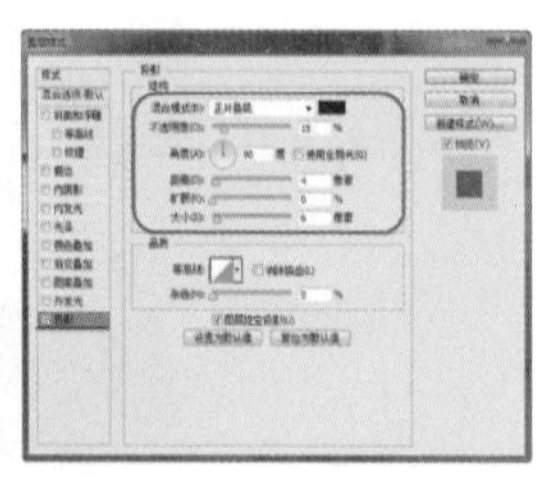
图4-194

图4-195

04 设置完成后，单击“确定”按钮，修改“填充”为“40%”，如图4-196所示。打开“字符”面板，设置参数值，如图4-197所示。

图4-196

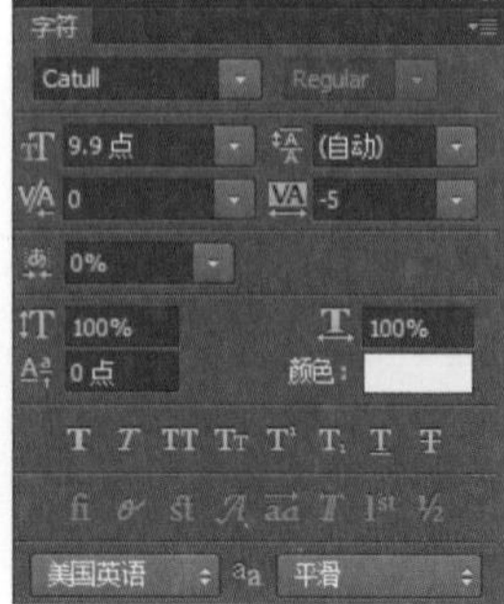

图4-197

05 用“横排文字工具”在画布中输入文字，如图4-198所示。双击该图层缩览图，弹出“图层样式”对话框，选择“投影”选项并进行相应的设置，如图4-199所示。

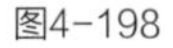

图4-198

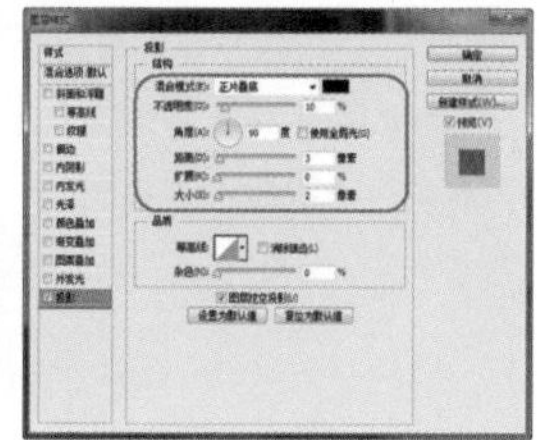

图4-199

06 设置完成后，单击“确定”按钮，得到的文字投影效果如图4-200所示。选择“圆角矩形工具”，设置“半径”为“10像素”，在画布中绘制白色的圆角矩形，如图4-201所示。选择“矩形工具”，设置“路径操作”为“合并形状”，绘制，如图4-202所示的矩形。

图4-200

图4-201

图4-202

07 选择“圆角矩形工具”，设置“描边”为“白色”，在画布中绘制矩形，如图4-203所示。用“矩形选框工具”在画布中绘制选区，如图4-204所示。按住Alt键并单击“添加图层蒙版”按钮，为图层添加反相蒙版，效果如图4-205所示。将相关图层编组。

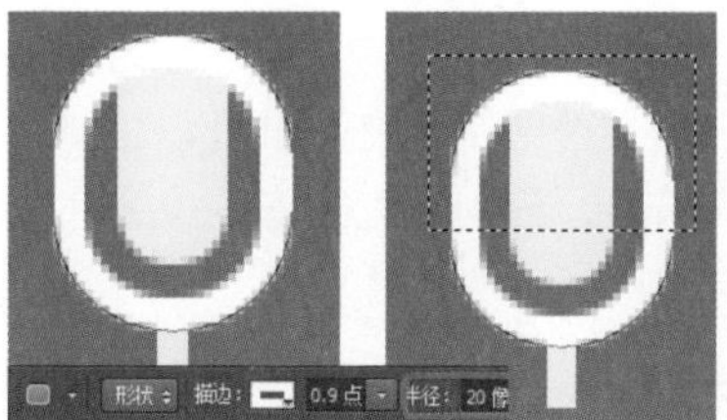

图4-203

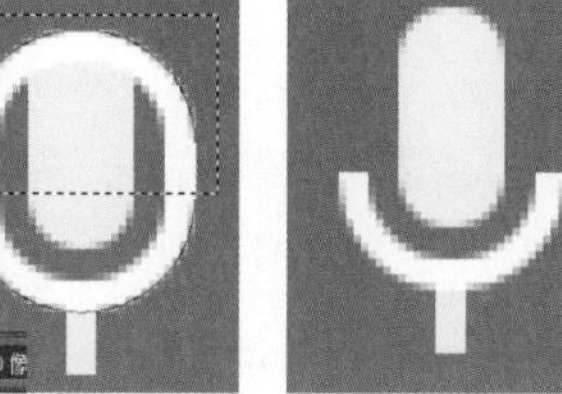

图4-204

图4-205

08 双击该组，弹出“图层样式”对话框，选择“投影”选项并进行相应的设置，如图4-206所示。设置完成后，单击“确定”按钮，得到的效果如图4-207、图4-208所示。

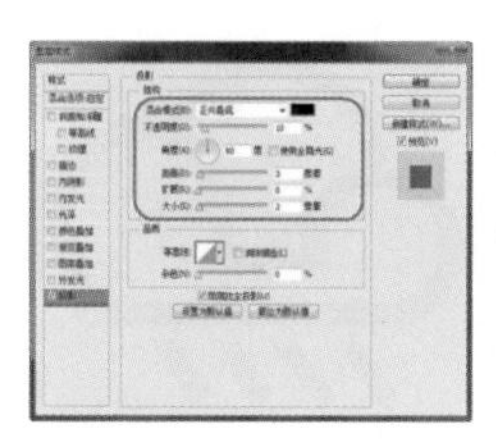

图4-206

图4-207

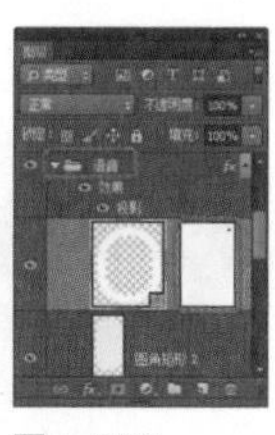

图4-208

09 用相同的方法完成矩形的制作，如图4-209所示。打开“字符”面板，适当设置参数，如图4-210所示。

图4-209

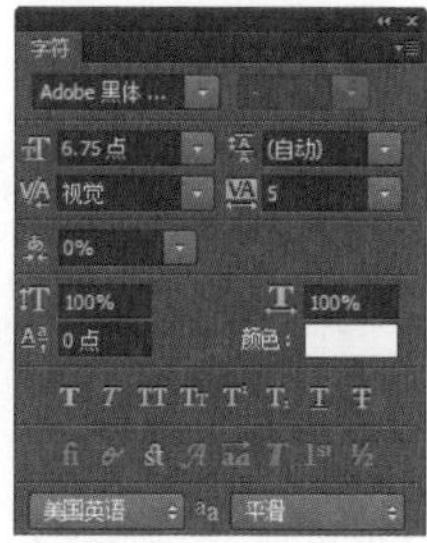

图4-210

10 用“横排文字工具”在画布中输入文字，如图4-211所示。用相同的方法完成其他文字的制作，如图4-212所示。

图4-211

图4-212

11 选择“多边形工具”，设置“填充”为“RGB（126、206、244）”，在画布中绘制一个三角形，如图4-213所示。按下Ctrl+J组合键，复制该图层，修改“填充”为“RGB（0、183、238）”，执行“编辑>变换路径>垂直翻转”命令，适当调整其位置，如图4-214所示。

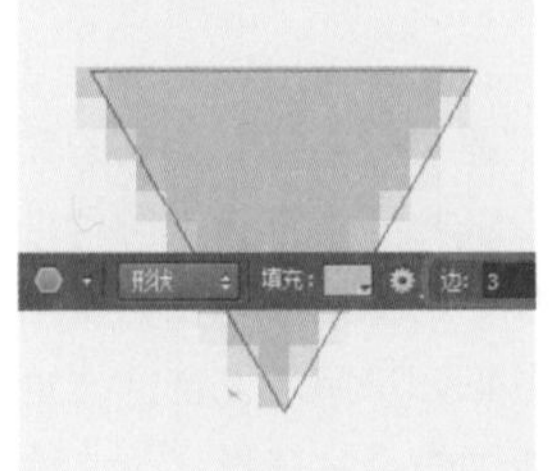

图4-213

图4-214

12 选择“椭圆工具”，设置“描边”为“黑色”，在画布中绘制正圆，如图4-215所示。复制该图层两次，分别调整图形的位置和大小，如图4-216所示。

图4-215 图4-216

13 选择“圆角矩形工具”，设置“半径”为“10像素”，在画布中绘制矩形，如图4-217所示。选择“直线工具”，设置“粗细”为“10像素”，在画布中绘制如图4-218所示的图形。

图4-217

图4-218

14 将相关图层编组并命名为“天气图标”，单击“添加图层蒙版”按钮，为该图层添加图层蒙版，按住Ctrl+Shift组合键并单击相关图层，载入图层选区并填充为黑色，如图4-219、图4-220所示。

图4-219

图4-220

15 用相同的方法绘制选区并填充为黑色，如图4-221所示。修改图层的“不透明度”为“20%”，如图4-222所示。

图4-221

图4-222

16 将相关图层编组并命名为“天气控件”，“图层”面板如图4-223所示。执行“文件>打开”命令，打开素材文件“第4章\素材\002.psd”，将相关图标拖入设计文档并适当调整它们的位置，如图4-224所示。

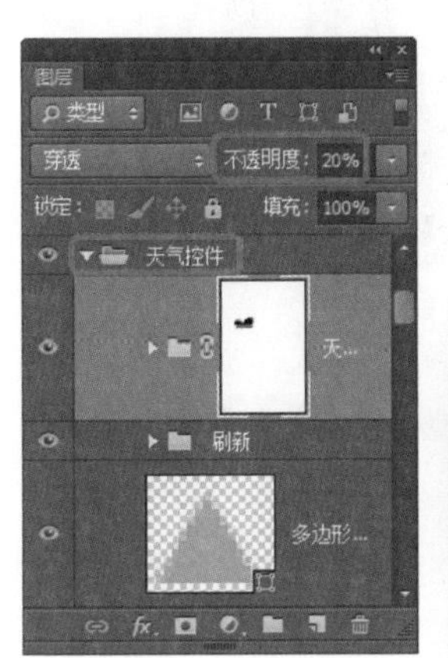

图4-223

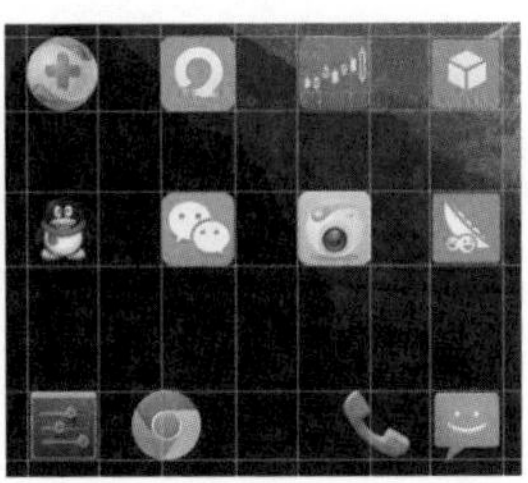
图4-224

17 用相同的方法完成其他内容的制作，效果如图4-225所示。“图层”面板如图4-226所示。

图4-225

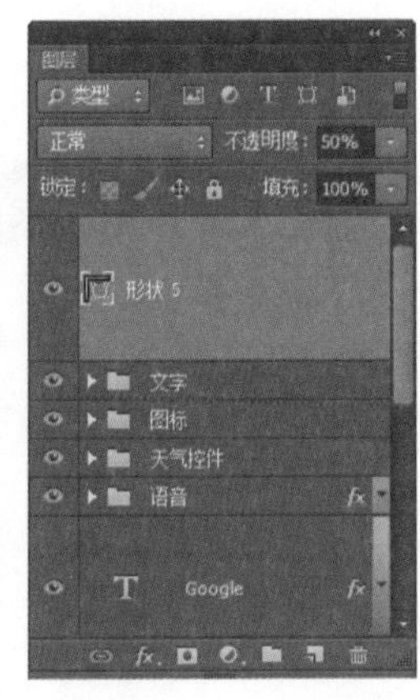

图4-226

操作小贴士

“钢笔工具”是矢量绘图工具，其优点是可以勾画出平滑的曲线，并且，曲线被缩放或变形之后仍能保持平滑效果；用“钢笔工具”绘制出来的矢量图形被称为路径，矢量的路径可以是不封闭的开放状态，如果将起点与终点重合就可得到封闭的路径了。

实战10 制作全部应用界面

➲ 案例分析

该案例是制作全部应用界面，界面基本由图标组成，只需要添加简单的线条与文字即可，应注意每个图标之间的距离。

➲ 设计规范

尺寸规格	768×1184（像素）
主要工具	椭圆工具、钢笔工具、路径操作
源文件地址	第4章\源文件\010.psd
视频地址	视频\第4章\010.SWF

➲ 色彩分析

黑色的背景与多彩的图标形成的对比使界面协调，视觉风格一致。

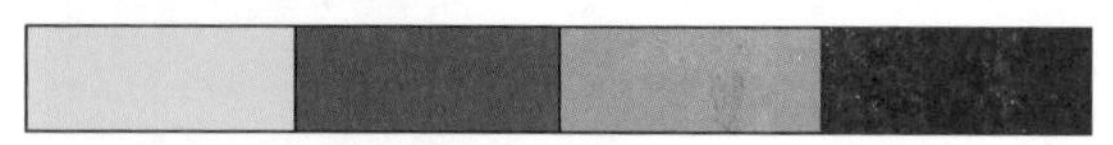

（255、239、112）（172、30、31）（149、185、42）（0、0、0）

制作步骤

01 设置“背景色”为“黑色”，执行“文件>新建”命令，弹出“新建”对话框，新建一个空白文档，如图4-227所示。执行“文件>置入”命令，将“第4章\源文件\004.psd”文件置入设计文档，适当调整其大小和位置，如图4-228所示。

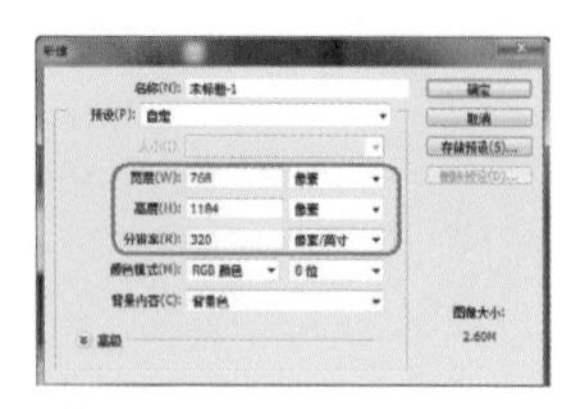

图4-227

图4-228

02 选择“直线工具”，设置“填充”为“（51、181、229）”，在画布中绘制一条直线，如图4-229所示。用“矩形工具”在画布中绘制相同颜色的矩形，如图4-230所示。

图4-229

图4-230

03 打开“字符”面板，设置各参数，如图4-231所示。用“横排文字工具”在画布中输入文字，如图4-232所示。

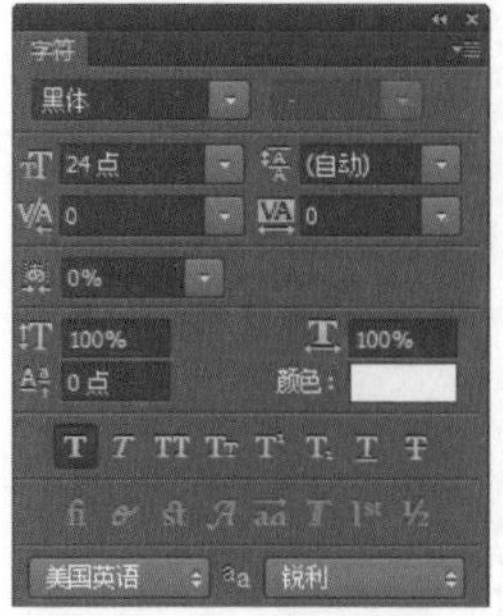

图4-231

图4-232

04 执行“文件>打开”命令，打开素材文件“第4章\素材\003.psd”，将相关素材拖入设计文档并适当调整其位置，如图4-233所示。将相关图层编组为“图标”，如图4-234所示。打开“字符”面板并设置各参数，如图4-235所示。

图4-233

图4-234

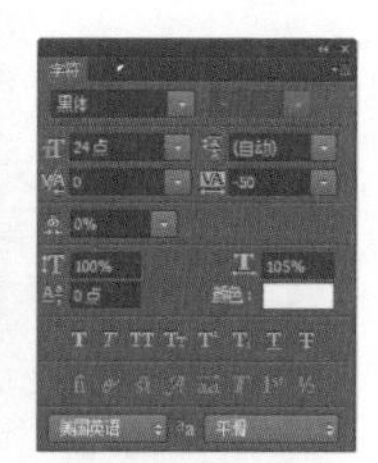
图4-235

05 用“横排文字工具”在画布中输入文字，如图4-236所示。用相同的方法完成其他文字的制作，如图4-237所示。

图4-236

图4-237

操作小贴士

向下拖曳上标尺可得到水平参考线，向右拖曳左标尺可得到垂直参考线，标尺可以帮助我们整齐地排列数个元素，这是仅靠肉眼无法做到的。如果先拉好参考线并在“窗口”菜单中选择“对齐”，那么，拖动元素到参考线附近时，元素将自动和参考线对齐。

实战011 制作小部件界面

案例分析

该界面是用文字、线条和图标的方式清晰地为用户传达信息。界面中的图标为素材，制作难度不大。

设计规范

尺寸规格	768×1184（像素）
主要工具	直线工具、文字工具、圆角矩形工具
源文件地址	第4章\源文件\011.psd
视频地址	视频\第4章\011.SWF

色彩分析

黑色的背景配以色彩鲜明的图标，使界面显得沉隐却不单调。

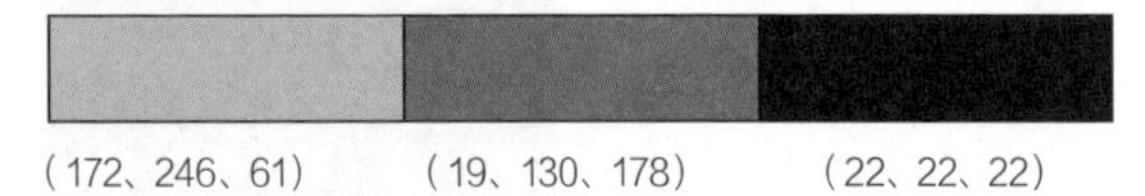

（172、246、61） （19、130、178） （22、22、22）

制作步骤

01 设置"背景色"为"黑色"，执行"文件>新建"命令，弹出"新建"对话框，新建一个空白文档，如图4-238所示。执行"文件>置入"命令，置入文件"第4章\源文件\004.psd"，适当调整其大小和位置，如图4-239所示。

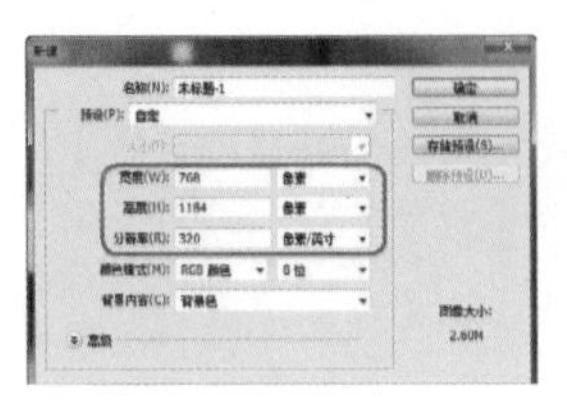

图4-238

图4-239

02 用相同的方法完成其他内容的制作，效果如图4-240所示。选择"圆角矩形工具"，设置"填充"为"RGB（22、22、22）"，在画布中绘制一个圆角矩形，如图4-241所示。

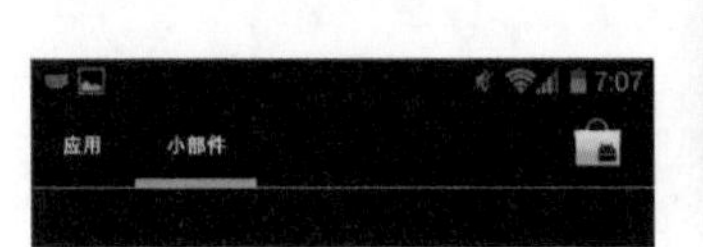

图4-240

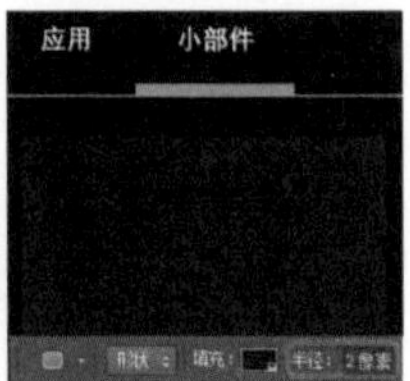

图4-241

03 双击该图层缩览图，弹出“图层样式”对话框，选择“斜面和浮雕”选项并进行相应的设置，如图4-242所示。选择“投影”选项并进行相应的设置，如图4-243所示。

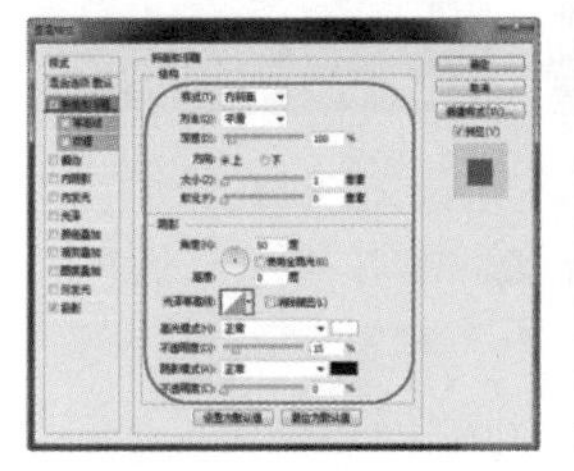
图4-242

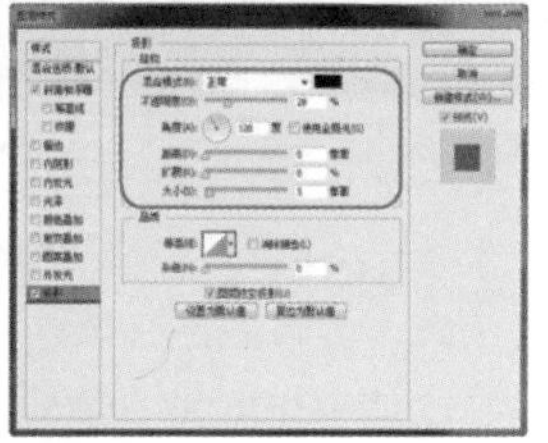
图4-243

04 设置完成后，单击“确定”按钮，得到的效果如图4-244所示。执行“文件>打开”命令，打开素材文件“第4章\素材\004.png”，将其拖入设计文档，如图4-245所示。

图4-244

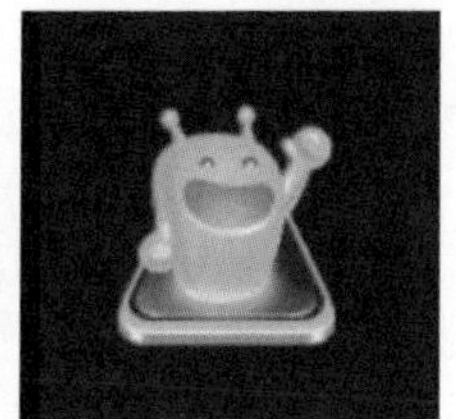
图4-245

05 按下Ctrl+J组合键，复制该图层，将其移至该图层下方，适当调整其位置和大小，如图4-246所示。执行“图像>调整>去色”命令，得到的效果如图4-247所示。

图4-246

图4-247

06 执行“滤镜>模糊>高斯模糊”命令，在弹出的对话框中设置参数，如图4-248所示。单击“确定”按钮，得到的图像模糊效果如图4-249所示。

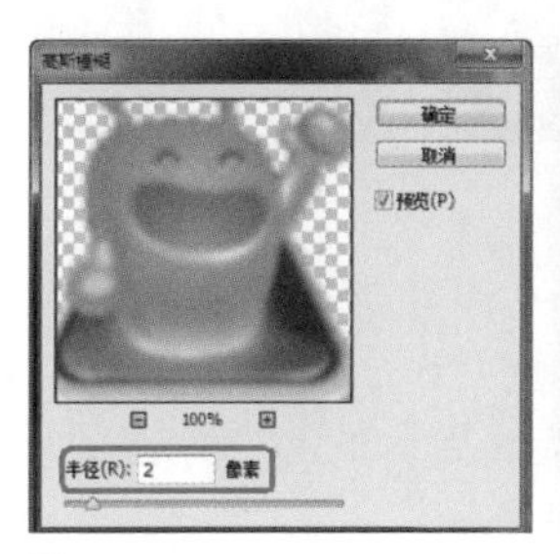

图4-248

图4-249

07 为该图层创建剪贴蒙版并修改“填充”为“20%”，“不透明度”为“40%”，效果如图4-250所示。将相关图层编组，“图层”面板如图4-251所示。

图4-250

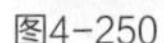

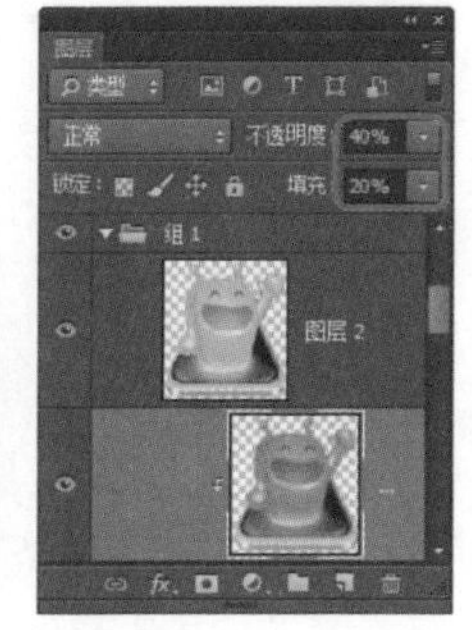

图4-251

08 复制“圆角矩形1”图层，向右调整其位置，如图4-252所示。选择“矩形工具”，设置“填充”为“RGB（45、45、45）”，在画布中绘制一个矩形，如图4-253所示。

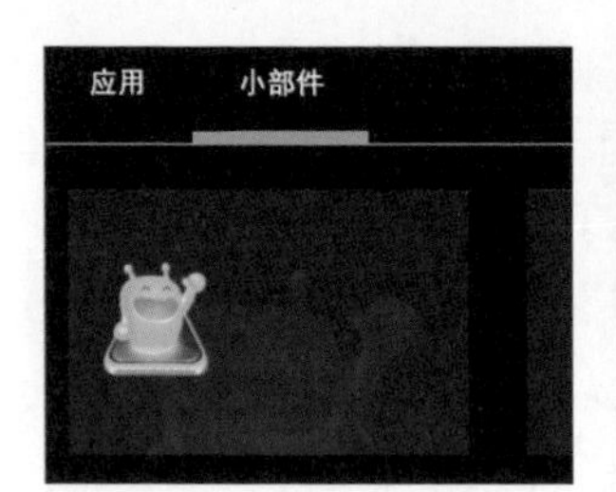

图4-252

图4-253

09 按住Alt键并多次拖动矩形，将其调整到适当的位置，选中所有矩形后，按下Ctrl+E组合键，合并图形，得到的图形效果如图4-254所示。将相关素材拖入设计文档，适当其调整位置，如图4-255所示。将相关图层编组。

图4-254

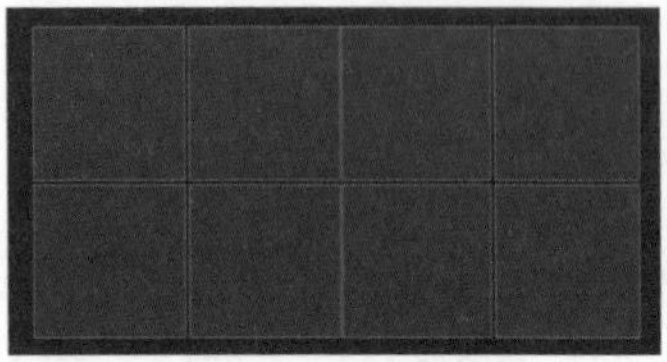

图4-255

10 用相同的方法完成其他内容的制作，效果如图4-256所示。打开“字符”面板，用相同的方法在画布中输入文字，如图4-257所示。

图4-256

图4-257

11 双击该图层缩览图，弹出“图层样式”对话框，选择“投影”选项并进行相应的设置，如图4-258所示。设置完成后，单击“确定”按钮，得到的效果如图4-259所示。

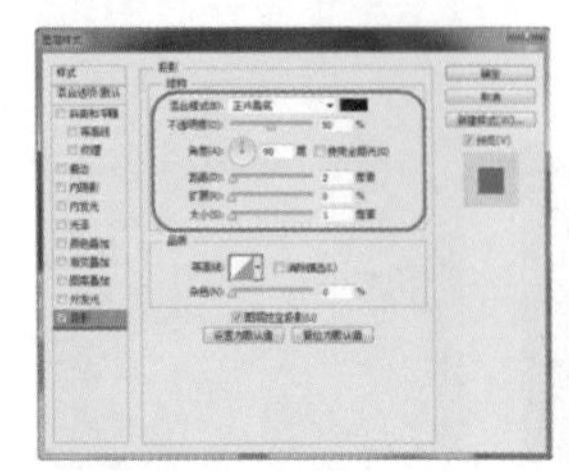
图4-258

图4-259

12 用相同的方法完成其他内容的制作，效果如图4-260所示。“图层”面板如图4-261所示。

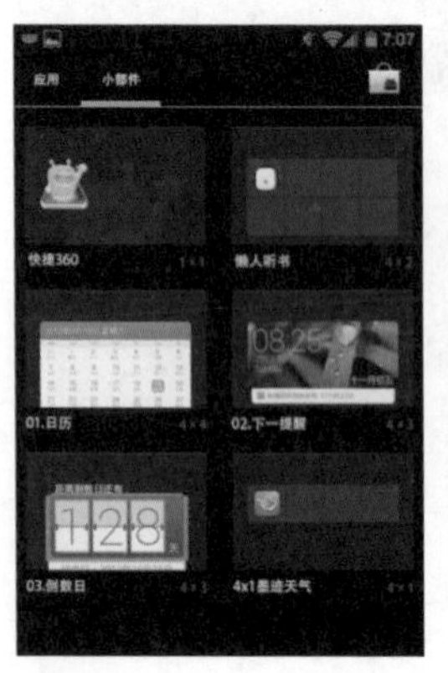

图4-260

图4-261

操作小贴士

“高斯模糊”是滤镜选项中的一类，它不同于“表面模糊”和“动感模糊”，“高斯模糊”就是一种扩散性质的拉伸模糊，可把图像上的每一个点都拉伸开，形成一种扩散，由于像素大小的限制（也就是图像大小不变的限制），因此，每一个点（也就是像素的颜色）还是模糊不清。

实战12 制作最近任务界面

➲ 案例分析

最近任务界面用于存放用户最近使用的功能和应用程序，界面多为色彩鲜艳的页面，制作过程不复杂，只需绘制直线、输入文字。

➲ 设计规范

尺寸规格	768×1184（像素）
主要工具	直线工具、文字工具、剪贴蒙版
源文件地址	第4章\源文件\012.psd
视频地址	视频\第4章\012.SWF

➲ 色彩分析

纯黑的背景与彩色的页面搭配，显得热情，艳丽的图标和图片起到了点缀作用。

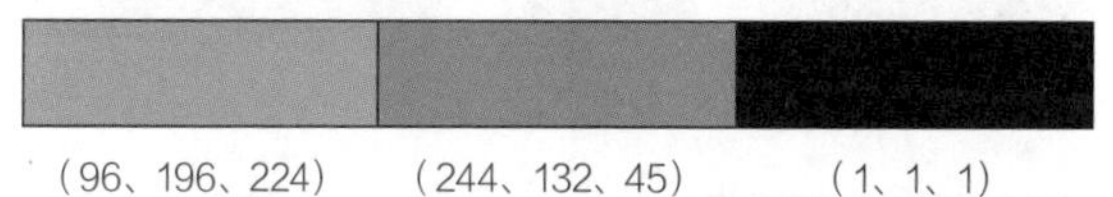

（96、196、224）　（244、132、45）　（1、1、1）

制作步骤

01 设置“背景色”为“黑色”，执行“文件>新建”命令，弹出“新建”对话框，新建一个空白文档，如图4-262所示。用“矩形工具”在画布中绘制一个任意颜色的矩形，如图4-263所示。

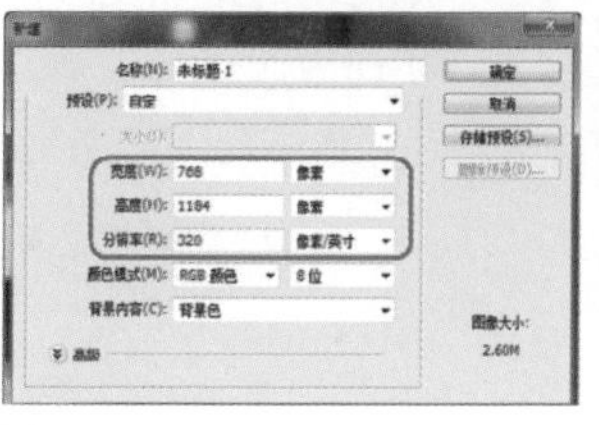

图4-262

图4-263

02执行“文件>打开”命令，打开素材文件“第4章\素材\009.jpg”，将其拖入设计文档，适当调整其位置，如图4-264所示。按下Ctrl+Alt+G组合键，为其创建剪贴蒙版，效果如图4-265所示。

图4-264

图4-265

03用相同的方法完成其他内容的制作，效果如图4-266所示。将相关图层编组，“图层”面板如图4-267所示。执行“文件>打开”命令，打开素材文件“第4章\素材\013.psd”，将相关素材拖入设计文档，适当调整其位置，如图4-268所示。

图4-266

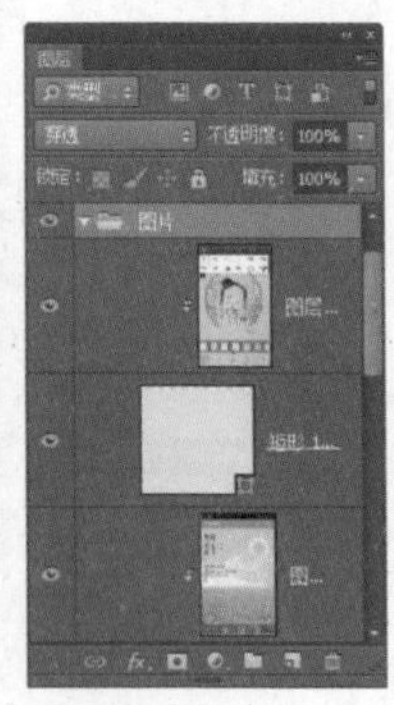
图4-267

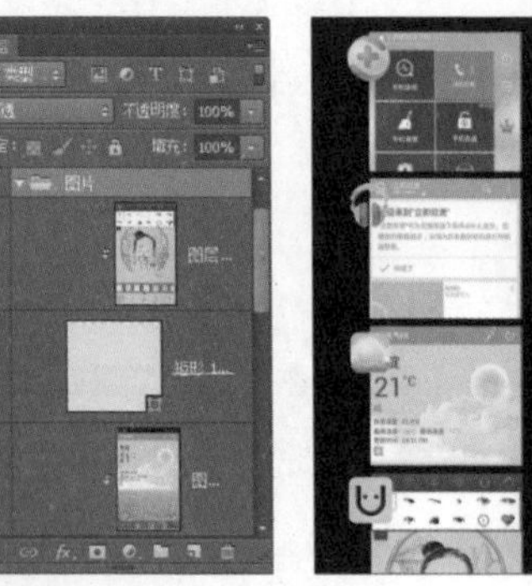
图4-268

04选择“直线工具”，设置“粗细”为“2像素”，在画布中绘制一条白色的直线，如图4-269所示。设置“路径操作”为“合并形状”，继续在画布中绘制其他直线，修改图层的“不透明度”为“60%”，如图4-270所示。“图层”面板如图4-271所示。

图4-269

图4-270

图4-271

05打开“字符”面板并设置参数值，如图4-272所示。用“横排文字工具”在画布中输入文字，如图4-273所示。用相同的方法完成其他文字的制作，效果如图4-274所示。

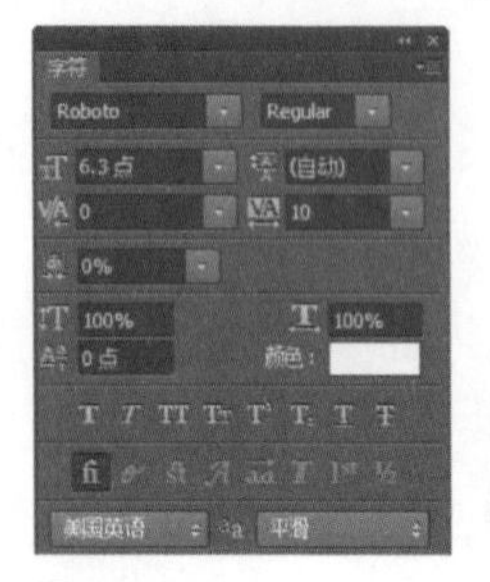

图4-272

图4-273

图4-274

06 将相关图层编组为“图标”。用“矩形工具”在画布中绘制矩形，如图4-275所示。用相同的方法完成状态栏的置入，如图4-276所示。

操作小贴士

剪贴蒙版是用下方的基底图层的形状来显示上方图像的一种蒙版，可以应用于多个相邻的图层中。按住Alt键，将鼠标指针移到两个图层中间的细线后，单击鼠标左键，或者执行“图层>创建剪贴蒙版”命令即可创建剪贴蒙版。

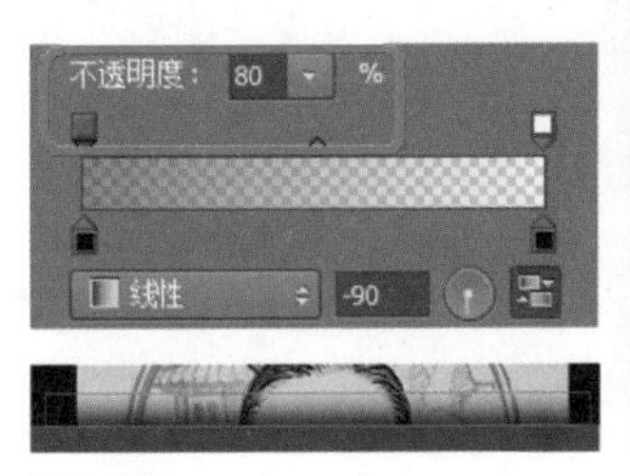

图4-275

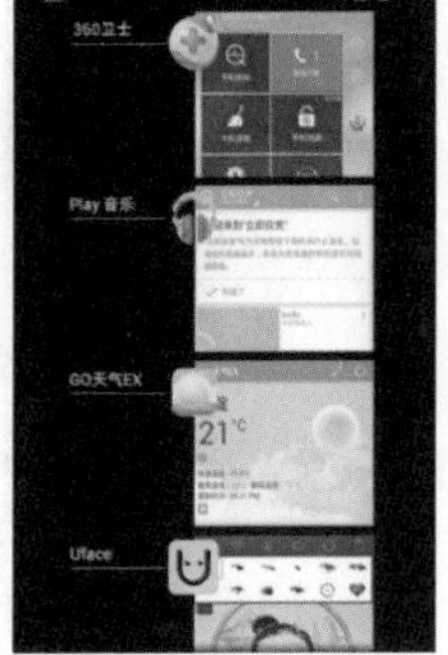

图4-276

实战13 制作存储空间统计界面

案例分析

本案例是制作Android存储空间统计界面，制作过程并不复杂。界面中有大量的文字、线条和色块，制作时应注意对齐不同的元素。

设计规范

尺寸规格	768×1184（像素）
主要工具	矩形工具、直线工具、文字工具
源文件地址	第4章\源文件\013.psd
视频地址	视频\第4章\013.SWF

色彩分析

沉稳、含蓄的深色背景与简洁的文字线条搭配，显得非常干练。不同颜色的低纯度色块既养眼，又能与朴素的界面风格相呼应。

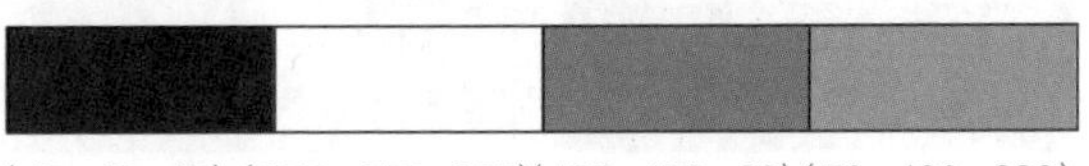

（13、15、17）（255、255、255）（120、130、26）（50、180、230）

制作步骤

01 执行“文件>新建”命令，新建一个空白文档，如图4-277所示。单击“图层”面板下方的“创建新的填充和调整图层”按钮，如图4-278所示。在弹出的下拉列表中选择“渐变”选项，如图4-279所示。

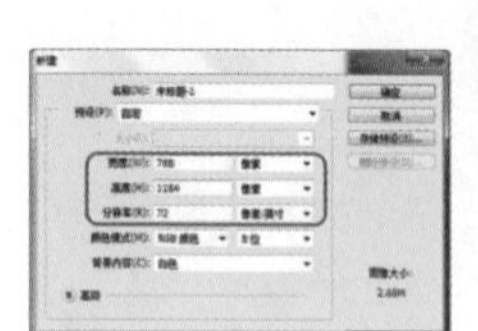
图4-277

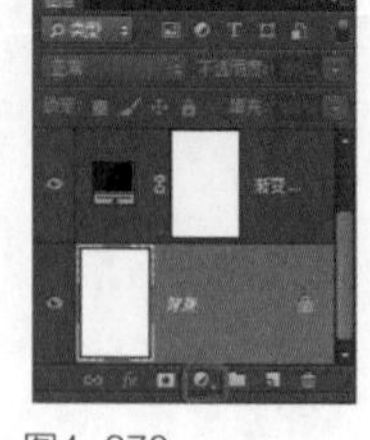
图4-278

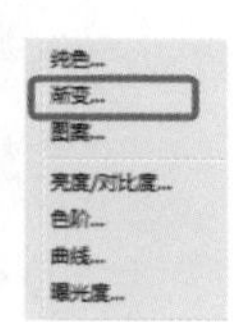

图4-279

02 在弹出的“渐变填充”对话框中单击渐变条，打开渐变编辑器，适当设置参数值，如图4-280、图4-281所示。

提示

除此之外，用户也可以执行“图层>新建填充图层>渐变”命令，再在选定的图层上方新建一个渐变填充图层。

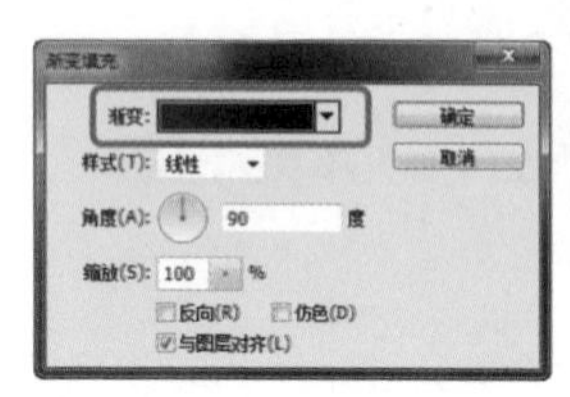

图4-280

图4-281

03 设置完成后，得到的画布效果如图4-282所示。打开素材图像“第4章\素材\014.jpg”，将其拖入设计文档，适当调整其位置，如图4-283所示。

图4-282

图4-283

04 用“直线工具”在状态栏下方创建一根白色的线条，设置该图层的“不透明度”为“5%”，如图4-284、图4-285所示。

图4-284

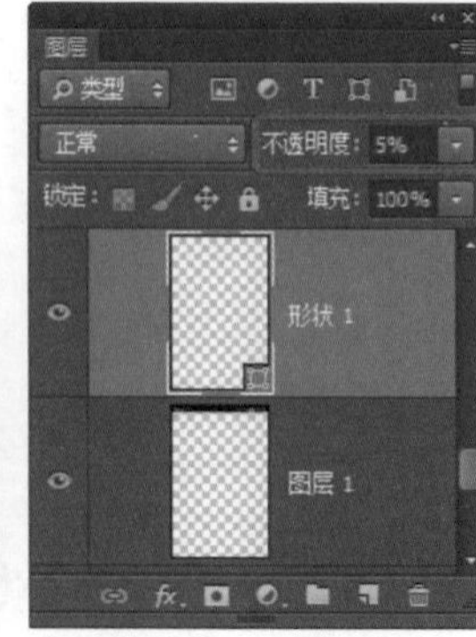

图4-285

提示

用户也可以直接将素材图像从文件夹中拖入文档窗口，拖入的素材会以智能对象的形式插入到新图层中。

05 将相关素材拖入设计文档，适当调整其位置，如图4-286所示。打开“字符”面板，适当设置字符属性，如图4-287所示。用“横排文字工具”输入相应的文字，如图4-288所示。

图4-286

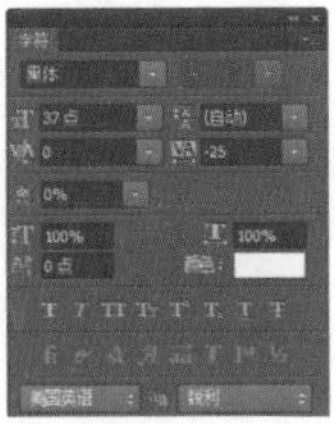

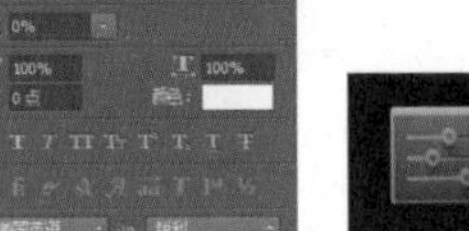
图4-287

图4-288

06 选择“线条工具”，按住Shift键并在图标前方创建“填充”为“RGB（130、130、130）”的线条，如图4-289所示。用“矩形选框工具”创建如图4-290所示的选区，为该图层添加蒙版，如图4-291所示。

图4-289

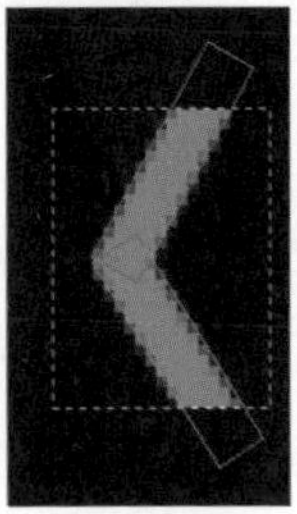

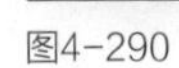
图4-290

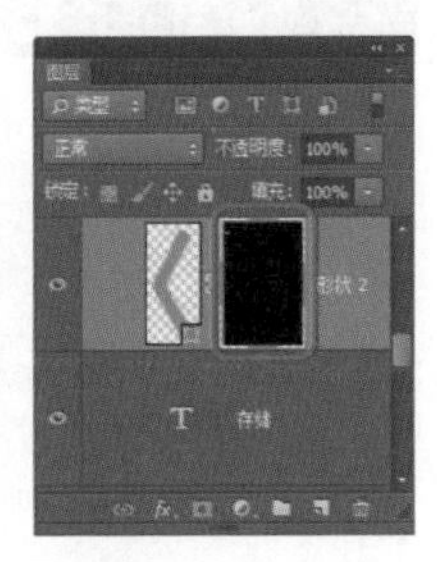

图4-291

07 用“矩形工具”创建一个白色矩形，如图4-292所示。设置“路径操作”为“合并形状”后，绘制其他矩形，如图4-293所示。设置该图层的“不透明度”为50%，如图4-294所示。

图4-292

图4-293

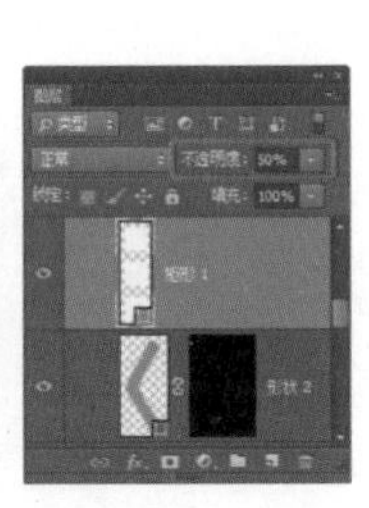
图4-294

08 用相同的方法完成相似内容的制作，效果如图4-295所示。按下Ctrl+G组合键，将相关图层编组并命名为“框架”，如图4-296所示。

图4-295

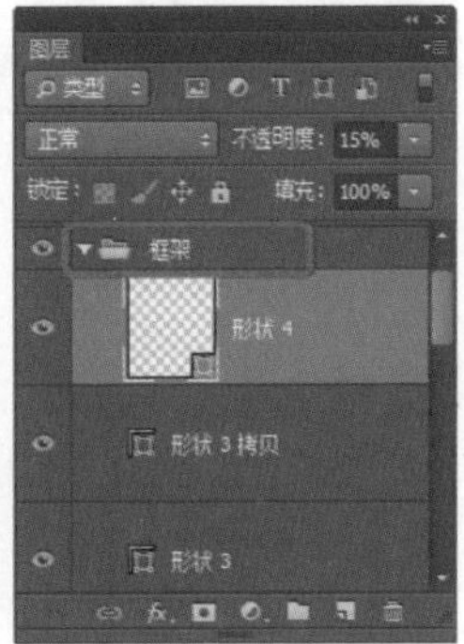

图4-296

09 用“矩形工具”创建一个“填充”为“RGB（51、51、51）”的矩形，如图4-297所示。按下Ctrl+J组合键复制该形状，适当调整其长度并修改“填充”为“RGB（124、48、48）”，如图4-298所示。

图4-297

图4-298

10 用相同的方法完成相似内容的制作，效果如图4-299所示。按下Ctrl+G组合键，将相关图层编组，如图4-300所示。

图4-299

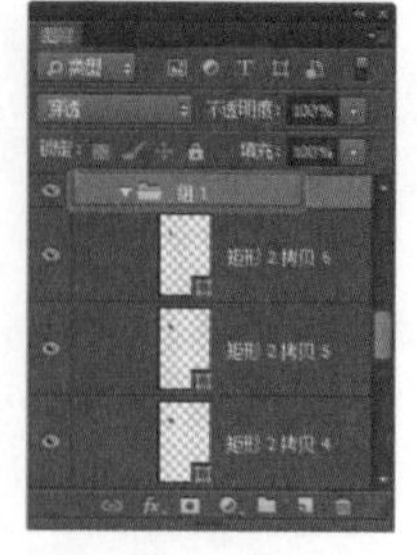
图4-300

11 用相同的方法完成相似内容的制作，效果如图4-301所示。按下Ctrl+G组合键，将相关图层和图层组编组并命名为“色块”，如图4-302所示。打开“字符”面板，适当设置字符属性，如图4-303所示。

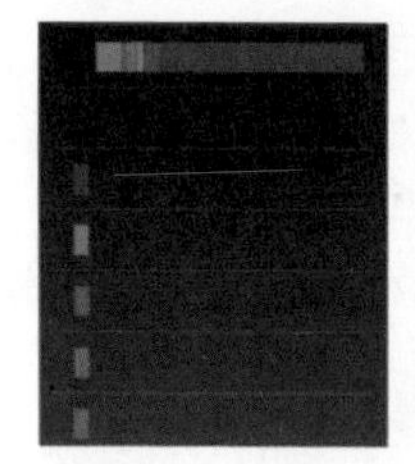
图4-301

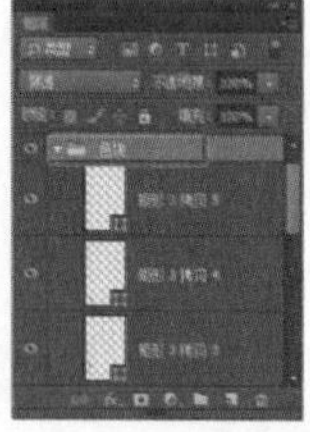
图4-302

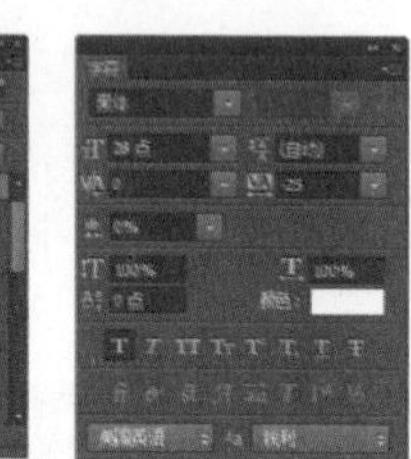
图4-303

12 用“横排文字工具”输入相应的文字，如图4-304所示。用相同方法完成其他内容的制作，如图4-305、图4-306所示，操作完成。

图4-304

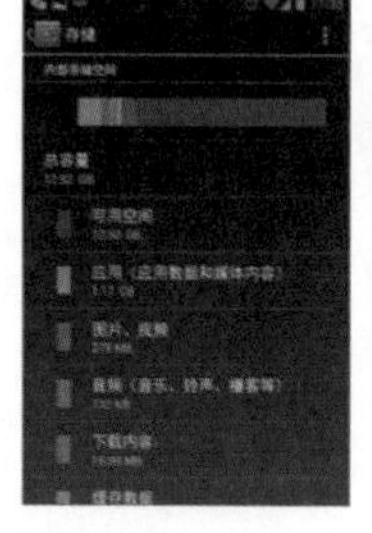
图4-305

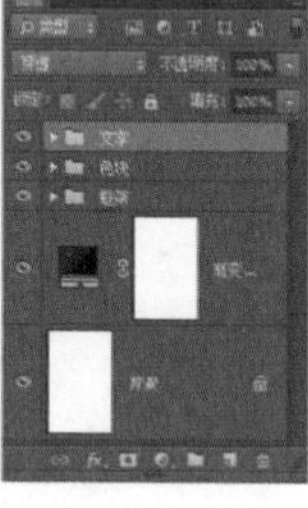
图4-306

操作小贴士

在制作竖排的色块时，可以同时按住Alt键和Shift键并向下拖动图形，以复制出新的图形，复制出的图形会自动垂直对齐于原图形，然后，修改其颜色即可；也可以多次按下Ctrl+J组合键，复制图层，再按向下箭头，将复制后的图形向下移动到适当的位置，最后，修改其色块颜色即可。

实战14 制作账户设置界面

案例分析

该案例主要是制作键盘，应先制作出一个字母键，再复制出其他字母键并修改文字、调整位置。可以通过路径操作绘制出小图标。

设计规范

尺寸规格	768×1184（像素）
主要工具	圆角矩形工具、文字工具、直线工具
源文件地址	第4章\源文件\014.psd
视频地址	视频\第4章\014.SWF

色彩分析

浅灰色的背景和黑色的文字与黑色的键盘上下呼应，界面的整体大气、沉稳。

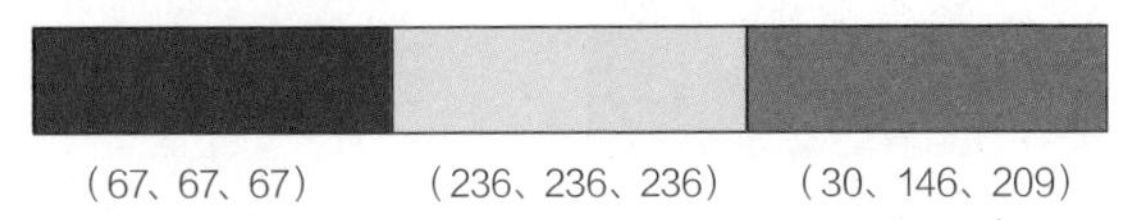

（67、67、67）（236、236、236）（30、146、209）

制作步骤

01 执行“文件>新建”命令，弹出“新建”对话框，新建一个空白文档，如图4-307所示。选择“矩形工具”，设置“填充”为由“RGB（232、232、232）”到“RGB（251、251、251）”的线性渐变，在画布中绘制一个同画布大小相同的矩形，如图4-308所示。

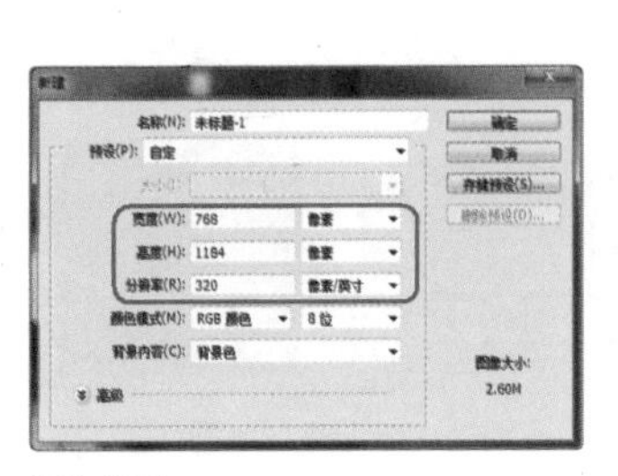

图4-307

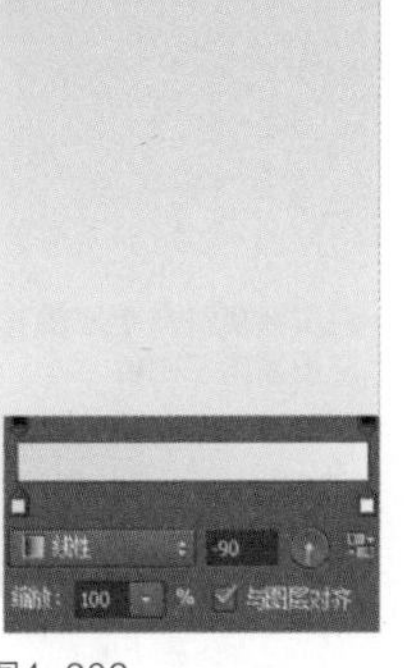

图4-308

02 执行“文件>置入”命令，将“第4章\源文件\004.psd”置入设计文档，如图4-309所示。将相关图层编组为“背景”。选择“矩形工具”，设置“填充”为“RGB（221、221、221）”，在状态栏下方绘制一个与画布同宽的矩形，如图4-310所示。

图4-309

图4-310

03 选择“直线工具”，设置“填充”为“RGB（210、210、210）”，在矩形下方绘制一条直线，如图4-311所示。执行“文件>打开”命令，打开素材文件“第4章\素材\003.psd”，将相关图标拖入设计文档，如图4-312所示。

图4-311

图4-312

04 打开“字符”面板，设置参数值，如图4-313所示。用“横排文字工具”在画布中输入文字，如图4-314所示。将相关图层编组为“标题”。

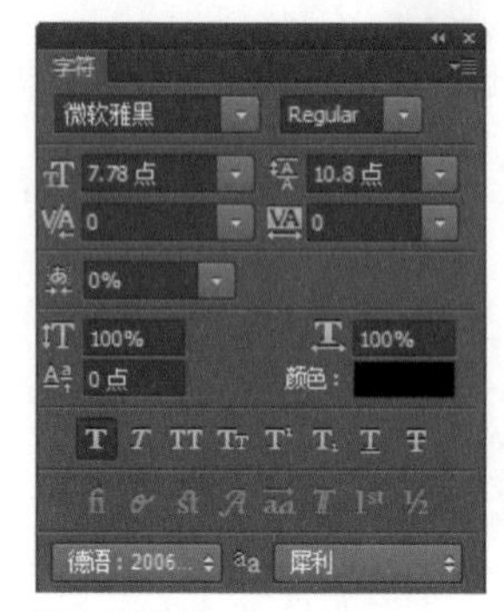

图4-313

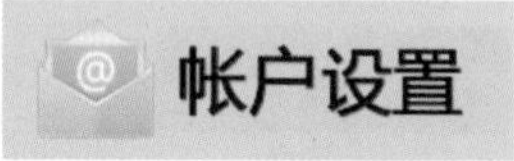

图4-314

05 用相同的方法完成其他内容的制作，效果如图4-315所示。选择“圆角矩形工具”，设置“半径”为“3像素”，在画布中绘制任意颜色的圆角矩形，如图4-316所示。

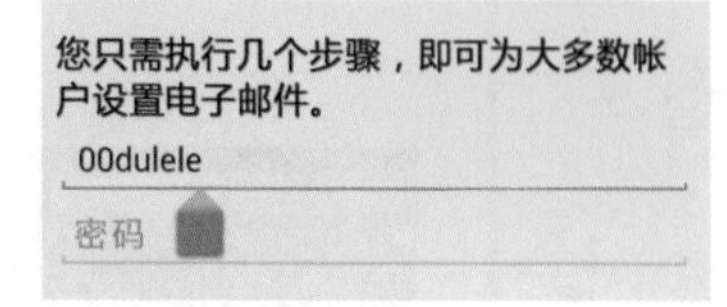

图4-315

图4-316

06 选择“钢笔工具”，设置“路径操作”为“合并形状”，在画布中绘制一个三角形，如图4-317所示。打开“图层样式”对话框，选择“渐变叠加”选项并设置参数值，如图4-318所示。

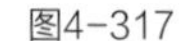

图4-317

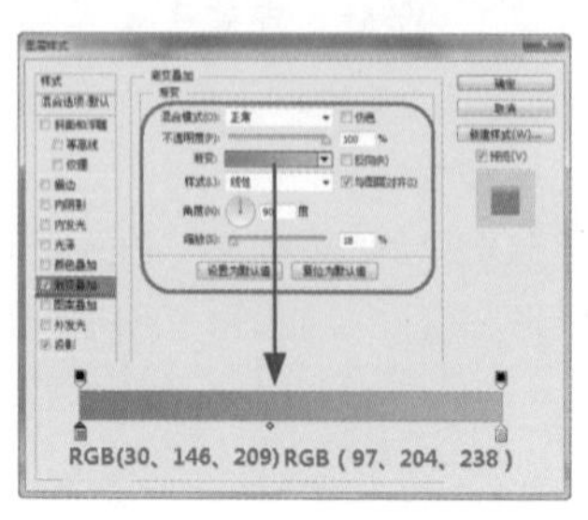

图4-318

07 选择对话框中的“投影”选项并设置参数值，如图4-319所示。设置完成后，单击“确定”按钮，调整图层顺序，效果如图4-320所示。将相关图层编组为“文本”。

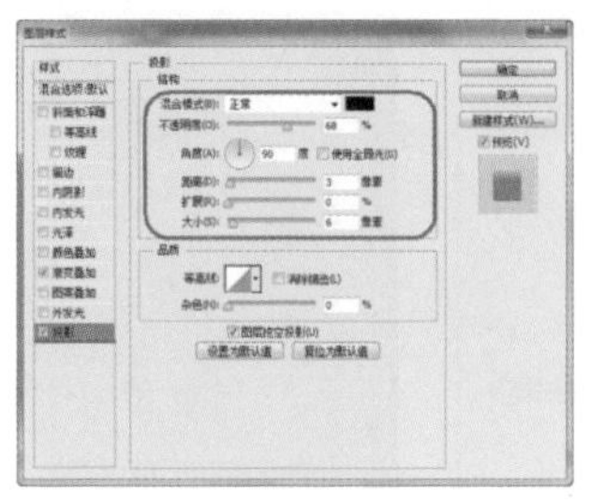

图4-319

图4-320

08 用相同的方法完成按钮的制作，效果如图4-321所示。将相关图层编组为“按钮”，“图层”面板如图4-322所示。

图4-321

图4-322

09 用“矩形工具”在画布下方绘制一个“填充”为由黑色到“RGB（44、44、44）”的线性渐变，如图4-323所示。用相同的方法绘制其他矩形，效果如图4-324所示。

图4-323

图4-324

10 用“直线工具”绘制一个“粗细”为“1像素”的黑色直线，如图4-325所示。打开“图层样式”对话框，选择“外发光”选项并设置参数值，如图4-326所示。设置完成后，单击“确定”按钮，得到的效果如图4-327所示。

图4-325

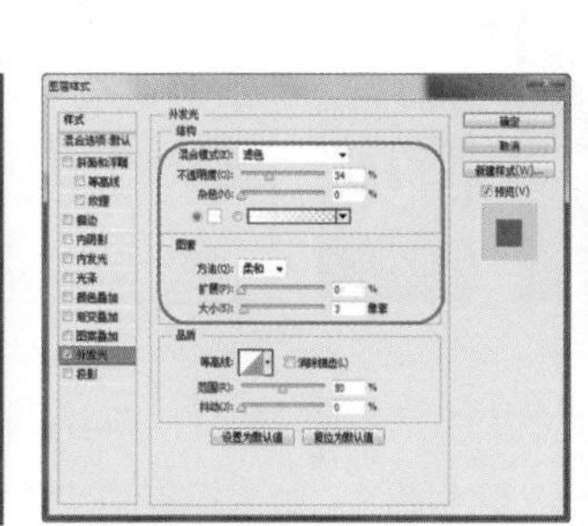

图4-326

图4-327

11 复制该图层，适当调整其位置，得到的效果如图4-328所示。用相同的方法完成其他内容的制作，如图4-329所示。

图4-328

图4-329

12 选择“圆角矩形工具”，设置“半径”为“2像素”，在画布中绘制一个圆角矩形，如图4-330所示。打开“图层样式”对话框，选择“斜面和浮雕”选项并设置参数值，如图4-331所示。

图4-330

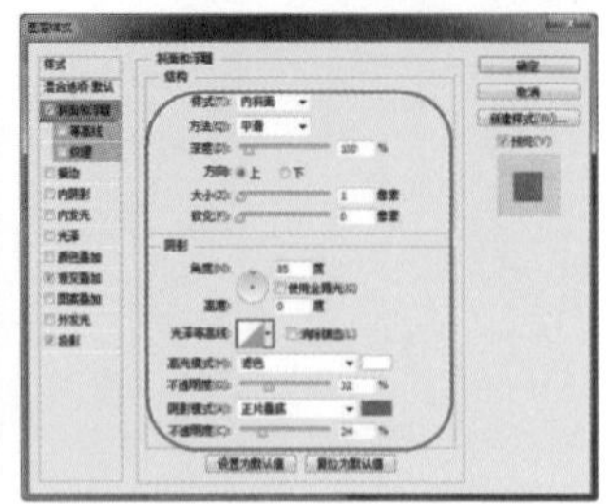
图4-331

13 选择“渐变叠加”选项并设置参数值，如图4-332所示。设置完成后，单击“确定”按钮，得到的效果如图4-333所示。

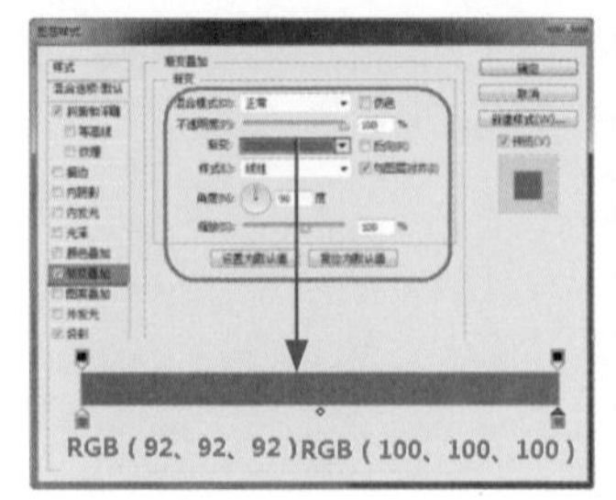

图4-332

图4-333

14 打开“字符”面板，设置参数值，如图4-334所示。在画布中输入文字，如图4-335所示。打开“图层样式”对话框，选择“投影”选项并设置参数值，如图4-336所示。

图4-334

图4-335

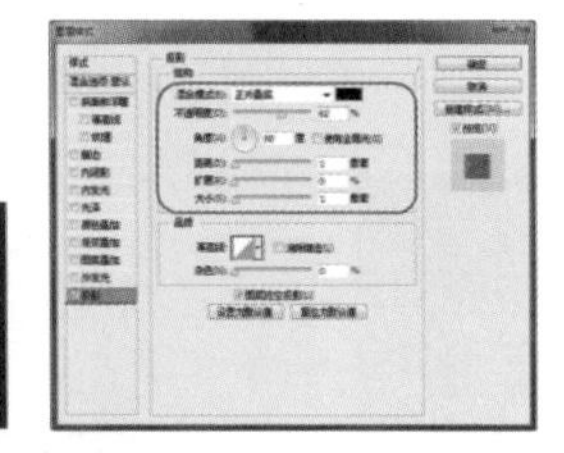
图4-336

15 设置完成后，单击“确定”按钮，得到的效果如图4-337所示。将相关图层选中，按下Ctrl+G组合键编组并命名为“q”，如图4-338所示。用相同的方法复制并调整其他按键，效果如图4-339所示。

图4-337

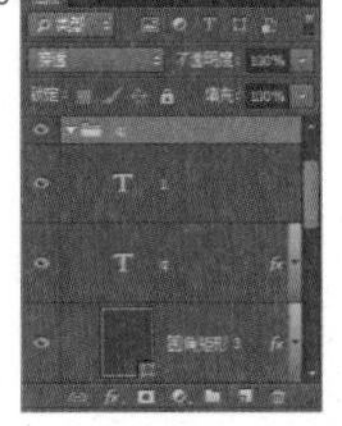
图4-338

图4-339

16 复制按键M，适当调整其位置并删除文字，如图4-340所示。修改按键的“填充”为由“RGB（34、34、34）”到“RGB（29、29、29）”的线性渐变，如图4-341所示。

图4-340

图4-341

17 按下Ctrl+T组合键，调整按键的宽度，得到如图4-342所示的效果。用“钢笔工具”绘制如图4-343所示的白色形状。选择“直线工具”，设置“路径操作”为“减去顶层形状”，绘制如图4-344所示的形状。

图4-342

图4-343

图4-344

18 用相同的方法复制并调整出其他的按键，效果如图4-345所示。将相关图层和图层组编组并命名为“键盘”，如图4-346所示。

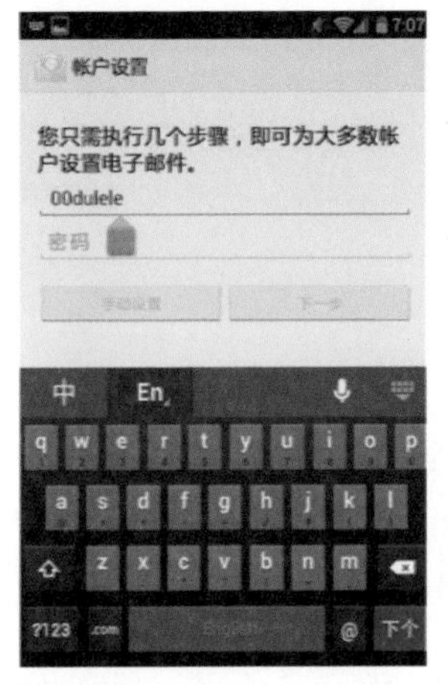

图4-345

图4-346

操作小贴士

要将图层的“不透明度”更改为“30%”，只需要按下键盘上的数字键3；要将图层的“不透明度”改为“60%”，可以按下数字键6；要将不透明度更改为35%，只需要连续快速按下数字键3和5即可。按住Shift键的同时再按下不同的数字键，则可更改下面的“填充”参数。

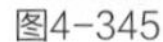

实战15 制作指南针界面

案例分析

该案例是制作指南针，“表盘”可通过多次复制圆形并修改图层样式与形状大小得到，“刻度”可通过图形变换得到，应注意细节的制作。

设计规范

尺寸规格	768×1184（像素）
主要工具	椭圆工具、直线工具、文字工具
源文件地址	第4章\源文件\015.psd
视频地址	视频\第4章\015.SWF

色彩分析

浅灰色的界面背景与黑色的表盘使红色的指针更加耀眼，能更好地传达信息。

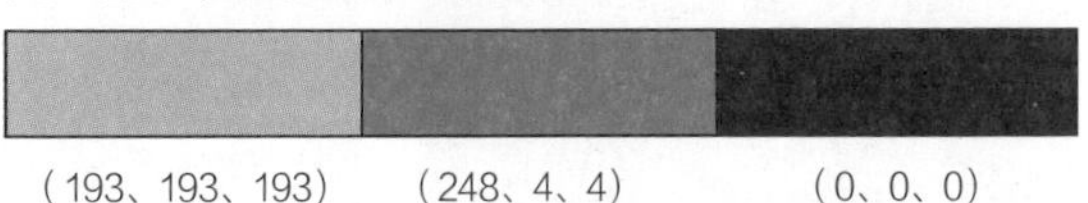

（193、193、193）（248、4、4）（0、0、0）

制作步骤

01 执行“文件>新建”命令，弹出“新建”对话框，新建一个空白文档，如图4-347所示。选择“矩形工具”，设置“填充”为“RGB（191、191、191）”，在画布中绘制一个同画布大小相同的矩形，如图4-348所示。

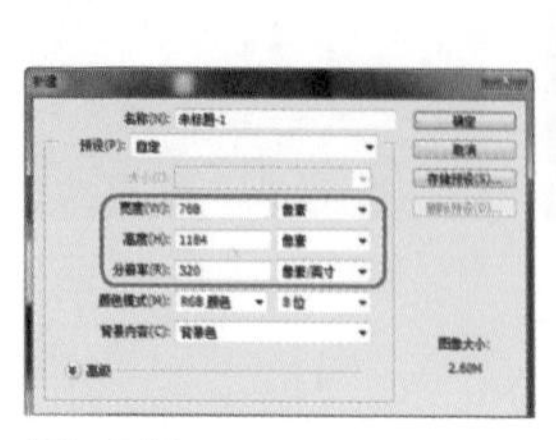

图4-347

图4-348

02 双击该图层缩览图，弹出“图层样式”对话框，选择“内阴影”选项并进行相应的设置，如图4-349所示。选择“图案叠加”选项并进行相应的设置，如图4-350所示。

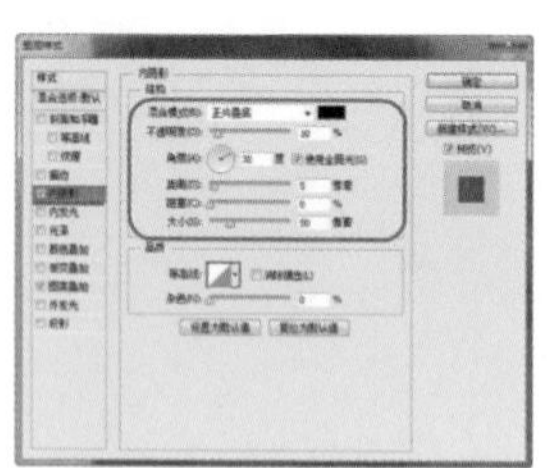

图4-349

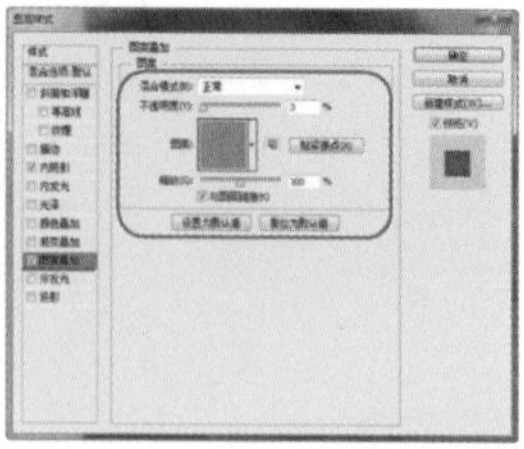

图4-350

03 设置完成后，得到的效果如图4-351所示。执行“文件>置入”命令，将“第4章\源文件\004.psd”置入设计文档，如图4-352所示。将相关图层编组为“背景”。

图4-351

图4-352

04 选择“矩形工具”，设置“填充”为“RGB（26、26、26）”，在画布中绘制一个矩形，如图4-353所示。打开“字符”面板并设置参数值，如图4-354所示。

图4-353

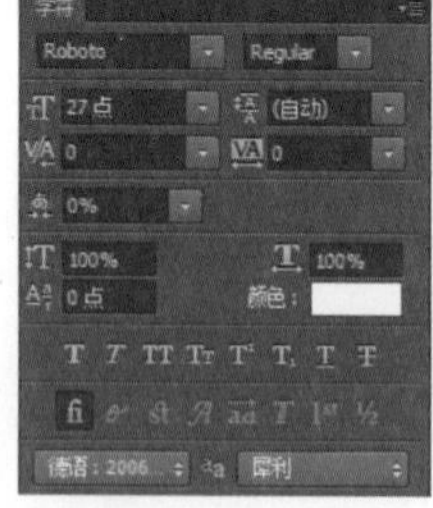

图4-354

05 用“横排文字工具”在画布中输入文字。修改下方的字体颜色为“RGB（128、128、128）”，如图4-355所示。选择“椭圆工具”，设置“填充”为“无”，“描边”为“RGB（229、229、229）”，在画布中绘制圆环，如图4-356所示。

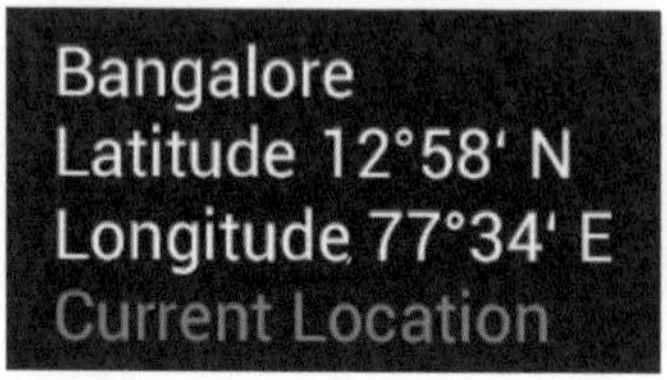

Bangalore
Latitude 12°58' N
Longitude 77°34' E
Current Location

图4-355

图4-356

06 修改“填充”为“RGB（229、229、229）”，在画布中绘制一个正圆，如图4-357所示。选择“直线工具”，设置“路径操作”为“合并形状”，“粗细”为“5像素”，在画布中绘制如图4-358所示的图形。用相同的方法绘制出其他的直线，如图4-359所示。

图4-357

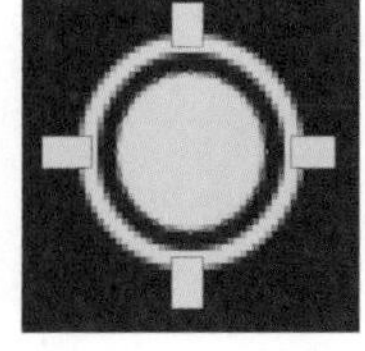

图4-358

图4-359

07 将相关图层编组，“图层”面板如图4-360所示。选择“椭圆工具”，在画布中绘制一个黑色的正圆，如图4-361所示。双击该图层缩览图，弹出“图层样式”对话框，选择“描边”选项并进行相应的设置，如图4-362所示。

图4-360

图4-361

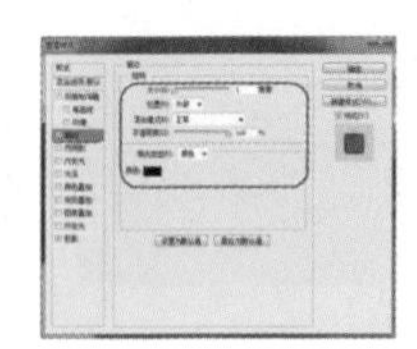

图4-362

08 选择“投影”选项并进行相应的设置，如图4-363所示。设置完成后，单击“确定”按钮，得到的效果如图4-364所示。

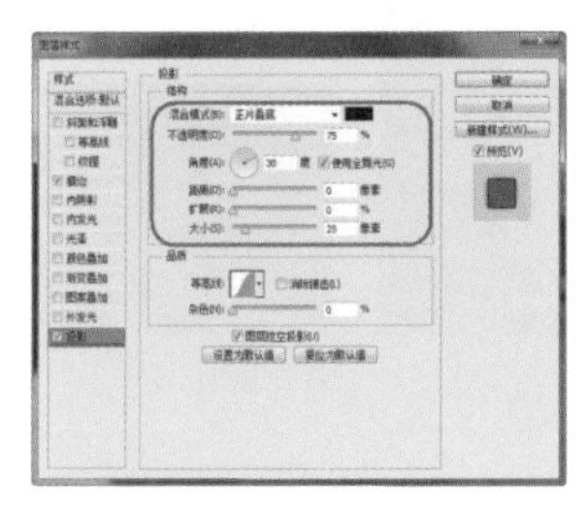

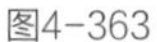

图4-363

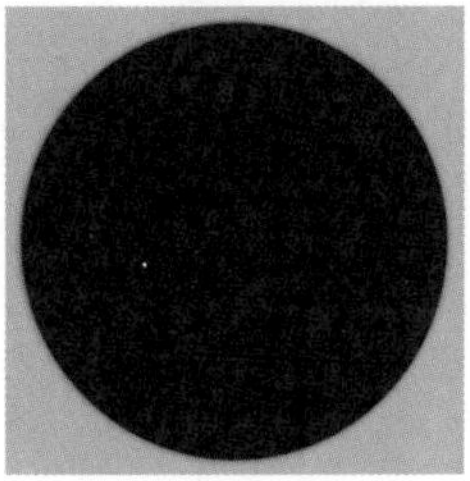

图4-364

09 按下Ctrl+J组合键，复制该图层，用鼠标右键单击该图层，选择“清除图层样式”命令，打开“图层样式”对话框，选择“斜面和浮雕”选项并进行相应的设置，如图4-365所示。设置完成后，单击“确定”按钮，得到的效果如图4-366所示。

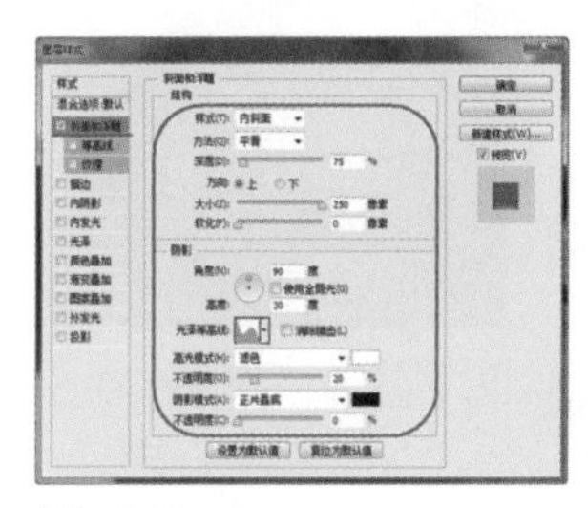

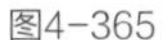

图4-365

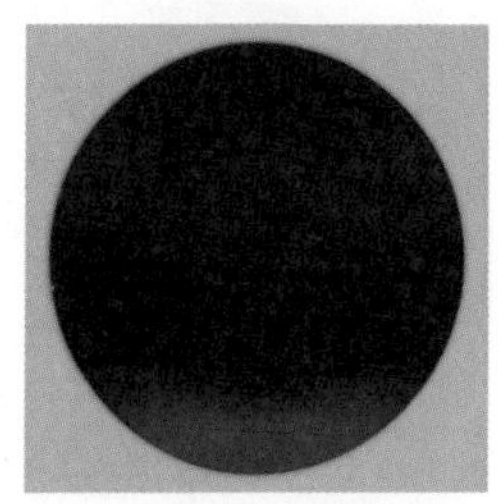

图4-366

10 用相同的方法完成相似内容的制作，如图4-367、图4-368所示。用“直线工具”在表盘上方创建一根黑色的直线，如图4-369所示。

图4-367

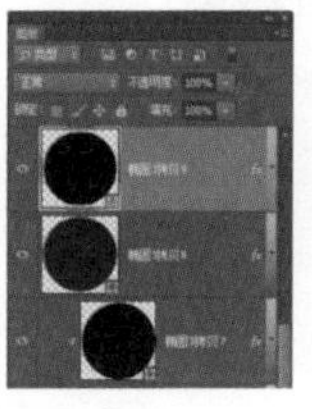

图4-368

图4-369

11 按下Ctrl+T组合键，再在按住Alt键的同时单击表盘的中心点，调整参考点的位置，如图4-370所示。将该线条精确旋转1°，效果如图4-371所示。按Enter键，确认变形，然后，多次按下Ctrl+Shift+Alt+T组合键，复制出一整圈刻度，如图4-372所示。

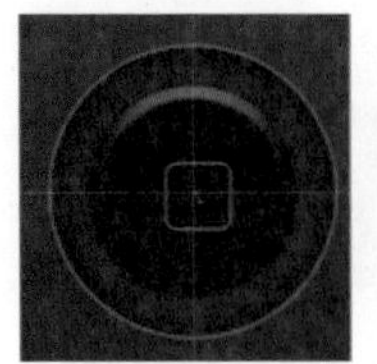
图4-370

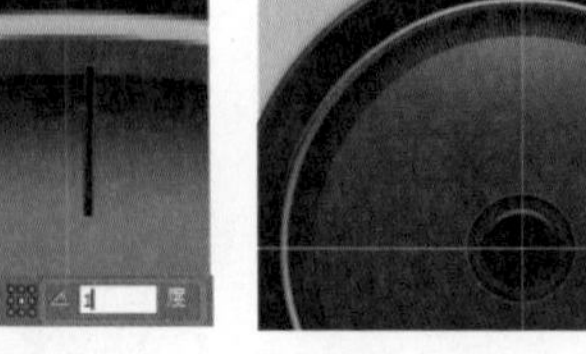
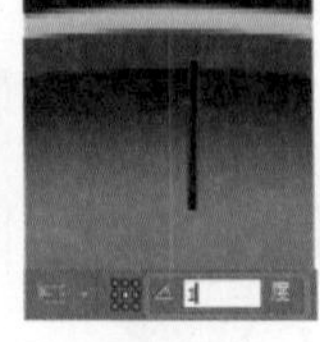
图4-371

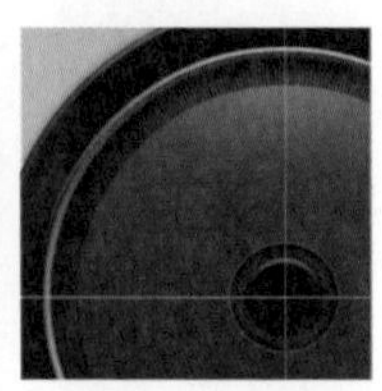
图4-372

12 用相同的方法制作出其他的刻度与圆环，将相关图层编组，如图4-373、图4-374所示。载入“椭圆3拷贝5”图层的选区，为该图层组添加蒙版，如图4-375所示。

图4-373

图4-374

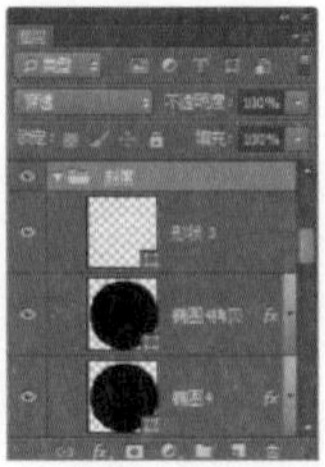

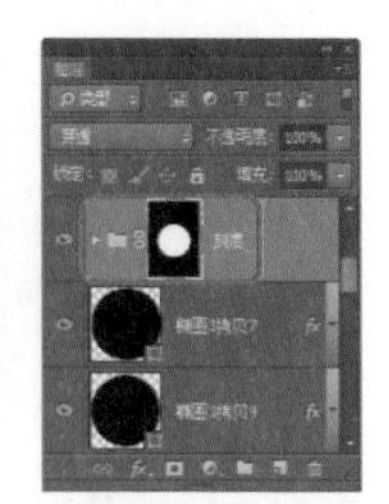
图4-375

13 打开“图层样式”对话框，选择“渐变叠加”选项并设置参数值，如图4-376所示。设置完成后，得到了刻度的效果，适当调整图层位置，如图4-377所示。

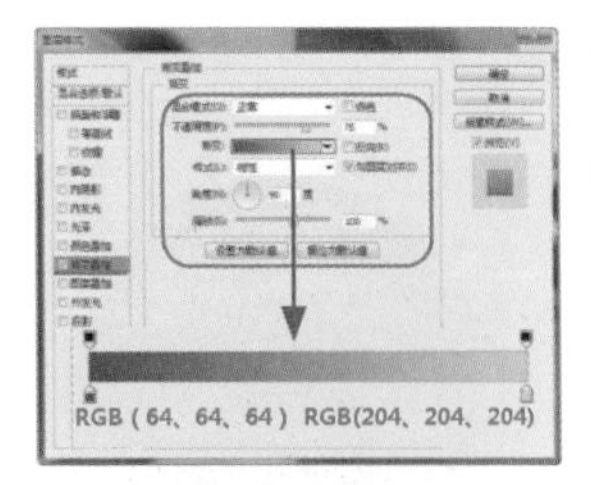

图4-376

图4-377

14 选中相关图层并将它们编组为“表盘”，如图4-378所示。打开“字符”面板并设置参数值，如图4-379所示。用“横排文字工具”在画布中输入文字，如图4-380所示。

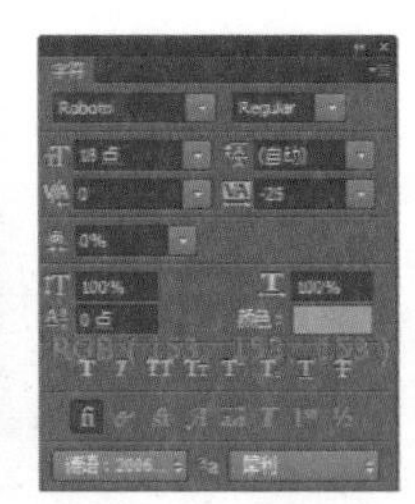
图4-378

图4-379

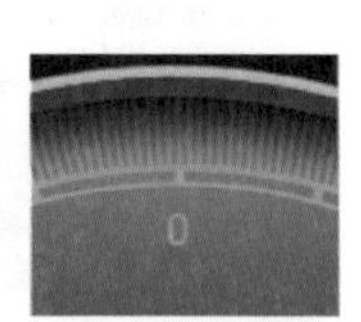
图4-380

15 用相同的方法完成其他文字及方向文字的制作，如图4-381、图4-382所示。用“矩形工具”绘制一个黑色的正方形，将其调整为菱形的效果，如图4-383所示。

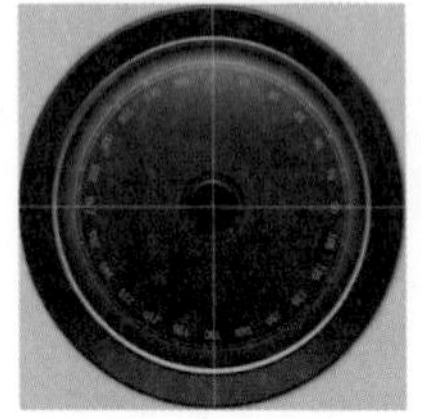
图4-381

图4-382

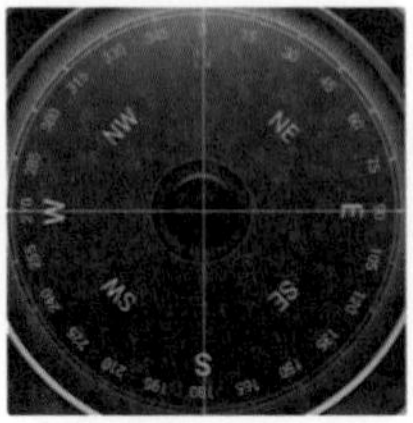

图4-383

16 打开“图层样式”对话框，选择“斜面和浮雕”选项并设置参数值，如图4-384所示。选择“投影”选项并设置参数值，如图4-385所示。

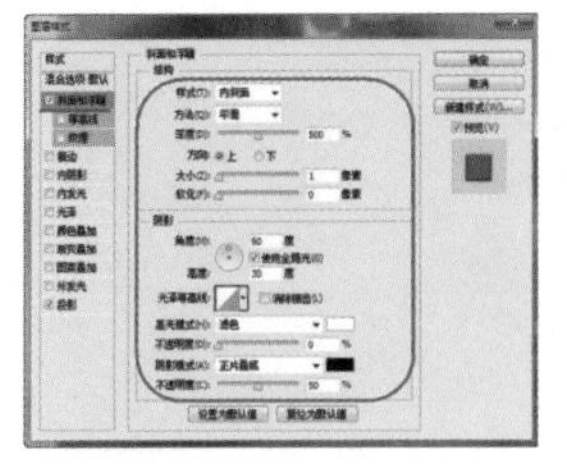

图4-384

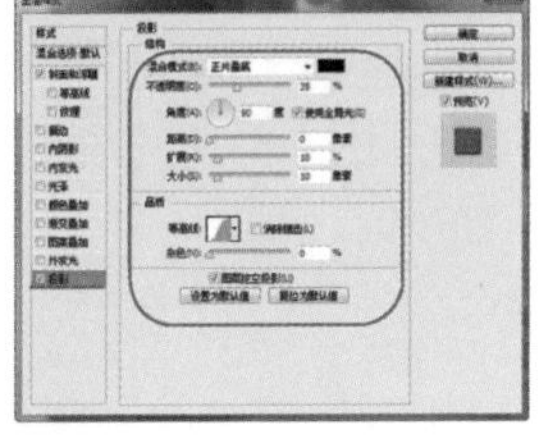

图4-385

17 复制该图形，打开“图层样式”对话框，选择“内发光”选项并设置参数值，如图4-386所示。选择“渐变叠加”选项并设置参数值，如图4-387所示。

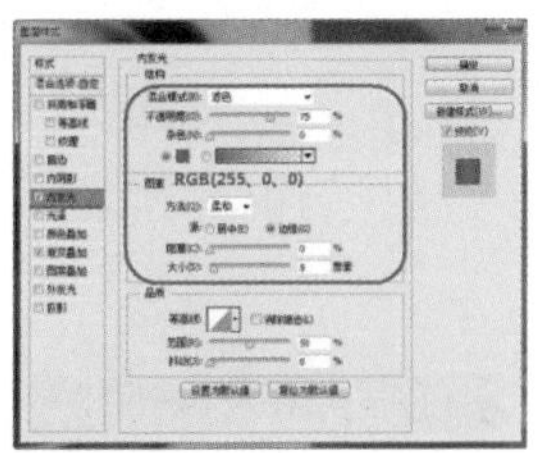

图4-386

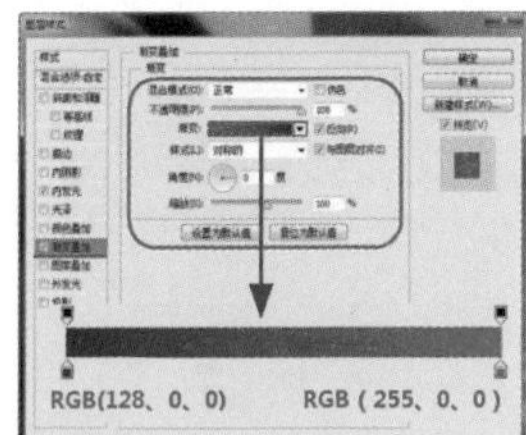

图4-387

18 为该图层创建剪贴蒙版，如图4-388所示。用相同的方法完成其他内容的制作，将相关图层编组为“指针”，如图4-389所示。用“椭圆工具”在表盘上方绘制一个白色的椭圆，如图4-390所示。

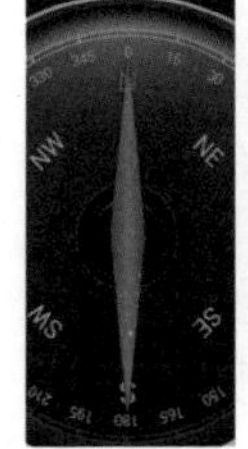

图4-388

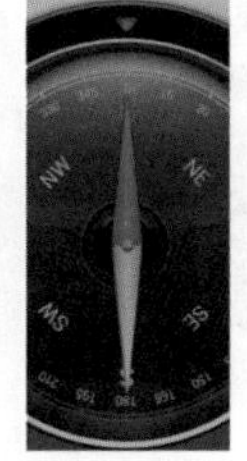

图4-389

图4-390

19 打开“图层样式”对话框，选择“渐变叠加”选项并设置参数值，如图4-391所示。设置完成后，修改该图层的“填充”为“0%”，得到的高光效果如图4-392所示。

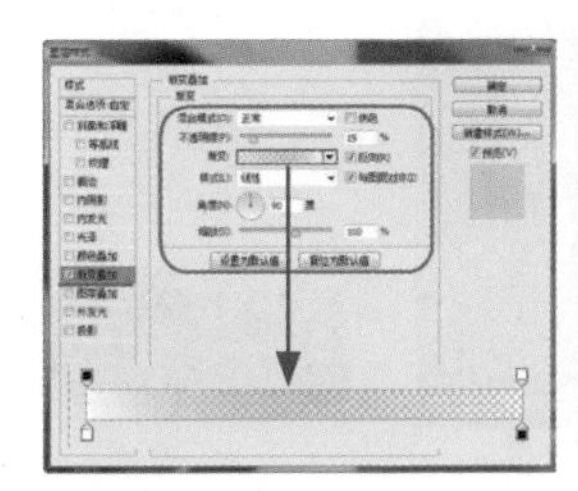

图4-391

图4-392

20 用相同的方法完成其他高光的制作，将相关图层编组，如图4-393、图4-394所示。在界面下方创建一个“半径”为“3像素”的黑色圆角矩形，如图4-395所示。

图4-393

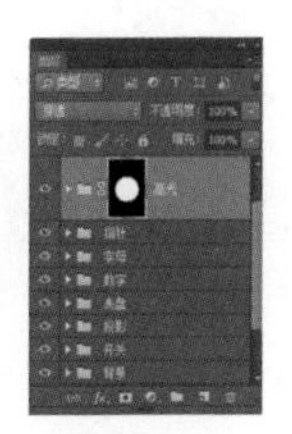

图4-394

图4-395

21 打开“图层样式”对话框，选择“斜面和浮雕”选项并设置参数值，如图4-396所示。设置完成后，单击“确定”按钮，得到的效果如图4-397所示。

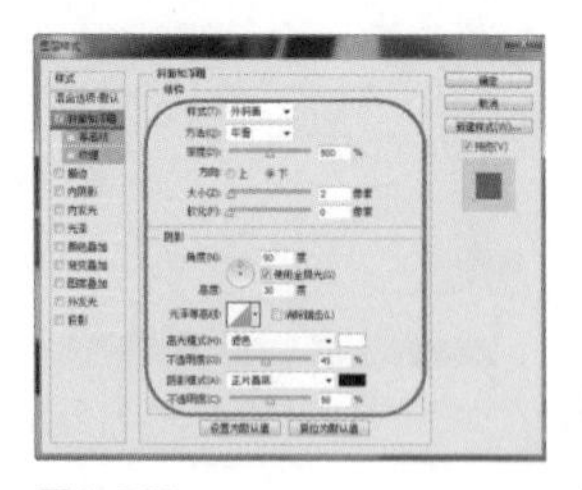
图4-396

图4-397

22 按下Ctrl+J组合键，复制该形状，打开“图层样式”对话框，选择“内阴影”选项并设置参数值，如图4-398所示。选择“渐变叠加”选项并设置参数值，如图4-399所示。

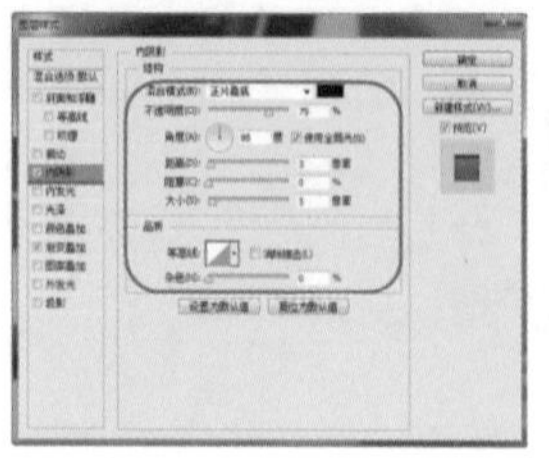
图4-398

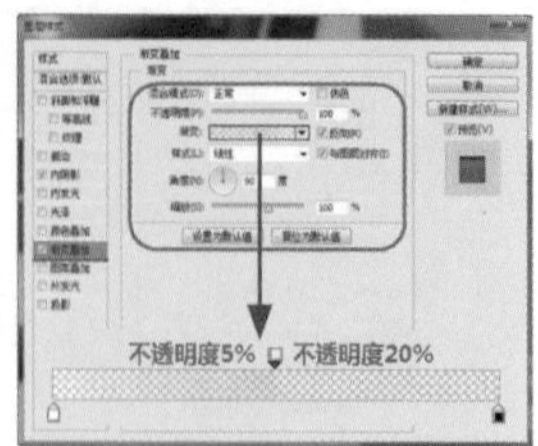

图4-399

23 设置完成后，修改该图层的“填充”为“0%”，得到按钮的高光效果，如图4-400所示。打开“字符”面板并设置参数值，如图4-401所示。用“横排文字工具”在高光下方输入相应的文字，设置该图层的“不透明度”为“10%”，效果如图4-402所示。

图4-400

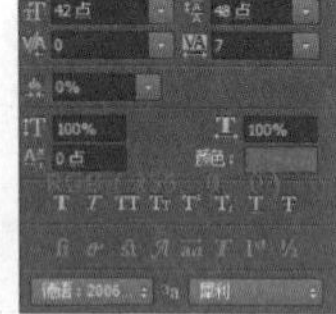

图4-401

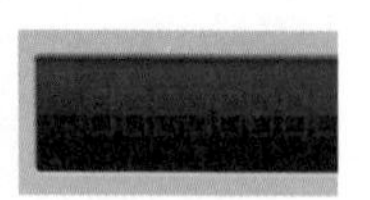
图4-402

24 用相同的方法输入其他的文字，效果如图4-403所示。用相同的方法制作表盘的投影，至此，该案例的制作已完成，效果如图4-404、图4-405所示。

图4-403

图4-404

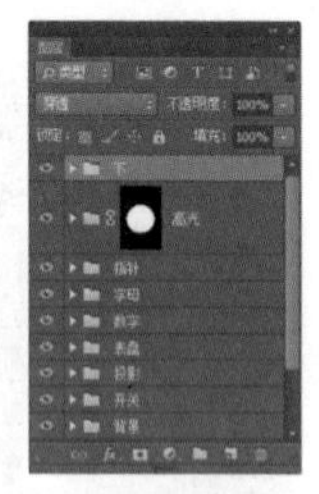
图4-405

操作小贴士

在Photoshop中，可通过Ctrl+T组合键来执行“自由变换”命令，可以通过自由旋转、比例和倾斜工具来变换对象。变换时，可用Ctrl键控制自由变换，用Shift键控制方向、角度和等比例缩放，用Alt键控制中心对称。

实战16 制作GO天气的主界面

案例分析

该案例主要制作的是天气主界面。界面的中、上方主要为文字。制作工具栏时需注意图标的绘制，可先用路径绘制出形状，再为其添加“外发光”的图层样式。

设计规范

尺寸规格	768×1184（像素）
主要工具	椭圆工具、圆角矩形工具、路径操作
源文件地址	第4章\源文件\016.psd
视频地址	视频\第4章\016.SWF

色彩分析

晴朗的天空与鲜艳的花朵图案可使人心情豁然开朗，白色的图标使界面显得更加清新。

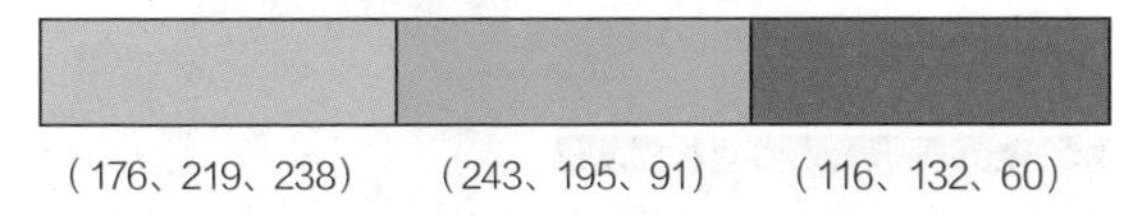

（176、219、238）（243、195、91）（116、132、60）

制作步骤

01 执行“文件>新建”命令，弹出“新建”对话框，新建一个空白文档，如图4-406所示。执行“文件>打开”命令，打开素材文件“第4章\素材\015.jpg”，将其拖入设计文档，如图4-407所示。

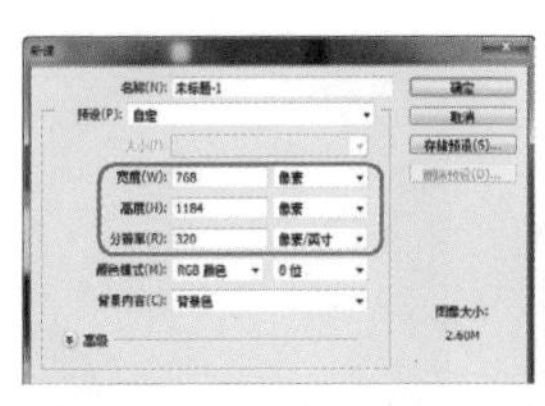

图4-406

图4-407

02 用“矩形工具”在画布中绘制一个黑色的矩形，如图4-408所示。双击该图层缩览图，弹出“图层样式”对话框，选择“外发光”选项并进行相应的设置，如图4-409所示。

图4-408

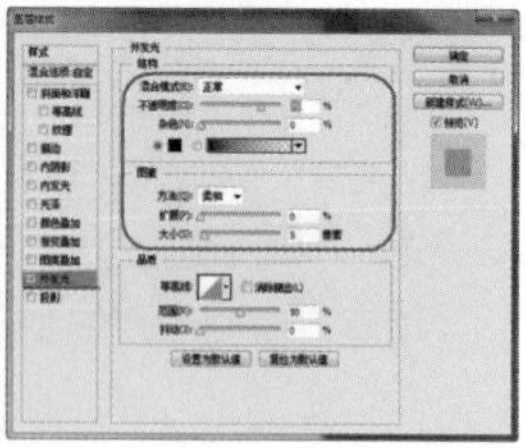

图4-409

03 设置完成后单击“确定”按钮，修改“不透明度”为“45%”，得到的效果如图4-410所示。“图层”面板如图4-411所示。

图4-410

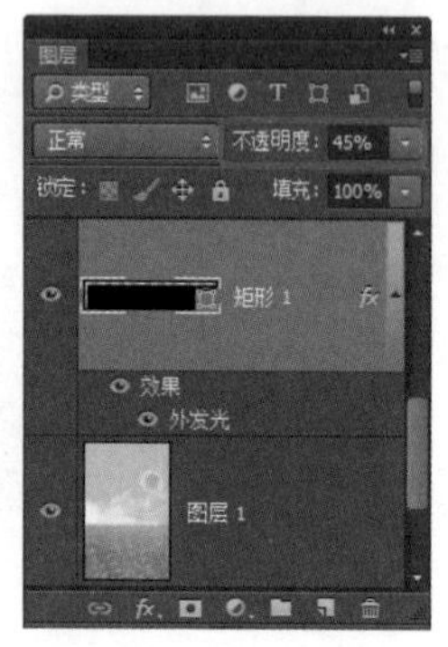

图4-411

04 执行“文件>置入”命令，将“第4章\源文件\004.psd”置入设计文档，如图4-412所示。打开“字符”面板，设置各参数值，如图4-413所示。

图4-412

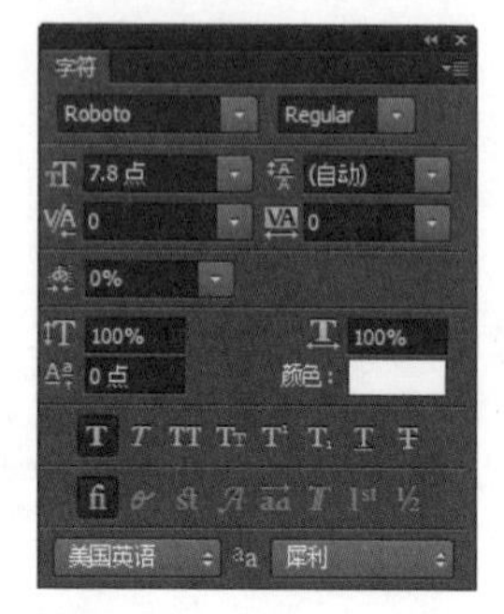

图4-413

05 用“横排文字工具”在画布中输入文字并修改个别文字参数，如图4-414所示。用“椭圆工具”在画布中绘制一个白色的正圆，如图4-415所示。

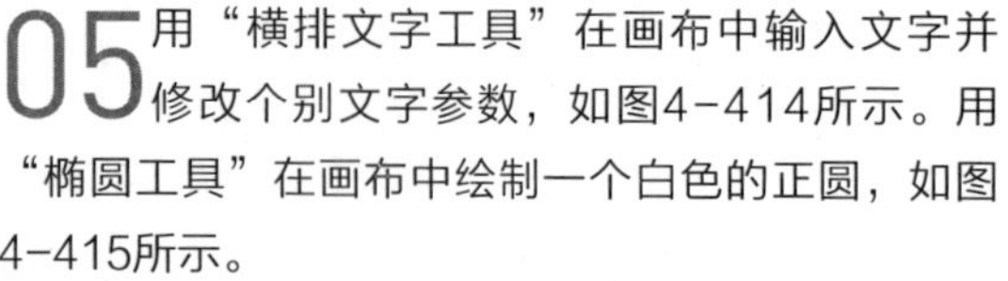

图4-414

图4-415

06 修改“路径操作”为“减去顶层形状”，绘制圆环，如图4-416所示。用“矩形工具”绘制矩形，如图4-417所示。

图4-416

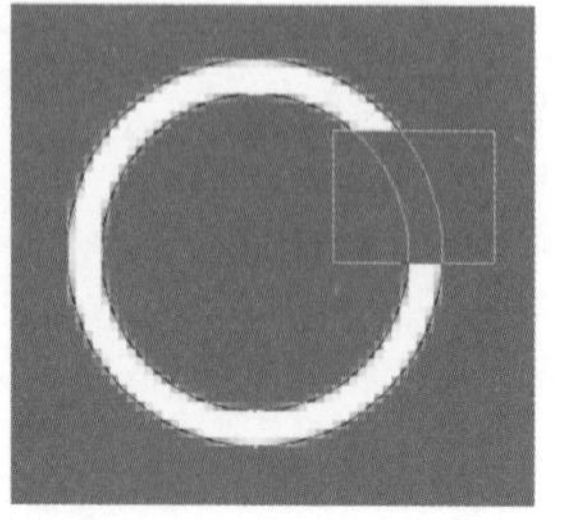
图4-417

07 用相同的方法完成其他内容的制作，如图4-418所示。将相关图层编组。用相同方法在画布中输入文字，如图4-419所示。

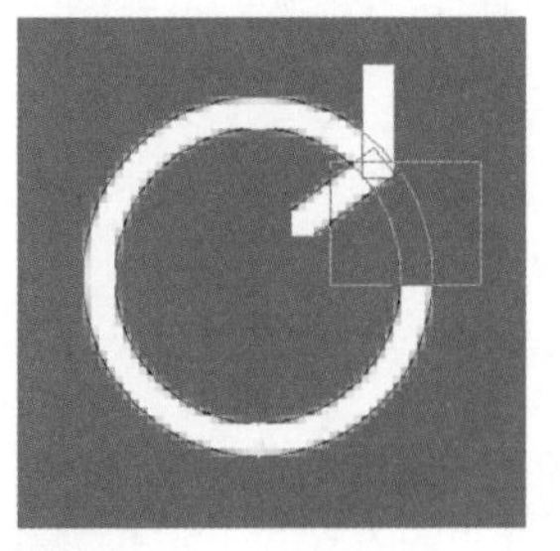
图4-418

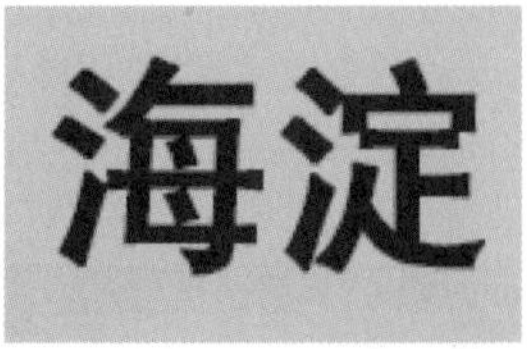

图4-419

08 双击该图层缩览图，弹出“图层样式”对话框，选择“投影”选项并进行相应的设置，如图4-420所示。设置完成后，单击“确定”按钮，得到的效果如图4-421所示。

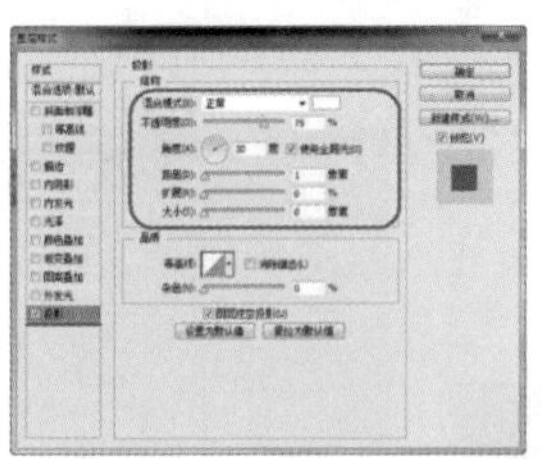
图4-420

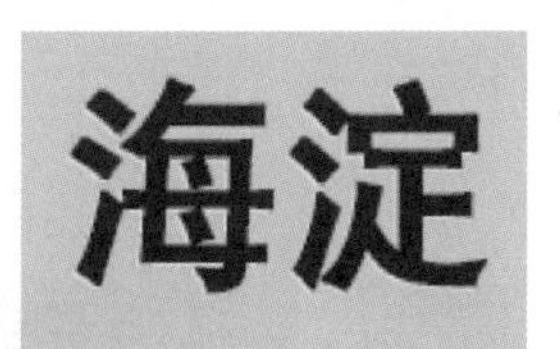

图4-421

09 用相同的方法完成其他文字的制作，效果如图4-422所示。选择“矩形工具”，设置“填充”为“RGB（149、149、146）”，在画布中绘制一个矩形，如图4-423所示。

图4-422

图4-423

10 修改“路径操作”为“减去顶层形状”，在画布中绘制如图4-424所示的图形。打开“图层样式”对话框，选择“外发光”选项并进行相应的设置，如图4-425所示。

图4-424

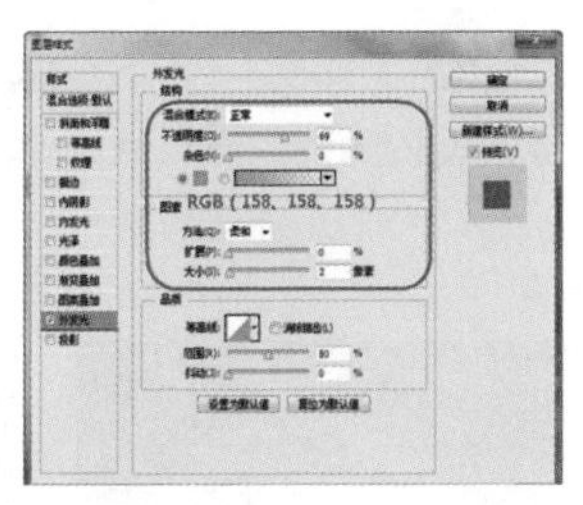

图4-425

11 设置完成后，单击“确定”按钮，得到的效果如图4-426所示。将相关图层编组。用相同的方法完成其他内容的制作，效果如图4-427所示。

图4-426

图4-427

12 选择“直线工具”，设置“填充”为“RGB（138、143、128）”，在画布中绘制直线，如图4-428所示。新建图层，在画中绘制选区，为选区填充由黑色到透明的线性渐变，效果如图4-429所示。按下Ctrl+D组合键，取消选区，将相关图层编组，如图4-430所示。

图4-428

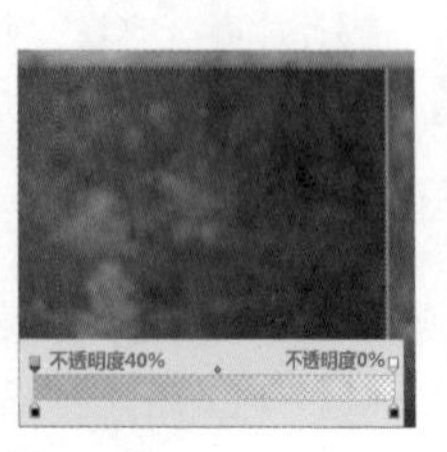

图4-429

图4-430

13 选择“圆角矩形工具”，设置“填充”为“RGB（0、183、238）”，在画布中绘制一个圆角矩形，如图4-431所示。选择“钢笔工具”，设置“路径操作”为“合并形状”，绘制一个三角，如图4-432所示。

图4-431

图4-432

14 修改“路径操作”为“减去顶层形状”，绘制如图4-433所示的图形。用相同的方法完成其他内容的制作，效果如图4-434所示。

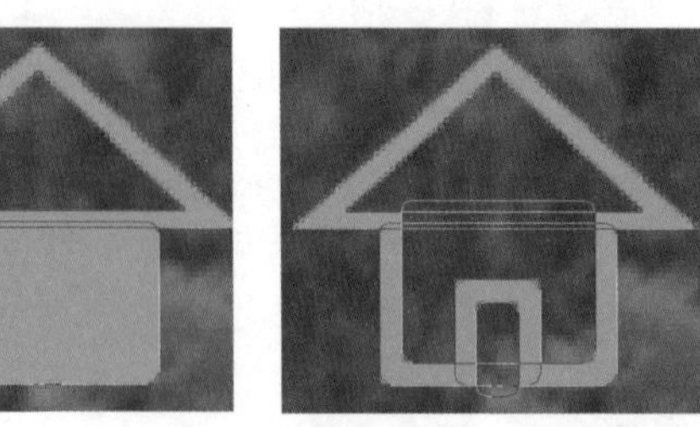
图4-433　图4-434

15 双击该图层缩览图，弹出“图层样式”对话框，选择“外发光”选项并进行相应的设置，如图4-435所示。设置完成后，单击“确定”按钮，得到的效果如图4-436所示。

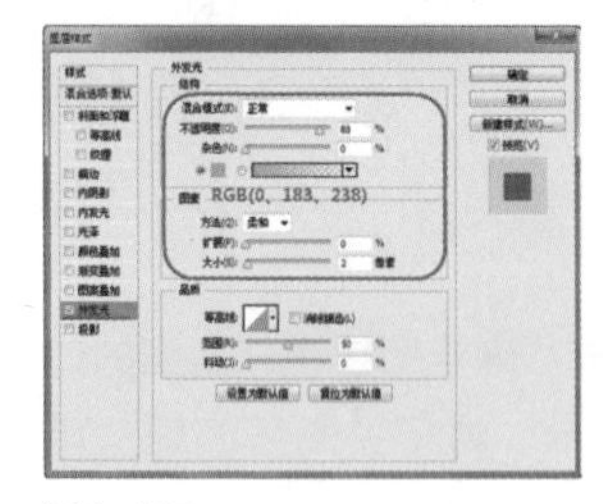

图4-435

图4-436

提示

制作图形时，可选择“圆角矩形工具”并设置“路径操作”为“减去顶层形状”，绘制后，修改“路径操作”为“合并形状”，并在下方绘制小圆角矩形，再修改“操作路径”为“减去顶层形状”，继续绘制图形。

16 用“圆角矩形工具”在画布中绘制一个白色的圆角矩形，如图4-437所示。设置“操作路径”为“减去顶层形状”，修改“半径”为“8像素”，绘制出如图4-438所示的图形。

图4-437

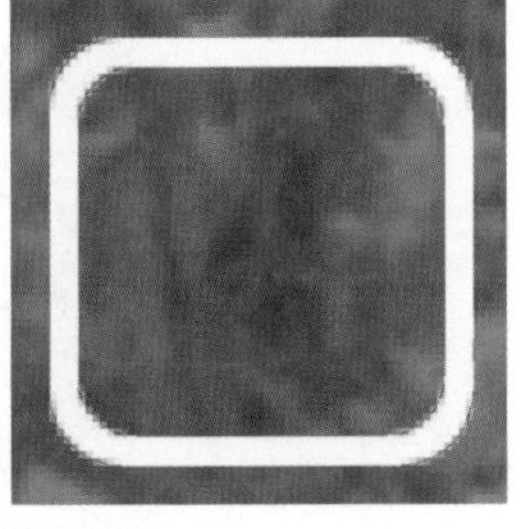
图4-438

17 用“矩形工具”绘制出如图4-439所示的图形。用相同的方法完成椭圆与直线的制作，效果如图4-440所示。

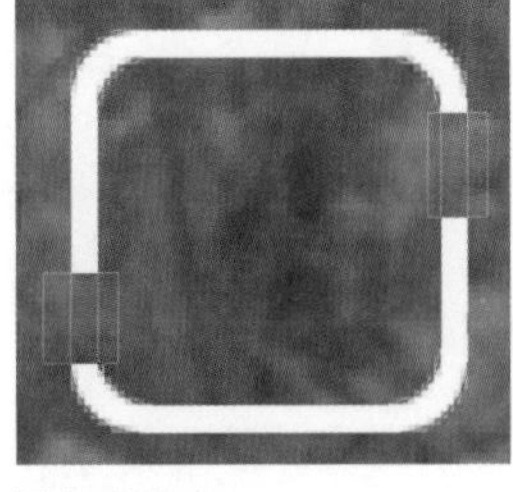
图4-439

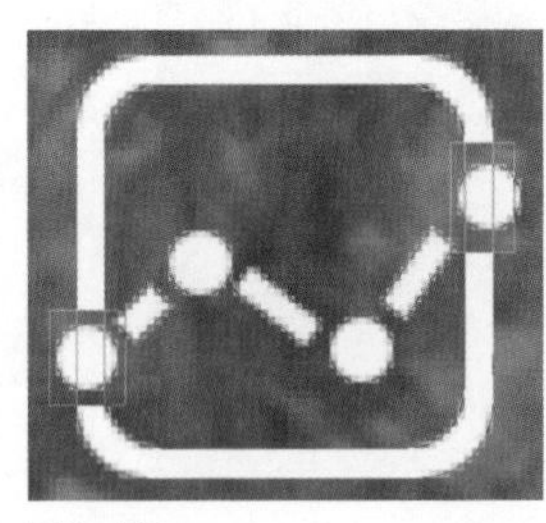
图4-440

18 双击该图层缩览图，弹出“图层样式”对话框，选择“外发光”选项并进行相应的设置，如图4-441所示。设置完成后，单击“确定”按钮，得到的效果如图4-442所示。

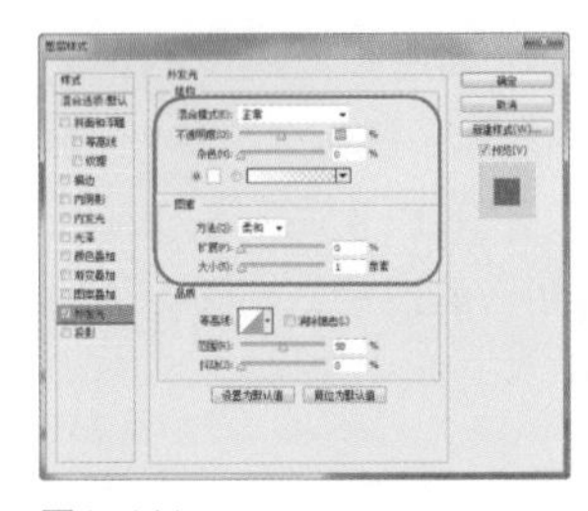
图4-441

图4-442

19 用相同的方法完成其他内容的制作，效果如图4-443所示。将相关图层编组，“图层”面板如图4-444所示。

图4-443

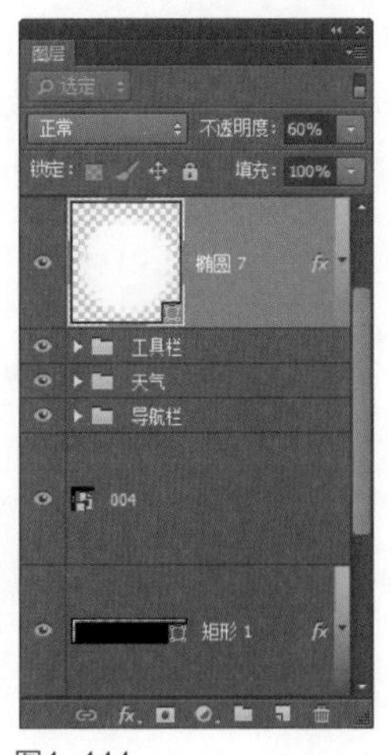

图4-444

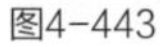

20 隐藏相关图层，如图4-445所示。执行“文件>存储为Web所用格式”命令，在弹出的“存储为Web所用格式”对话框中进行相应的设置，如图4-446所示。

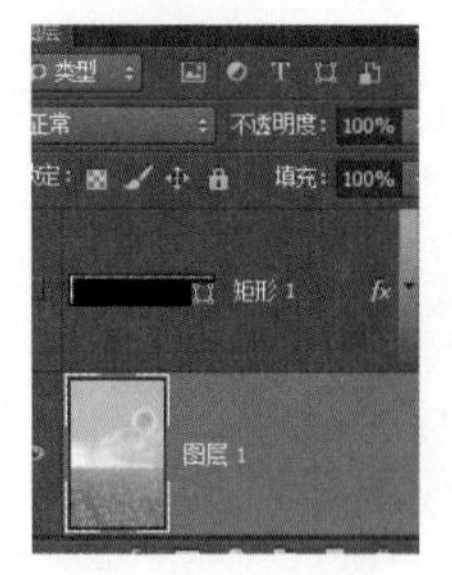

图4-445

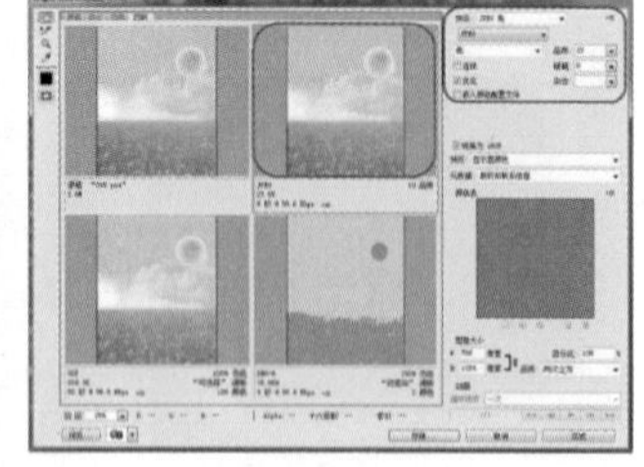

图4-446

21 设置完成后，单击下方的“存储”按钮，对图像进行存储，如图4-447所示。隐藏相关图层，如图4-448所示。执行“图像>裁切”命令，在弹出的“裁切”对话框中适当地设置参数值，如图4-449所示。

图4-447

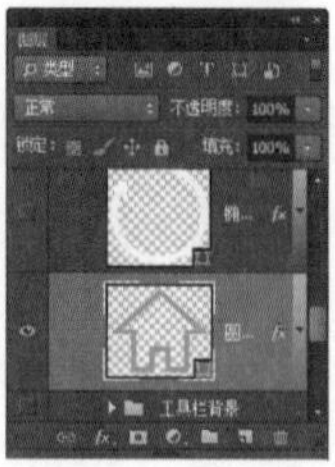

图4-448

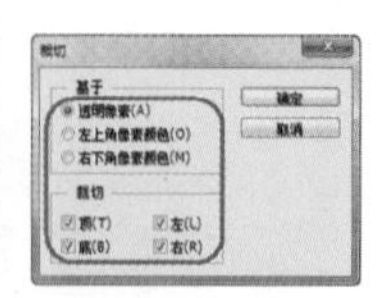

图4-449

22 单击“确定”按钮，裁掉图像周围的透明像素，如图4-450所示。执行“文件>存储为Web所用格式”命令，在弹出的“存储为Web所用格式”对话框中进行相应的设置，如图4-451所示。

图4-450

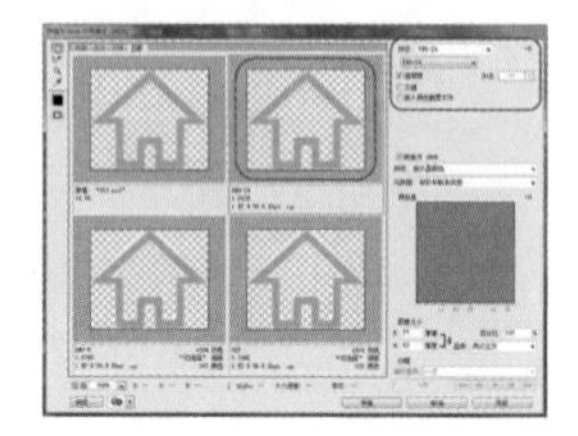

图4-451

23 设置完成后，单击“存储”按钮，对图像进行存储，如图4-452所示。按下Ctrl+Alt+Z组合键，恢复操作，用相同的方法对界面中的其他元素进行切片存储，如图4-453所示。

图4-452

图4-453

24 执行“文件>新建”命令，弹出“新建”对话框，新建一个空白文档，如图4-454所示。将相关素材拖入设计文档，如图4-455所示。

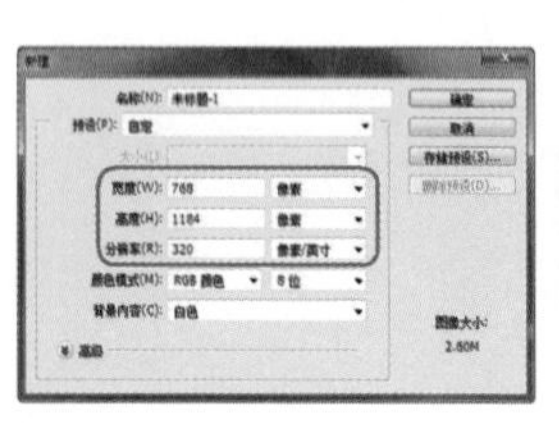

图4-454

图4-455

25 新建图层，为画布填充黑颜色，修改图层的“不透明度”为“50%”，如图4-456、图4-457所示。用相同的方法完成其他内容的制作，效果如图4-458所示。

图4-456

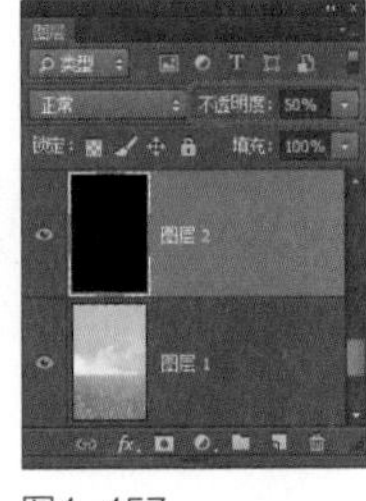

图4-457

图4-458

26 在画布中绘制一个“填充”为“RGB（243、152、0）”的正圆，如图4-459所示。设置“路径操作”为“减去顶层形状”，绘制一个圆环，如图4-460所示。

图4-459

图4-460

27 选择“圆角矩形工具”，设置“路径操作”为“合并形状”，在画布中绘制一个圆角矩形，如图4-461所示。按下Ctrl+T组合键后，按住Alt键并调整参考点的位置，将其旋转45°，然后，多次按下Ctrl+Alt+Shift+T组合键，变换形状，如图4-462、图4-463所示。

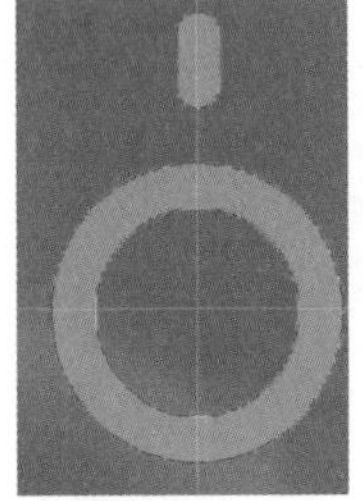
图4-461

图4-462

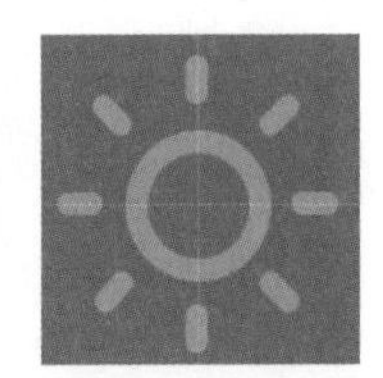
图4-463

28 双击该图层缩览图，弹出“图层样式”对话框，选择“外发光”选项并进行相应的设置，如图4-464所示。设置完成后，单击“确定”按钮，得到的效果如图4-465所示。

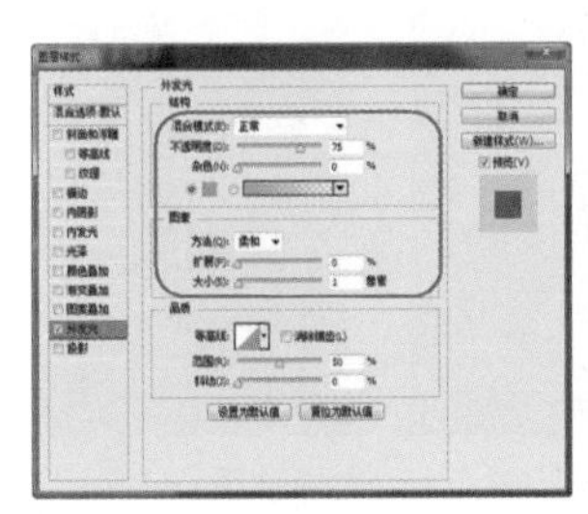
图4-464

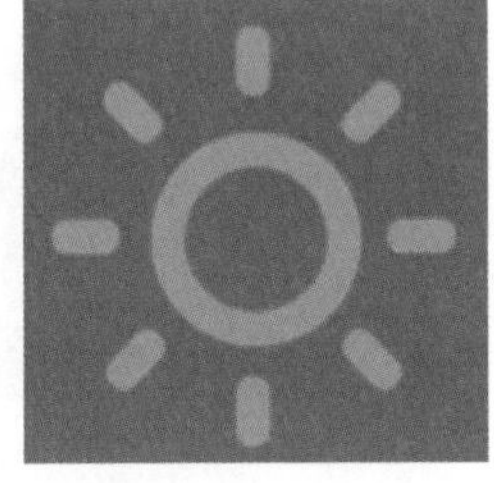
图4-465

29 用“矩形工具”在画布中绘制一个白色的矩形，修改图层的“不透明度”为“40%”，如图4-466、图4-467所示。

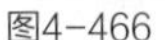
图4-466

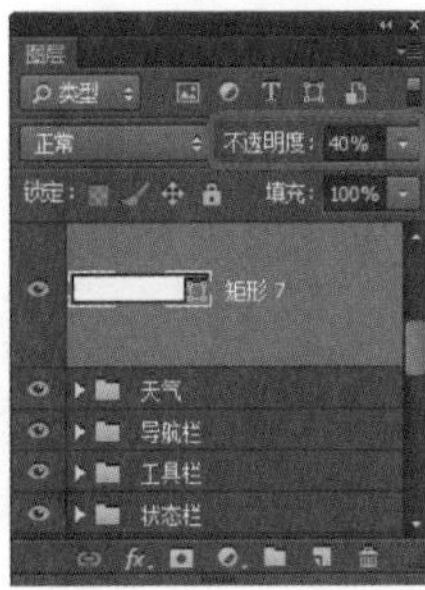

图4-467

30 按下Ctrl+J组合键，复制该图层，适当调整其位置并修改“不透明度”为15%，效果如图4-468所示。用“椭圆工具”在画布中绘制一个白色的正圆，如图4-469所示。

图4-468

图4-469

31 选择“直线工具”，设置“粗细”为“3像素”，在画布中绘制白色的直线，如图4-470所示。用相同的方法完成其他内容的制作，效果如图4-471所示。

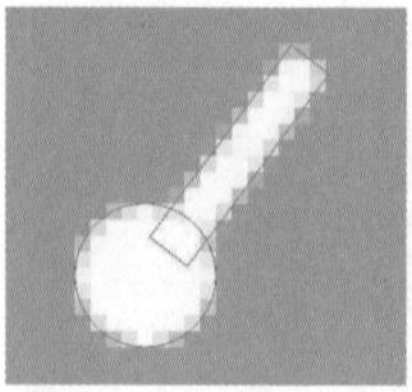

图4-470

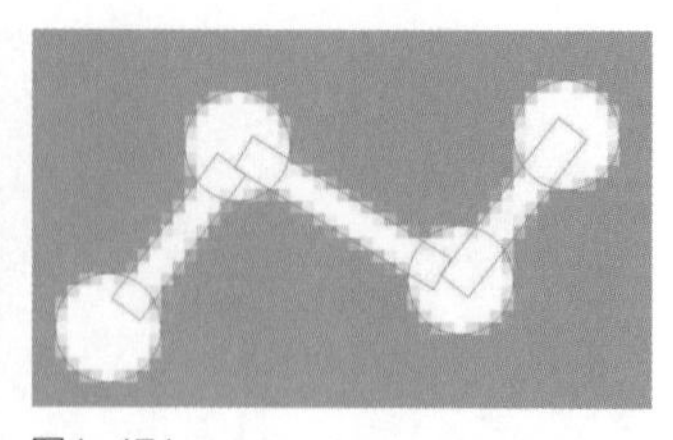

图4-471

32 打开“字符”面板并设置各参数，如图4-472所示。用“横排文字工具”在画布中输入文字，如图4-473所示。用相同的方法完成其他内容的制作，如图4-474所示。将相关图层编组。

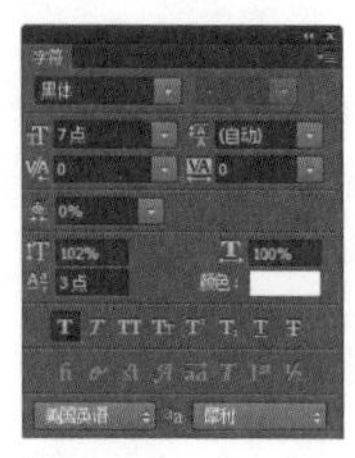

图4-472

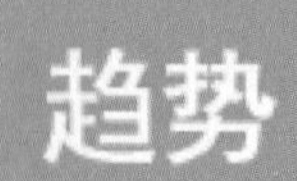

图4-473

图4-474

33 用相同的方法完成其他内容的制作，如图4-475、图4-476所示。

图4-475

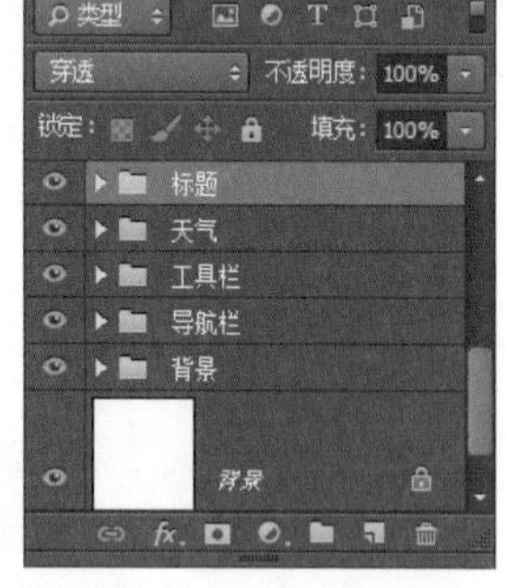

图4-476

34 在画布中绘制一个“填充”为“RGB（0、1660、233）”的圆角矩形。选择“椭圆工具”，设置“路径操作”为“合并形状”，绘制如图4-477、图4-478所示的图形。选择“圆角矩形工具”，设置“路径操作”为“减去顶层形状”，绘制如图4-479所示的图形。

图4-477

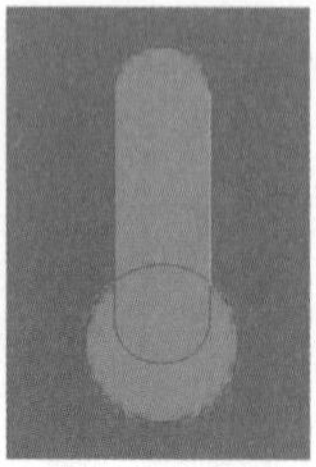

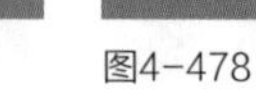

图4-478

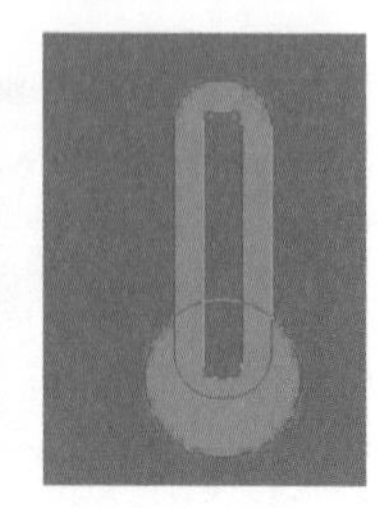

图4-479

提示

绘制该图形时，可选择“椭圆工具”，设置“路径操作”为“减去形状”，在图形下方绘制正圆形，然后，修改“路径操作”为“合并形状”，绘制一个正圆，再用“直线工具”在画布中绘制直线。

35 用相同的方法完成其他内容的制作，效果如图4-480所示。双击该图层缩览图，弹出“图层样式”对话框，选择“外发光”选项并进行相应的设置，如图4-481所示。

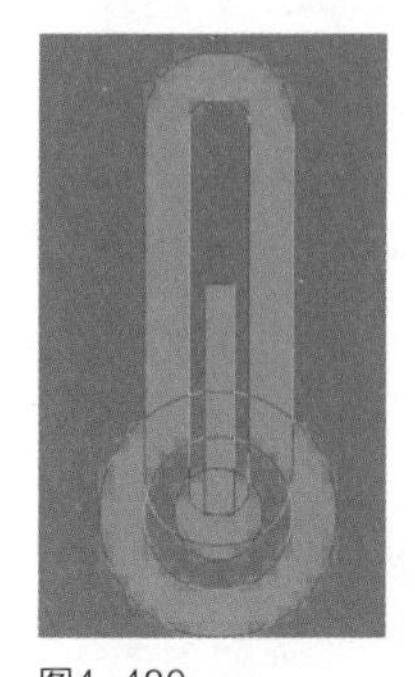

图4-480

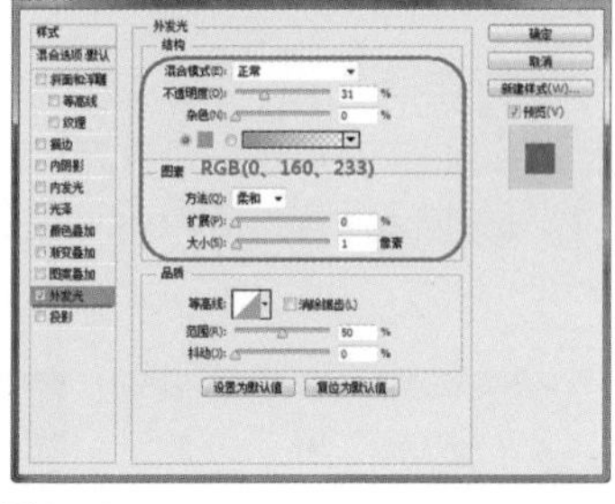

图4-481

36 设置完成后，单击“确定”按钮，得到的效果如图4-482所示。用相同的方法完成文字内容的制作。选择“直线工具”，设置“粗细”为“2像素”，在画布中绘制一条直线，如图4-483所示。

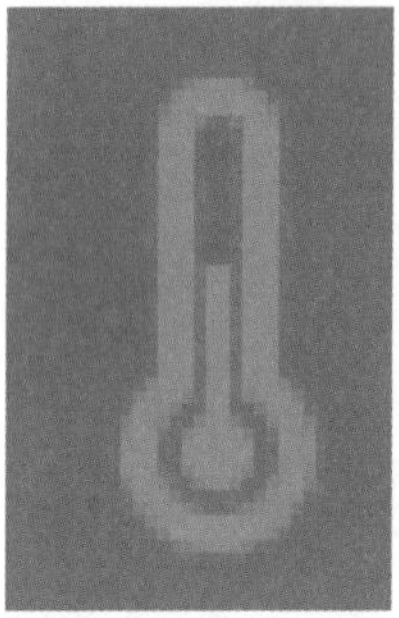

图4-482

图4-483

37 选择“直线工具”，修改“填充”为“白色”，在画布中绘制一条直线，如图4-484所示。按下Ctrl+T组合键，将直线向右移动，按Enter键，确认变换，再多次按下Ctrl+Shift+Alt+T组合键，变换形状，效果如图4-485所示。

图4-484

图4-485

38 选择“移动工具”，按住Alt+Shift组合键并向下拖动虚线，以复制虚线，如图4-486所示。将相关图层编组为“虚线”，修改该组的“不透明度”为“50%”，如图4-487所示。

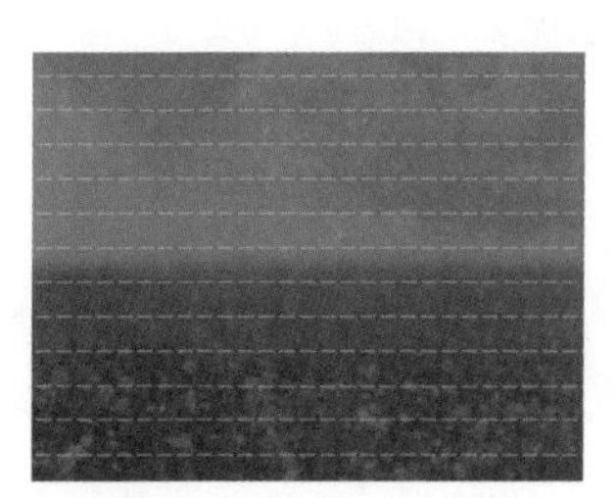

图4-486

图4-487

39 用相同的方法完成其他直线的制作，如图4-488所示。选择“直线工具”，修改“填充”为“RGB（235、96、1）”，“粗细”为“4像素”，在画布中绘制直线，如图4-489所示。

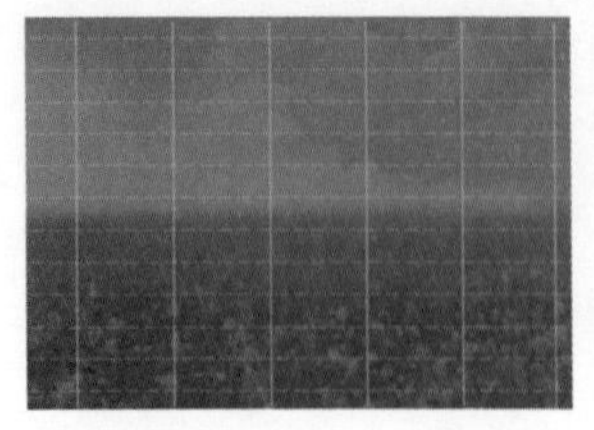

图4-488

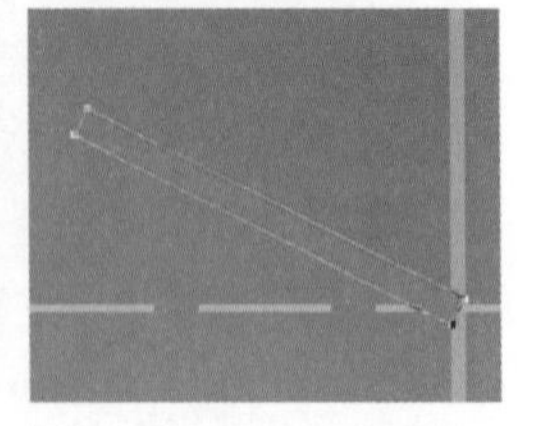

图4-489

40 用“转换点工具”在适当位置添加锚点，单击该锚点，删除两端的锚点，如图4-490所示。使用相同的方法完成其他直线的绘制，效果如图4-491所示。

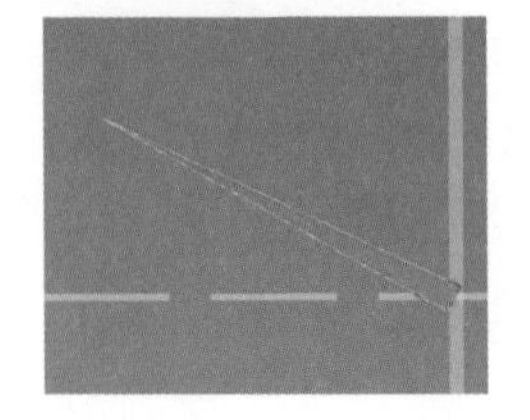

图4-490

图4-491

41 用“椭圆工具”在画布中绘制一个正圆，如图4-492所示。双击该图层缩览图，弹出“图层样式”对话框，选择“渐变叠加”选项并进行相应的设置，如图4-493所示。

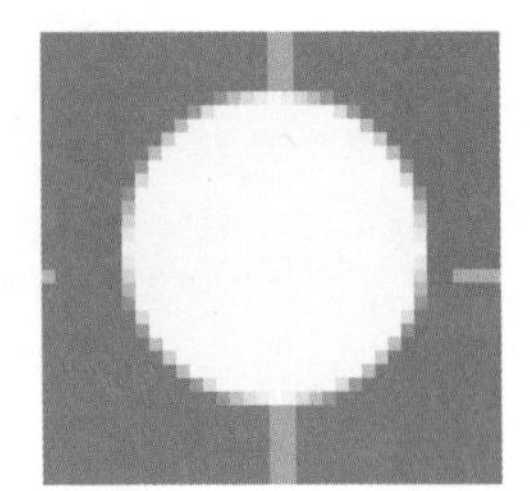

图4-492

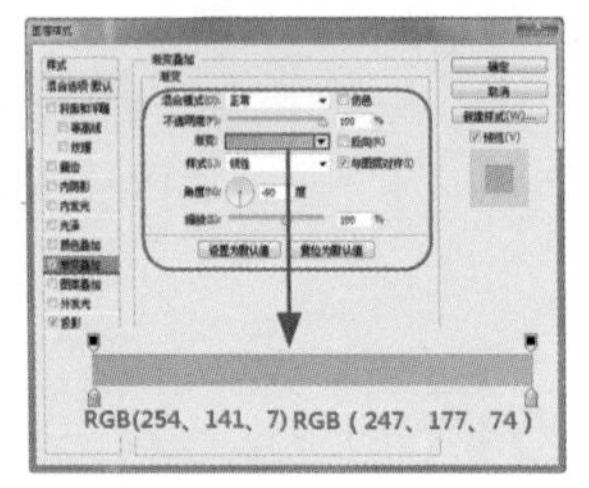

图4-493

42 选择“投影”选项并进行相应的设置，如图4-494所示。设置完成后，单击“确定”按钮，得到的效果如图4-495所示。

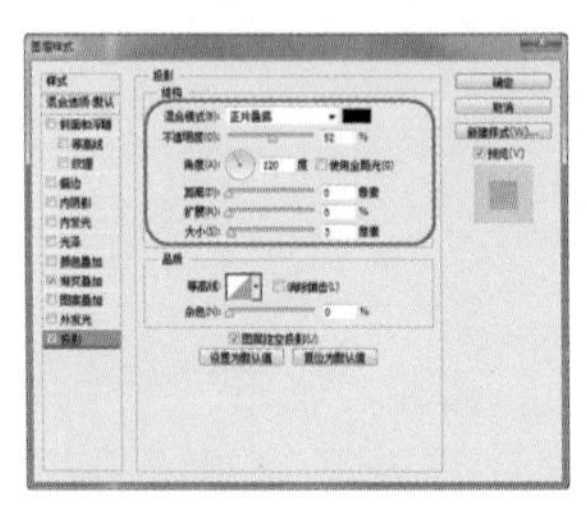

图4-494

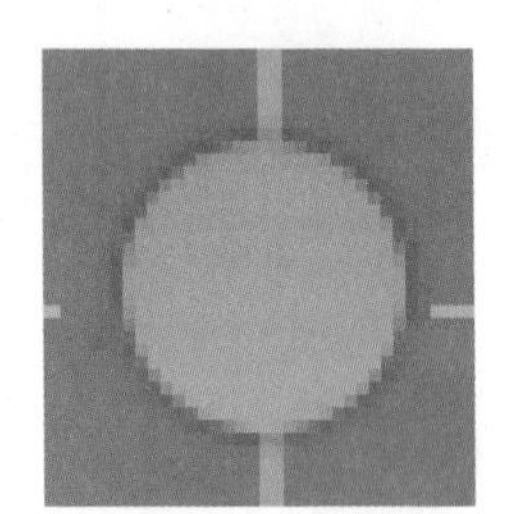

图4-495

43 复制该形状并调整其位置，效果如图4-496所示。将相关图层编组，如图4-497所示。

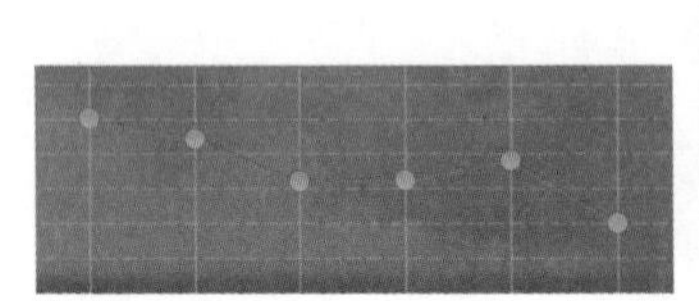

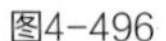

图4-496

图4-497

44 用相同的方法绘制图形，效果如图4-498所示。双击该图层缩览图，弹出“图层样式”对话框，选择“投影”选项并进行相应的设置，如图4-499所示。

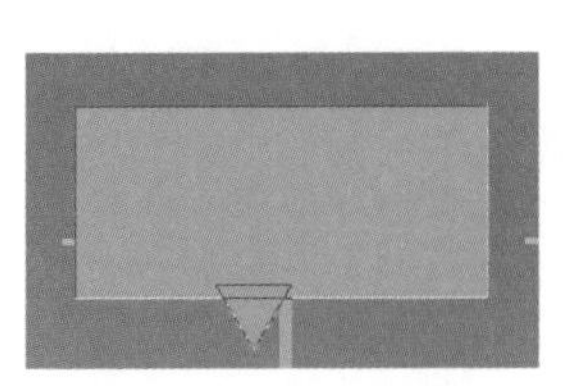

图4-498

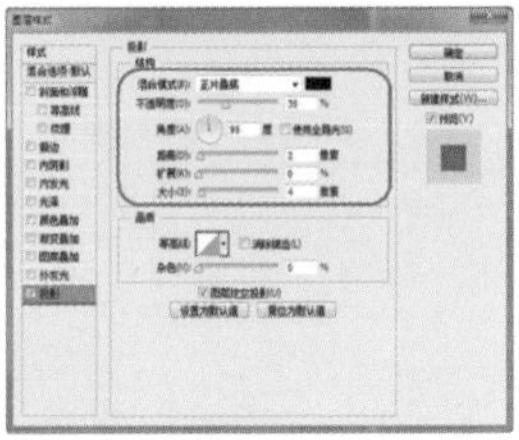

图4-499

45 设置完成后，单击“确定”按钮，得到的效果如图4-500所示。用相同的方法完成文字内容的制作，如图4-501所示。

图4-500

图4-501

46 用相同的方法完成其他内容的制作，将相关图层编组，如图4-502、图4-503所示。

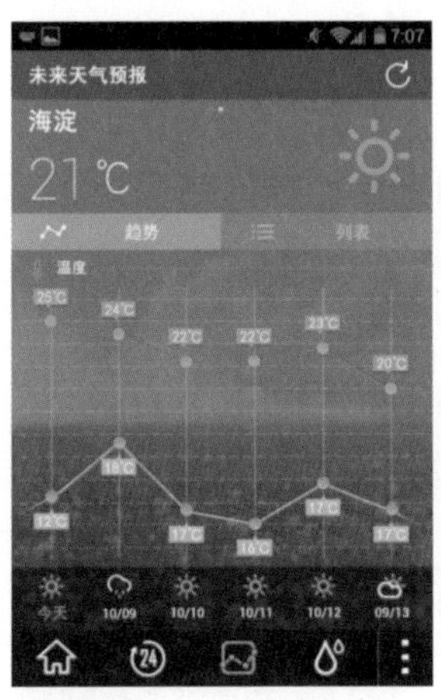

图4-502

图4-503

47 隐藏相关图层，如图4-504所示。执行“图像>裁切”命令，在弹出的“裁切”对话框中适当设置参数值，如图4-505所示。单击“确定”按钮，裁掉图像周围的透明像素，效果如图4-506所示。

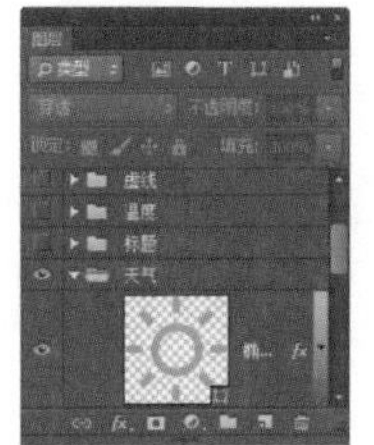

图4-504

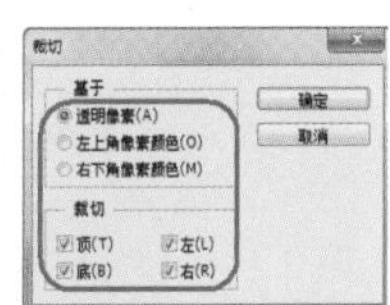

图4-505

图4-506

48 执行“文件>存储为Web所用格式”命令，在弹出的“存储为Web所用格式”对话框中进行相应的设置，如图4-507所示。设置完成后，单击下方的“存储”按钮，对图像进行存储，如图4-508所示。

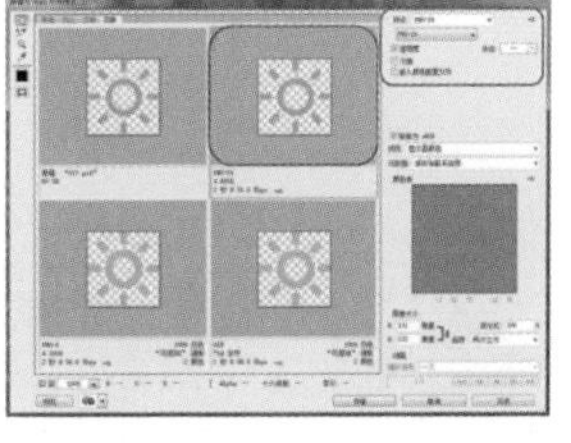

图4-507

图4-508

49 按下Ctrl+Alt+Z组合键，恢复操作，隐藏相关图层，如图4-509所示。执行“图像>裁切”命令，在弹出的“裁切”对话框中适当设置参数值，如图4-510所示。单击“确定”按钮，裁掉图像周围的透明像素，效果如图4-511所示。

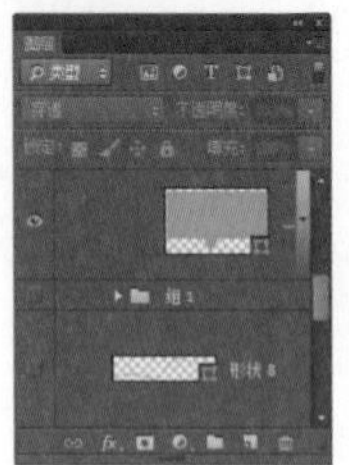

图4-509

图4-510

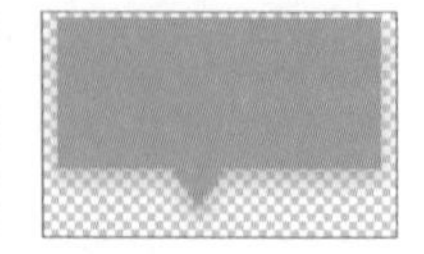

图4-511

50 执行“文件>存储为Web所用格式”命令，在弹出的“存储为Web所用格式”对话框中进行相应的设置，如图4-512所示。设置完成后，单击下方的“存储”按钮，对图像进行存储，如图4-513所示。

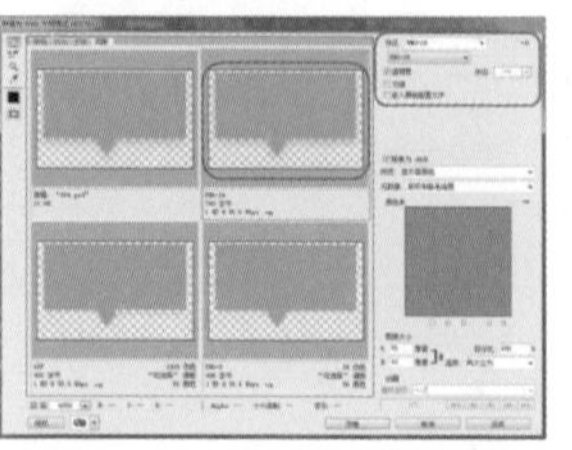

图4-512

图4-513

51 用相同的方法对界面中的其他元素进行切片存储，如图4-514所示。

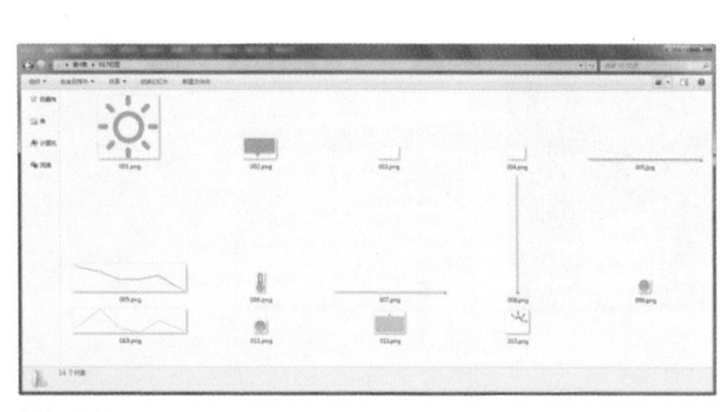

图4-514

52 用相同的方法完成其他界面的制作，效果如图4-515、图4-516所示。

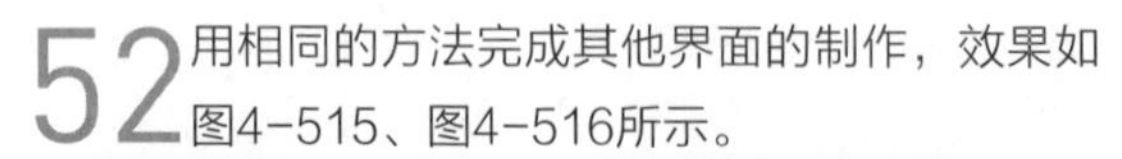

图4-515

图4-516

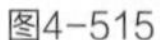

操作小贴士

绘制多云图标时，可先用“椭圆工具”绘制一个圆环，用“直线工具”绘制直线，然后，用“椭圆工具”绘制椭圆并减去顶层图形，再用相同的方法绘制两个圆环，绘制矩形并减去顶层图形，最后，再绘制一个矩形。

实战17 制作学习类软件的界面

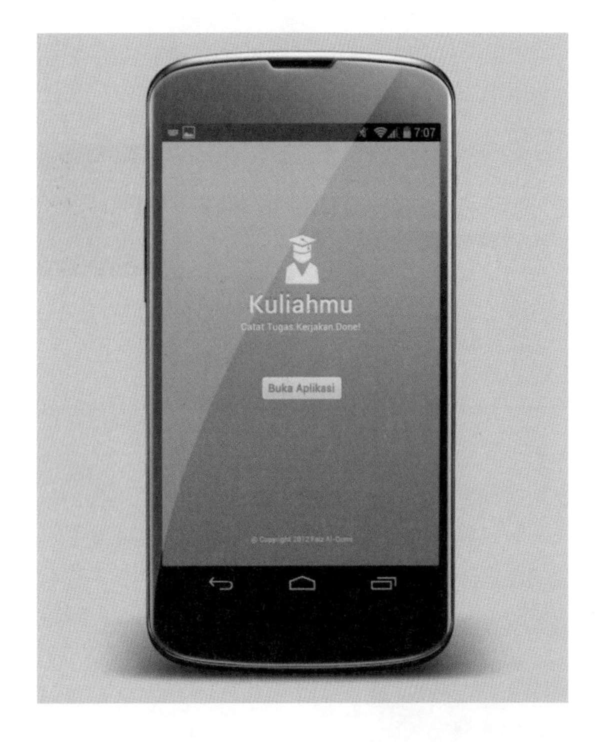

➲ 案例分析

案例中的难点是小人图形的绘制，小人图形可通过路径操作、转换点工具与任意选择工具绘制而成。制作时需细心且耐心，一定要注意细节。

➲ 设计规范

尺寸规格	768×1184（像素）
主要工具	矩形工具、圆角矩形工具、路径操作
源文件地址	第4章\源文件\017.psd
视频地址	视频\第4章\017.SWF

➲ 色彩分析

深黄色的背景与图标的颜色协调、统一，同色系的色彩搭配使界面更显沉稳、干净。

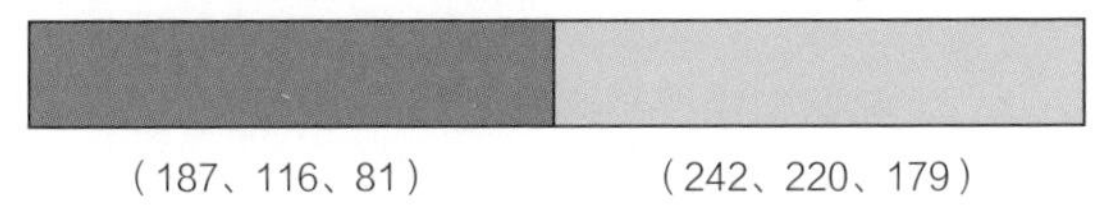

（187、116、81）　（242、220、179）

制作步骤

01 执行“文件>新建”命令，弹出“新建”对话框，新建一个空白文档，如图4-517所示。选择“矩形工具”，设置“填充”为由“RGB（216、168、120）”到“RGB（166、82、56）”的线性渐变，如图4-518所示。

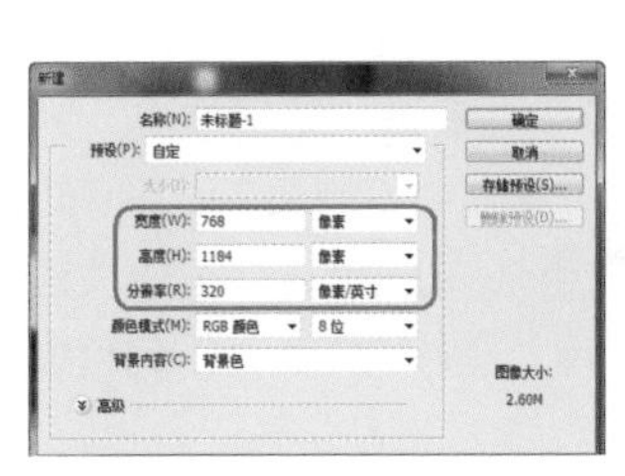

图4-517

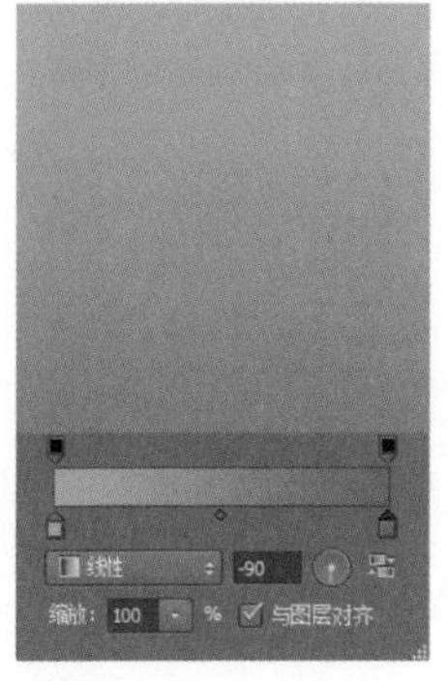

图4-518

02 执行“文件>新建”命令，新建一个空白文档，如图4-519所示。用“矩形工具”在画布中绘制一个黑色的矩形，按下Ctrl+J组合键，复制该矩形，调整其位置，效果如图4-520所示。

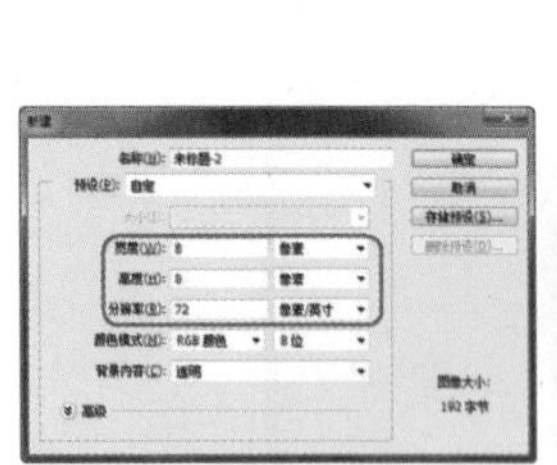
图4-519

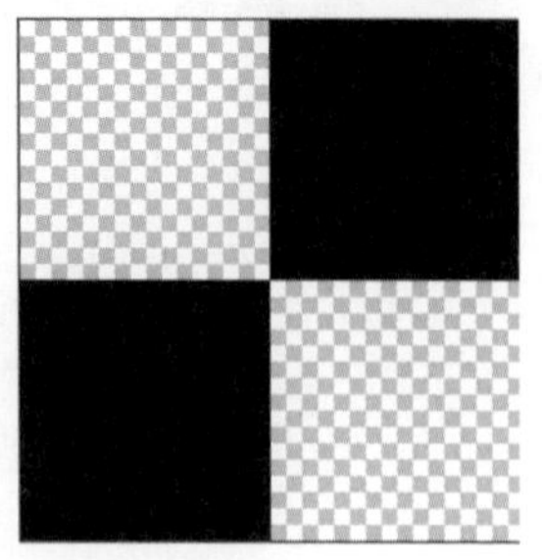
图4-520

03 执行“编辑>定义图案”命令，在对话框中定义好名称后，单击“确定”按钮，保存图案，如图4-521所示。返回到设计文档，双击该图层缩览图，弹出“图层样式”对话框，选择“图案叠加”选项并进行相应的设置，如图4-522所示。

图4-521

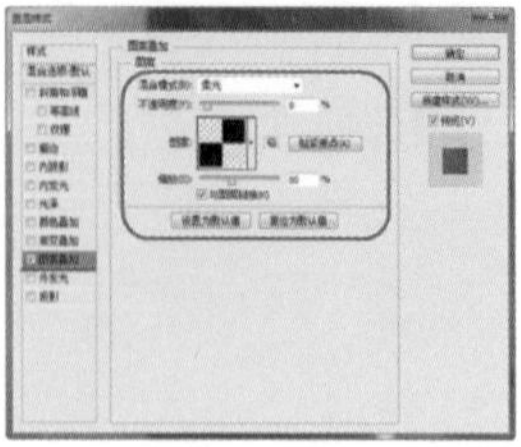

图4-522

04 设置完成后，单击“确定”按钮，得到的效果如图4-523所示。用相同的方法将状态栏置入到画布中，效果如图4-524所示。将相关图层编组。

图4-523

图4-524

05 选择“矩形工具”，设置“填充”为“RGB（251、225、208）”，在画布中绘制一个矩形，将其调整为菱形，如图4-525所示。选择“椭圆工具”，设置“路径操作”为“减去顶层形状”，在画布中绘制椭圆形后，继续用“直线工具”绘制形状，效果如图4-526所示。

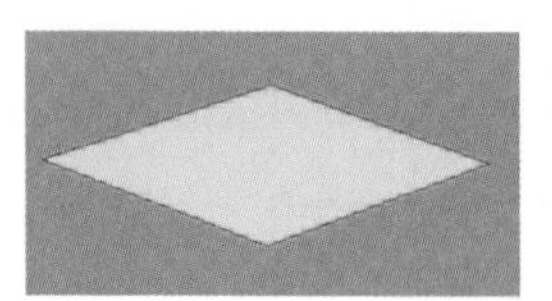
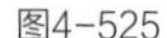
图4-525

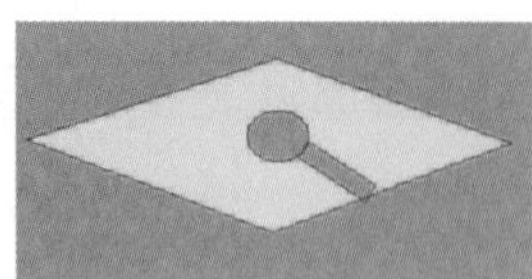
图4-526

06 选择“矩形工具”，设置“路径操作”为“合并形状”，在画布中绘制图形。用“转换点工具”在适当位置添加锚点后，单击相关锚点，如图4-527所示。用“任意选择工具”调整形状，效果如图4-528所示。

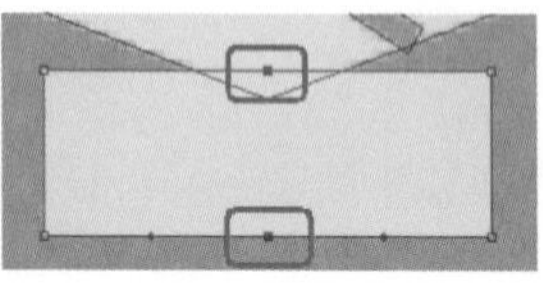
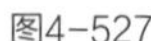
图4-527

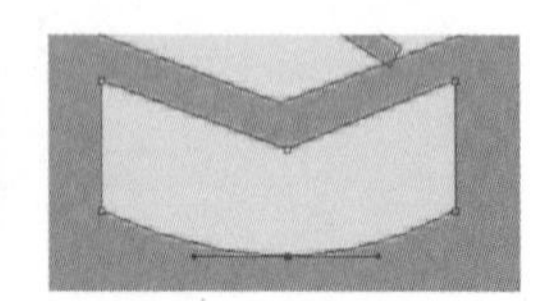
图4-528

07 用相同的方法完成其他内容的制作，效果如图4-529所示。用“圆角矩形工具”在画布中绘制一个圆角矩形。用“转换点工具”在适当位置添加锚点后，单击相关锚点，如图4-530所示。

图4-529

图4-530

08 用“任意选择工具”拖动锚点，调整形状，如图4-531所示。双击该图层缩览图，弹出“图层样式”对话框，选择“外发光”选项并进行相应的设置，如图4-532所示。

图4-531

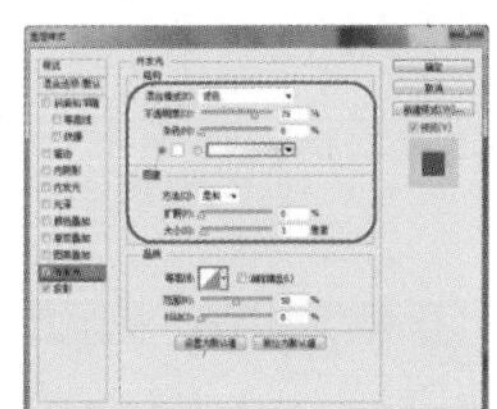
图4-532

09 选择“投影”选项并进行相应的设置，如图4-533所示。设置完成后，单击“确定”按钮，得到的效果如图4-534所示。

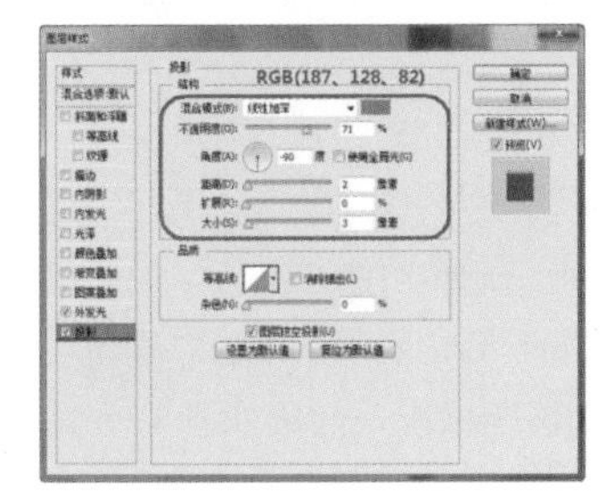

图4-533

图4-534

10 打开“字符”面板，设置参数值，如图4-535所示。用“横排文字工具”在画布中输入文字，如图4-536所示。

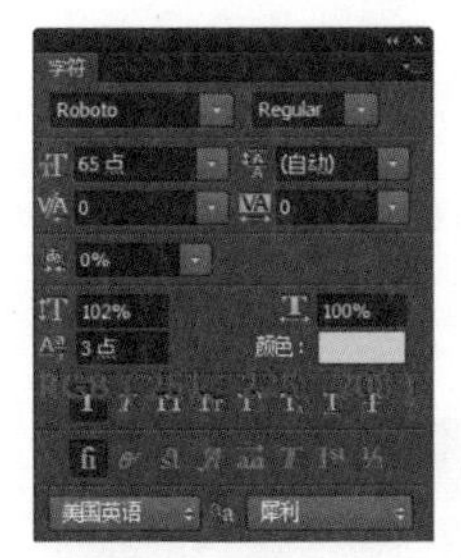

图4-535

图4-536

11 双击该图层缩览图，弹出“图层样式”对话框，选择“投影”选项并进行相应的设置，如图4-537所示。设置完成后，单击“确定”按钮，得到的效果如图4-538所示。

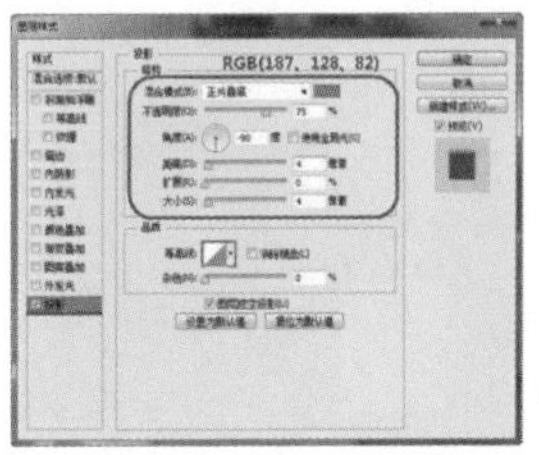

图4-537

图4-538

12 用相同的方法输入其他文字。用“圆角矩形工具”在画布中绘制一个任意颜色的圆角居矩形，如图4-539所示。双击该图层缩览图，弹出“图层样式”对话框，选择“内发光”选项并进行相应的设置，如图4-540所示。

图4-539

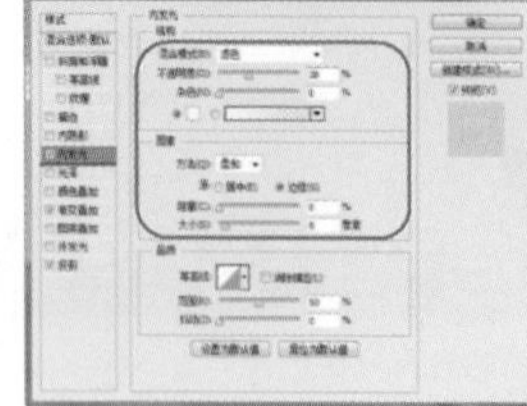

图4-540

13 选择“渐变叠加”选项并进行相应的设置，如图4-541所示。选择“投影”选项并进行相应的设置，如图4-542所示。

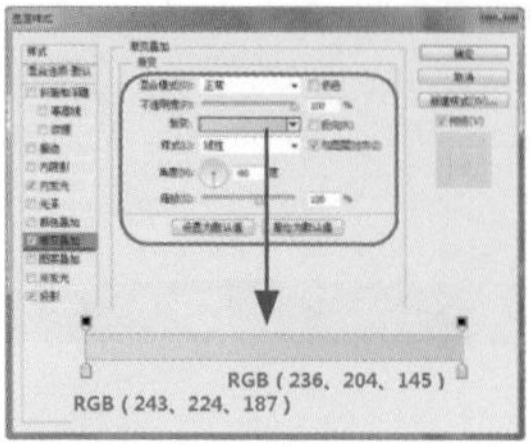

图4-541

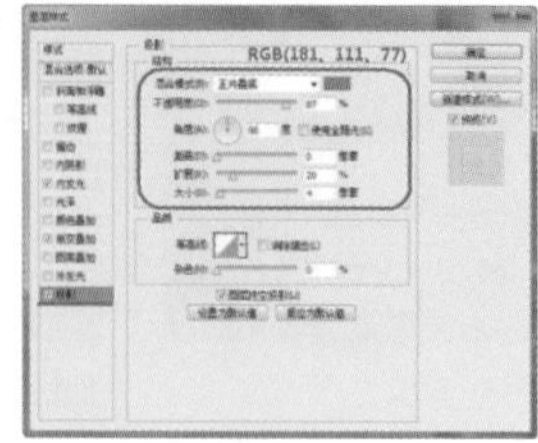

图4-542

14 设置完成后，单击“确定”按钮，得到的效果如图4-543所示。用相同的方法完成文字内容的制作，效果如图4-544所示。

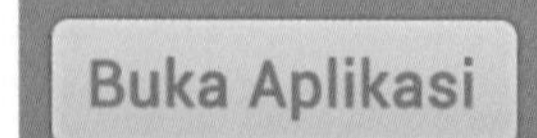

图4-543

图4-544

15 用相同的方法完成其他内容的制作，将相关图层编组，如图4-545、图4-546所示。

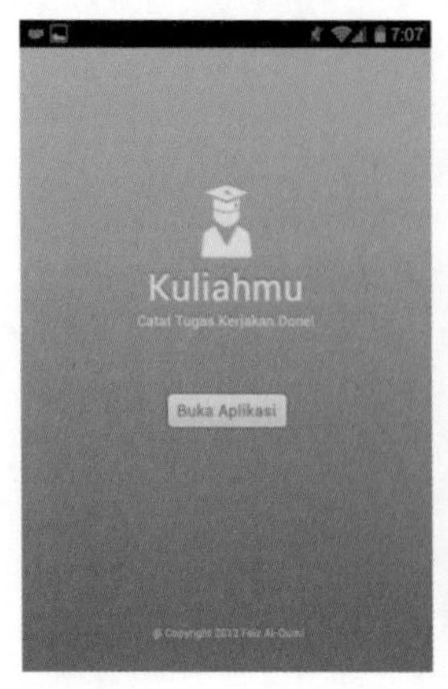

图4-545

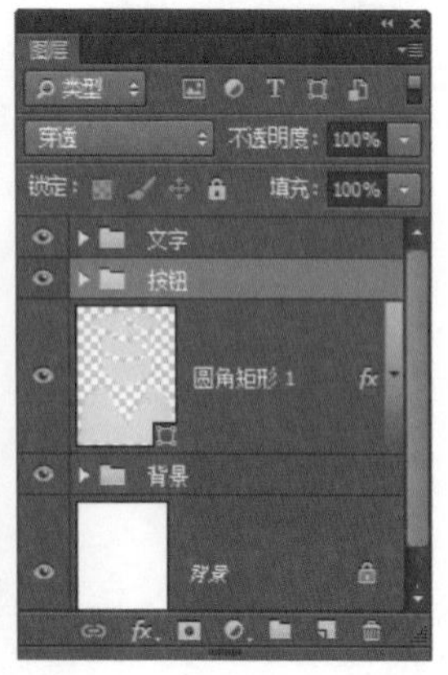

图4-546

16 隐藏相关图层，如图4-547所示。执行“图像>裁切”命令，在弹出的“裁切”对话框中适当设置参数值，如图4-548所示。单击“确定”按钮，裁掉图像周围的透明像素，效果如图4-549所示。

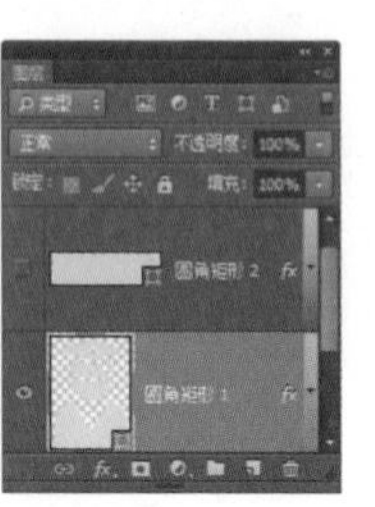

图4-547

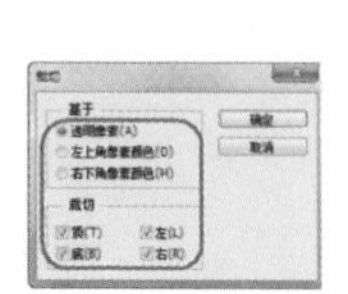

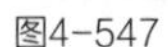

图4-548

图4-549

17 执行“文件>存储为Web所用格式”命令，在弹出的“存储为Web所用格式”对话框中进行相应的设置，如图4-550所示。设置完成后，单击下方的“存储”按钮，对图像进行存储，如图4-551所示。

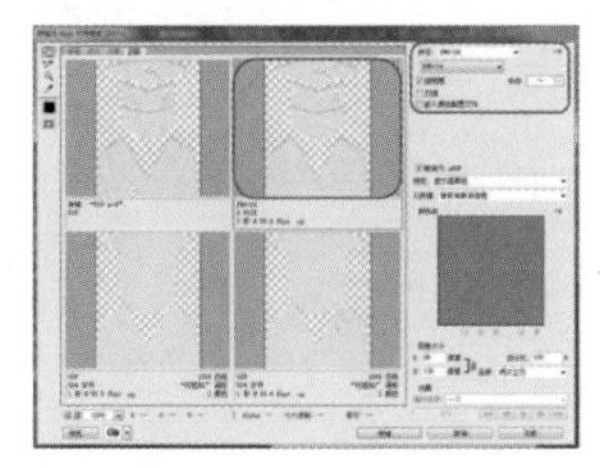

图4-550

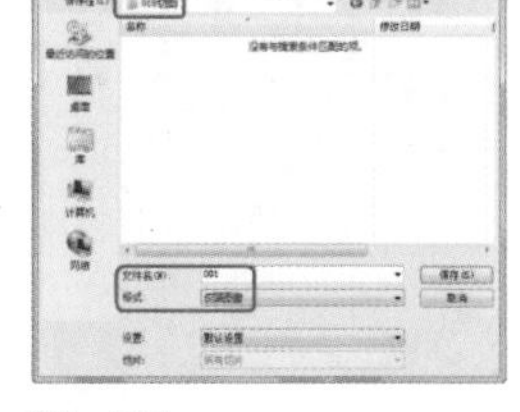

图4-551

18 按下Ctrl+Alt+Z组合键，恢复操作，隐藏相关图层，如图4-552所示。执行“图像>裁切”命令，在弹出的“裁切”对话框中适当设置参数值，如图4-553所示。单击“确定”按钮，裁掉图像周围的透明像素，效果如图4-554所示。

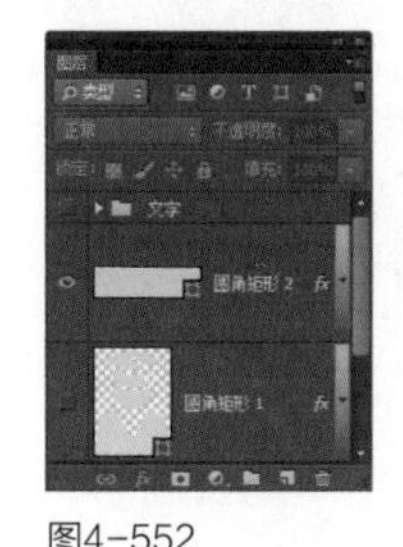

图4-552

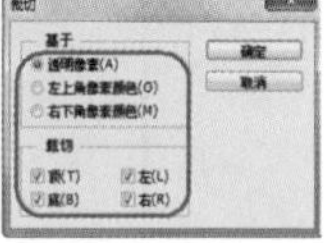
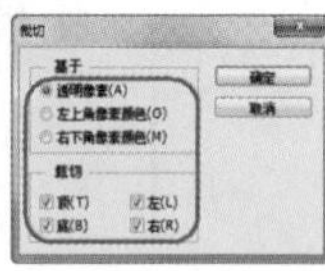

图4-553

图4-554

19 执行“文件>存储为Web所用格式”命令，在弹出的“存储为Web所用格式”对话框中进行相应的设置，如图4-555所示。设置完成后，单击下方的“存储”按钮，对图像进行存储，如图4-556所示。

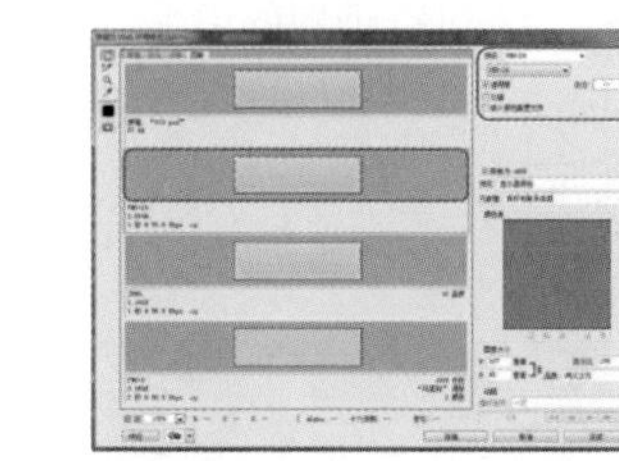

图4-555

图4-556

20 用相同的方法对界面中的其他元素进行切片存储，如图4-557所示。

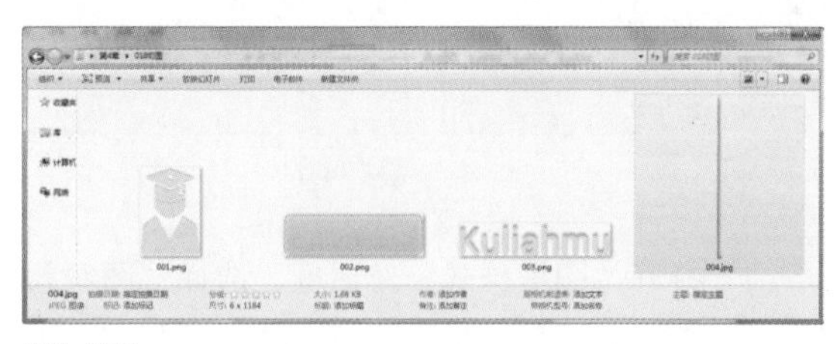

图4-557

提示

当界面中的元素是纯色或规则的渐变色及其他图案时，可以只截取其中的一小部分，后期可通过横向或纵向平铺来得到需要的长度。

21 执行“文件>新建”命令，弹出“新建”对话框，新建一个空白文档，如图4-558所示。用相同的方法完成相似内容的制作，效果如图4-559所示。

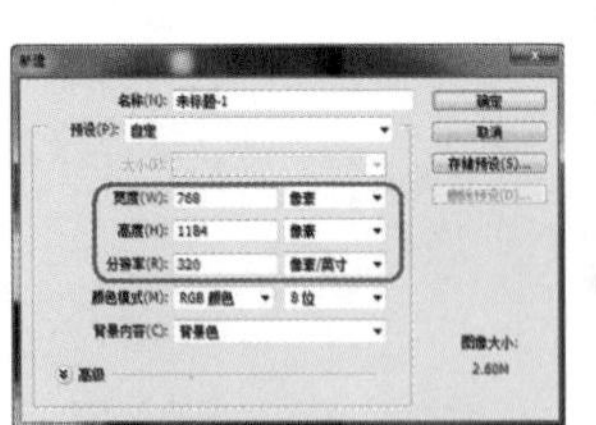

图4-558

图4-559

22 在画布中绘制一个任意颜色的圆角矩形，如图4-560所示。打开“图层样式”对话框，选择“内阴影”选项并进行相应的设置，如图4-561所示。

图4-560

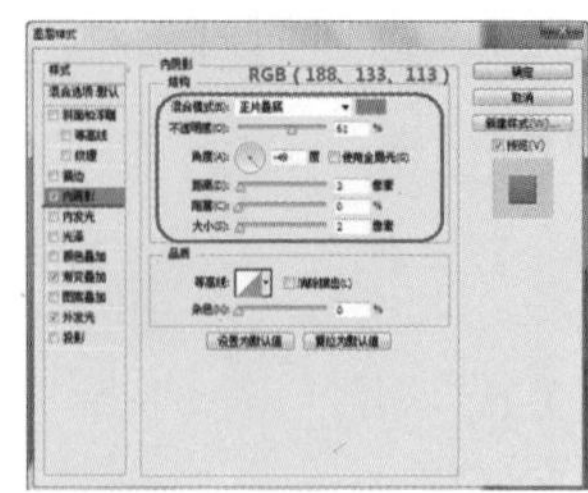

图4-561

23 选择“渐变叠加”选项并进行相应的设置，如图4-562所示。选择“外发光”选项并进行相应的设置，如图4-563所示。

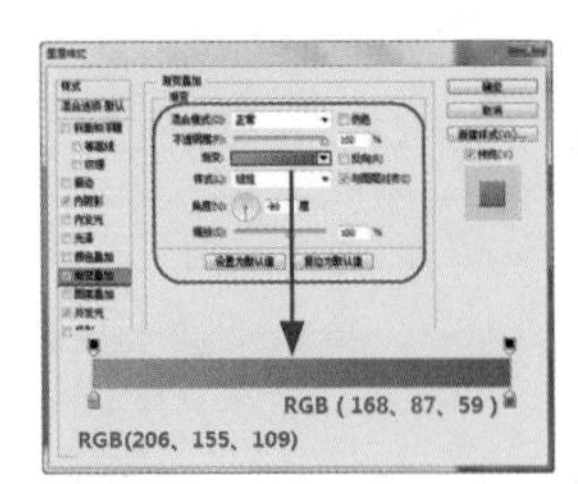

图4-562

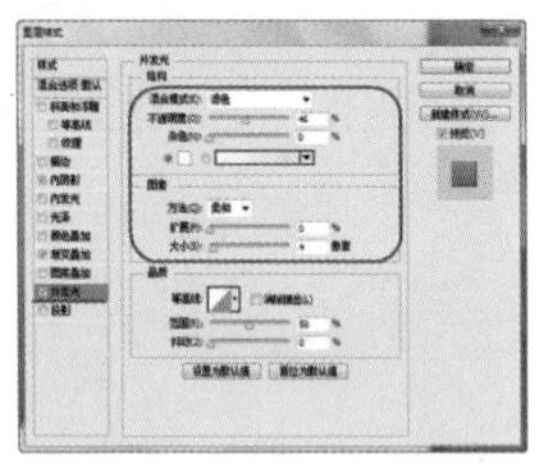

图4-563

24 设置完成后，单击“确定”按钮，得到的效果如图4-564所示。按下Ctrl+J组合键，复制该图层，再将其等比例放大，效果如图4-565所示。

图4-564

图4-565

25 打开“图层样式”对话框，选择“图案叠加”选项并进行相应的设置，如图4-566所示。设置完成后，单击“确定”按钮，修改“填充”为“0%”，得到的效果如图4-567所示。

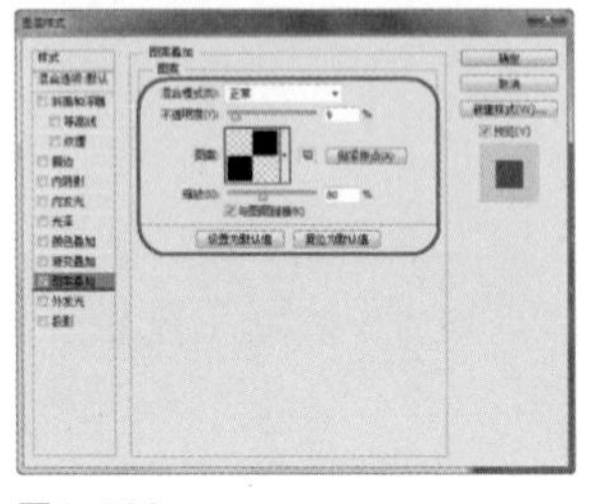

图4-566

图4-567

26 “图层”面板如图4-568所示。选择“圆角矩形工具”，设置“填充”为“RGB（251、225、208）”，绘制图形，如图4-569所示。选择“直线工具”，设置“粗细”为“4像素”，设置“路径操作”为“减去顶层形状”，在画布中绘制图形，如图4-570所示。

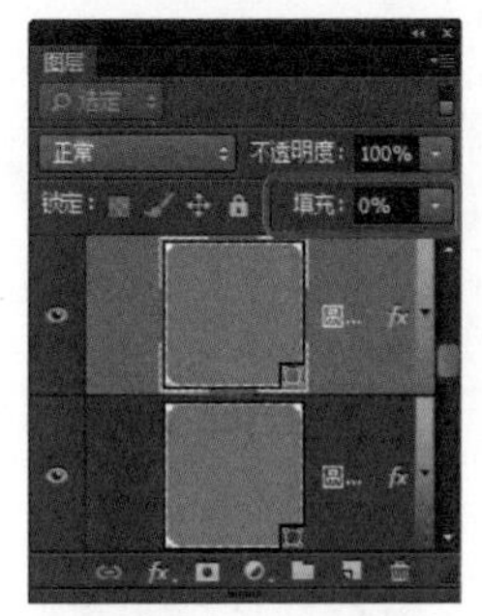

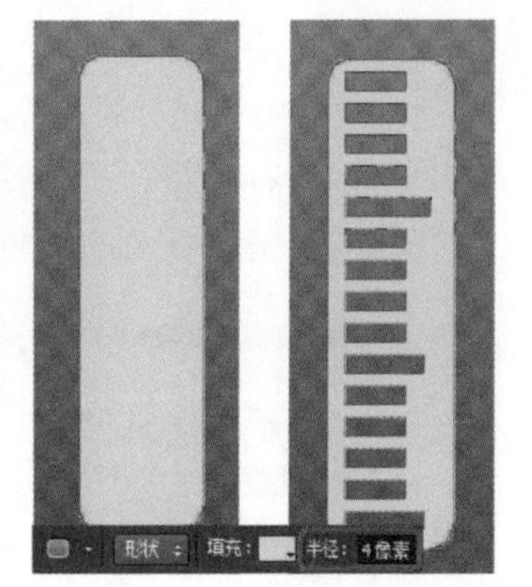
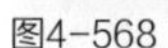

图4-568　图4-569　图4-570

27 双击该图层缩览图，弹出“图层样式”对话框，选择“外发光”选项并进行相应的设置，如图4-571所示。选择“投影”选项并进行相应的设置，如图4-572所示。

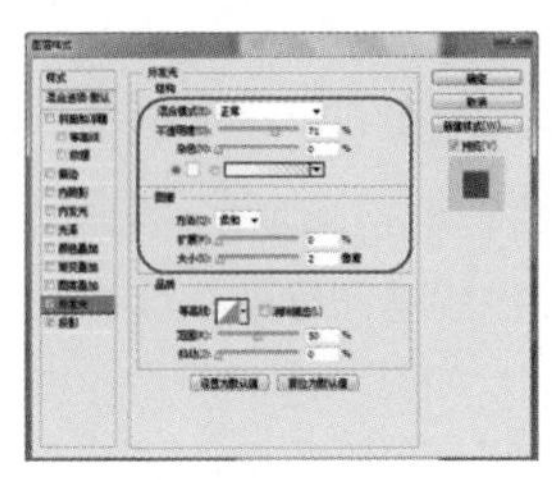
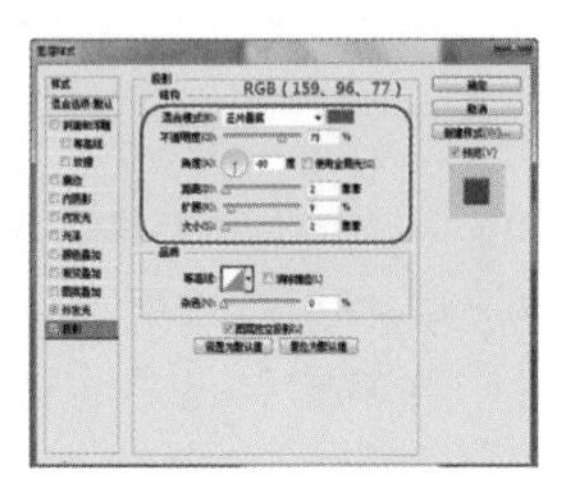

图4-571　图4-572

28 设置完成后，单击“确定”按钮，得到的效果如图4-573所示。用“矩形工具”在画布中绘制一个矩形，用“转换点工具”在适当位置添加锚点后，单击下方锚点，如图4-574所示。用“任意选择工具”拖动锚点，调整形状，如图4-575所示。

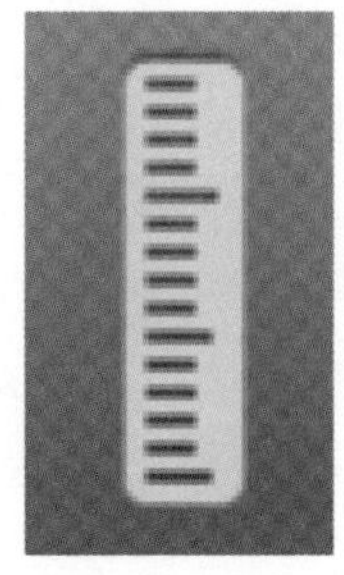
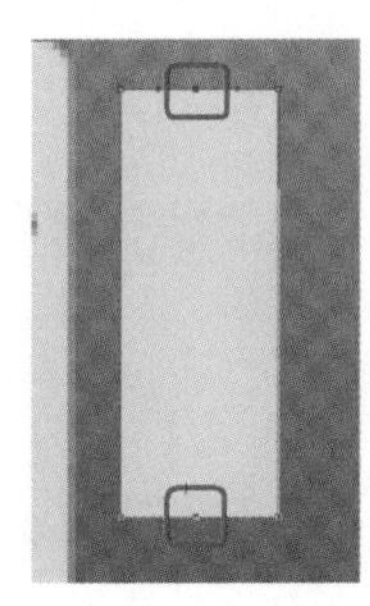
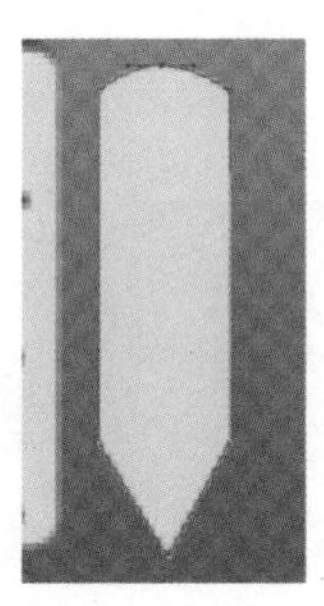

图4-573　图4-574　图4-575

29 用相同的方法完成其他内容的制作，效果如图4-576所示。将相关图层编组，复制该组并调整其位置，删除顶层形状，如图4-577所示。

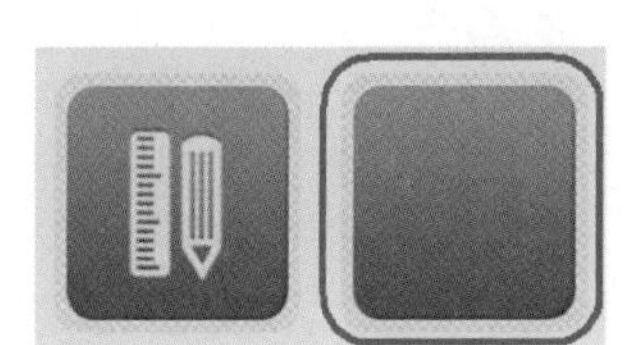

图4-576　图4-577

30 双击“圆角矩形1”图层的缩览图，弹出“图层样式”对话框，选择“渐变叠加”选项并修改参数，如图4-578所示。设置完成后，单击“确定”按钮，得到的效果如图4-579所示。

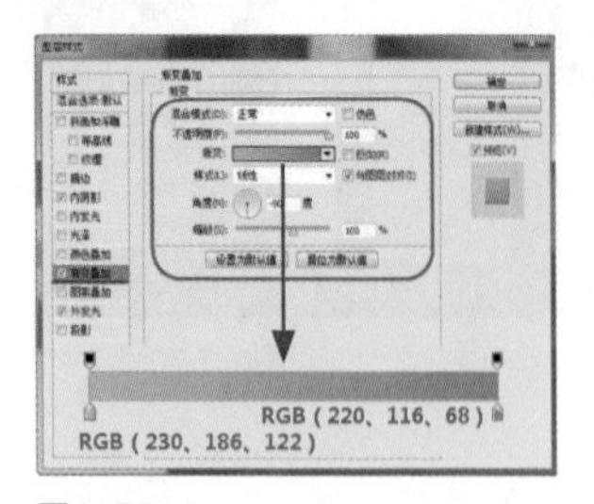

图4-578

图4-579

31 在画布中绘制一个椭圆，适当旋转其角度，用“任意选择工具”在适当位置添加锚点，如图4-580所示。拖动相关锚点，调整图形的形状，如图4-581所示。

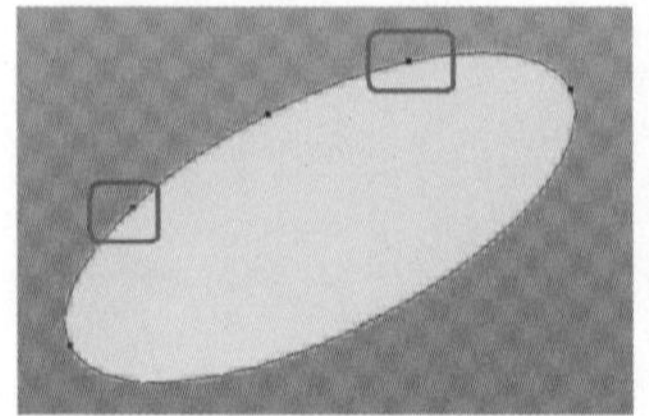

图4-580

图4-581

32 用相同的方法完成铃铛图形的绘制，效果如图4-582所示。复制铅笔图标的图层样式后，为该图层粘贴图层样式，如图4-583所示。将相关图层编组。

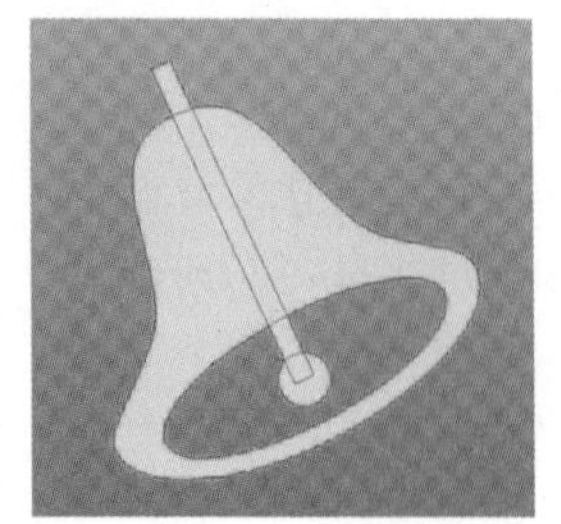

图4-582

图4-583

33 用相同的方法完成相似内容制作，效果如图4-584所示。用相同的方法在画布中绘制一个圆环，如图4-585所示。

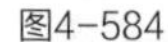
图4-584

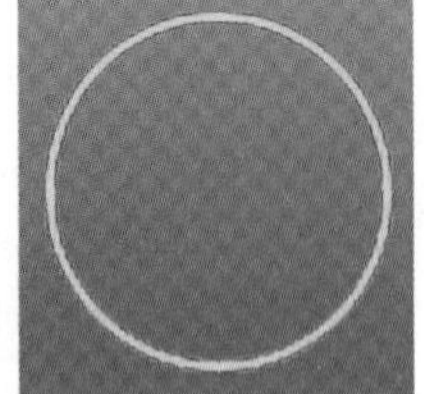

图4-585

34 选择“矩形工具”，设置“路径操作”为“减去顶层形状”，在画布中绘制矩形，如图4-586所示。选择“椭圆工具”，设置“路径操作”为“合并形状”，在画布中绘制正圆，如图4-587所示。用相同的方法完成其他内容的制作，效果如图4-588所示。

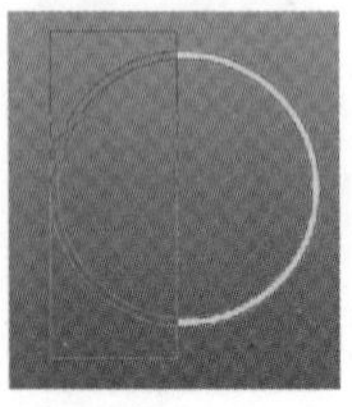

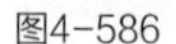
图4-586

图4-587

图4-588

35 将相关素材拖入设计文档，适当调整它们的位置和大小，如图4-589所示。将相关图层编组。用相同的方法完成其他图标的制作，效果如图4-590所示。

图4-589

图4-590

36 打开“字符”面板，设置参数值，如图4-591所示。用“横排文字工具”在画布中输入文字，如图4-592所示。用相同的方法完成其他文字的制作，效果如图4-593所示。

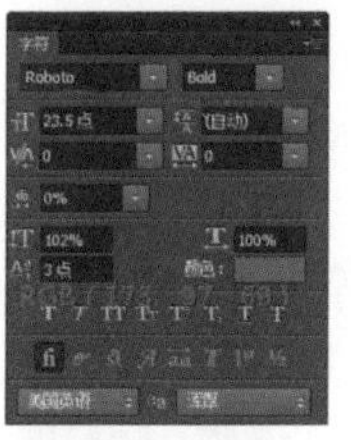

图4-591

图4-592

图4-593

37 选择“圆角矩形工具”，设置“填充”为“RGB（250、241、246）”，在画布中绘制一个圆角矩形。选择“钢笔工具”，设置“路径操作”为“合并形状”，绘制如图4-594所示的图形。打开“图层样式”对话框，选择“描边”选项并修改参数，如图4-595所示。

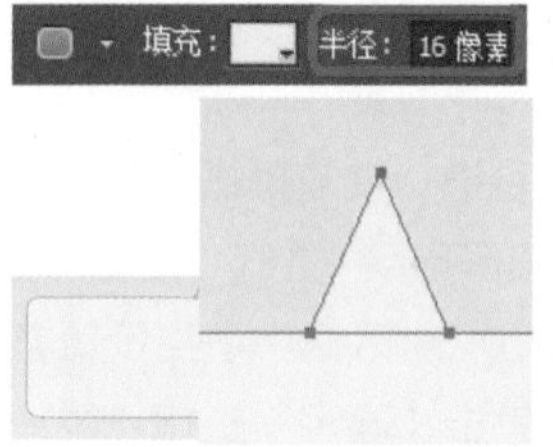

图4-594

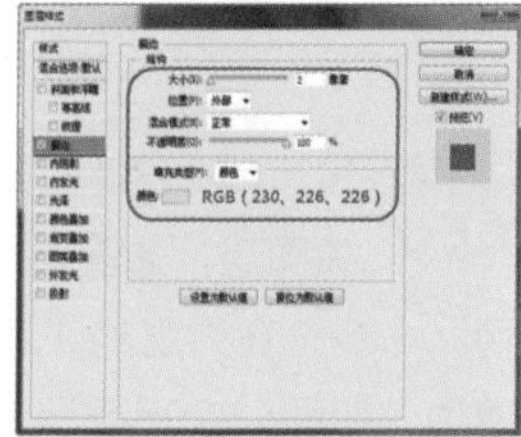

图4-595

38 设置完成后，单击“确定”按钮，得到的效果如图4-596所示。用相同的方法完成文字的制作，如图4-597所示。

图4-596

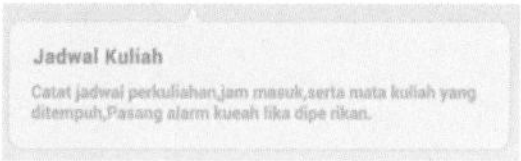

图4-597

39 至此，该案例的制作已完成，效果如图4-598所示。“图层”面板如图4-599所示。

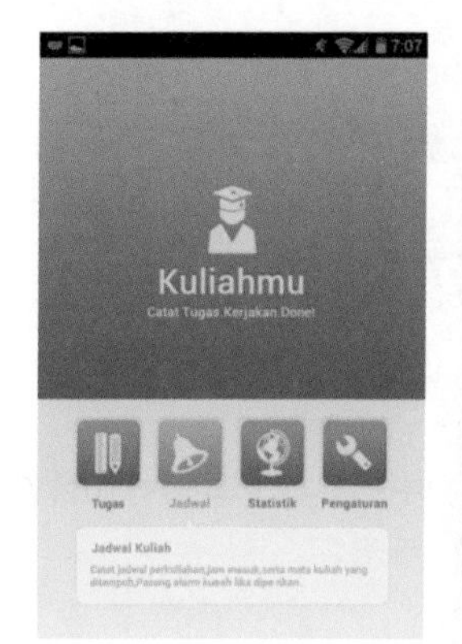

图4-598

图4-599

40 隐藏相关图层，如图4-600所示。执行“图像>裁切”命令，在弹出的“裁切”对话框中适当设置参数值，如图4-601所示。单击“确定”按钮，裁掉图像周围的透明像素，如图4-602所示。

图4-600

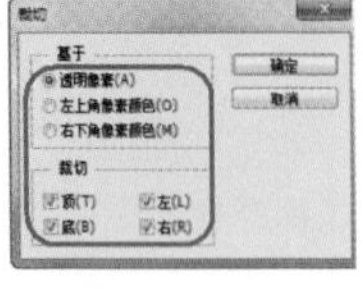

图4-601

图4-602

41 执行“文件>存储为Web所用格式”命令，在弹出的“存储为Web所用格式”对话框中进行相应的设置，如图4-603所示。设置完成后，单击下方的“存储”按钮，对图像进行存储，如图4-604所示。

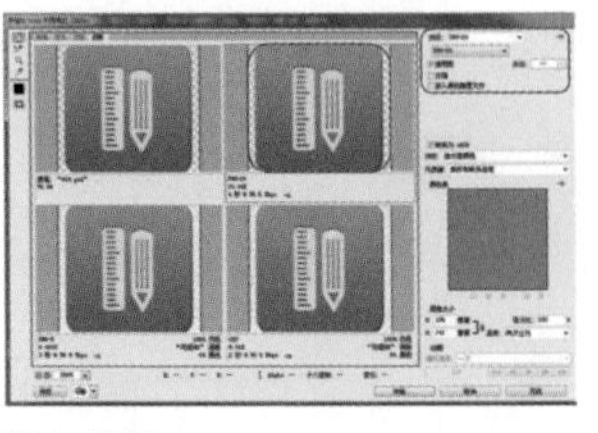
图4-603

图4-604

42 按下Ctrl+Alt+Z组合键，恢复操作，隐藏相关图层，如图4-605所示。执行“图像>裁切”命令，在弹出的“裁切”对话框中适当设置参数值，如图4-606所示。单击“确定”按钮，裁掉图像周围的透明像素，如图4-607所示。

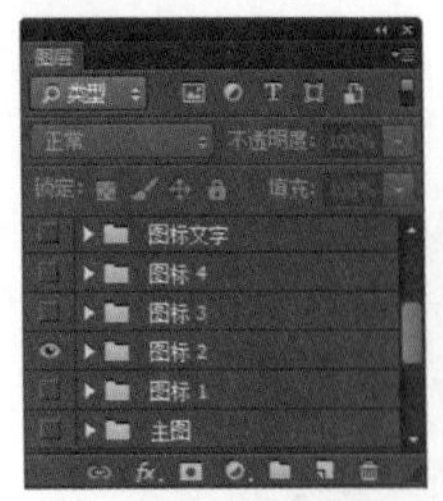

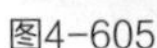
图4-605

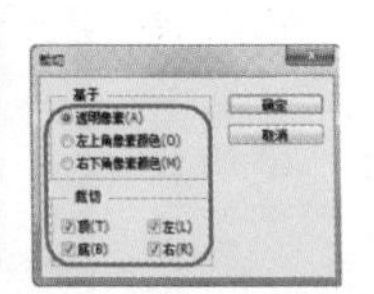

图4-606

图4-607

43 执行“文件>存储为Web所用格式”命令，在弹出的“存储为Web所用格式”对话框中进行相应的设置，如图4-608所示。设置完成后，单击下方的“存储”按钮，对图像进行存储，如图4-609所示。

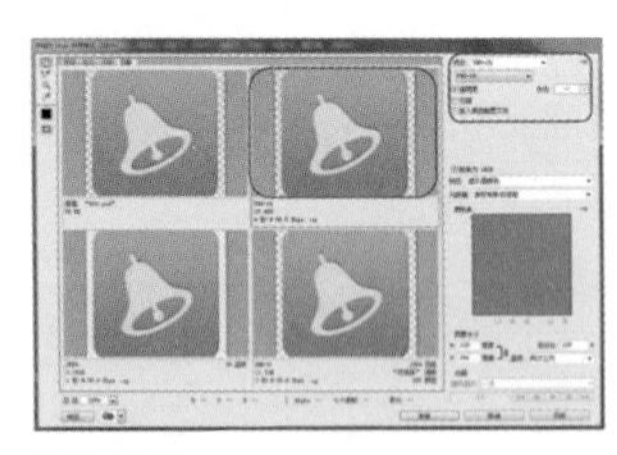
图4-608

图4-609

44 用相同的方法对界面中的其他元素进行切片存储，如图4-610所示。用相同的方法完成其他界面的制作，效果如图4-611所示。

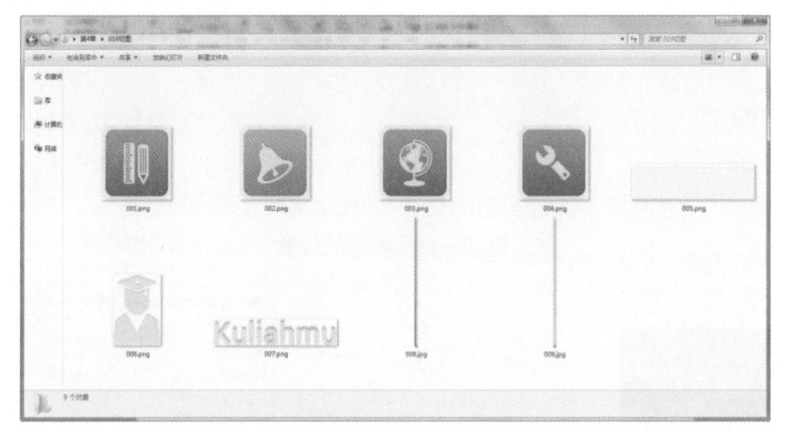

图4-610

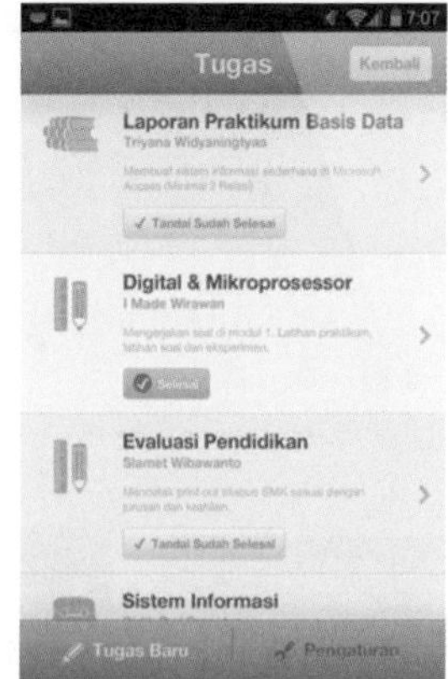

图4-611

实战18 制作平板电脑的游戏界面

案例分析

该案例主要制作的是游戏界面，可通过图层样式使界面中的元素得到精致而华丽的图像效果。图标应有投影效果，注意细节的制作。

设计规范

尺寸规格	1024×768（像素）
主要工具	圆角矩形工具、文字工具、直线工具
源文件地址	第4章\源文件\018.psd
视频地址	视频\第4章\018.SWF

色彩分析

同色系的色彩搭配使界面和谐统一，小块的绿色使界面显得更加精致，同时，营造出了热闹的气氛。

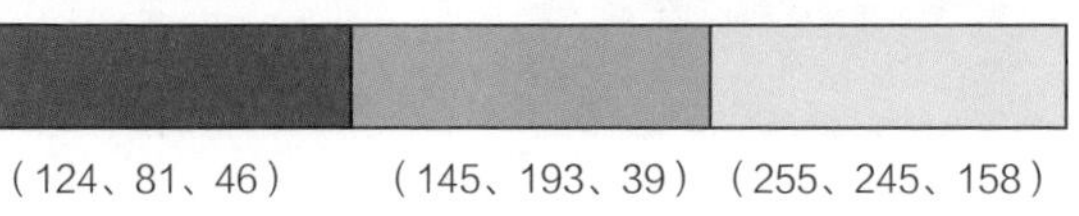

（124、81、46）（145、193、39）（255、245、158）

制作步骤

01 执行“文件>新建”命令，弹出“新建”对话框，新建一个空白文档，如图4-612所示。新建图层，设置“前景色”为“RGB（55、36、19）”，按下Alt+Delete组合键，为画布填充前景色，效果如图4-613所示。

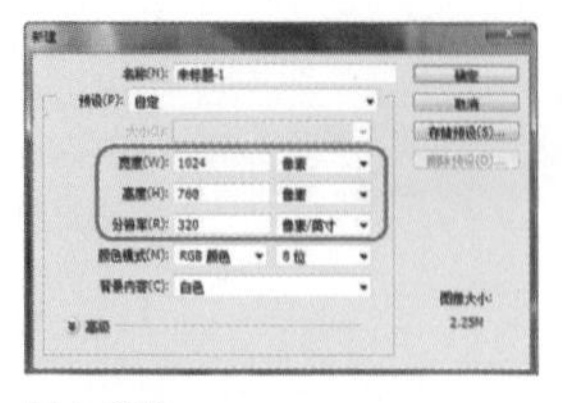

图4-612

图4-613

02 执行“文件>打开”命令，打开素材文件“第5章\素材\018.jpg”将其拖入设计文档并适当调整其位置，如图4-614所示。双击该图层缩览图，弹出“图层样式”对话框，选择“外发光”选项并进行相应的设置，如图4-615所示。

图4-614

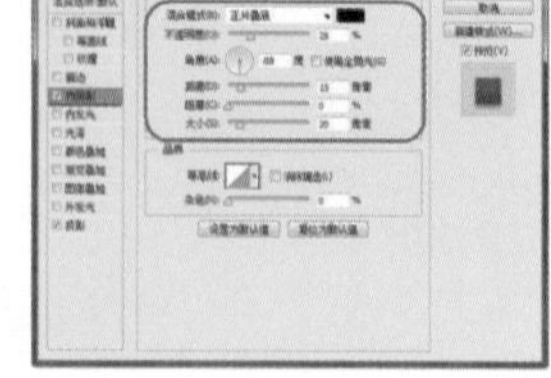

图4-615

03 选择“投影”选项并进行相应的设置，如图4-616所示。设置完成后，单击“确定”按钮，得到的效果如图4-617所示。

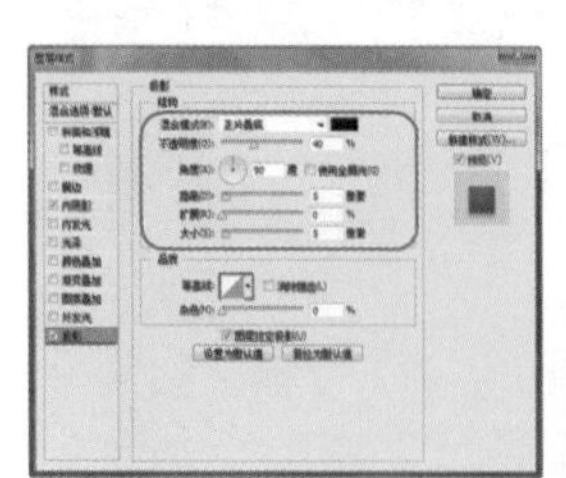

图4-616

图4-617

04 用“矩形选框工具”在画布中绘制选区，如图4-618所示。单击“添加图层蒙版”按钮，为其添加图层蒙版，如图4-619所示。

图4-618

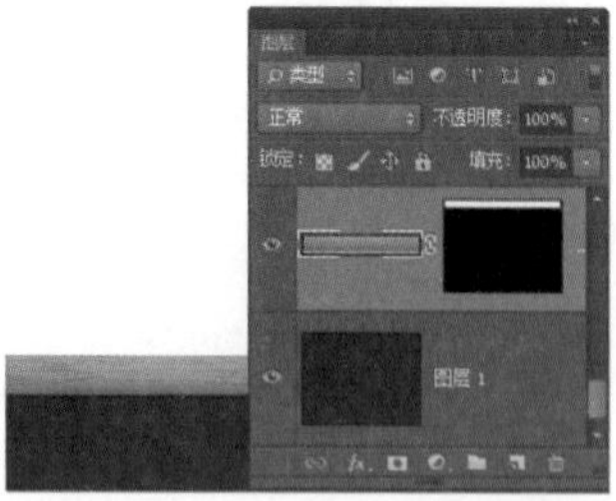

图4-619

05 选择“直线工具”，设置“填充”为“RGB（112、63、5）”，在画布中绘制一条直线，如图4-620所示。将相关图层编组。选择“圆角矩形工具”，设置“半径”为“2像素”，在画布中绘制任意颜色的圆角矩形，如图4-621所示。

图4-620

图4-621

06 选择“钢笔工具”，设置“路径操作”为“合并形状”，在画布中绘制如图4-622所示的图形。双击该图层缩览图，弹出“图层样式”对话框，选择“斜面和浮雕”选项并进行相应的设置，如图4-623所示。

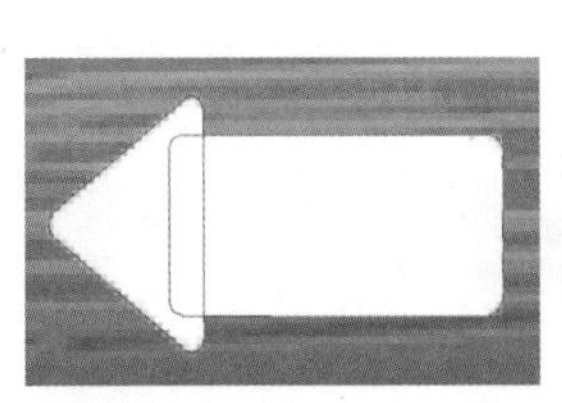
图4-622

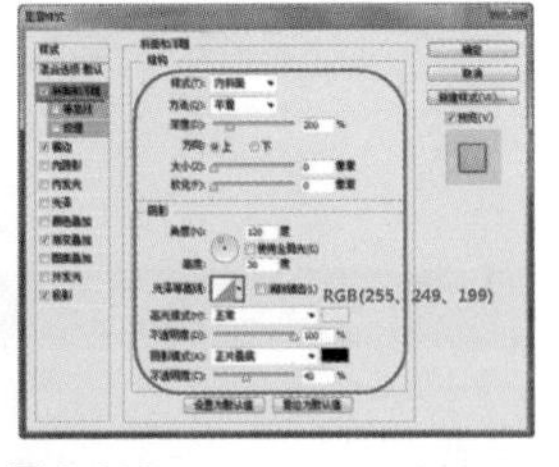

图4-623

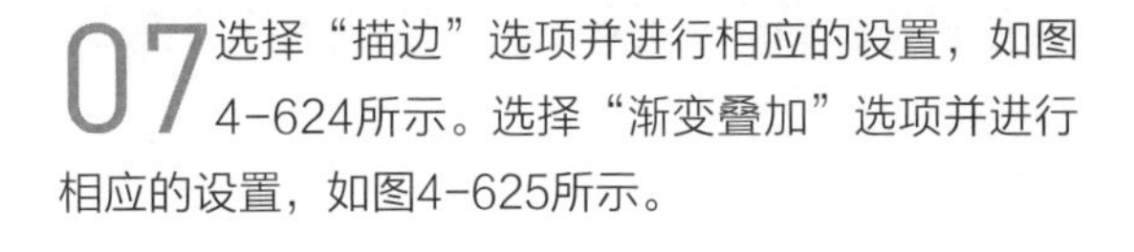

07 选择“描边”选项并进行相应的设置，如图4-624所示。选择“渐变叠加”选项并进行相应的设置，如图4-625所示。

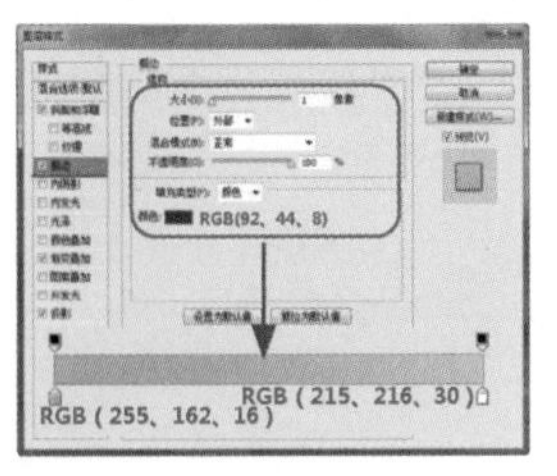

图4-624

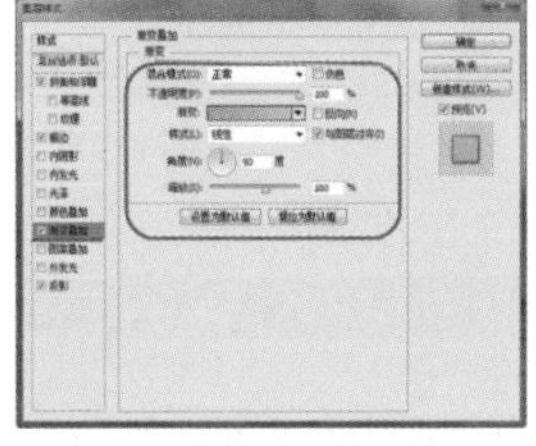
图4-625

08 选择“投影”选项并进行相应的设置，如图4-626所示。设置完成后，单击“确定”按钮，得到的图形效果如图4-627所示。

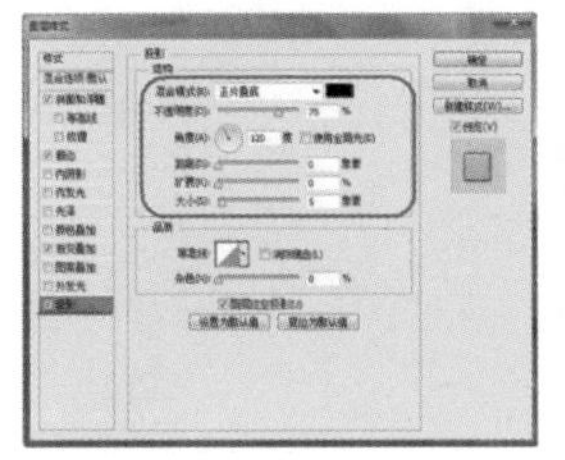
图4-626

图4-627

09 打开“字符”面板并设置各参数，如图4-628所示。用“横排文字工具”在画布中输入文字，如图4-629所示。

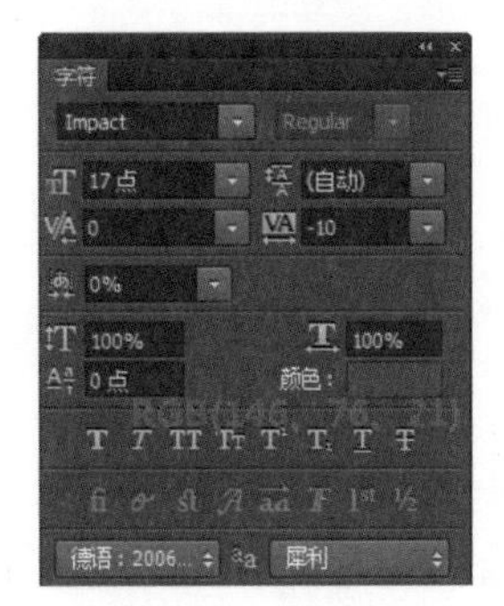

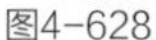
图4-628

图4-629

10 双击该图层缩览图，弹出“图层样式”对话框，选择“内阴影”选项并进行相应的设置，如图4-630所示。设置完成后，单击“确定”按钮，得到图形效果如图4-631所示。

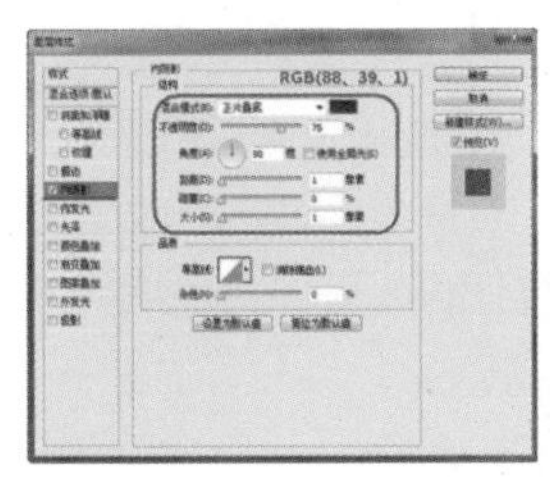

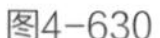
图4-630

图4-631

11 将相关图层编组并命名为“返回”。选择“圆角矩形工具”，设置“填充”为“RGB（252、224、0）”，在画布中绘制一个圆角矩形，如图4-632所示。双击该图层缩览图，弹出“图层样式”对话框，选择“投影”选项并进行相应的设置，如图4-633所示。

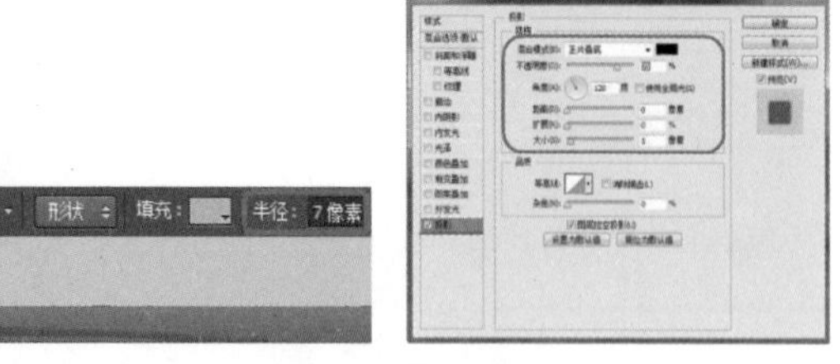

图4-632　　图4-633

12 设置完成后，单击“确定”按钮，得到的图形效果如图4-634所示。选择“直线工具”，设置“填充”为“RGB（254、197、25）”，在画布中绘制直线，效果如图4-635所示。

图4-634　　图4-635

13 按下Ctrl+T组合键，将图形向右移动，如图4-636所示。按Enter键，确认变换，再多次按下Ctrl+Shift+Alt+T组合键，得到的图形效果如图4-637所示。

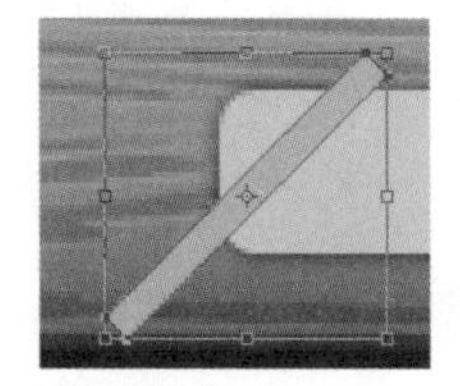

图4-636　　图4-637

14 执行“图层>创建剪贴蒙版”命令，得到的图形效果和“图层”面板如图4-638、图4-639所示。

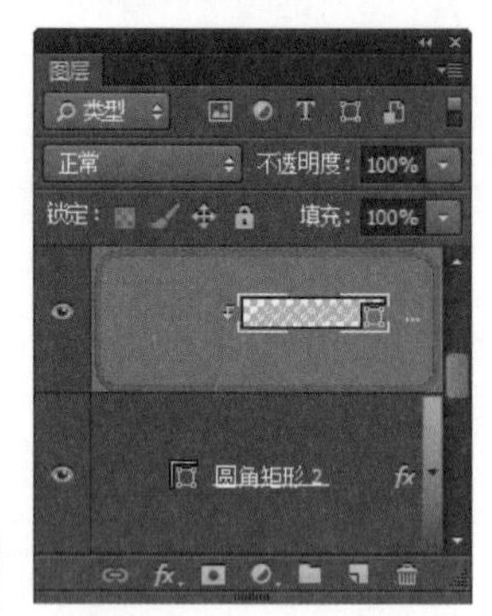

图4-638　　图4-639

15 复制“圆角矩形2”图层并将其移至图层的最上方，双击该图层缩览图，弹出“图层样式”对话框，选择“内阴影”选项并进行相应的设置，如图4-640所示。选择“内发光”选项并进行相应的设置，如图4-641所示。

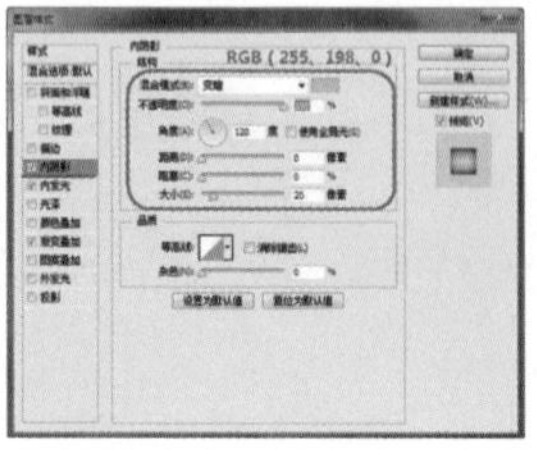

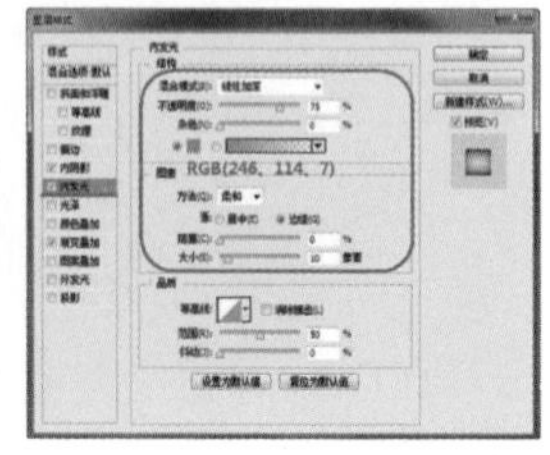

图4-640　　图4-641

16 选择“渐变叠加”选项并进行相应的设置，如图4-642所示。设置完成后单击“确定”按钮，修改图层的“填充”为“0%”，得到的图形效果如图4-643所示。将相关图层编组。

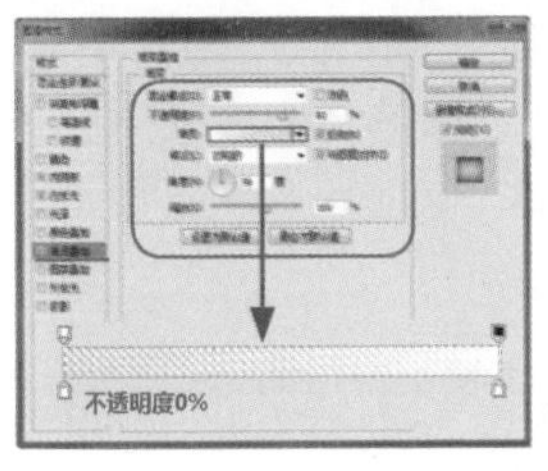

图4-642

图4-643

17 选择“圆角矩形工具”，设置“半径”为“15像素”，在画布中绘制矩形后，设置“路径操作”为“减去顶层形状”，绘制矩形，修改“不透明度”为“50%”，效果如图4-644、图4-645所示。

图4-644

图4-645

18 用相同的方法绘制圆角矩形，为其添加图层样式并适当调整其图层位置，如图4-646所示。用相同的方法在画布中绘制一个圆角矩形，如图4-647所示。

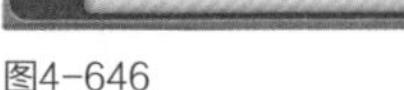

图4-646

图4-647

19 选择“矩形工具”，设置“路径操作”为“与形状区域相交”，在画布中绘制矩形，效果如图4-648所示。双击该图层缩览图，弹出“图层样式”对话框，选择“斜面和浮雕”选项并进行相应的设置，如图4-649所示。

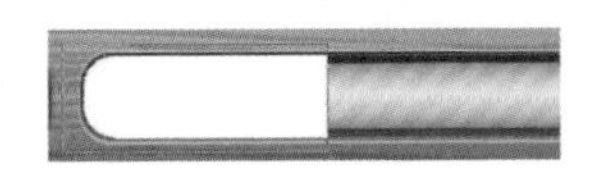

图4-648

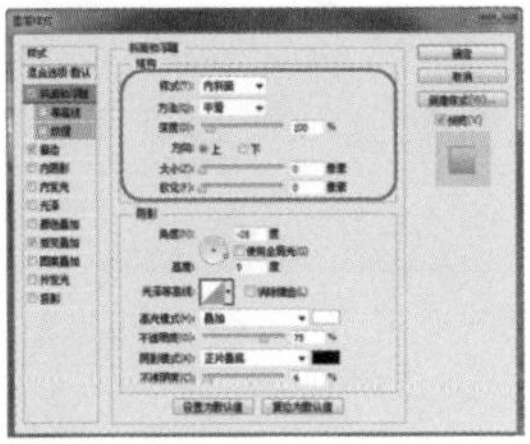

图4-649

20 选择“描边”选项并进行相应的设置，如图4-650所示。选择“渐变叠加”选项并进行相应的设置，如图4-651所示。

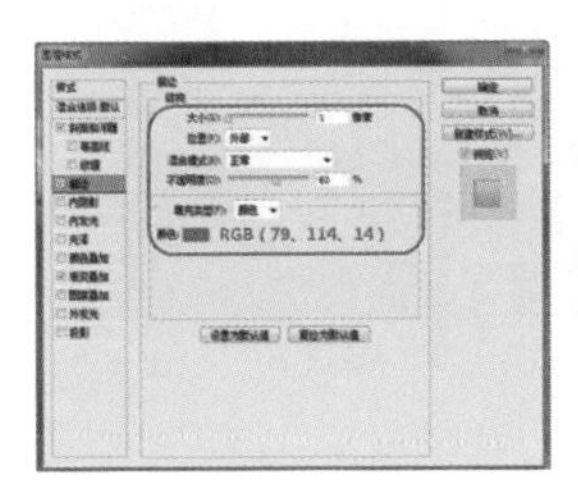

图4-650

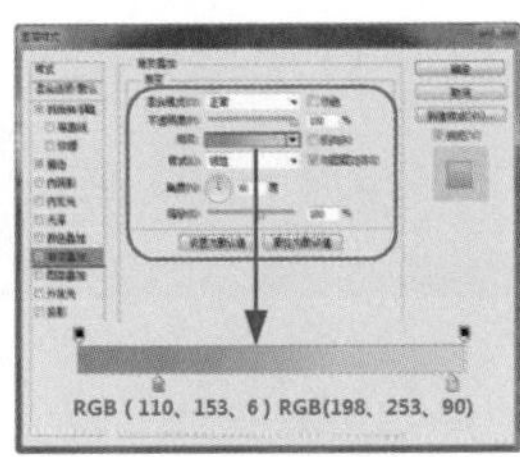

图4-651

21 设置完成后，单击“确定”按钮，得到的图形效果如图4-652所示。打开“字符”面板并设置参数，如图4-653所示。

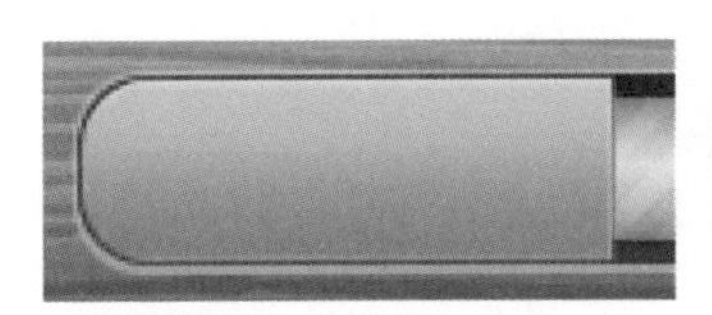

图4-652

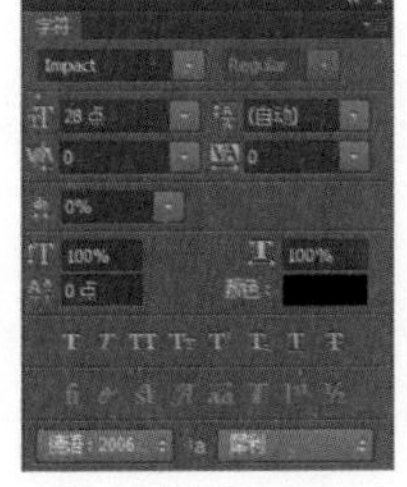

图4-653

22 用“横排文字工具”在画布中输入文字，如图4-654所示。双击该图层缩览图，弹出“图层样式”对话框，选择“内阴影”选项并进行相应的设置，如图4-655所示。

图4-654

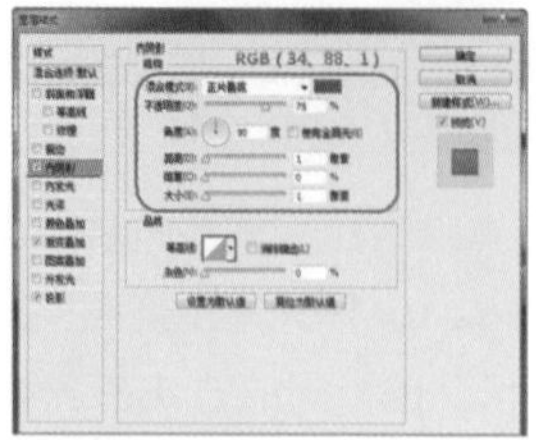

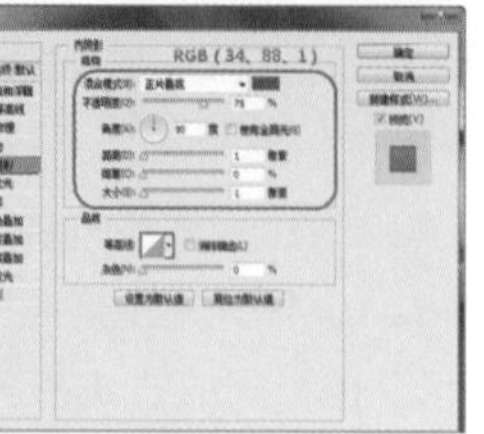

图4-655

23 选择“渐变叠加”选项并进行相应的设置，如图4-656所示。选择“投影”选项并进行相应的设置，如图4-657所示。

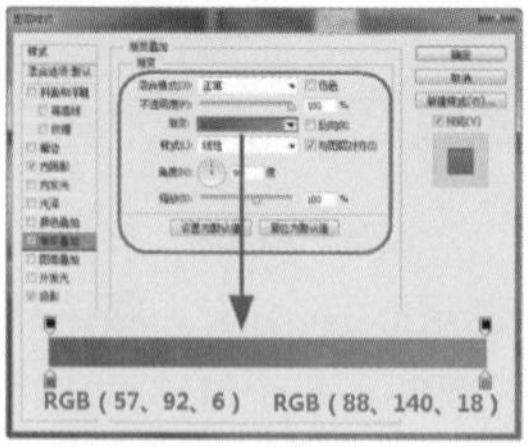

图4-656

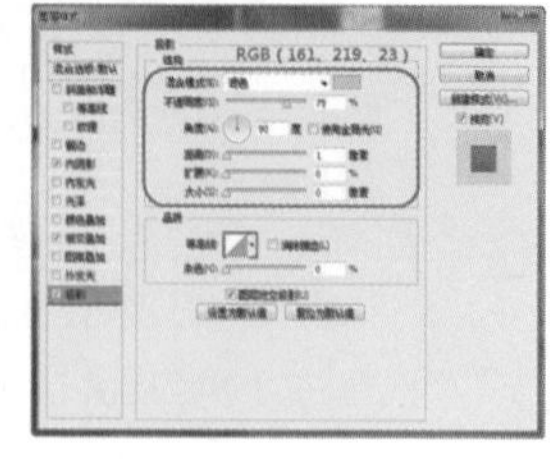

图4-657

24 设置完成后，单击“确定”按钮，得到的效果如图4-658所示。将相关图层编组并将相关素材拖入设计文档，效果如图4-659所示。

图4-658

图4-659

25 用相同的方法为其添加“投影”图层样式，如图4-660、图4-661所示。

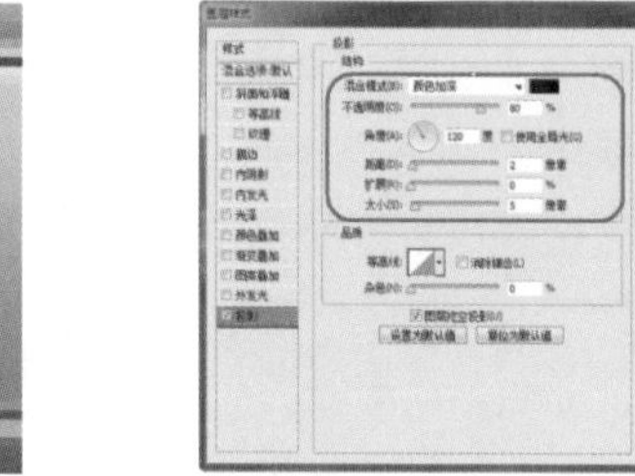

图4-660

图4-661

26 复制该图层，将其等比例缩小并适当调整位置，如图4-662所示。用相同的方法完成其他内容的制作，效果如图4-663所示。将相关图层编组。

图4-662

图4-663

27 选择“圆角矩形工具”，设置“半径”为“1像素”，在画布中绘制一个圆角矩形，如图4-664所示。按下Ctrl+T组合键，将其旋转45°，如图4-665所示。按Enter键，确定变换，再按下Ctrl+Shift+Alt+T组合键，变换形状，效果如图4-666所示。

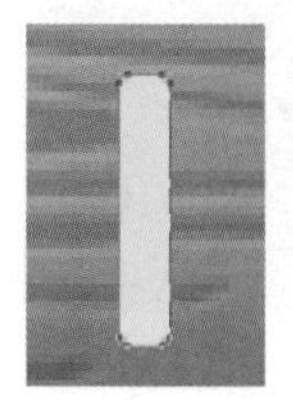

图4-664

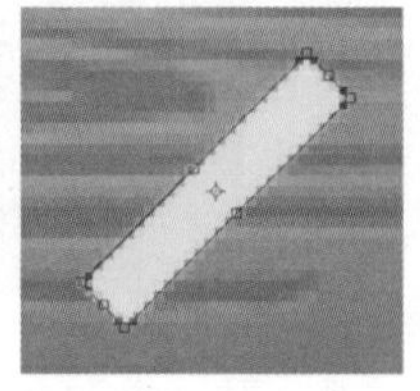

图4-665

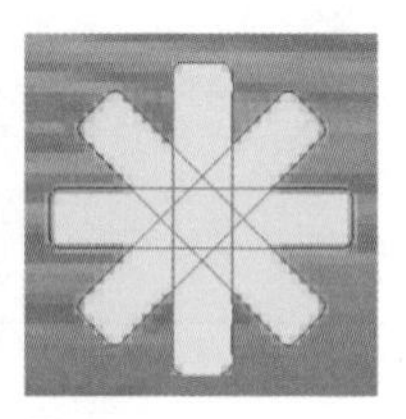

图4-666

28 选择“椭圆工具”，设置“路径操作”为“合并形状”，在画布中绘制正圆后，修改“路径操作”为“减去顶层形状”，继续绘制图形，效果如图4-667、图4-668所示。

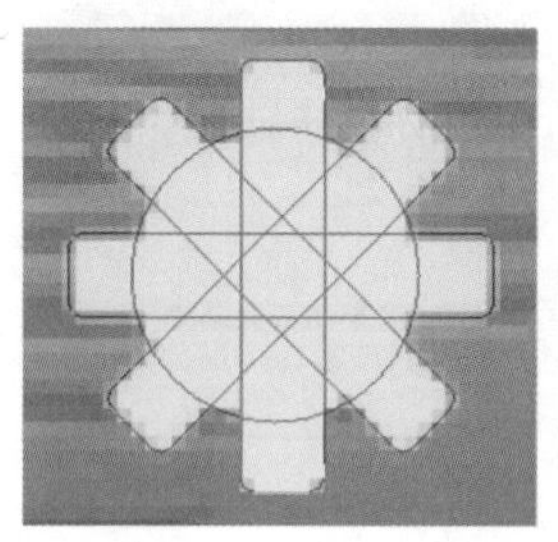

图4-667

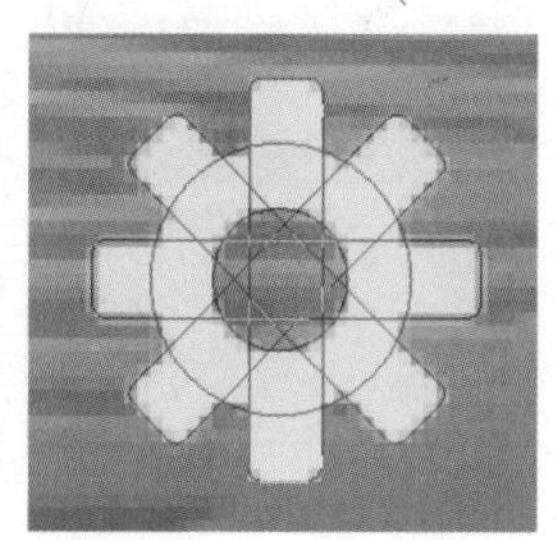

图4-668

29 双击该图层缩览图，弹出“图层样式”对话框，选择“斜面和浮雕”选项并进行相应的设置，如图4-669所示。选择“等高线”选项并进行相应的设置，如图4-670所示。

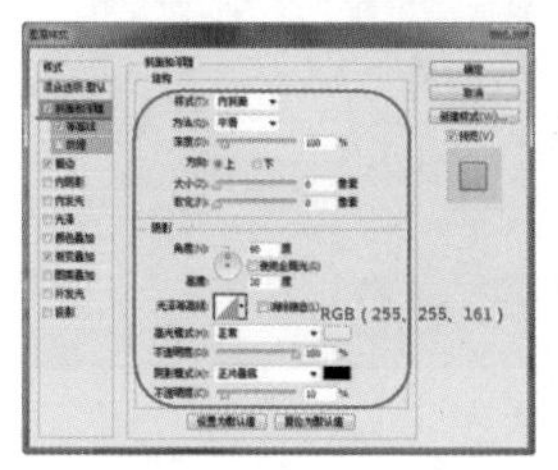

图4-669

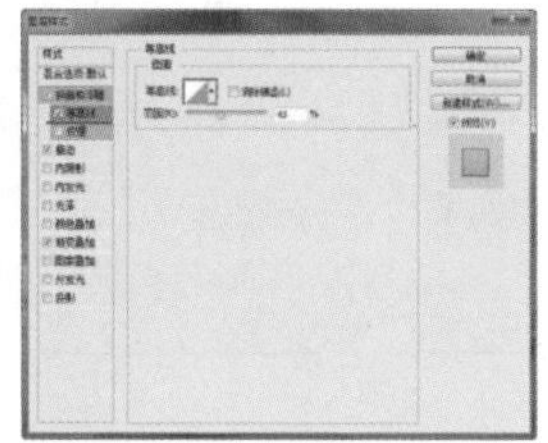

图4-670

30 选择“描边”选项并进行相应的设置，如图4-671所示。选择“渐变叠加”选项并进行相应的设置，如图4-672所示。

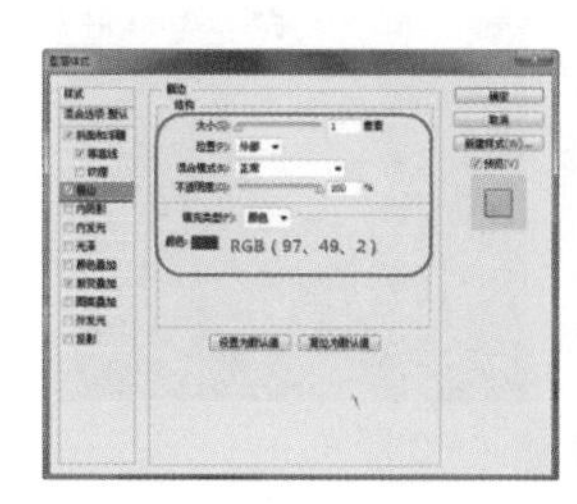

图4-671

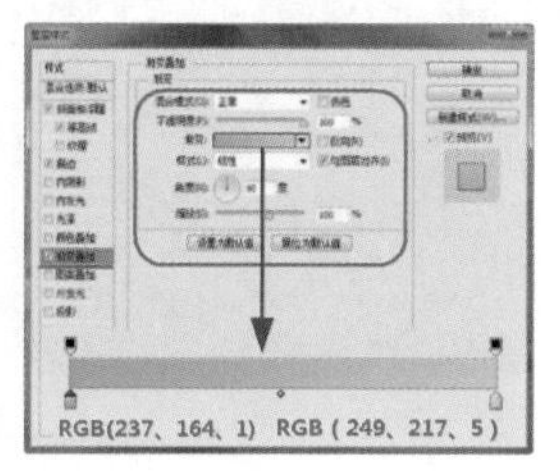

图4-672

31 设置完成后，单击“确定”按钮，得到的效果如图4-673所示。将相关图层编组，如图4-674所示。选择“圆角矩形工具”，设置“半径”为“25像素”，绘制如图4-675所示的图形。

图4-673

图4-674

图4-675

32 双击该图层缩览图，弹出“图层样式”对话框，选择“内发光”选项并进行相应的设置，如图4-676所示。选择“渐变叠加”选项并进行相应的设置，如图4-677所示。

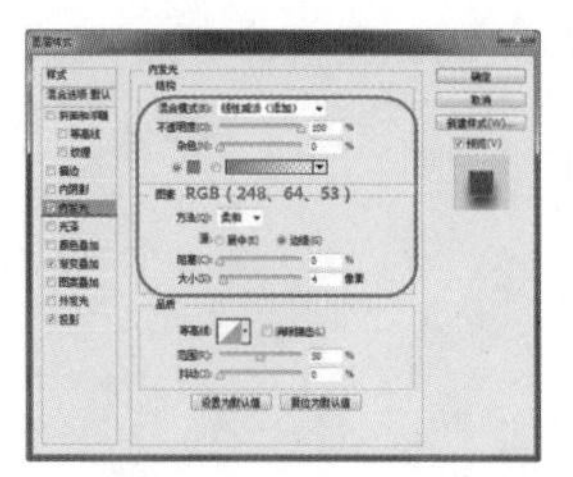

图4-676

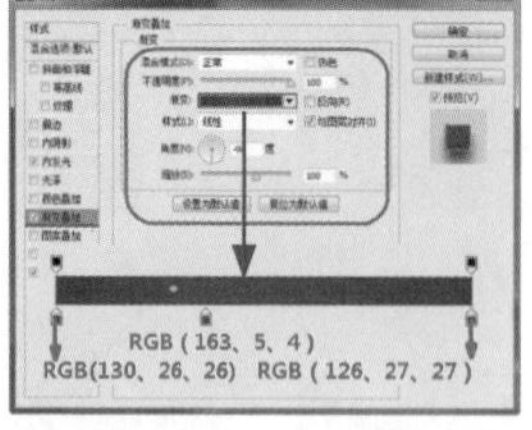

图4-677

33 选择“投影”选项并进行相应的设置，如图4-678所示。设置完成后，单击“确定”按钮，得到的效果如图4-679所示。

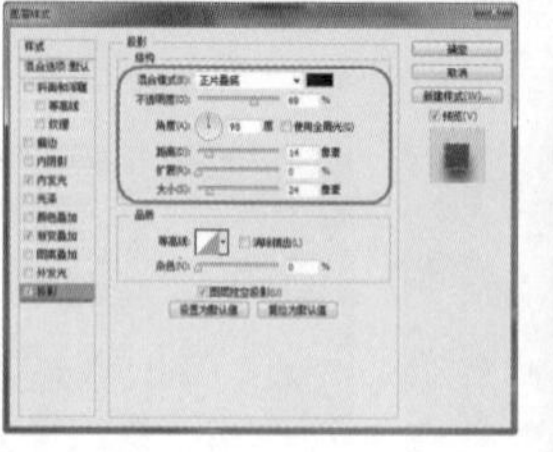

图4-678

图4-679

34 用相同的方法完成其他内容的制作，效果如图4-680所示。将相关图层编组。将相关图层拖入到设计文档并适当调整位置，如图4-681所示。

图4-680

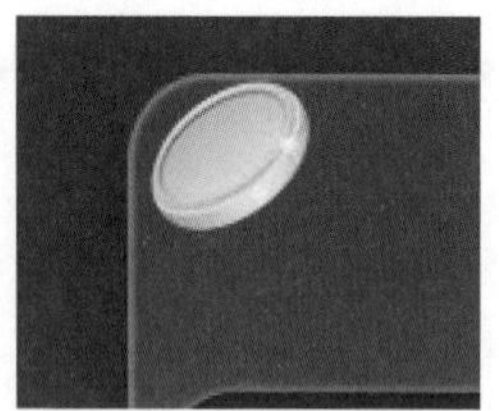

图4-681

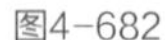

35 双击该图层缩览图，弹出“图层样式”对话框，选择“投影”选项并进行相应的设置，如图4-682所示。设置完成后，单击“确定”按钮，得到的效果如图4-683所示。

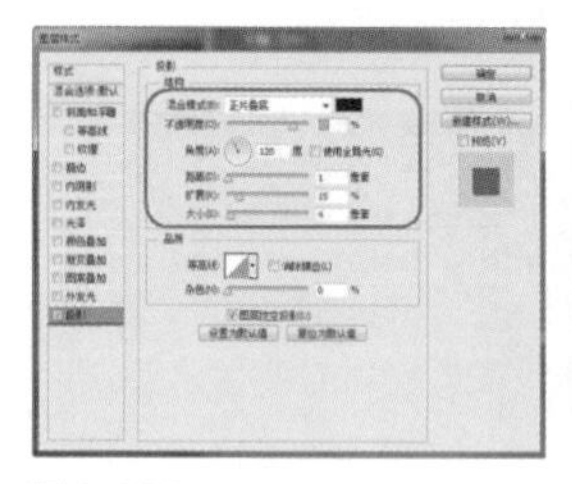

图4-682

图4-683

36 用相同的方法拖入相关素材并对其添加“投影”图层样式，如图4-684所示。打开“字符”面板，设置参数值，如图4-685所示。

图4-684

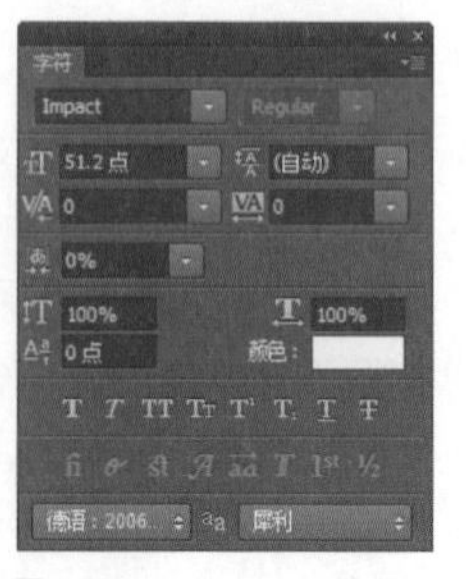

图4-685

37 用“横排”文字工具在画布中输入文字，如图4-686所示。双击该图层缩览图，弹出“图层样式”对话框，选择“内阴影”选项并进行相应的设置，如图4-687所示。

图4-686

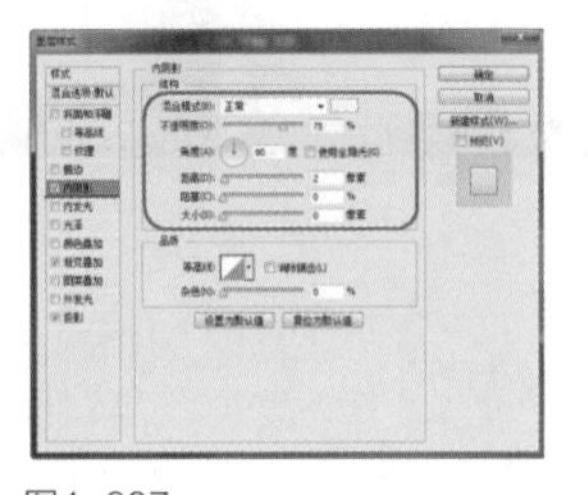

图4-687

38 选择“渐变叠加”选项并进行相应的设置，如图4-688所示。选择“投影”选项并进行相应的设置，如图4-689所示。

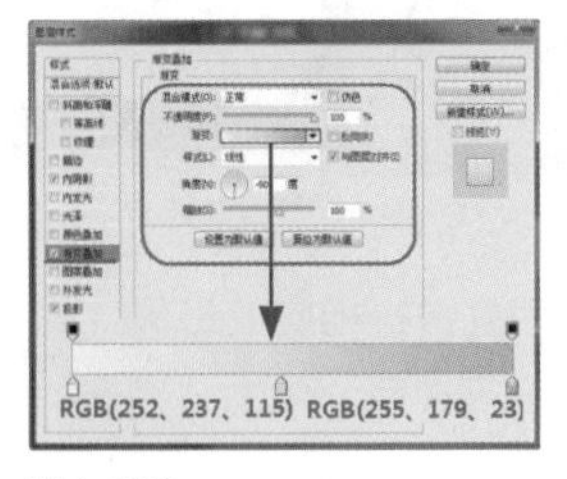

图4-688

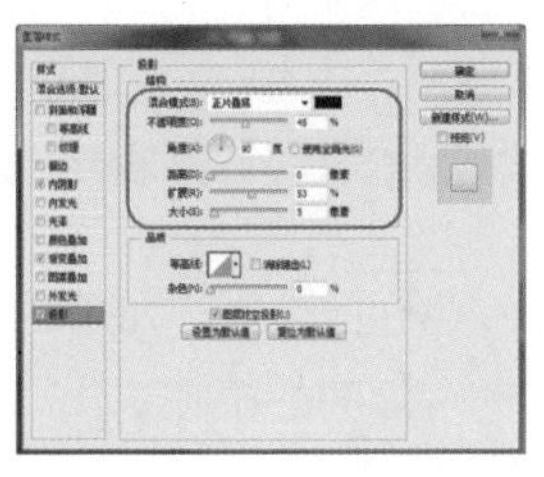

图4-689

39 设置完成后，单击“确定”按钮，得到的效果如图4-690所示。将相关图层编组，如图4-691所示。

图4-690

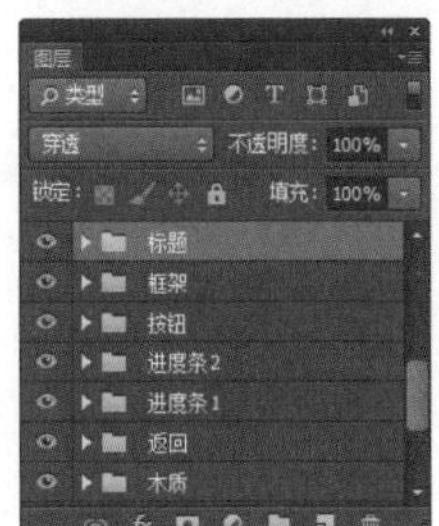

图4-691

40 用相同的方法完成其他内容的制作，效果如图4-692所示。用“圆角矩形工具”在画布中绘制一个圆角矩形，如图4-693所示。

图4-692

图4-693

41 用“转换点工具”调整图形，如图4-694所示。双击该图层缩览图，弹出“图层样式”对话框，选择“内阴影”选项并进行相应的设置，如图4-695所示。

图4-694

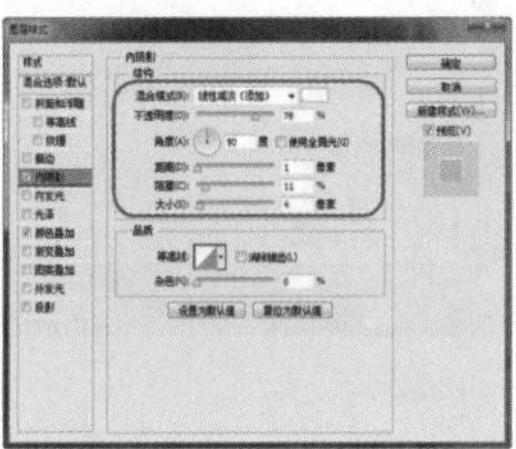

图4-695

提示

调整图形时，可先选择“转换点工具”，然后单击相关锚点，再删除其他两个锚点。

42 选择“内阴影”选项并进行相应的设置，如图4-696所示。设置完成后，单击“确定”按钮，得到的效果如图4-697所示。

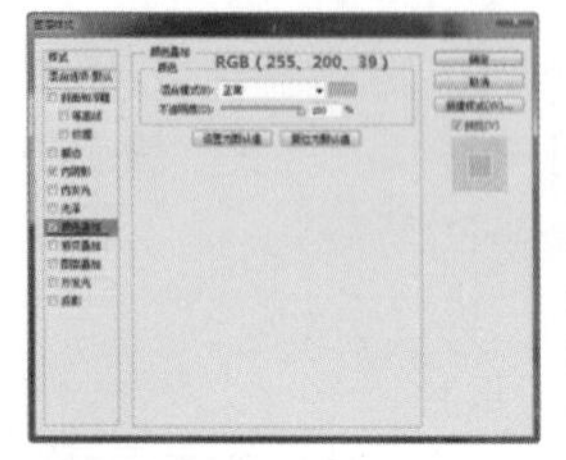

图4-696

图4-697

43 按下Ctrl+J组合键，复制该图层。执行“编辑>变换>旋转180度”命令，适当调整其位置，效果如图4-698所示。用相同的方法完成其他内容的制作，效果如图4-699所示。

图4-698

图4-699

44 用相同的方法完成文字的制作，效果如图4-700所示。用相同的方法完成其他内容的制作，效果如图4-701所示。

图4-700

图4-701

45 隐藏相关图层，如图4-702所示。执行“图像>裁切”命令，在弹出的“裁切”对话框中适当设置参数值，如图4-703所示。

图4-702

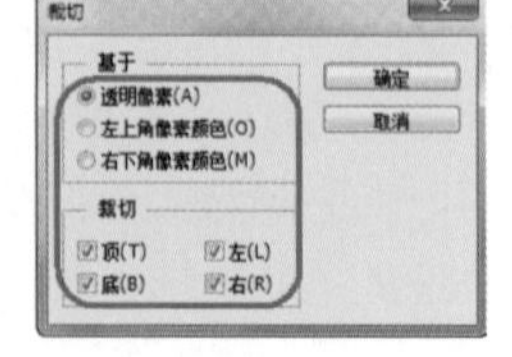

图4-703

46 单击“确定”按钮，裁掉图像周围的透明像素，如图4-704所示。执行“文件>存储为Web所用格式”命令，在弹出的“存储为Web所用格式”对话框中进行相应的设置，如图4-705所示。

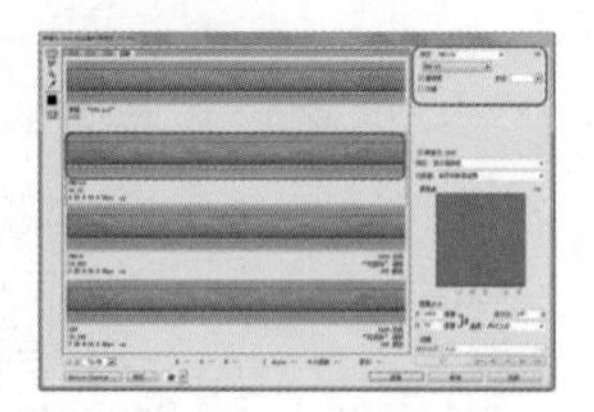

图4-704　图4-705

47 设置完成后，单击下方的“存储”按钮，对图像进行存储，如图4-706所示。按下Ctrl+Alt+Z组合键，恢复操作，隐藏相关图层，如图4-707所示。

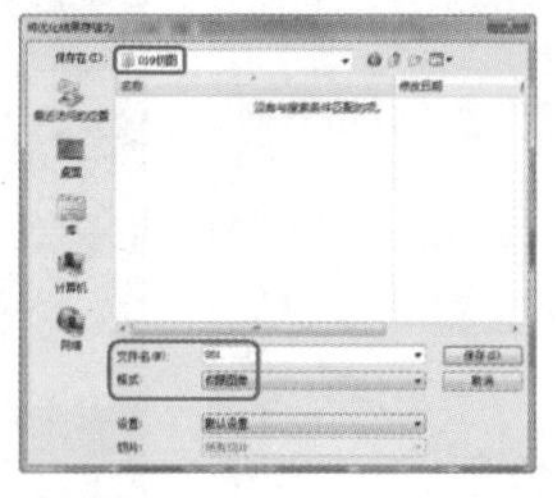

图4-706　图4-707

48 执行“图像>裁切”命令，在弹出的“裁切”对话框中适当设置参数值，如图4-708所示。单击“确定”按钮，裁掉图像周围的透明像素，如图4-709所示。

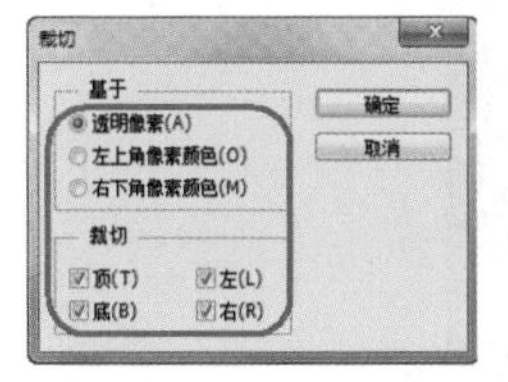

图4-708　图4-709

49 执行“文件>存储为Web所用格式”命令，在弹出的“存储为Web所用格式”对话框中进行相应的设置，如图4-710所示。设置完成后，单击下方的“存储”按钮，对图像进行存储，如图4-711所示。

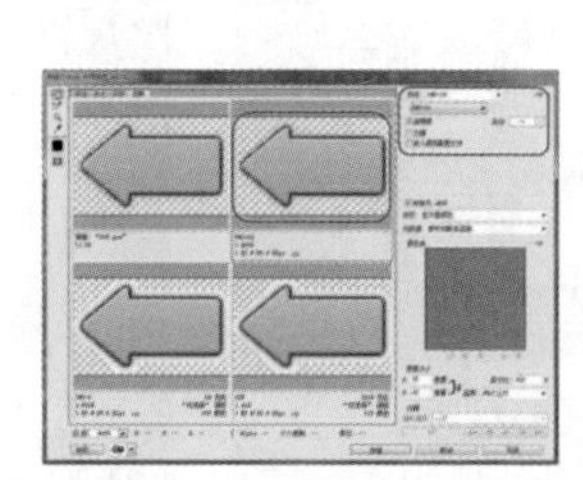

图4-710　图4-711

50 用相同的方法对界面中的其他元素进行切片存储，如图4-712所示。

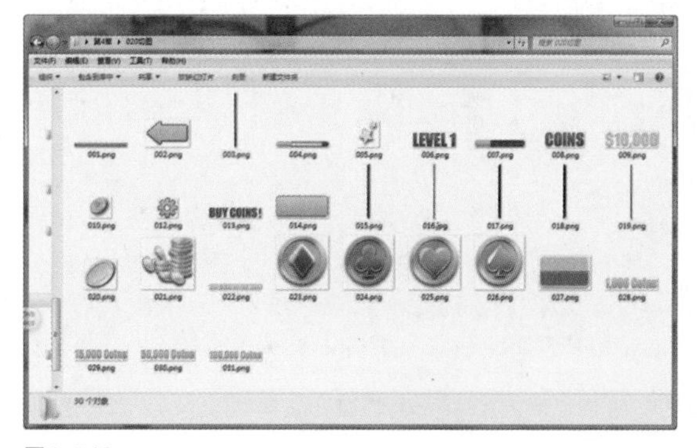

图4-712

51 用相同的方法完成其他界面的制作，效果如图4-713、图4-714、图4-715、图4-716所示。

图4-713

图4-714

图4-715

图4-716

操作小贴士

“图层样式”是PS中用于制作各种效果的强大功能。用图层样式功能可以简单、快捷地制作出各种立体投影，各种质感及光景效果的图像特效。与不用“图层样式”的传统操作方法相比较，“图层样式”具有速度更快、效果更精确，可编辑性更强等无法比拟的优势。

第5章 Windows Phone 系统APP界面设计实战

上一章我们向读者介绍了Android APP界面设计的相关内容。本章将要介绍Windows Phone APP的界面元素，以及元素的设计规范和制作方法。

Windows Phone是微软公司推出的一款手持设备操作系统。这款操作系统引入了一种新的界面设计语言——Metro，整体风格简洁而美观。Windows Phone的标准控件样式非常简单，制作时需要特别注意元素之间的距离，此外，并无难点。

通过本章的学习，希望各位读者能够基本了解Windows Phone标准控件的大致使用方法和制作方法，并且，能够独立制作出完整的界面。

精彩案例

制作Windows Phone 主界面
制作Windows Phone 聊天界面
制作音乐播放器界面
制作可爱的游戏界面

本章精彩案例

实战8 制作可爱的游戏界面
源文件：第5章\ 源文件\08.psd

实战1 制作Windows Phone主界面
源文件：第5章\ 源文件\001.psd

实战7 制作音乐播放器界面
源文件：第5章\ 源文件\007.psd

5.1 Windows Phone系统的特点

Windows Phone 是微软发布的一款手持设备操作系统，它将微软旗下的游戏、音乐和独特视频体验整合到了手机中。Windows Phone的操作界面引入了名为Metro的设计语言，整体风格简洁而极具动态性。下面，介绍该系统的特点。

5.1.1 新颖的解锁界面

Windows Phone的解锁界面非常的新颖、简洁，位于界面左下方的时间信息是最吸引人眼球的部分。它既利用了英文在排版设计中的优势，又贯彻了返璞归真的视觉设计理念，将信息以一种毫无负担的方式呈现了出来。

Windows Phone的解锁界面看起来更像是一幅画面，没有习以为常的解锁提示，但是，用户一点也不必为不知道如何进入主界面而担心，因为触碰屏幕上的任何地方后，都会出现一个模拟重物落地并弹起的动画，提醒用户向上滑动解锁，如图5-1所示。

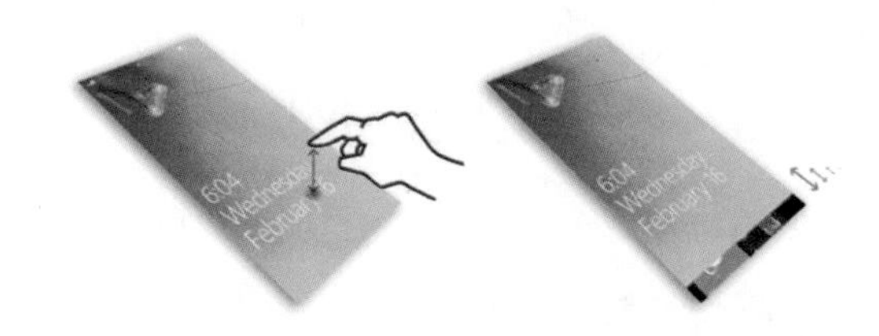

图5-1

提示

解锁时，如果上滑动作快速有力，则会被视为有效的操作，会立即进入待机界面；如果上滑动作缓慢，则需要上滑到距界面下边缘1/3处才能解锁。

5.1.2 简洁、实用的主界面

Windows Phone系统的主界面与iOS和Android系统的主界面有很大的区别。它没有采用中规中矩的图标和小部件的排列方式，而是通过一种更为灵活、生动的动态磁贴效果来展示其功能。主界面中的图标背景为纯色方块。简单的图形、色块和超大的字体，让用户能够一目了然，如图5-2所示。应用图标上会有更新提示，如未接来电的数量、新邮件和新信息的数量等，如图5-3所示。

图5-2

图5-3

从图标信息的构成来看，可以将主界面中的图标分为3层：最底层的背景可以是纯色块或背景图；中间一层为应用程序的名称；顶层为推送信息，如图5-4所示。

图5-4

提示

信息类的应用程序，如联系人、图片等图标会以联系人照片和部分图片内容进行展示，方便用户直观地读取信息。

5.1.3 新颖的全景视图

全景视图可以让内容不再受空间的局限了，也不必再在不同的页面和窗口之间来回切换了。它提供了一种全新的视图模式，可水平向上扩展内容到屏幕之外，来展现不同的功能和信息，就好像把内容排列在一张横轴画卷上一样，如图5-5所示。用户只需要在界面中横向滑动手指，就可以查看到其他区域的信息。这种视图模式不同于以往的任何一个操作系统中的模式，是将Metro引入到Windows Phone界面中所产生的一个重大变革。

图5-5

5.1.4 流畅的动画效果

除了全景视图和动态磁贴之外，Windows Phone系统的动画效果也是非常到位的，如流畅的滑屏效果、层级进出的翻页效果和载入的动画效果。

比较值得一提的动画效果是内容列表的翻页效果。翻页动画分为3种，一是进入文字列表时，向左翻；二是退出文字列表时，列表信息逐条向左翻；三是退出整体页面内容时，向右翻，如图5-6所示。

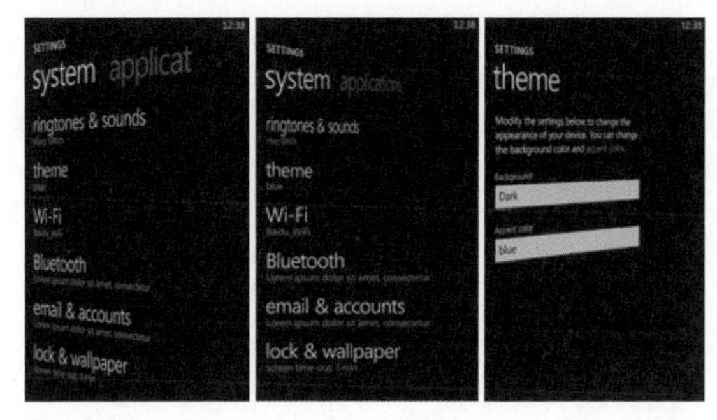

图5-6

5.2 界面框架

Windows Phone的界面框架包括很多元素，如页面标题、进度指示器、滚动滑块、主题和通知等。每个元素都有其重要的作用和独特的设计准则，开发者可以参照具体的设计规范来设计App界面中的元素，以打造协调、一致的用户体验。

5.2.1 页面标题

尽管页面标题不是一个交互性的控件，但仍然有特定的设计规范。页面标题的主要功能是清晰地显示页面内容的信息，它在Windows Phone开发工具的默认范式库里，而且，是可选的。如果选择显示标题，那么，应该在程序的每个页面中都保留相同的标题位置，以保证用户体验的一致性，如图5-7所示。

图5-7

提示

如果程序显示了页面标题，那么，它应该是程序的名称或与当前页面显示内容相关的描述性文字。

5.2.2 进度指示器

进度指示器用于显示程序内正在进行的与某一动作或事件相关的执行情况，如下载。 进度指示器被整合进了状态栏，可以在程序的任何页面显示。

进度指示器显示的进度状态包括“确定”和“不确定”两种，确定的进度有起点和终点；不确定的进度则会一直持续到任务结束，如图5-8所示。

提示

如果要使用这种控件，那么，请在诸如下载一类的场景下使用“确定”进度条；在诸如远程连接一类的场景下使用“不确定”进度条。

图5-8

5.2.3 滚动指示器

当页面中的内容超出屏幕的可视区域后，就要用滚动滑块来滚动页面了。滚动指示器有个重要的作用——提示用户页面的大致长度，此外，滑块也能起到提示当前区域在整体页面中位置的作用。纵向或横向滚动页面时，将分别在屏幕的右边缘和下边缘出现滑块，如图5-9所示。

图5-9

5.2.4 主题

主题是由用户选择的背景和色调，可以使手机界面更加个性化。主题只涉及颜色变化，界面中的字体和控件等元素并不会随之发生变化。 默认的Windows Phone系统包括两种背景色（一黑一白），以及10种不同的彩色：品红（FF0097）、紫（A200FF）、青（00ABA9）、柠檬（8CBF26）、棕（996600）、粉红（FF0097）、橙黄（F09609）、蓝（1BA1E2）、红（E51400）和绿（339933），如图5-10所示。

图5-10

提示

> 设置主题时，应该尽量避免过多使用白色，如白色背景，因为白色的亮度过高，会严重影响大屏手机的电池续航能力。

5.3 用户界面框架

Windows Phone的用户界面框架为开发者和设计师提供了标准的系统组件、事件及交互方式，可帮助他们为用户创建出更精彩、易用的App。下面，将逐一介绍用户框架每一处细节的设计方式。

5.3.1 主界面

主界面是用户解锁手机并开始体验的起点，这里显示了用户自定义的快速启动应用程序“瓦片”（图标）。无论何时，只要用户单击手机下方的“开始”按钮，就会返回到主界面。 使用了“瓦片式”通知机制的图标可以实时更新图形和文字内容，或者增加计数，例如，可以显示天气、收到了几封新邮件，或者某个游戏已经轮到了用户的回合，如图5-11所示。 只有用户自己才可以向主界面中放置程序。

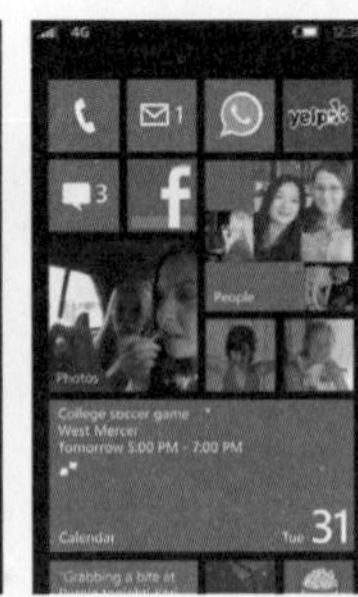

图5-11

5.3.2 状态栏

状态栏是Windows Phone的两个主要组件之一，另一个是应用程序栏。状态栏是位于界面顶部的指示条，可以放置一些简单的图标，以显示系统级的状态信息。状态栏中可包括信号强度、数据连接、呼叫转移、漫游、无线网络信息、蓝牙、铃声模式、输入状态、电量和时间等图标，默认状态下，只有时间会始终显示，如图5-12所示。

图5-12

提示

双击状态栏区域后，其他的信息会滑入屏幕并保持大约8秒，再滑出屏幕。

5.3.3 屏幕方向

Windows Phone支持3种屏幕视图方向：纵向、左横向和右横向，如图5-13所示。在纵向视图下，页面将垂直排布，导航栏在手机下方，页面高度大于宽度。在横向视图下，状态栏和应用程序栏将保持在“开始”按钮所在的一侧。

在横向视图下，状态栏的宽度会从32像素变为72像素。在纵向视图下，当用户滑出横向的按键时，界面会自动切换为横向视图。会跟随屏幕方向进行调整的界面组件包括：状态栏、应用程序栏、应用程序栏菜单、推送通知和对话框等。

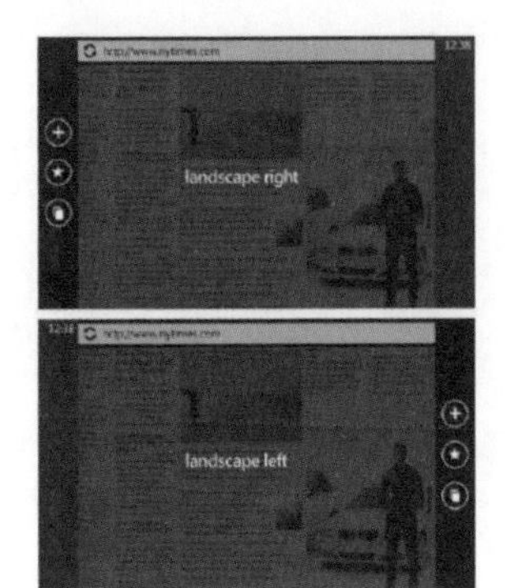

图5-13

5.3.4 字体

Windows Phone系统默认的字体叫Segoe Windows Phone，包含普通、粗体、半粗体、半细体和黑体5种样式，如图5-14所示。系统提供了一套东亚阅读字体，支持中文、日文和韩文。当然，开发者也可以在App中嵌入自己的字体，但这些字体只在该应用程序中有效，无法将其应用到整个系统。

Segoe WP Regular
abcdefghijklmnopqrstuvwxyz1234567890
ABCDEFGHIJKLMNOPQRSTUVWXYZ

Segoe WP Bold
abcdefghijklmnopqrstuvwxyz1234567890
ABCDEFGHIJKLMNOPQRSTUVWXYZ

Segoe WP Semi-bold
abcdefghijklmnopqrstuvwxyz1234567890
ABCDEFGHIJKLMNOPQRSTUVWXYZ

Segoe WP Semi-light
abcdefghijklmnopqrstuvwxyz123
ABCDEFGHIJKLMNOPQRSTUVW

Segoe WP Black
abcdefghijklmnopqrstuvwx
ABCDEFGHIJKLMNOPQRSTU

图5-14

5.3.5 通知

“瓦片”是一种易于辨认的应用程序或某特定内容的快捷方式，用户可以将它任意放置在手机主界面上。和预装的程序瓦片不同的是，用户只能自发地在主界面上增加瓦片，应用程序本身无法监测到它是否已经被放到了主界面中。

瓦片上有一个可选的计数器，用于提示用户更新的信息，计数器使用系统字体。瓦片还可以更新由开发者提供的背景图，或者显示可选的标题。如果程序没有自带用于瓦片上的图片或标题，则会显示默认图标，如图5-15所示。

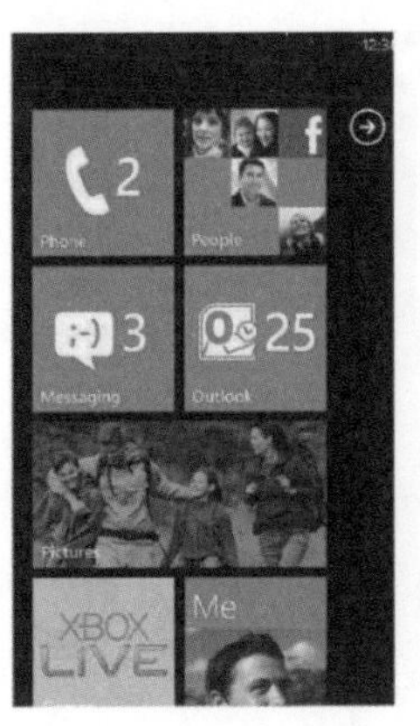

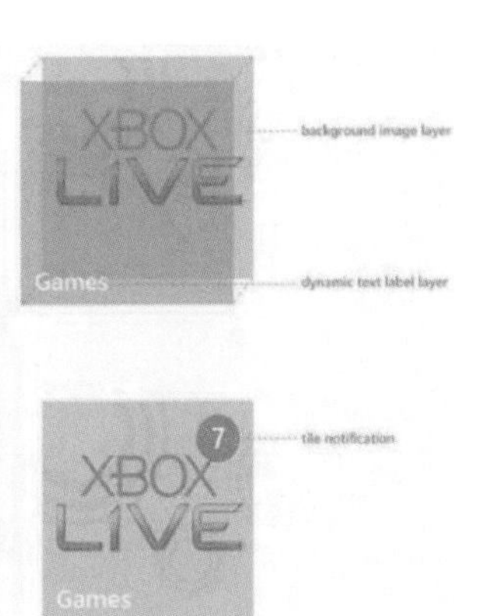

图5-15

5.4 标准控件

Windows Phone提供了一套完整的标准控件范式，如边框、背景层、按键、输入框、滚动指示器和文本块等。用户可以在自己的App中直接使用这些标准的控件，也可以创造自定义的控件，以展示个性化。

5.4.1 按键

当用户按下按键时就会激发一个动作。按键一般是长方形，并且，上面显示有文字或图形。如果使用文字，那么，按键上最好不要显示超过两个英文单词。按键包含“正常”、“点击”和“禁用”3种状态，不包含“焦点”状态，如图5-16所示。

图5-16

5.4.2 背景层

背景层为其他子元件提供了一个容器，并且，其上有特定的坐标点，可以用来编辑内容布局。背景层使用基于像素的布局，当应用程序不会改变显示方向时，这种基于像素的布局能够比网格化布局提供更好的性能，如图5-17所示。

提示

在对话框中，OK或其他积极操作应当位于左边；而“取消”或其他消极操作应位于右边。

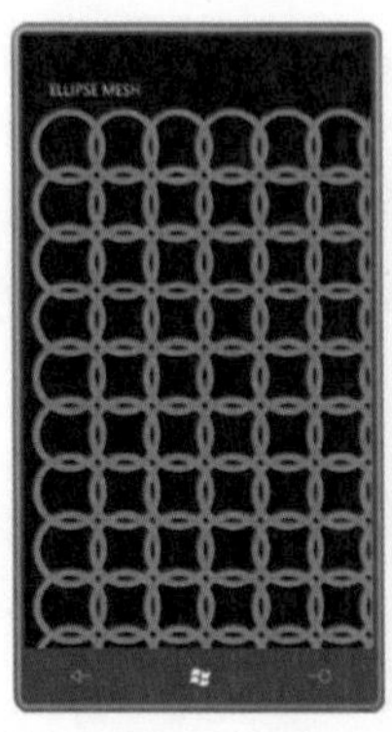

图5-17

5.4.3 勾选框

勾选框可以多选，以显示多种选择，用户可以从中选择一个或多个。用户可以通过点击勾选框本身或与它相关的文字来完成操作。此控件支持一种不定状态，可以同时表示出一组选项里有些被选中，有些没有选中，如图5-18所示。

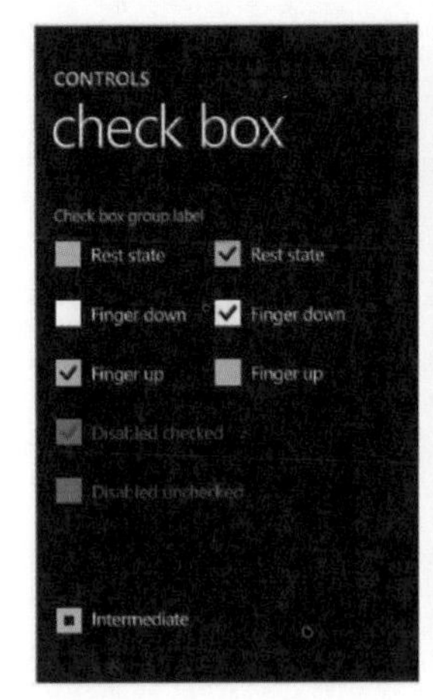

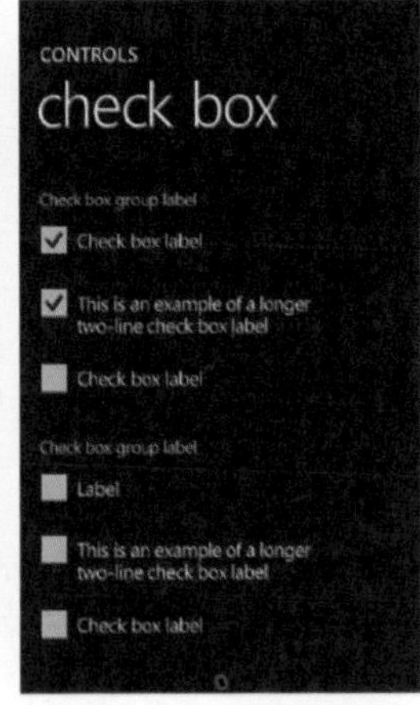

图5-18

5.4.4 密码框

密码框可显示内容并允许用户输入或编辑内容。当输入一个字符后，字符会立刻显示出来，而当输入下一个字符后，或者间隔两秒钟后，前面输入的字符就会变成一个黑点，如图5-19所示。当密码框获取焦点时，屏幕键盘会自动弹出，除非手机有物理键盘。

5.4.5 进度条

进度条是用于表示某项操作进度的控件，可以用该控件来显示普通的进度，也可以根据一个数值来改变的进度，如图5-20所示。开发者可以选择用或不用进度条，如果应用程序里会出现等待状态，并且，不需要用户进行操作，就应该考虑使用进度条。

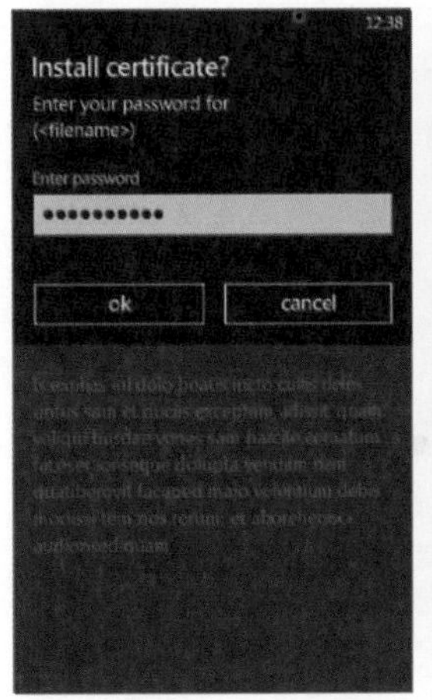

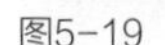
图5-19

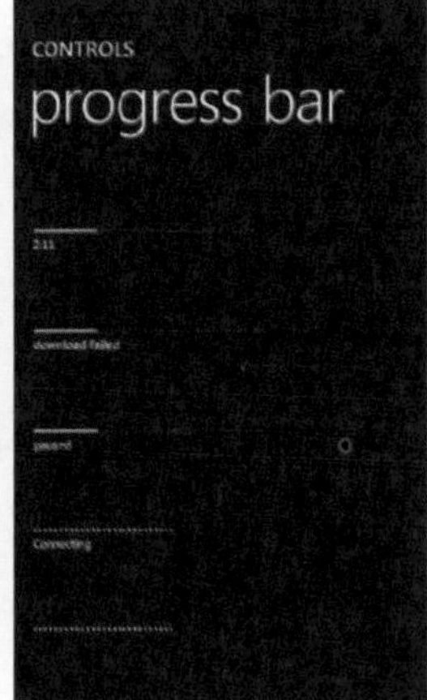

图5-20

5.4.6 单选按钮

单选按钮是用来从一组相关联但本质上又互斥的选项中选取一个的控件，用户可以通过点击按钮后面的说明文字或按钮本身来选取，每次只能有一个选项被选中。被选中或被未选中的单选按钮都有“正常”、“点击”和“禁用”3个状态，如图5-21所示。

提示

按钮的说明文字最多可以有两行，不过，还是尽量简短为好。如果选项很多，就应该考虑使用滚动面板了。

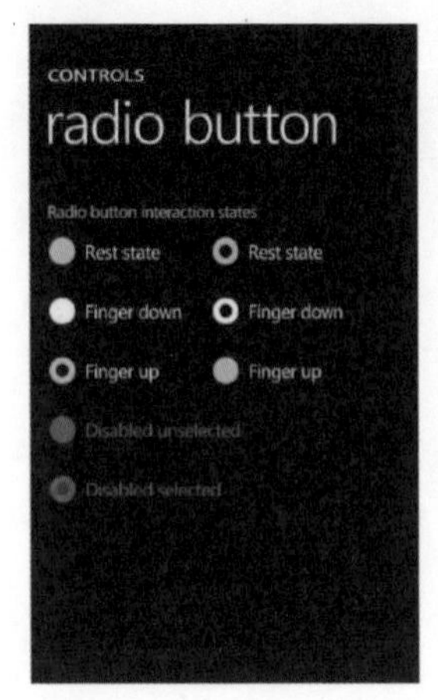

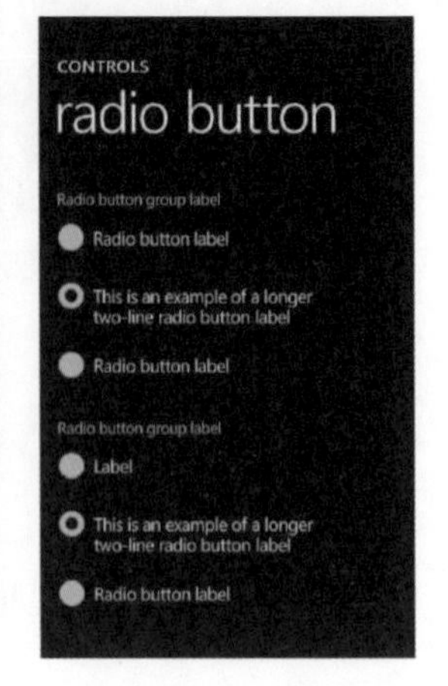

图5-21

5.4.7 滑动条

滑动条控件用于在一段连续的数据上采一个值，如音量或亮度。滑动条有一个从最小到最大值的增长区间，如图5-22所示。应用程序可以使用水平或垂直的滑动条，不过，一般建议使用水平滑动条。

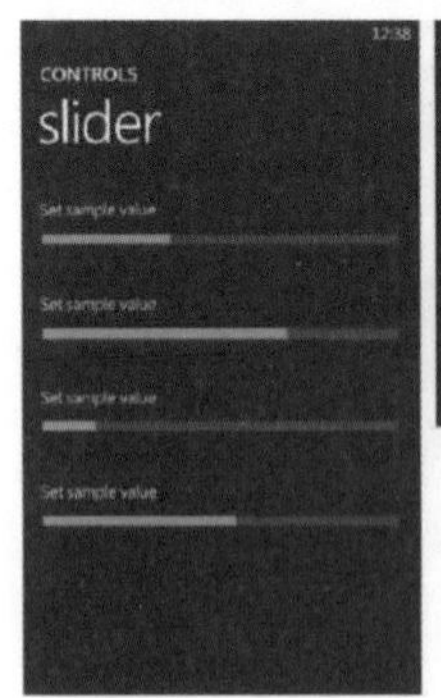

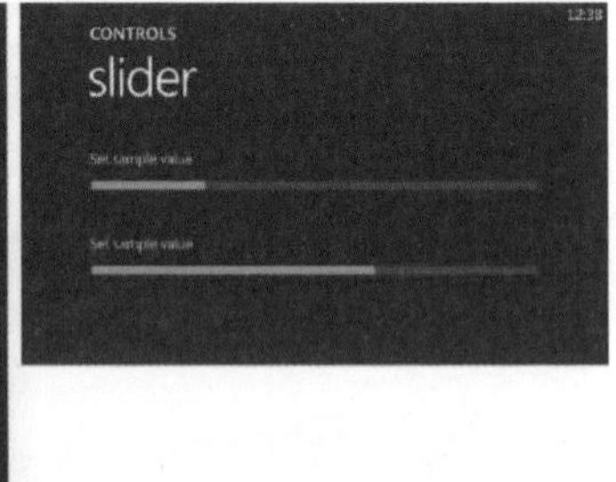

图5-22

5.4.8 输入框

输入框控件用于显示内容并允许用户输入文字或编辑内容。输入框可以显示单行或多行内容，多行输入框会根据控件尺寸来进行换行，如图5-23所示。输入框可以被设置成只读，但一般会设置成可编辑的。与密码框一样，当输入框获取焦点时，屏幕键盘会自动弹出，除非手机有物理键盘。

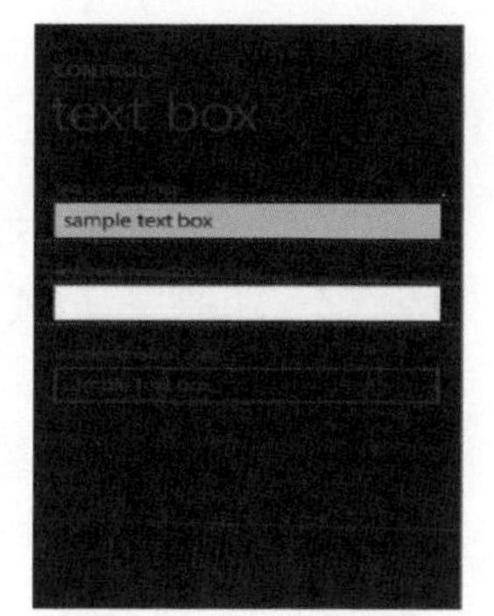

图5-23

5.4.9 文本块

文本块可显示固定数量的文字，主要用于标注控件及控件集合，所有相关联的控件的所有状态下的文本块都保持一致，如图5-24所示。设计文本块时，应该始终使用Windows Phone预先定制好的文本样式，而不要去重新设置字体大小、颜色、重量或名称；否则，无法保证它能满足未来的屏幕分辨率。

提示

如果要使用彩色字体，那么，当字号很小时，应使用高对比度（相对于背景色）的颜色，以提高阅读性。

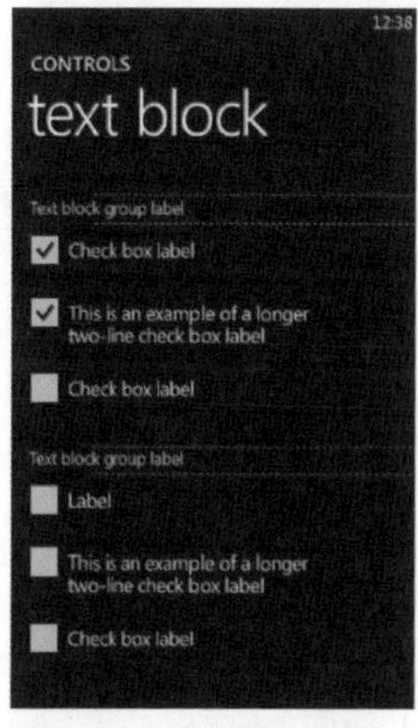

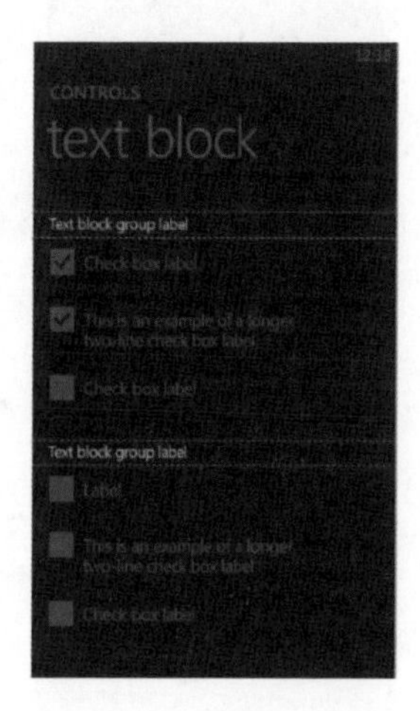

图5-24

实战1 制作Windows Phone 主界面

➲ 案例分析

本案例主要制作的是Windows Phone的主页面，该界面是由不同大小的色块与图片组成的，整体难度不大，制作时应注意图标的绘制与色块的间距。

➲ 设计范围

尺寸规格	480×800（像素）
主要工具	矩形工具、路径操作、文字工具
源文件地址	第5章\源文件\001.psd
视频地址	视频\第5章\001.SWF

➲ 色彩分析

纯黑色的背景搭配大面积的黄色，使人眼前一亮，红色与蓝色的点缀使界面更加缤纷多彩，而白色的图标与文字则可提高识别度。

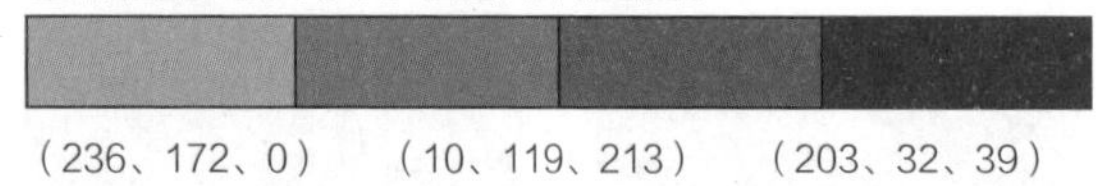

（236、172、0）（10、119、213）（203、32、39）

制作步骤

01 执行“文件>新建”命令，新建一个空白文档，如图5-25所示。为背景填充黑色后，执行“视图>标尺”命令，显示标尺，再用“移动工具”从画布上方拖动出水平参考线，如图5-26所示。

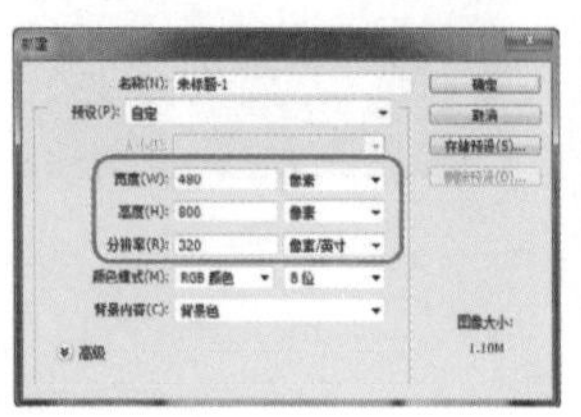

图5-25

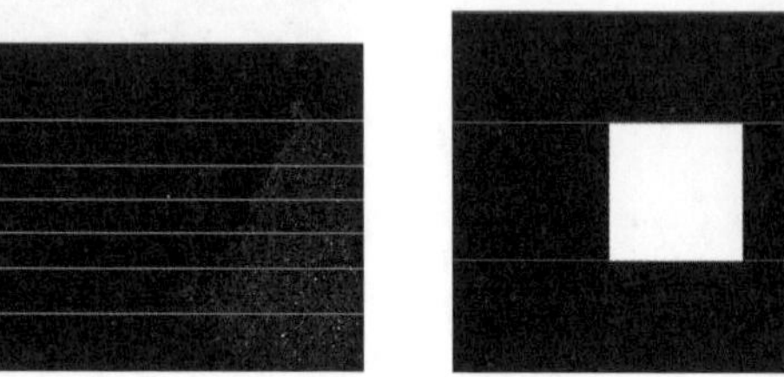

图5-26

02 选择“直线工具”，设置“粗细”为“5像素”，在画布中绘制一条白色的直线，如图5-27所示。设置“路径操作”为“合并形状”，在画布中绘制其他直线，效果如图5-28所示。

图5-27

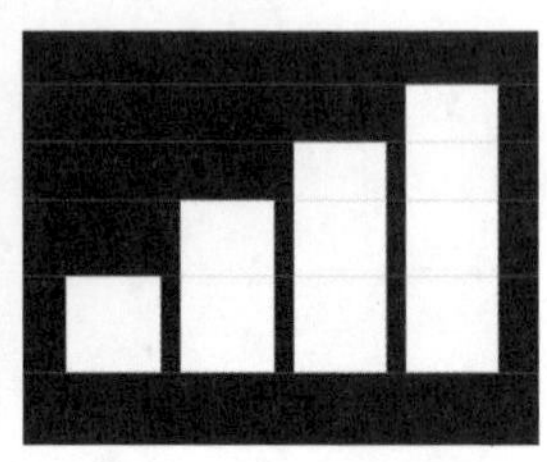

图5-28

03 修改“路径操作”为“新建图层”，在画布中绘制直线，修改“填充”为“RGB（80、80、80）”，效果如图5-29所示。打开“字符”面板并设置参数，如图5-30所示。

图5-29

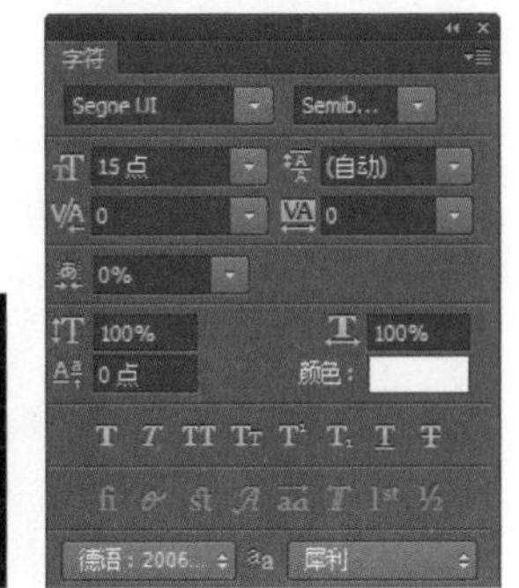

图5-30

04 用“横排文字工具”在画布中输入文字，如图5-31所示。将相关图层编组为“信号”，如图5-32所示。用相同的方法在画布右上角输入时间，如图5-33所示。

图5-31

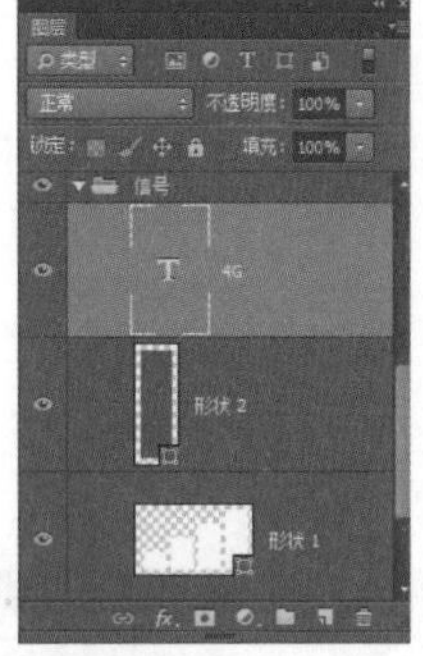

图5-32

图5-33

05 选择“矩形工具”，设置“填充”为“无”，“描边”为“白色”，在画布中绘制矩形，如图5-34所示。继续在画布中绘制一个白色的矩形，如图5-35所示。

图5-34

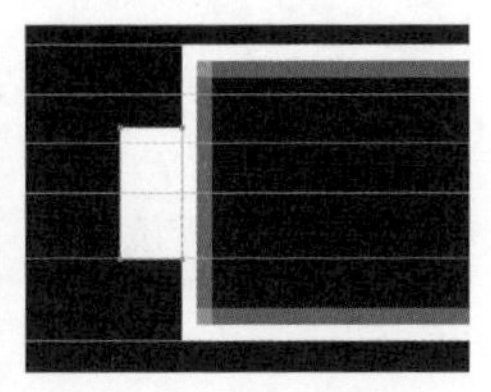

图5-35

06 用相同的方法绘制其他矩形，效果如图5-36所示。将相关图层编组为“电池”，“图层”面板如图5-37所示。

图5-36

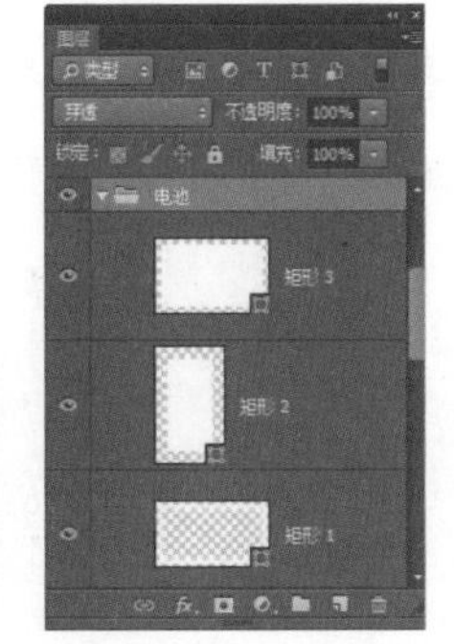

图5-37

07 用相同的方法在画布中创建参考线，如图5-38所示。选择“矩形工具”，设置“填充”为“RGB（236、172、0）”，在画布中绘制一个矩形，如图5-39所示。

图5-38

图5-39

提示

创建参考线时，应先执行“视图>标尺”命令，打开标尺，然后，选择“移动工具”，将鼠标指针放置在标尺上，当其变为白色时，单击鼠标左键并拖动鼠标即可创建出参考线；也可以执行“视图>创建参考线”命令，在弹出的对话框中输入参数后，单击“确定”按钮即可。要锁定参考线时，可按下Ctrl+ Alt+L组合键；要清除参考线时，可执行“视图>清除参考线”命令。

08 双击该图层缩览图，弹出“图层样式”对话框，选择“外发光”选项并进行相应的设置，如图5-40所示。设置完成后，单击“确定”按钮，得到的效果如图5-41所示。

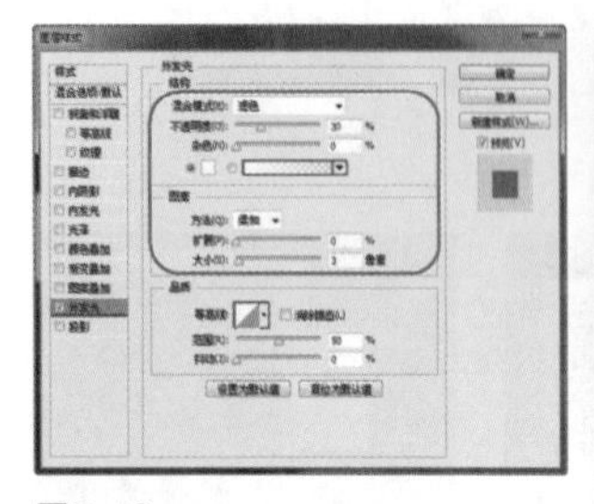
图5-40

图5-41

09 按住Shift+Alt组合键并多次拖动矩形到适当的位置，得到复制的矩形，如图5-42所示。将相关图层编组。选择“圆角矩形工具”，设置“半径”为“15像素”，在最右边的矩形上方绘制一个白色的圆角矩形，如图5-43所示。

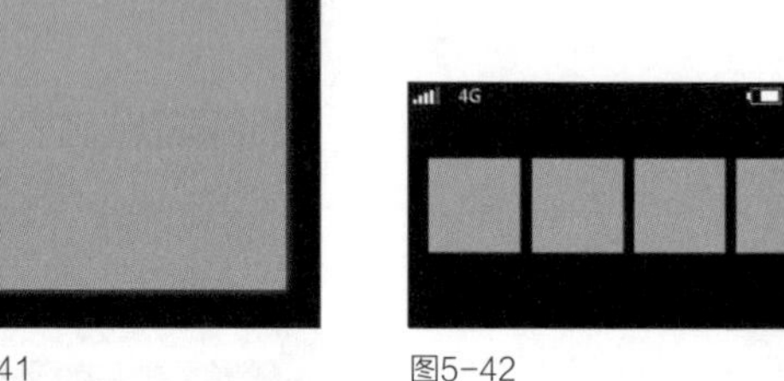

图5-42

图5-43

10 修改“半径”为“13像素”，设置“路径操作”为“减去顶层形状”，在画布中绘制矩形，如图5-44所示。用“矩形工具”在画布中绘制矩形，如图5-45所示。

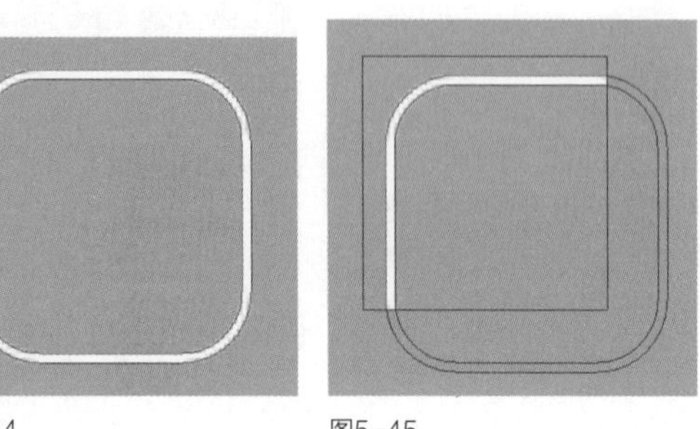
图5-44　图5-45

11 选择“直线工具”，设置“粗细”为“2像素”，“路径操作”为“合并形状”，在画布中绘制两条直线，如图5-46所示。用“矩形工具”在画布中绘制一个白色的矩形，然后，按下Ctrl+T组合键，将其适当旋转，如图5-47所示。

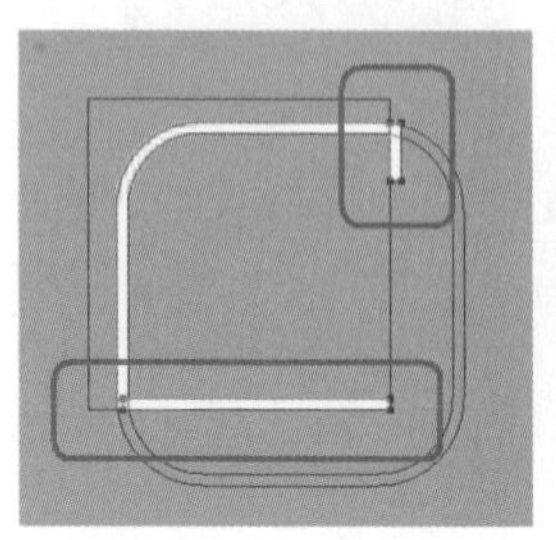
图5-46

图5-47

12 修改“路径操作”为“减去顶层形状”，在画布中绘制矩形，如图5-48所示。选择“直线工具”，设置“粗细”为“3像素”，在画布中绘制直线，如图5-49所示。

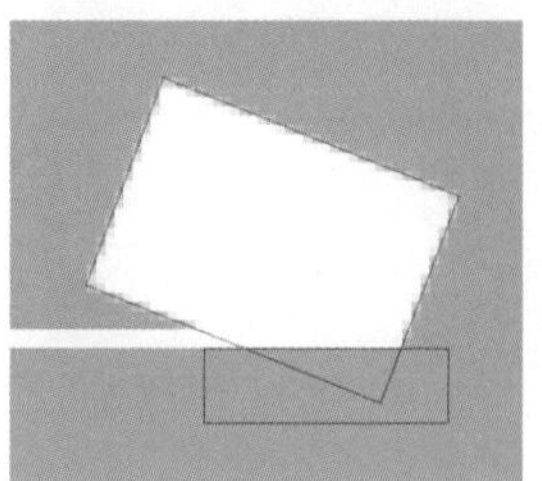

图5-48

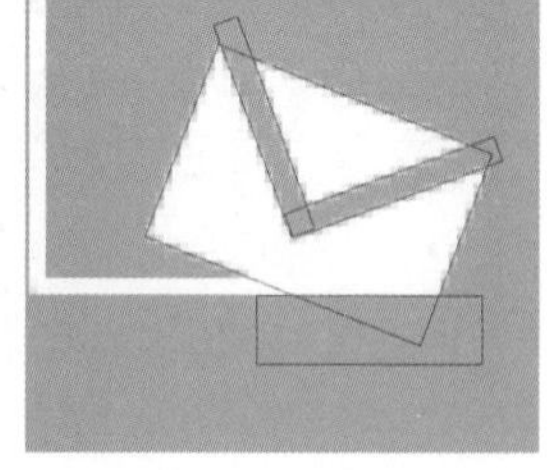

图5-49

13 用“椭圆工具”在画布中绘制椭圆形，如图5-50所示。修改“路径操作”为“新建图层”，在画布中绘制一个正圆，如图5-51所示。

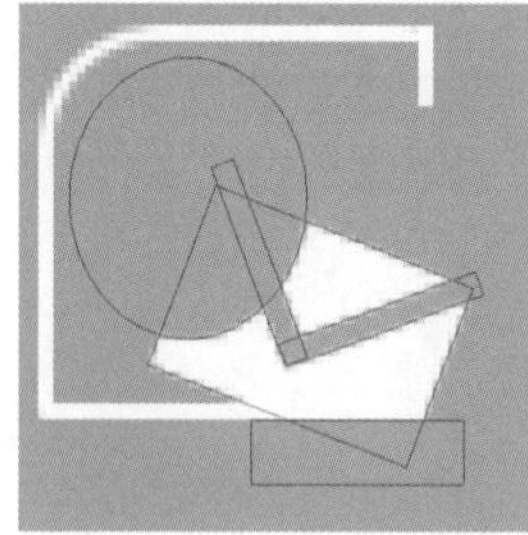

图5-50

图5-51

14 用相同的方法绘制出其他形状，如图5-52所示。用相同的方法绘制一个圆环，如图5-53所示。

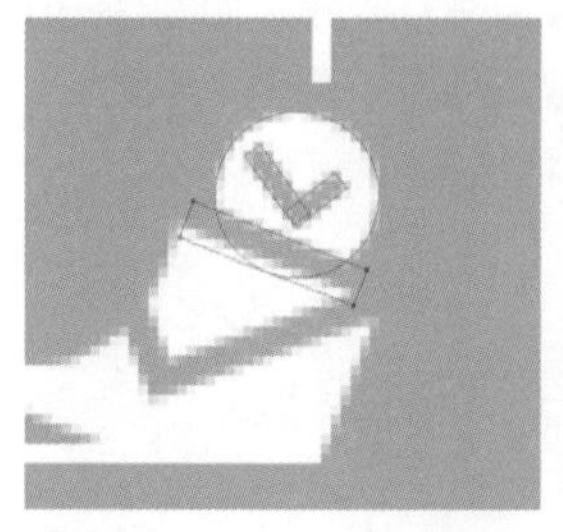

图5-52

图5-53

提示

绘制一个正圆后，选择“直线工具”，设置“粗细”为“2像素”，“路径操作”为“减去顶层形状”，在画布中绘制直线，然后，用“矩形工具”在正圆下方绘制矩形，再按Ctrl+T组合键，旋转其角度。

15 将相关图层编组为“图标”，如图5-54所示。双击该图层组的缩览图，弹出“图层样式”对话框，选择“外发光”选项并进行相应的设置，如图5-55所示。

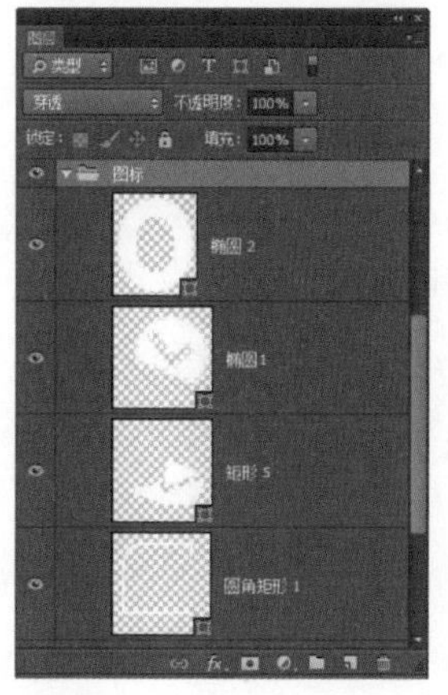

图5-54

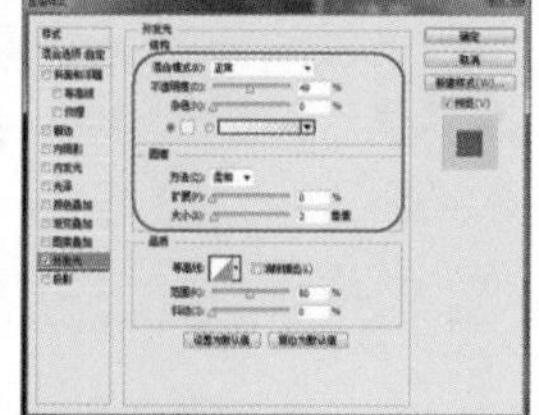

图5-55

16 设置完成后，单击“确定”按钮，得到的效果如图5-56所示。选择“圆角矩形工具”，设置“半径”为“5像素”，在画布中绘制一个白色的圆角矩形，如图5-57所示。

图5-56

图5-57

17 选择“钢笔工具”，设置“路径操作”为“合并形状”，在画布中绘制一个三角形，如图5-58所示。复制“图标”组的图层样式，将其粘贴到该图层上，如图5-59所示。

图5-58

图5-59

18 打开“字符”面板并设置参数，如图5-60所示。用“横排文字工具”在画布中输入文字，效果如图5-61所示。将相关图层编组。

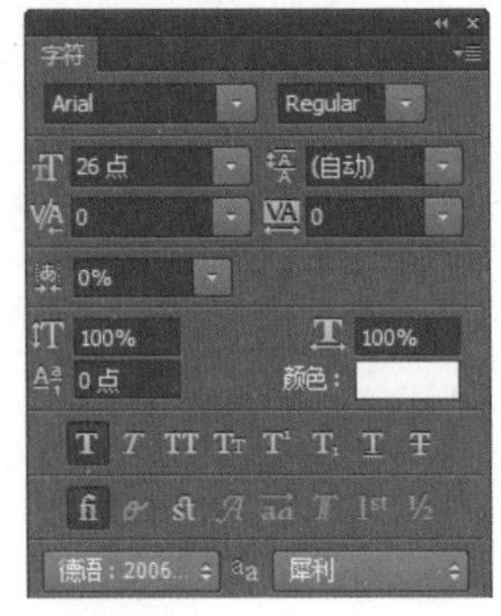

图5-60

图5-61

19 用相同的方法完成其他内容的制作，效果如图5-62所示。“图层”面板如图5-63所示。

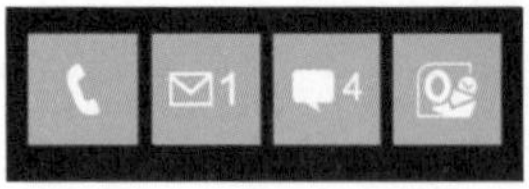

图5-62

图5-63

20 用相同的方法继续创建参考线，如图5-64所示。复制“矩形4”图层，将复制出的图层移至图层最上方并适当调整其位置，修改“填充”为“RGB（203、32、39）”，效果如图5-65所示。

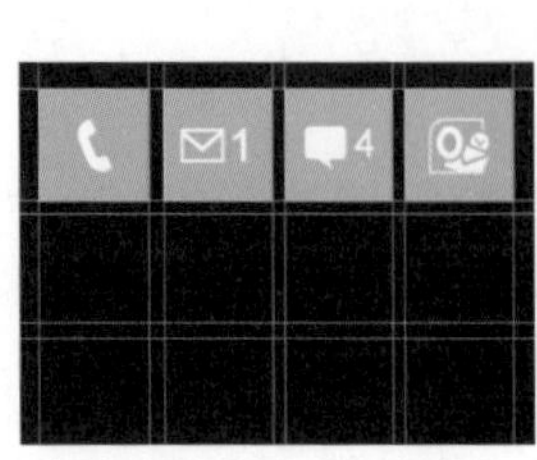

图5-64

图5-65

21 用相同的方法完成其他内容的制作，效果如图5-66所示。用“椭圆工具”在画布中绘制一个椭圆，如图5-67所示。

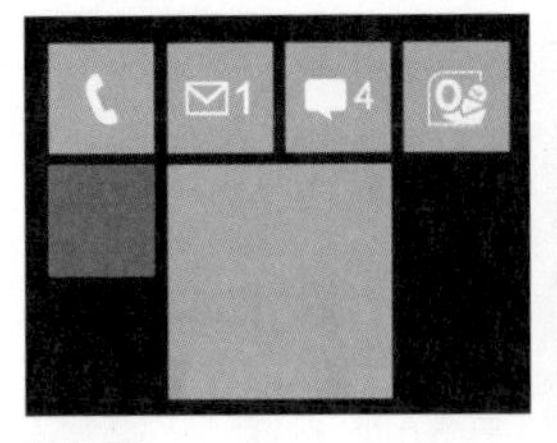

图5-66

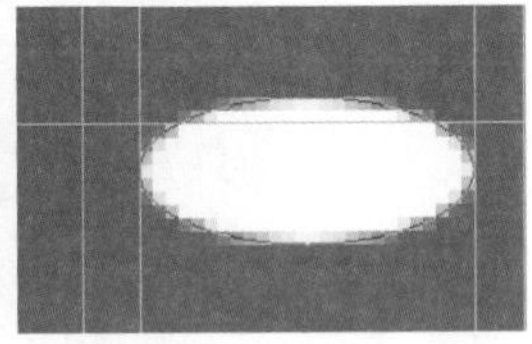

图5-67

22 设置“路径操作”为“合并形状”，在画布中继续绘制椭圆，如图5-68所示。用“任意选择工具”选中锚点后，用键盘中的上方向键调整形状，如图5-69所示。

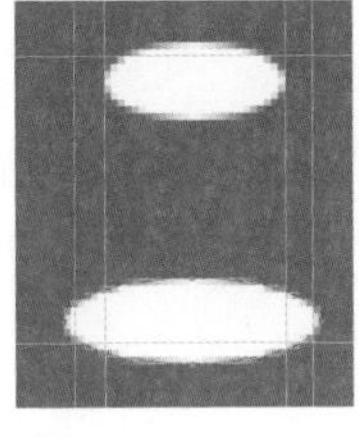

图5-68

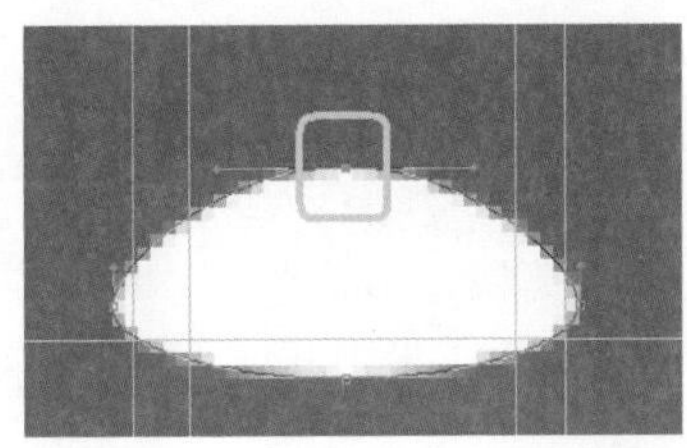

图5-69

23 选择“矩形工具”，设置“路径操作”为“减去顶层形状”，在画布中绘制矩形，如图5-70所示。选择“直线工具”，设置“粗细”为“2像素”，“路径操作”为“合并形状”，在画布中绘制直线，如图5-71所示。

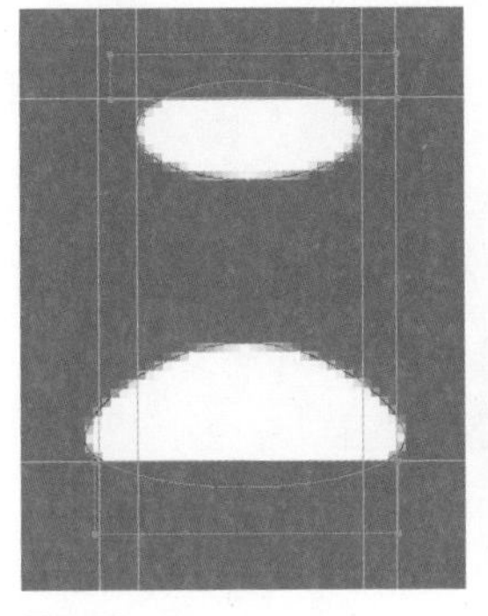

图5-70

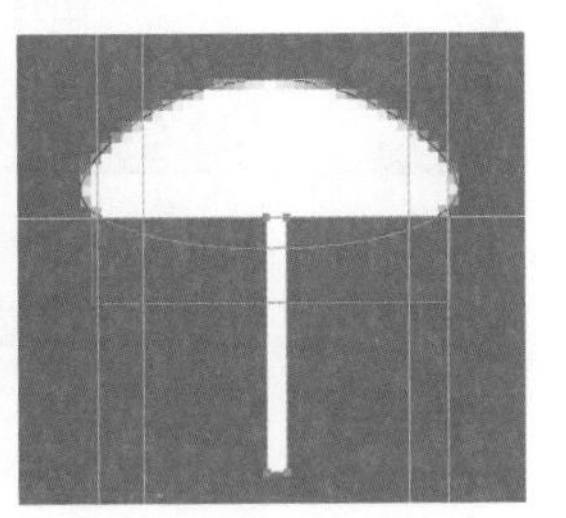

图5-71

24 用“添加锚点工具”在适当位置添加锚点后，单击该锚点，如图5-72所示。分别删除两端的锚点，图形效果如图5-73所示。

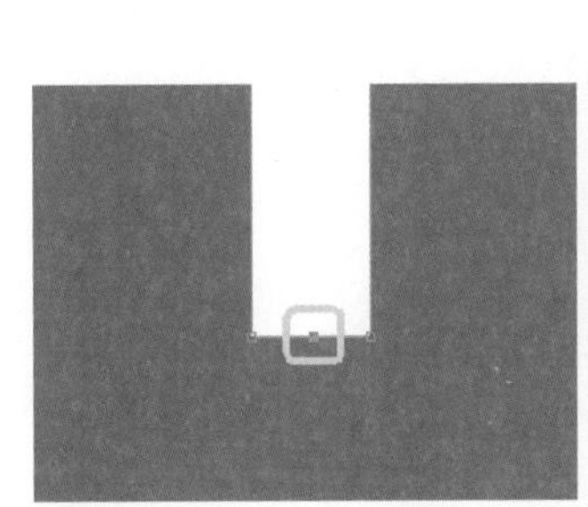

图5-72

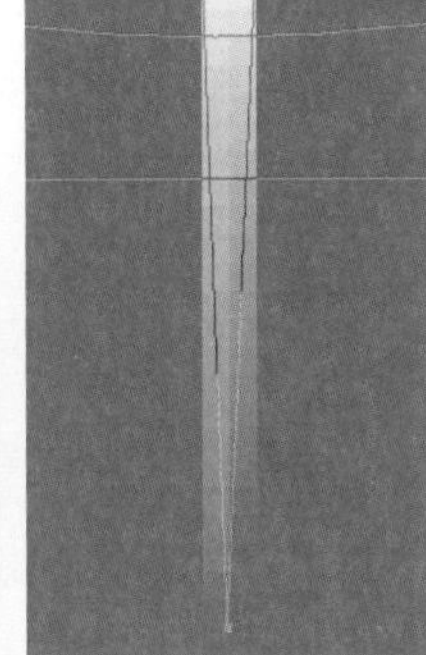

图5-73

25 选择“矩形工具”，在适当位置绘制一个矩形，如图5-74所示。选择“椭圆工具”，设置“路径操作”为“减去顶层形状”，在画布中绘制椭圆形，如图5-75所示。

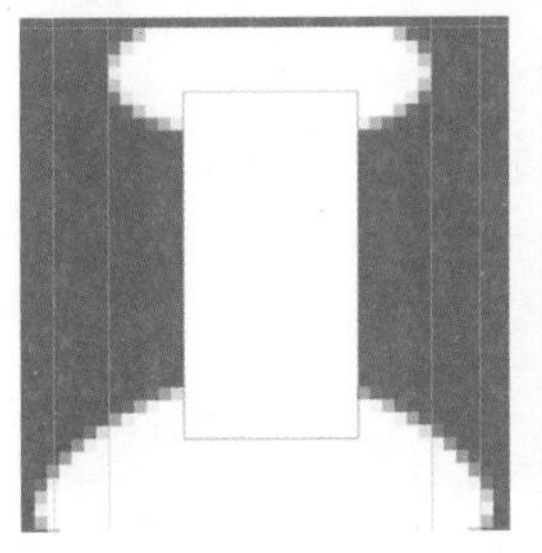

图5-74

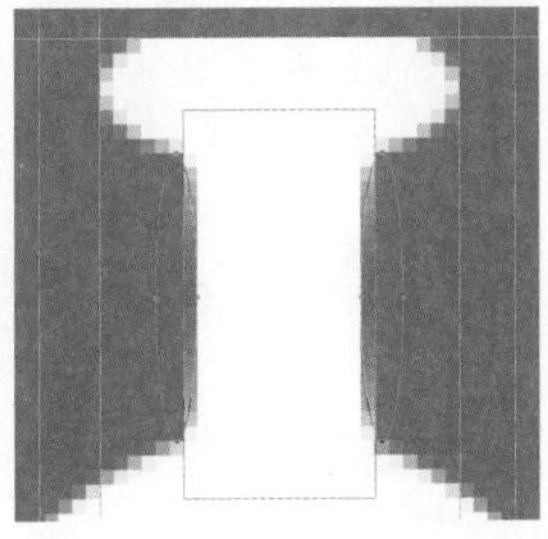

图5-75

26 将相关图层编组并命名为“图钉”，如图5-76所示。双击该图层组缩览图，弹出“图层样式”对话框，选择“外发光”选项并进行相应的设置，如图5-77所示。

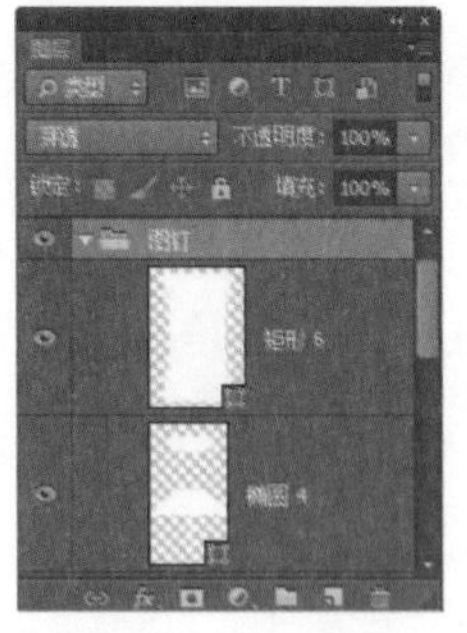

图5-76

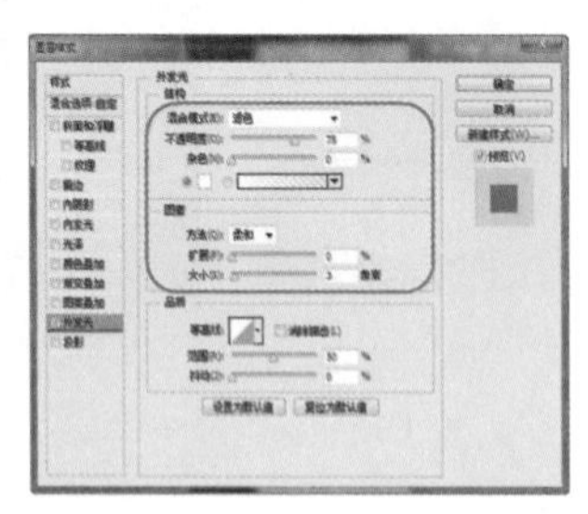

图5-77

27 设置完成后，单击“确定”按钮，效果如图5-78所示。打开“字符”面板并设置参数，如图5-79所示。用“横排文字工具”在画布中输入文字，如图5-80所示。

图5-78

图5-79

图5-80

28 执行“文件>打开”命令，打开素材文件“第5章\素材\001.jpg”，将其拖入设计文档，如图5-81所示。用相同的方法完成其他内容的制作，效果如图5-82所示。

图5-81

图5-82

29 用相同的方法绘制矩形，然后，将其移到适当位置，如图5-83所示。用“矩形工具”在画布中绘制一个白色矩形，如图5-84所示。

图5-83

图5-84

30 执行“编辑>变换路径>透视”命令，用鼠标调整形状，如图5-85所示。设置“路径操作”为“合并形状”，在画布中绘制矩形，如图5-86所示。

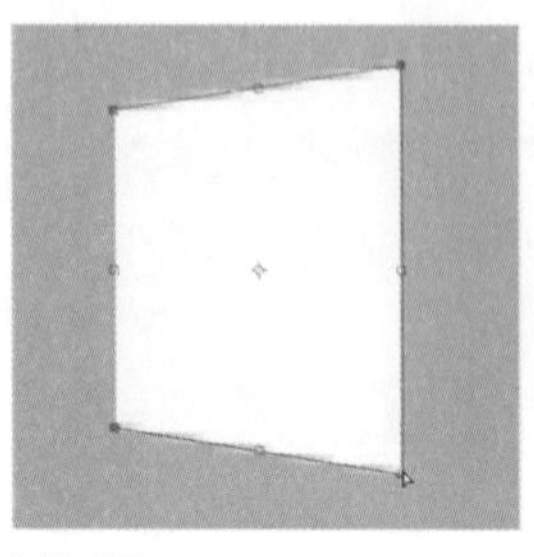

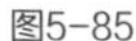

图5-85

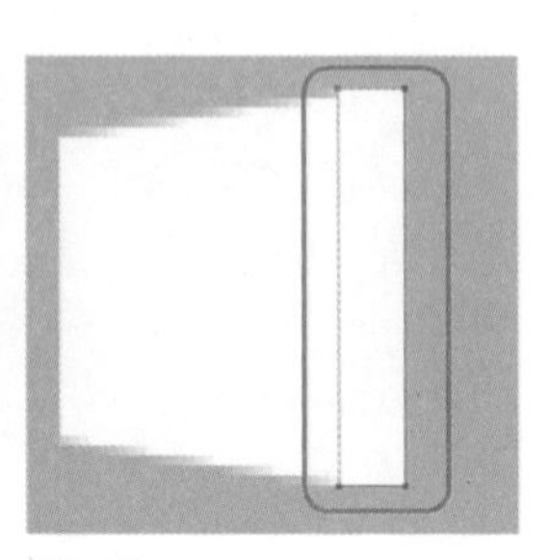

图5-86

31 用“直接选择工具”与“转换点工具”调整图形，如图5-87所示。用相同的方法完成其他内容的制作，效果如图5-88所示。

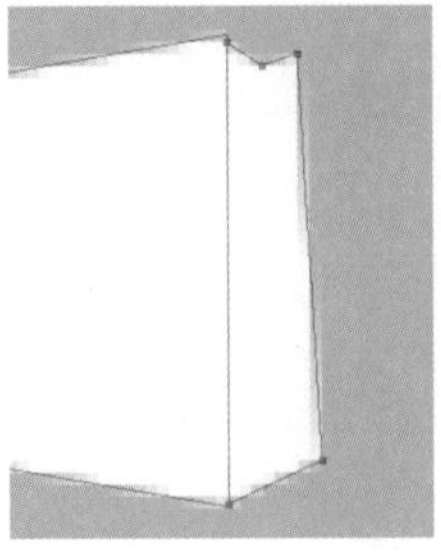

图5-87

图5-88

32 用相同的方法在画布中绘制一个圆角矩形环，如图5-89所示。选择“椭圆工具”，设置“路径操作”为“减去顶层形状”，在画布中绘制椭圆形，修改图层的“不透明度”为“70%”，如图5-90、图5-91所示。

图5-89

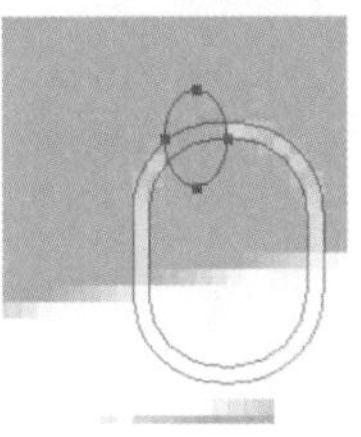

图5-90

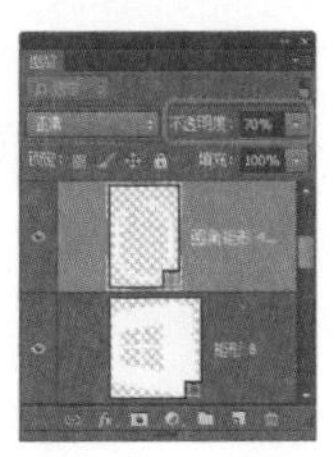

图5-91

提示

制作该步骤时，先用“任意变形工具”调整形状，用“转换点工具”在上方添加锚点并单击该锚点。然后，用“任意选择工具”调整形状，再选择“矩形工具”，设置“路径操作”为“减去顶层形状”，绘制矩形，最后，选择“直线工具”，设置“路径操作”为“合并形状”，在画布中绘制直线。

33 用相同的方法完成其他内容的制作，效果如图5-92所示。用相同的方法完成其他素材的拖入与文字的输入，效果如图5-93所示。

图5-92

图5-93

提示

制作该步骤时，可使用“直接选择工具”，按住Shift键并单击圆环，然后，按下Ctrl+J组合键，复制该图形，再适当调整其位置并修改图层的“不透明度”为“80%”。

34 用相同的方法完成其他内容的制作，将相关图层编组，如图5-94、图5-95所示。

图5-94

图5-95

操作小贴士

制作电话图标时，可先选择“圆角矩形工具”，设置“半径”为“20像素”，在画布中绘制矩形并旋转其角度，然后，修改“路径操作”为“减去顶层形状”，“半径”为“3像素”，继续绘制图形，再用“直接选择工具”选中较大的圆角矩形，按下Ctrl+J组合键，复制图形，最后，用相同的方法绘制其他图形即可。

实战2 制作Windows Phone 应用程序界面

案例分析

本案例主要制作的是Windows Phone的应用程序界面。界面中包含大量的系统图标，图标可以用大量的形状工具绘制而成，制作时应注意图标的细节。

设计范围

尺寸规格	480×800（像素）
主要工具	矩形工具、椭圆工具、路径操作
源文件地址	第5章\源文件\002.psd
视频地址	视频\第5章\002.SWF

色彩分析

大面积的红色图标，显得格外耀眼，而黑色的背景恰好平衡了红色的强烈，绿色的点缀使界面更加个性，白色文字的识别性强，便于阅读。

（229、20、0）（0、138、0）（0、0、0）（255、255、255）

制作步骤

01 设置“背景色”为黑色，执行“文件>新建”命令，新建一个空白文档，如图5-96所示。选择“矩形工具”，设置“描边”为“白色”，在画布绘制矩形，如图5-97所示。

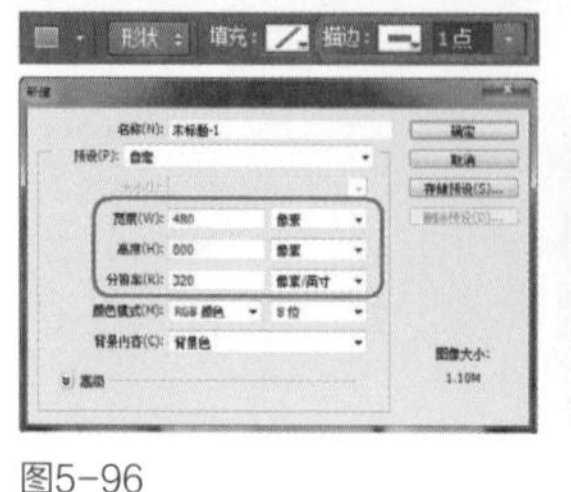

图5-96

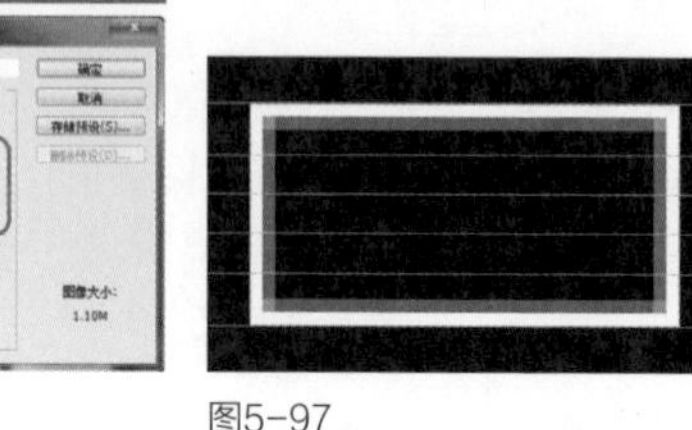

图5-97

02继续在画布中绘制矩形，修改“填充”为“白色”，“描边”为“无”，如图5-98所示。用相同的方法绘制其他矩形，效果如图5-99所示。

图5-98

图5-99

03在画布中绘制一个白色的矩形，如图5-100所示。用“任意选择工具”在适当位置添加锚点，然后，拖动锚点，调整形状，如图5-101所示。

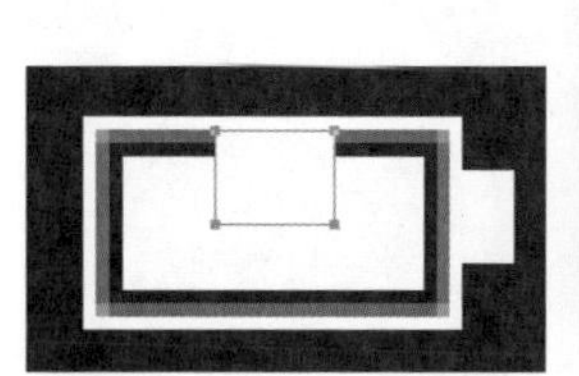
图5-100

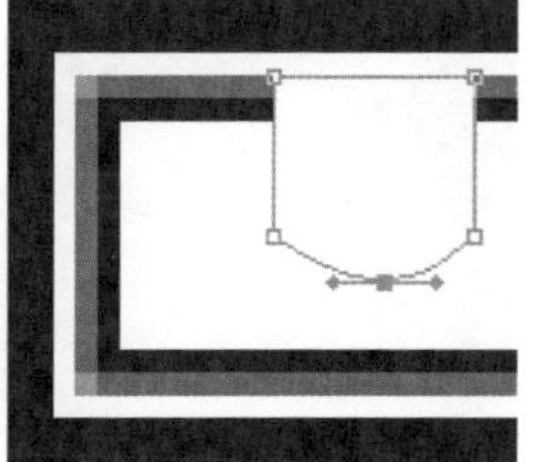
图5-101

04选择“直线工具”，设置“粗细”为“1像素”，“路径操作”为“合并形状”，在画布中绘制直线，如图5-102所示。使用“矩形工具”在画布中绘制矩形，如图5-103所示。

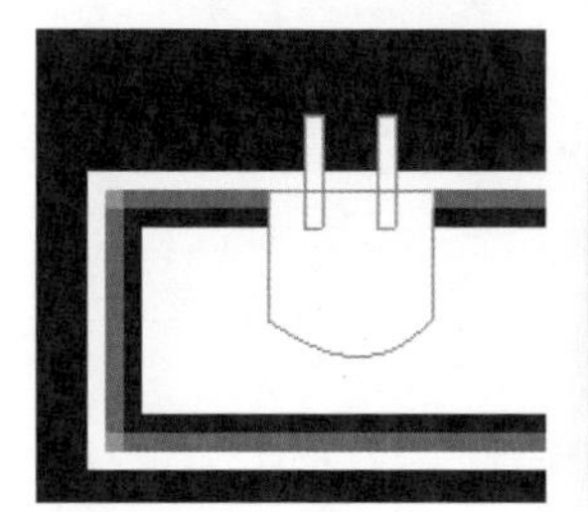
图5-102

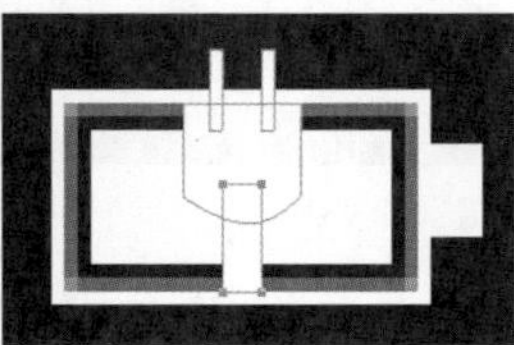
图5-103

05双击该图层缩览图，弹出“图层样式”对话框，选择“描边”选项并进行相应的设置，如图5-104所示。设置完成后，单击“确定”按钮，得到的效果如图5-105所示。

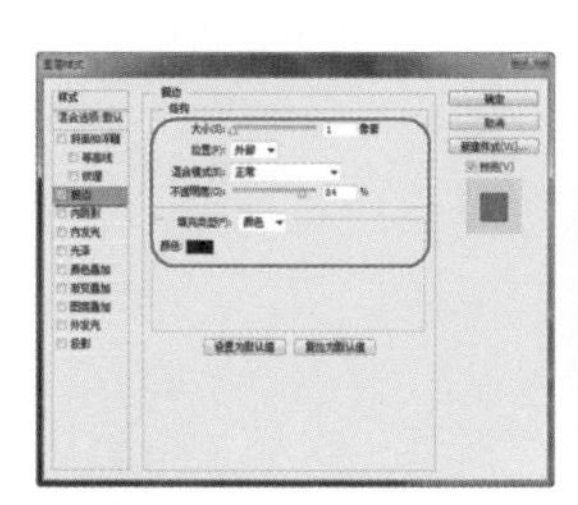
图5-104

图5-105

06打开“字符”面板并设置参数，如图5-106所示。用“横排文字工具”在画布中输入文字，如图5-107所示。将相关图层编组为“电池”，如图5-108所示。

提示

选择“横排文字工具”或“直排文字工具”后，单击鼠标左键，插入输入点，然后，按下Ctrl+T组合键，即可快速打开“字符”面板。

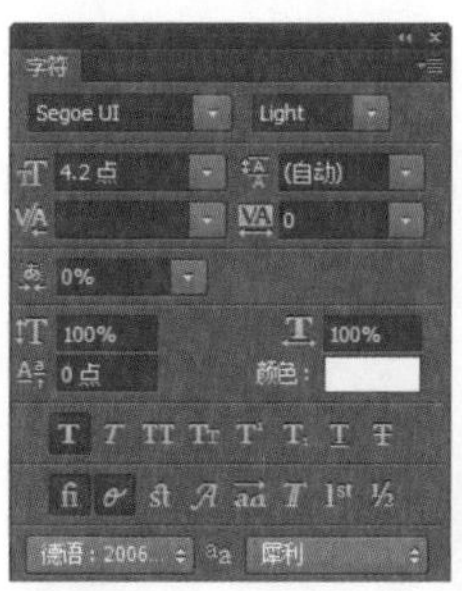

图5-106

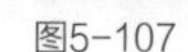

图5-107

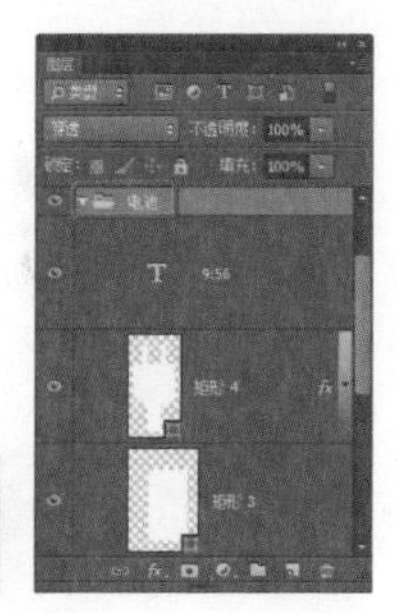
图5-108

07 用“椭圆工具”在画布中绘一个白色的正圆，如图5-109所示。修改“路径操作”为“减去顶层形状”，在画布中绘制圆环，如图5-110所示。

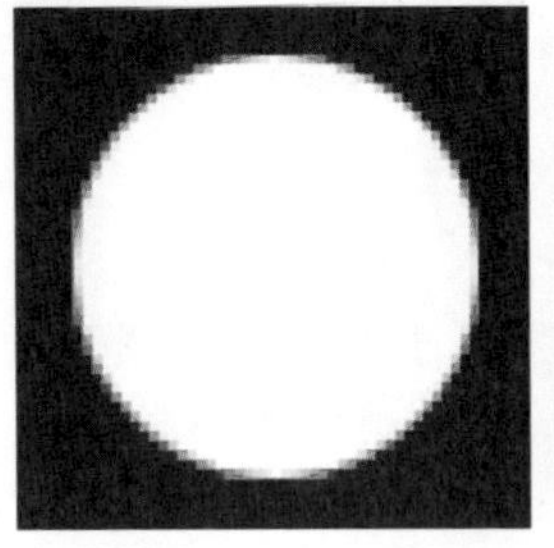

图5-109

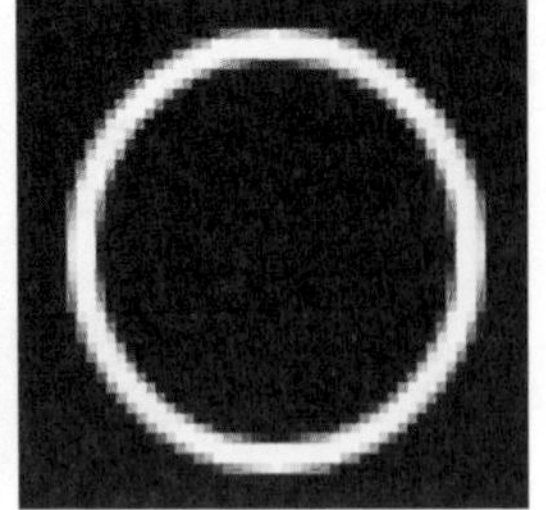

图5-110

08 用相同的方法继续绘制一个小圆环，如图5-111所示。选择“圆角矩形工具”，设置“半径”为“10像素”，在画布中绘制一个圆角矩形并将其适当旋转，如图5-112所示。

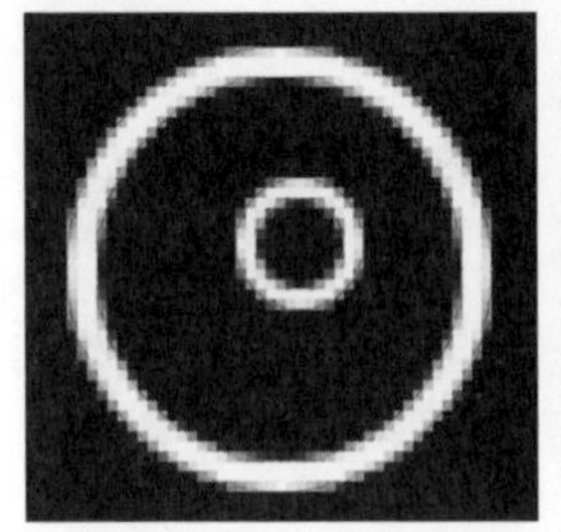

图5-111

图5-112

09 在画布中创建参考线。选择“矩形工具”，设置“填充”为“RGB（229、20、0）”，在画布中绘制矩形，如图5-113所示。双击该图层缩览图，弹出“图层样式”对话框，选择“描边”选项并进行相应的设置，如图5-114所示。

图5-113

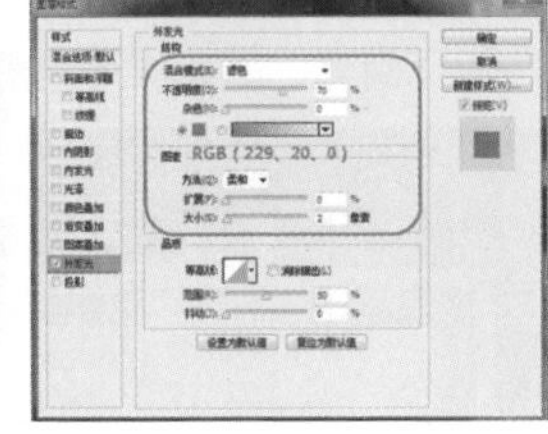

图5-114

10 设置完成后，单击“确定”按钮，得到的效果如图5-115所示。用相同的方法在矩形上方绘制一个“填充”为“RGB（241、148、138）”的圆环，如图5-116所示。

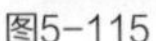

图5-115

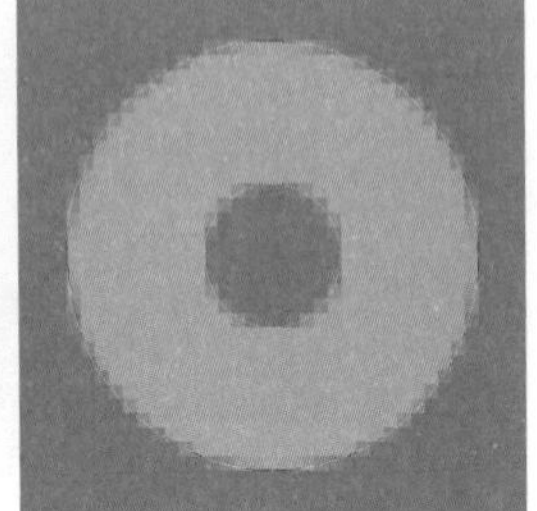

图5-116

11 选择“钢笔工具”，设置“路径操作”为“减去顶层形状”，在画布中绘制如图5-117所示的图形。打开“图层样式”对话框，选择“外发光”选项并进行相应的设置，如图5-118所示。

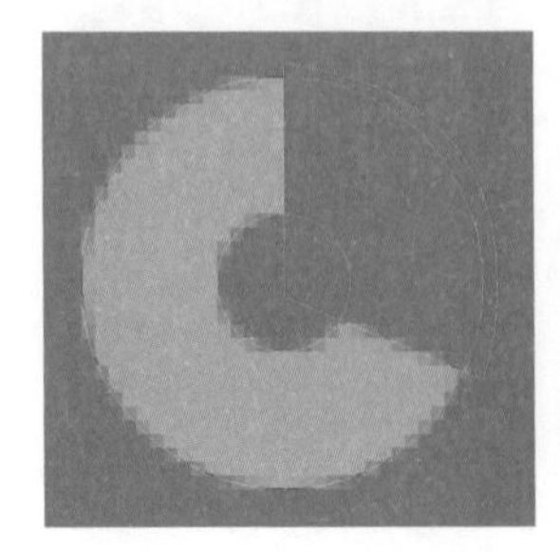

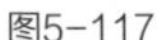

图5-117

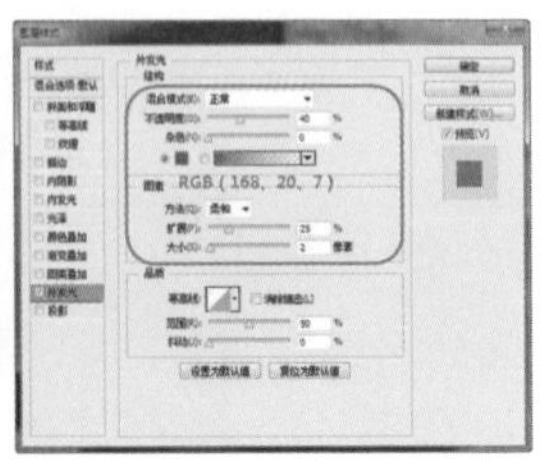

图5-118

12 设置完成后，单击“确定”按钮，得到的效果如图5-119所示。按下Ctrl+J组合键，复制该图层，用“直接选择工具”选中扇形路径，修改“操作路径”为“与形状区域相交”并适当调整路径的位置，如图5-120所示。

图5-119

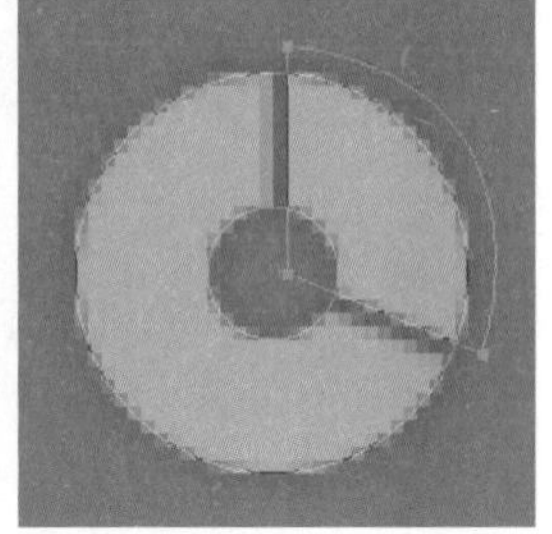

图5-120

13 修改该图形的“填充”为“白色”，将相关图层编组为“图标1”，如图5-121、图5-122所示。复制“矩形5”图层，将其移至图层最上方并适当调整其位置，如图5-123所示。

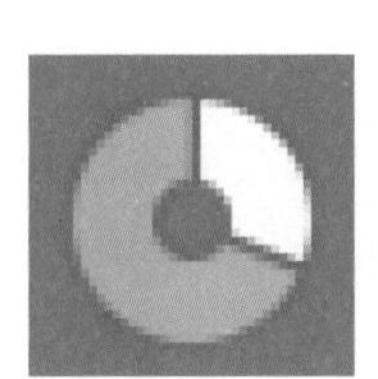

图5-121

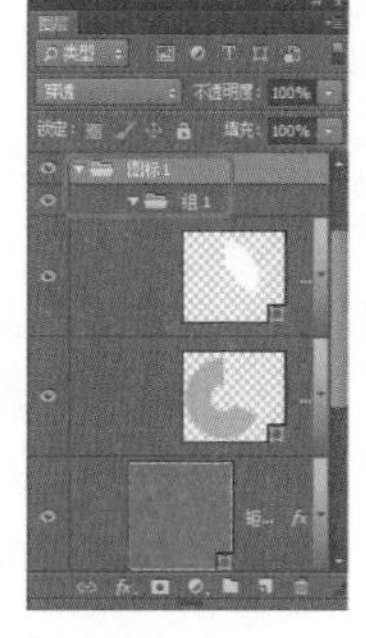

图5-122

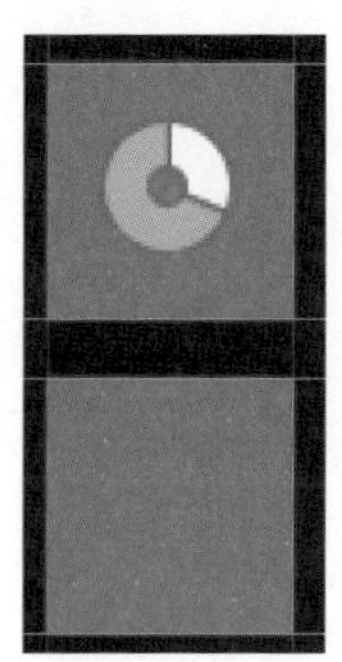

图5-123

14 用“圆角矩形工具”绘制一个“半径”为“1像素”的圆角矩形，将其适当旋转，如图5-124所示。按下Ctrl+T组合键，将其旋转45°，如图5-125所示。

图5-124

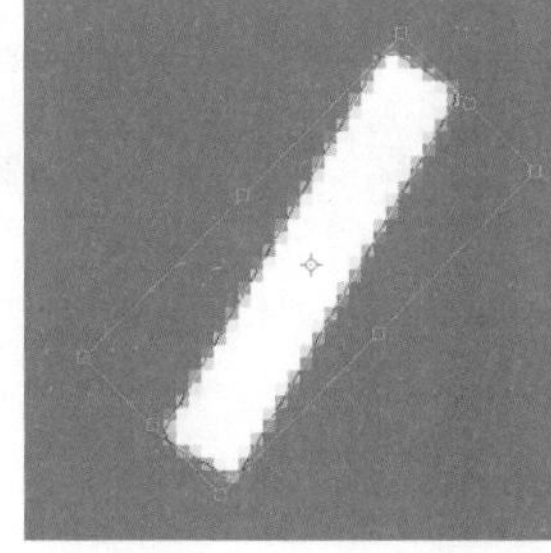

图5-125

15 多次按下Ctrl+Shift+Ctrl+T组合键，变换形状，效果如图5-126所示。选择“椭圆工具”，设置“路径操作”为“合并形状”，绘制一个正圆，如图5-127所示。

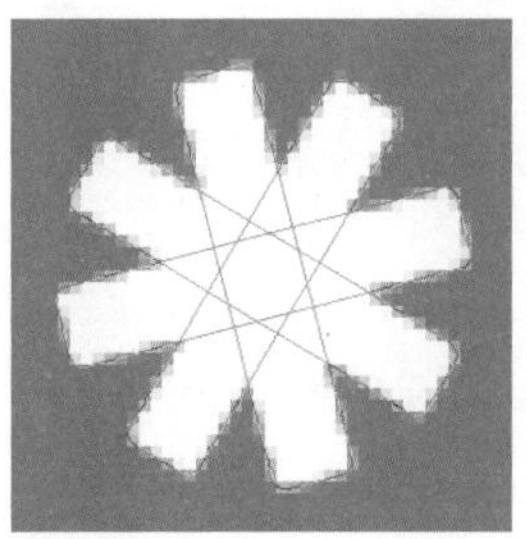

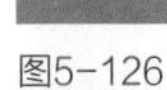

图5-126

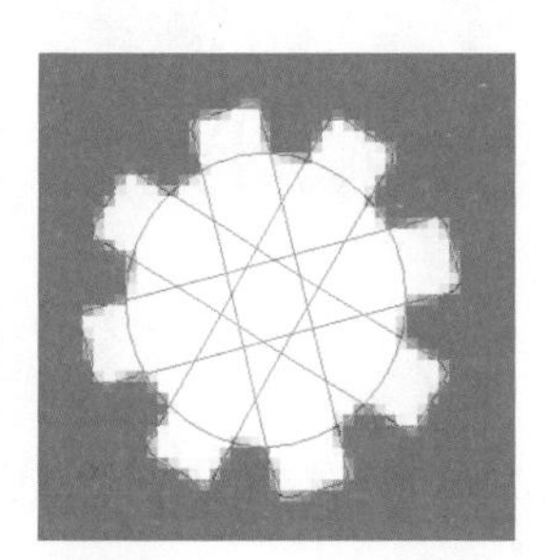

图5-127

16 用相同的方法完成其他图形的绘制，效果如图5-128所示。复制“图标1”图层的图层样式，再将其粘贴到该图层中，如图5-129所示。

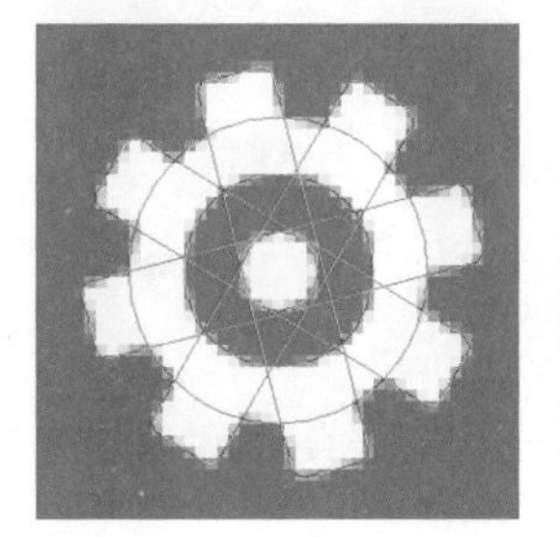

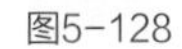

图5-128

图5-129

17 将相关图层编组并命名为“图标2”，如图5-130所示。复制“矩形5”图层，将其移至图层最上方并适当调整位置，如图5-131所示。用“椭圆工具”在画布中绘制一个椭圆，再将其适当旋转，如图5-132所示。

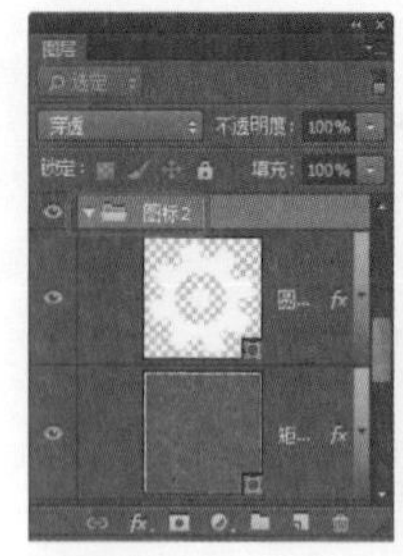

图5-130

图5-131

图5-132

18 复制该图层，将其等比例缩小。按下Ctrl+E组合键，合并这两个图层，修改小椭圆的“路径操作”为“减去顶层形状”，再适当调整其位置，如图5-133所示。用相同的方法在画布中绘制一个正圆，如图5-134所示。

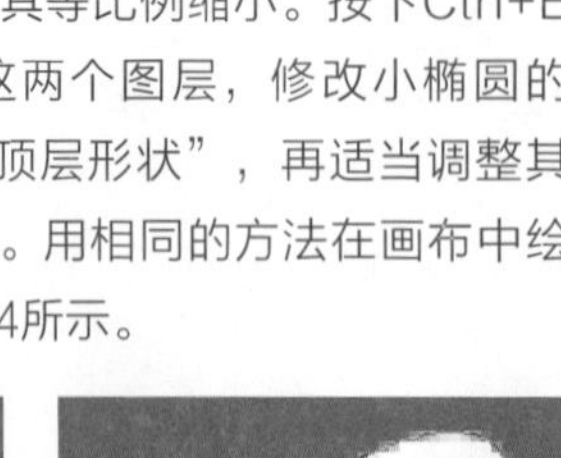

图5-133

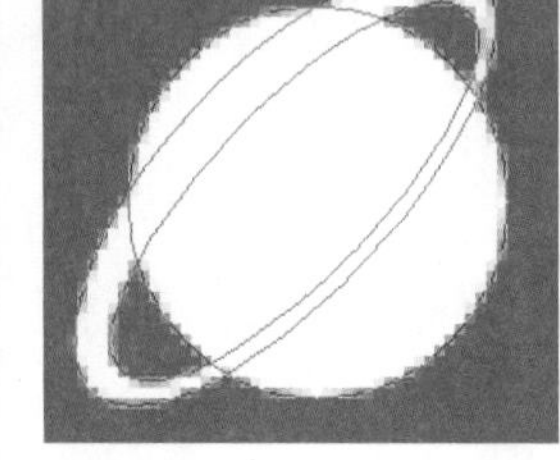

图5-134

19 修改“路径操作”为“减去顶层形状”，在画布中绘制出圆环，如图5-135所示。选择“矩形工具”，设置“路径操作”为“合并形状”，绘制矩形，如图5-136所示。

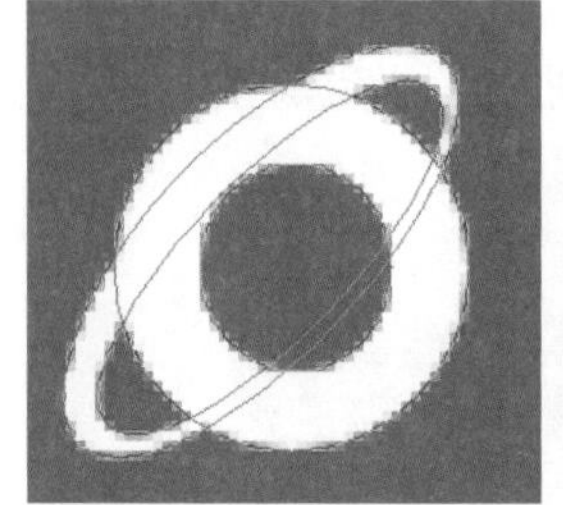

图5-135

图5-136

20 用相同的方法完成其他内容的制作，效果如图5-137所示。用相同的方法为其粘贴图层样式，效果如图5-138所示。

图5-137

图5-138

21 复制“矩形5”图层，将其移至图层最上方并适当调整其位置，如图5-139所示。选择“圆角矩形工具”，设置“半径”为“3像素”，在画布中绘制矩形，如图5-140所示。

图5-139

图5-140

提示

制作该步骤时，可先选择“矩形工具”，设置“路径操作”为“减去顶层形状”，在画布中绘制矩形，再用“钢笔工具”在矩形上方绘制图形。

22 选择“椭圆工具”，设置“路径操作”为“减去顶层形状”，在画布中绘制椭圆形，如图5-141所示。修改“路径操作”为“合并形状”，绘制正圆，如图5-142所示。

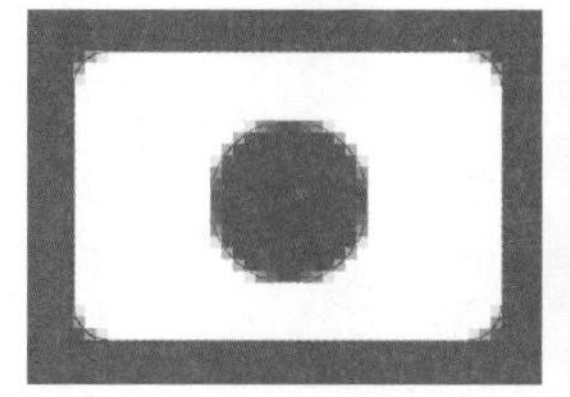

图5-141

图5-142

23 用相同的方法完成其他图形的制作，再为新图层粘贴图层样式，如图5-143、图5-144所示。

图5-143

图5-144

24 用相同的方法完成其他内容的制作，如图5-145、图5-146所示。打开“字符”面板并设置参数，如图5-147所示。

图5-145

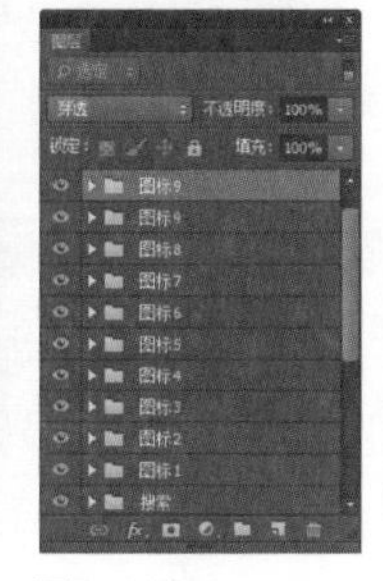

图5-146

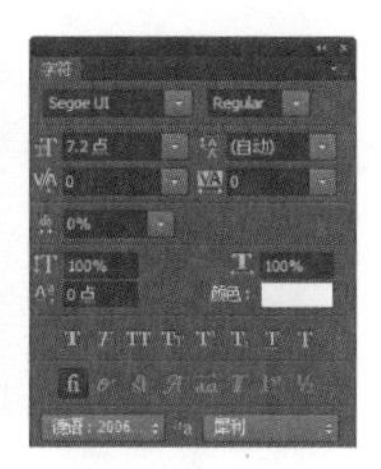

图5-147

25 用“横排文字工具”在画布中输入文字，如图5-148所示。用相同的方法输入其他文字，将相关图层编组，如图5-149所示。

图5-148

图5-149

操作小贴士

制作Office图标时，可先选择“圆角矩形工具”，设置“半径”为“2像素”，绘制一个圆角矩形，然后，用“转换点工具”和“任意变形工具”调整形状，复制该图形，将其等比例缩小并与较大图形合并，再用“直接选择工具”选中较小的图形，修改“路径操作”为“减去顶层形状”，最后，用相同的方法绘制其他图形。

实战3 制作Windows Phone 聊天界面

案例分析

本案例主要制作的是Windows Phone的聊天界面，界面上方是文字接收框，下方是一个黑色的键盘，键盘有投影效果，制作时应注意按键的间距。

设计范围

尺寸规格	480×800（像素）
主要工具	矩形工具、椭圆工具、文字工具
源文件地址	第5章\源文件\003.psd
视频地址	视频\第5章\003.SWF

色彩分析

黑色键盘与白色的对话框形成了鲜明的对比，红色与绿色非常醒目，起到了很好的通知作用，同时，也使界面色彩不再单调。

（255、45、13）（170、192、205）（62、62、62）（255、255、255）

制作步骤

01 执行“文件>新建”命令，新建一个空白文档，如图5-150所示。执行“文件>打开”命令，打开素材文件“第5章\素材\009.jpg”，将其拖入设计文档，如图5-151所示。

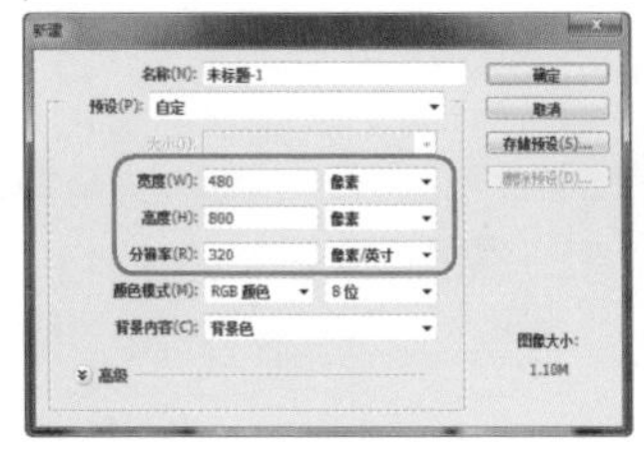

图5-150

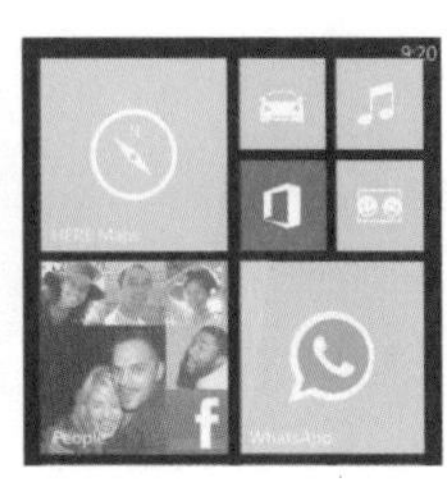

图5-151

02 用“矩形工具”在画布中绘制一个同画布大小相同的黑色矩形，修改“不透明度”为“75%”，如图5-152所示。“图层”面板如图5-153所示。选择“椭圆工具”，设置“填充”为“RGB（66、66、66）”，在画布中绘制一个椭圆，如图5-154所示。

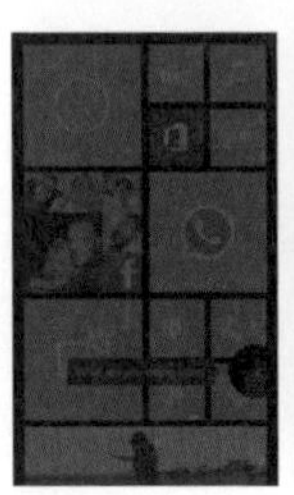

图5-152

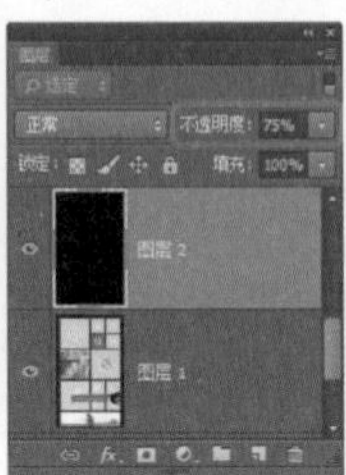

图5-153

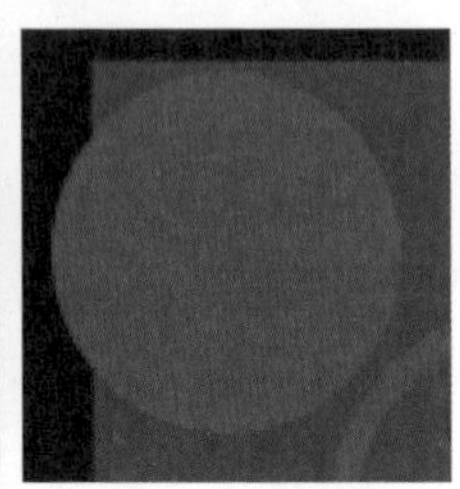

图5-154

03 选择“圆角矩形工具”，设置“半径”为“2像素”，在画布中绘制一个白色的圆角矩形，如图5-155所示。选择“钢笔工具”，设置“路径操作”为“合并形状”，在画布中绘制如图5-156所示的图形。

图5-155

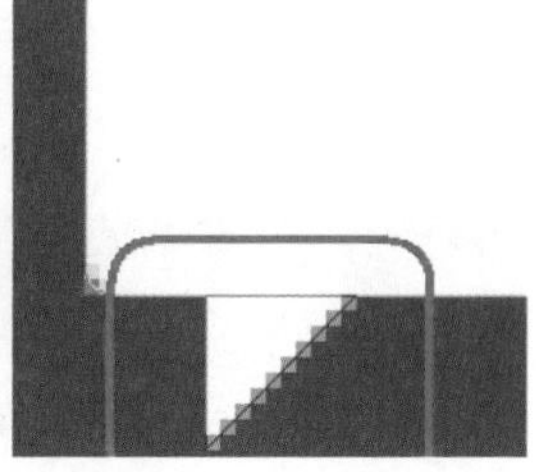

图5-156

04 选择“直线工具”，设置“粗细”为“5像素”，“路径操作”为“减去顶层形状”，在画布中绘制图形，然后，用“转换点工具”在适当位置添加锚点，单击该锚点并删除两端的锚点，如图5-157、图5-158所示。

图5-157

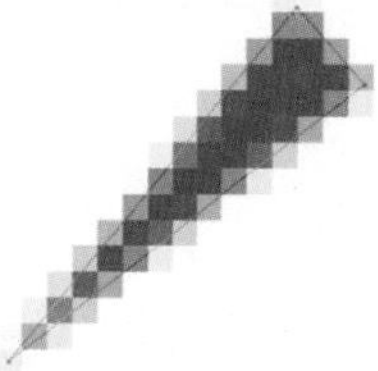

图5-158

05 用相同的方法制作其他内容，如图5-159所示。双击该图层缩览图，弹出“图层样式”对话框，选择“投影”选项并进行相应的设置，如图5-160所示。

图5-159

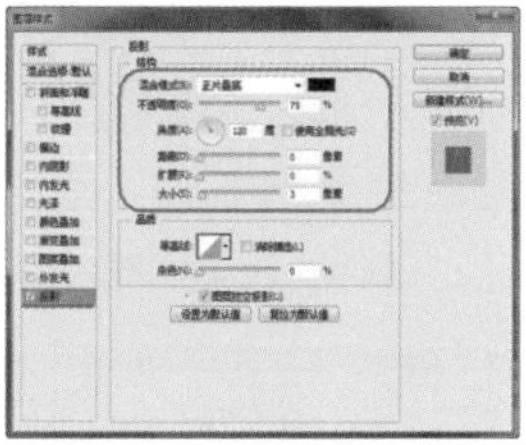

图5-160

06 设置完成后，单击“确定”按钮，得到的效果如图5-161所示。将相关图层编组。复制“椭圆1”，将其移至图层最上方并适当调整其位置，如图5-162所示。

图5-161

图5-162

07 双击该图层缩览图，弹出“图层样式”对话框，选择“投影”选项并进行相应的设置，如图5-163所示。设置完成后，单击“确定”按钮，得到的效果如图5-164所示。

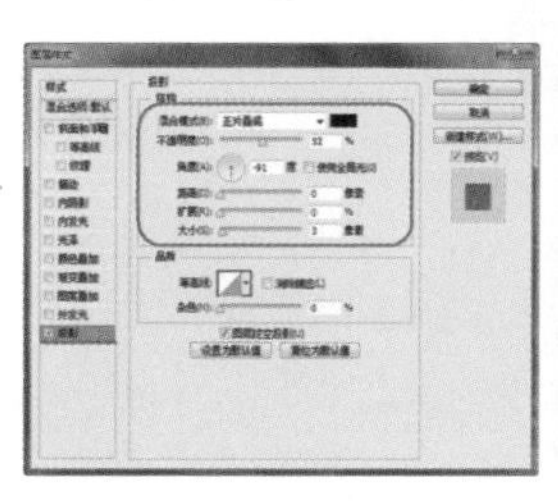

图5-163

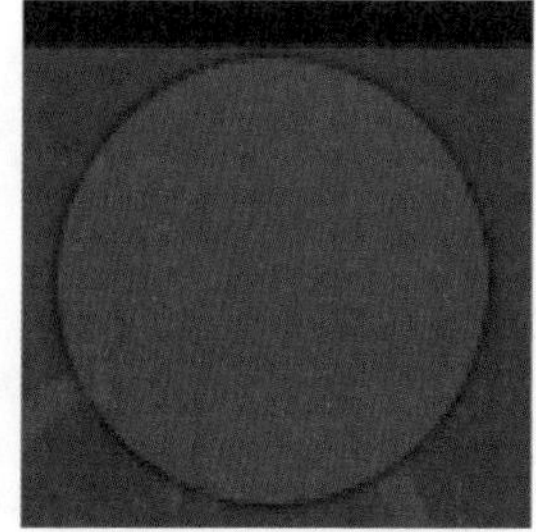

图5-164

08 执行“文件>打开”命令，打开素材文件“第5章\素材\010.jpg”，将其拖入设计文档并适当调整其位置，如图5-165所示。执行“图层>创建剪贴蒙版”命令，为其创建剪贴蒙版，如图5-166所示。

图5-165

图5-166

09 用相同的方法完成其他内容的制作，将相关图层编组，如图5-167、图5-168所示。

图5-167

图5-168

提示

制作该步骤时，可先选中该正圆所在图层，按下Ctrl+J组合键，复制图层，适当调整其位置，继续拖入其他素材，为其创建剪贴蒙版，然后，选择“矩形工具”，设置“填充”为“RGB(255、36、1)”，在画布中绘制一个矩形，再用“横排文字工具”在画布中输入文字。

10 用相同的方法完成矩形的制作，如图5-169所示。用“矩形工具”和“钢笔工具”在画布中绘制图形，如图5-170所示。

图5-169

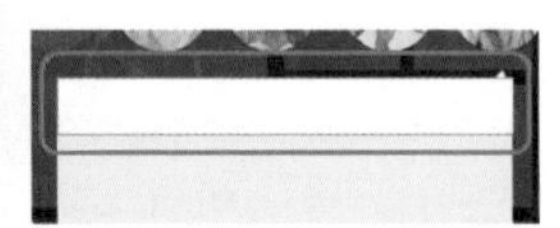

图5-170

11 双击该图层缩览图，弹出“图层样式”对话框，选择“投影”选项并进行相应的设置，如图5-171所示。设置完成后，单击“确定”按钮，得到的效果如图5-172所示。

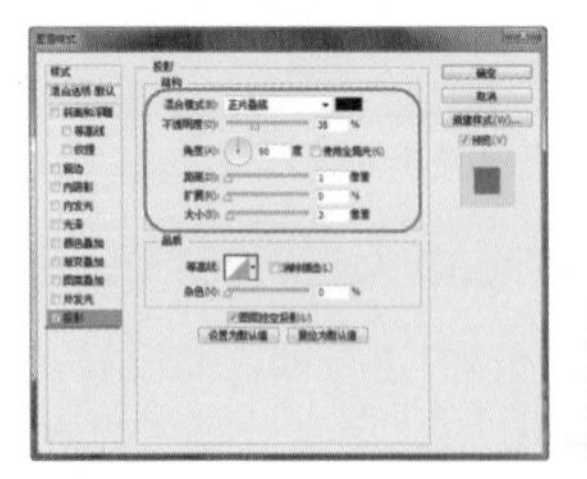

图5-171

图5-172

提示

在设置“投影”选项时，用户可以在“图层样式”对话框打开的情况下，直接在文档中进行拖动，以调整投影的距离和角度。

12 用相同的方法完成其他内容的制作，效果如图5-173所示。打开“字符”面板并设置参数，如图5-174所示。

图5-173

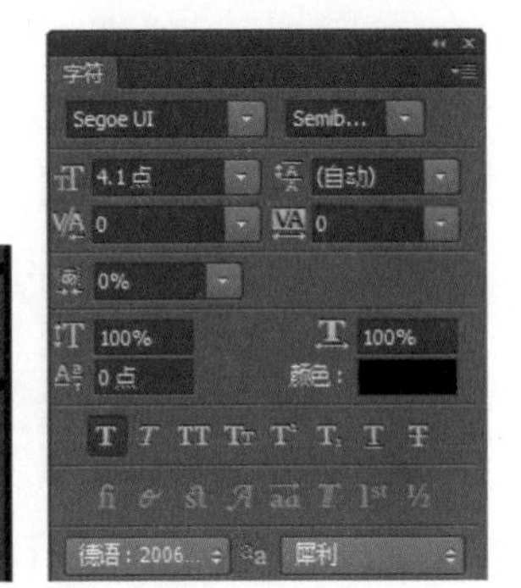

图5-174

13 用“横排文字工具”在画布中输入文字，如图5-175所示。用相同的方法完成其他内容的制作，如图5-176所示，将相关图层编组。

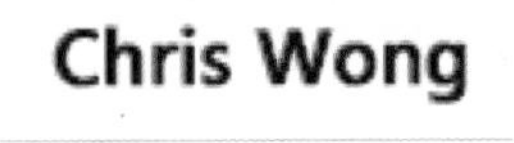

Chris Wong

图5-175

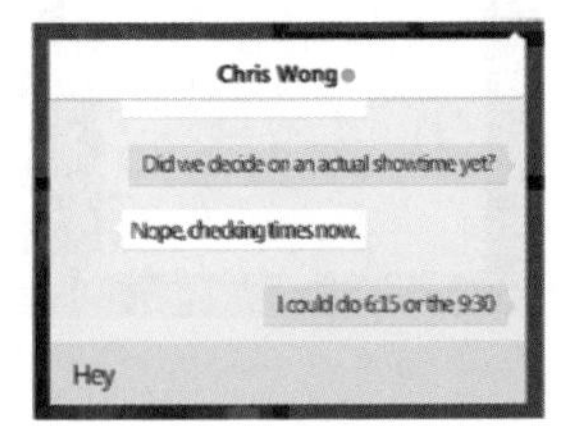

图5-176

14 用相同的方法在画布下方绘制一个矩形，适当调整图层顺序，如图5-177、图5-178所示。选择“矩形工具”，设置“填充”为“RGB(71、71、71)”，在画布中绘制一个矩形，如图5-179所示。

图5-177

图5-178

图5-179

15 双击该图层缩览图，弹出“图层样式”对话框，选择“投影”选项并进行相应的设置，如图5-180所示。设置完成后，单击“确定”按钮，得到的效果如图5-181所示。用相同的方法完成文字的制作，如图5-182所示，将相关图层编组为“q”。

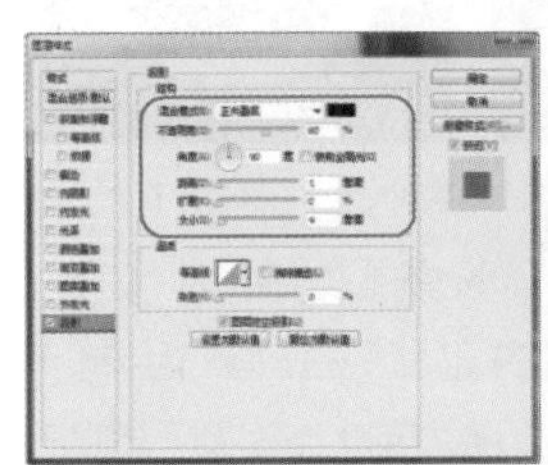

图5-180

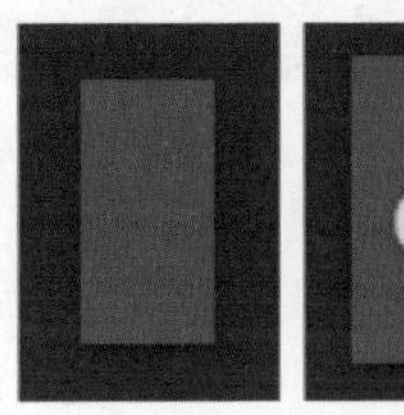

图5-181

图5-182

16 按住Shift+Alt组合键并多次拖动该组，适当调整它们的位置并修改文字，效果如图5-183所示。将相关图层编组。继续复制该组，适当调整它们的位置并删除文字。按下Ctrl+T组合键，调整矩形的宽度，如图5-184所示。

图5-183

图5-184

17 用“矩形工具”在画布中绘制一个白色的矩形。用“转换点工具”添加锚点，然后，单击锚点，如图5-185所示。删除相关锚点后得到如图5-186所示的图形。

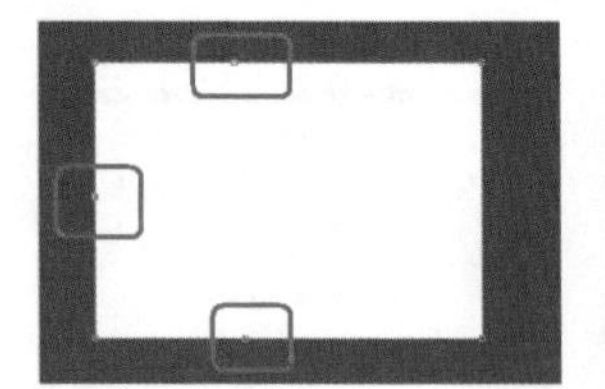

图5-185

图5-186

19 用相同的方法完成其他内容的制作，如图5-189所示。将相关图层编组。用相同的方法在画布下方绘制一个圆环，如图5-190所示。

图5-189

图5-190

20 选择“多边形工具”，设置“边数”为“3”，“路径操作”为“合并形状”，在画布绘制一个三角形，如图5-191所示。用“转换点工具”与“任意变形工具”调整形状，如图5-192所示。用相同的方法为其粘贴图层样式，效果如图5-193所示。

图5-191

图5-192

图5-193

18 复制该图层，将其等比例缩小，按下Ctrl+E组合键，合并两个图层。用“直接选择工具”选中较小的形状，修改“路径操作”为“减去顶层形状”，得到的形状如图5-187所示。用相同的方法完成其他内容的制作，效果如图5-188所示。

图5-187

图5-188

提示

制作键盘中的笑脸图形时，可先用“椭圆工具”在画布中绘制一个圆环，然后，用“椭圆工具”在圆环上方减去顶层形状，再用相同方法继续绘制一个圆环与两个正圆。

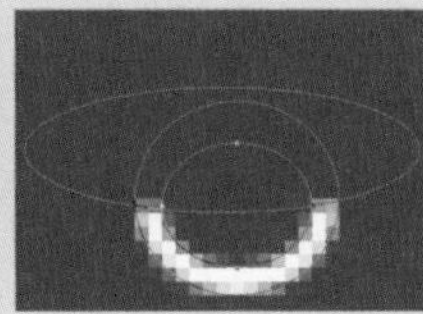

21 选择“直接选择工具”，按住Shift键的同时单击圆环路径，按下Ctrl+J组合键，复制该形状，适当调整其位置并清除图层样式，效果如图5-194所示。选择“圆角矩形工具”，设置“半径”为“2像素”，在画布中绘制一个圆角矩形，如图5-195所示。

图5-194

图5-195

22 修改“路径操作”为“合并形状”，在画布中绘制如图5-196所示的图形。用“矩形工具”在画布中绘制矩形，如图5-197所示。选择“圆角矩形工具”，设置“路径操作”为“合并形状”，在画布中绘制矩形，如图5-198所示。

图5-196

图5-197

图5-198

24 用相同的方法完成其他内容的制作，至此，该案例的制作就完成了，最终效果如图5-201所示。“图层”面板如图5-202所示。

操作小贴士

选中某一图层后，按下Ctrl+】组合键，可将该图层上移一层；按下Ctrl+【组合键，可将该图层下移一层；按下Ctrl+Shift+】组合键，可将该图层移至图层的最上方；按下Ctrl+Shift+【组合键，可将该图层移至图层最底层。

23 选择“直线工具”设置“粗细”为“1像素”，在画布中绘制直线，如图5-199所示。将相关图层编组并为其粘贴图层样式，效果如图5-200所示。

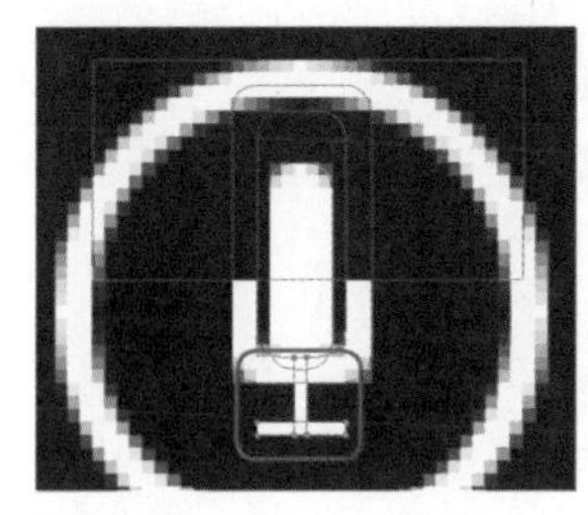

图5-199

图5-200

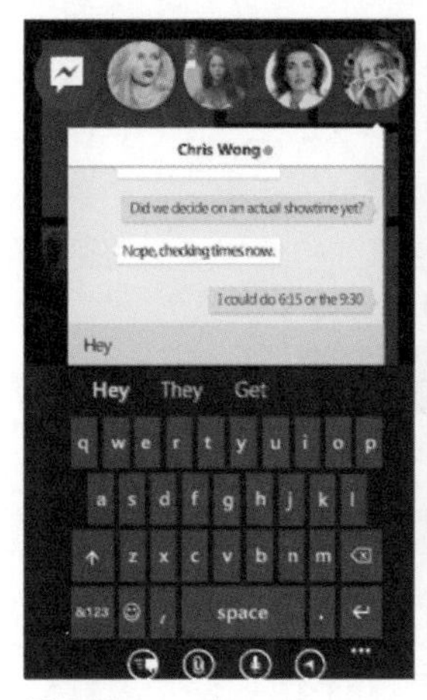

图5-201

图5-202

实战4 ／制作Windows Phone 短信界面

案例分析

本案例主要制作的是Windows Phone短信发送界面。界面上方是时间，中间是一些快捷应用。需要注意的是，文字框是半透明的效果，并且带有投影。

设计范围

尺寸规格	480×800（像素）
主要工具	矩形工具、文字工具、剪贴蒙版
源文件地址	第5章\源文件\004.psd
视频地址	视频\第5章\004.SWF

色彩分析

蓝色的天空，绿油油的草地，给用户带来身临其境的感觉。半透明的白色文字框使界面显得更加清新。黑色的文字有很强的可读性。

（86、190、169）（96、136、34）（243、246、238）

制作步骤

01 执行“文件>新建”命令，新建一个空白文档，如图5-203所示。执行“文件>打开”命令，打开素材文件“第5章\素材\014.jpg”，将其拖入设计文档，如图5-204所示。

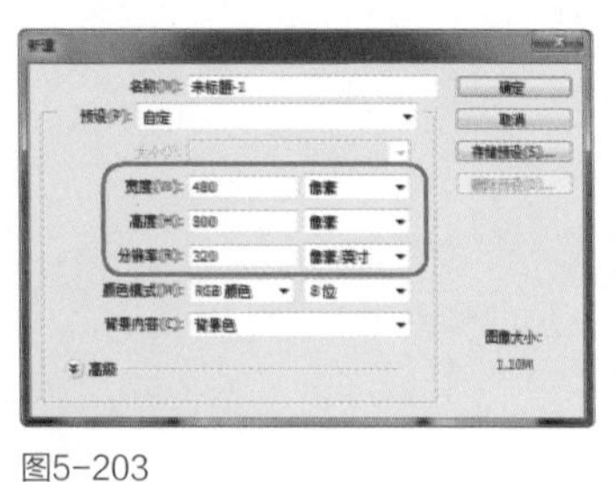

图5-203

图5-204

02 打开“字符”面板并设置参数，如图5-205所示。用“横排文字工具”在画布中输入文字，如图5-206所示。

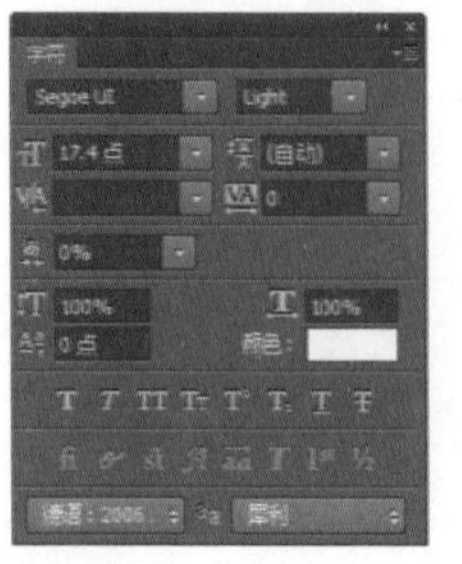

图5-205

图5-206

03 双击该图层缩览图，弹出“图层样式”对话框，选择“投影”选项并进行相应的设置，如图5-207所示。设置完成后，单击“确定”按钮，得到的效果如图5-208所示。

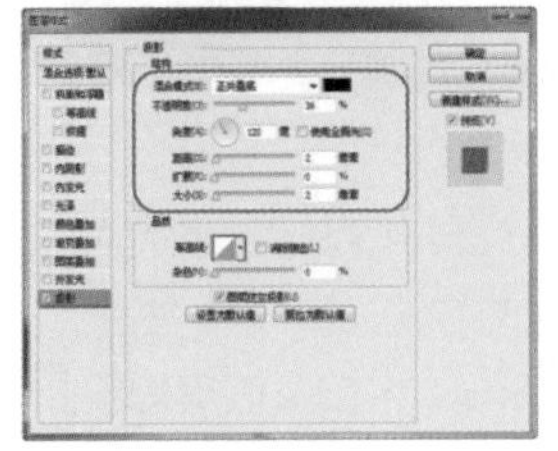
图5-207

图5-208

04 用“椭圆工具”在画布中绘制一个正圆，如图5-209所示。双击该图层缩览图，弹出“图层样式”对话框，选择“投影”选项并进行相应的设置，如图5-210所示。

图5-209

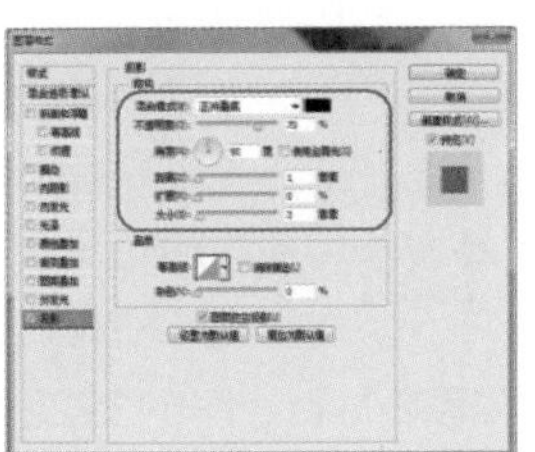
图5-210

05 设置完成后，单击“确定”按钮，得到的效果如图5-211所示。用相同的方法将相关素材拖入设计文档，再为其创建剪贴蒙版，如图5-212所示。

图5-211

图5-212

06 用“矩形工具”和“钢笔工具”在画布中绘制图形，效果如图5-213所示。打开“图层样式”对话框，选择“投影”选项并进行相应的设置，如图5-214所示。

图5-213

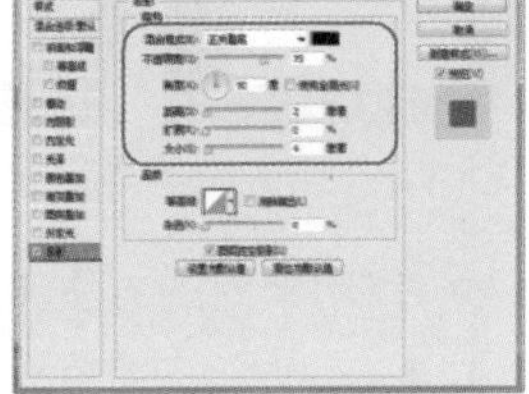
图5-214

07 设置完成后，单击“确定”按钮，修改图层的“不透明度”为“80%”，得到的效果如图5-215所示。用相同的方法在画布中输入文字，如图5-216所示。

图5-215

图5-216

08 用“矩形工具”在画布中绘制一个矩形，如图5-217所示。复制“矩形1”图层的图层样式并将其粘贴到该图层，修改其“不透明度”为“60%”，效果如图5-218所示。

图5-217

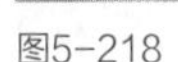
图5-218

09 用相同的方法完成其他内容的制作，效果如图5-219所示。在画布中绘制一个“填充”为“RGB（71、71、71）”的矩形，如图5-220所示。

图5-219

图5-220

10 用相同的方法绘制一个矩形，执行“编辑>自由变换>透视”命令并用鼠标调整其形状，如图5-221、图5-222所示。选择“椭圆工具”，设置“路径操作”为“减去顶层形状”，在画布中绘制椭圆形，如图5-223所示。

图5-221　　图5-222　　图5-223

11 用相同的方法完成该图形的制作，效果如图5-224所示。用相同的方法为其粘贴“投影”图层样式，效果如图5-225所示。将相关图层编组。

图5-224

图5-225

12 用相同的方法完成其他内容的制作，效果如图5-226所示。“图层”面板如图5-227所示。

图5-226

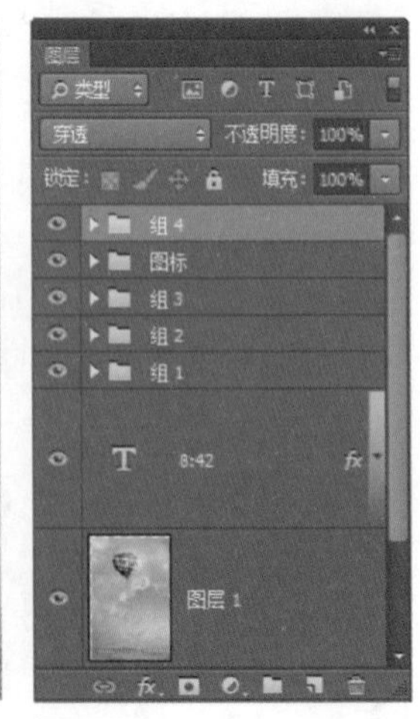

图5-227

操作小贴士

为图层创建剪贴蒙版时，选中该图层并按下Ctrl+Alt+G组合键，即可将该图层剪贴至下方图层；也可以执行“图层>创建剪贴蒙版”命令；还可以将鼠标指针移至两个图层之间的细线处，按住Alt键并单击鼠标左键。

实战5 制作Windows Phone 字体设置界面

案例分析

本案例将制作Windows Phone的字体设置界面，界面中多为文字和复选框，没有复杂的内容。制作方法十分简单，可在制作过程中用参考线来精确间距。

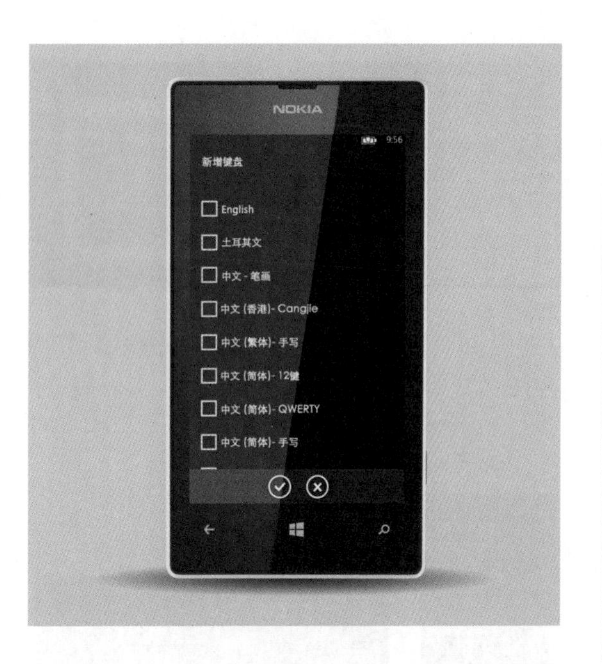

设计范围

尺寸规格	480×800（像素）
主要工具	矩形工具、文字工具、椭圆工具
源文件地址	第5章\源文件\005.psd
视频地址	视频\第5章\005.SWF

色彩分析

界面的背景为纯黑色，显得沉稳而神秘，白色的文字和复选框与背景形成了鲜明的对比，并且，识别度很强。

（0、0、0）　（255、255、255）

制作步骤

01 设置“背景色”为黑色，执行“文件>新建”命令，新建一个空白文档，如图5-228所示。执行“文件>打开”命令，打开文件“第5章\源文件\002.psd”，将相关图层拖入设计文档，如图5-229所示。

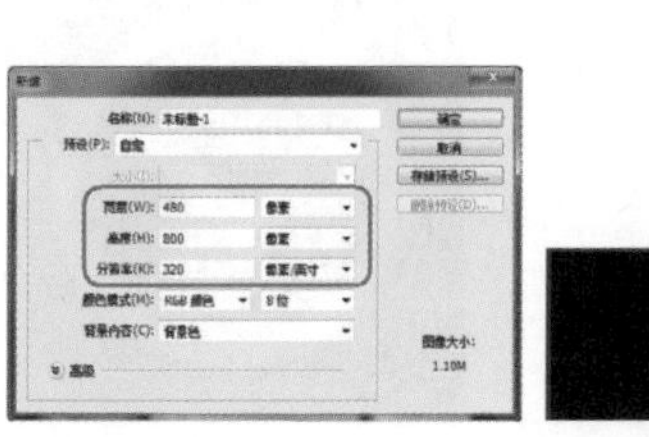

图5-228

图5-229

02 用“矩形工具”在画布中绘制一个白色的矩形，如图5-230所示。修改“路径操作”为“减去顶层形状”，在画布中绘制矩形，如图5-231所示。

图5-230

图5-231

03 双击该图层缩览图，弹出“图层样式”对话框，选择“外发光”选项并进行相应的设置，如图5-232所示。设置完成后，单击“确定”按钮，得到的效果如图5-233所示。

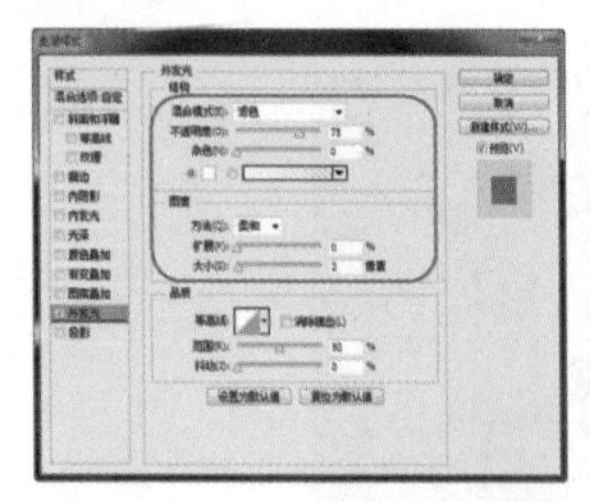

图5-232

图5-233

04 按住Shift+Alt组合键并多次拖动图形，将复制出的图形移至适当位置，效果如图5-234所示。将相关图层编组。打开“字符”面板并设置参数，如图5-235所示。用“横排文字工具”在画布中输入文字，如图5-236所示。

图5-234

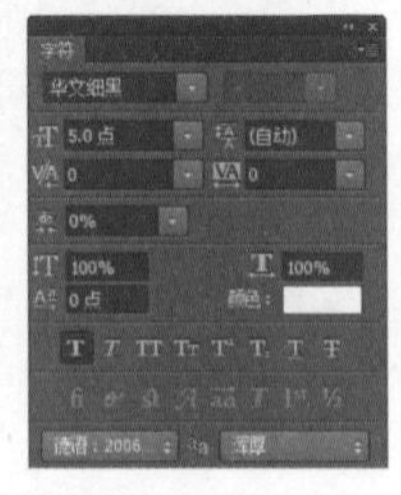

图5-235

新增键盘

图5-236

05 用相同的方法完成其他文字的输入，如图5-237所示。选择“矩形工具”，设置“填充”为“RGB（31、31、31）”，在画布中绘制矩形，如图5-238所示。

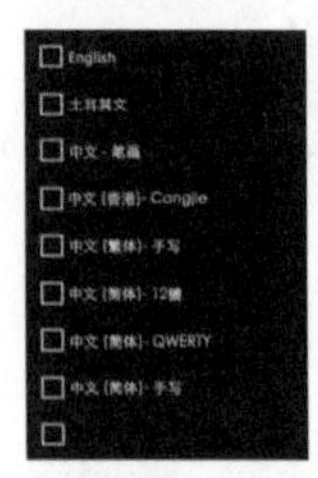

图5-237

图5-238

06 双击该图层缩览图，弹出“图层样式”对话框，选择“斜面和浮雕”选项并进行相应的设置，如图5-239所示。设置完成后，单击“确定”按钮，效果如图5-240所示。

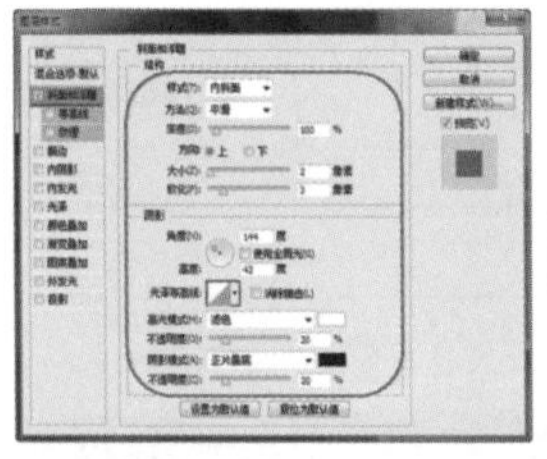

图5-239

图5-240

07 用相同的方法在画布中绘制一个圆环，如图5-241所示。选择“直线工具”，设置“粗细”为“5像素”，“路径操作”为“合并形状”，绘制直线，效果如图5-242所示。

图5-241

图5-242

08 双击该图层缩览图，弹出“图层样式”对话框，选择“投影”选项并进行相应的设置，如图5-243所示。设置完成后，单击“确定”按钮，效果如图5-244所示。

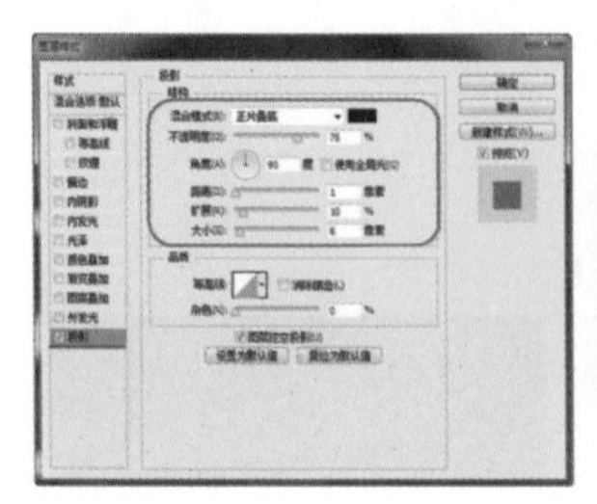

图5-243

图5-244

09 用相同的方法完成其他内容的制作，效果如图5-245所示。“图层”面板如图5-246所示。

操作小贴士

制作界面下方的另一个图标时，可先选择“直接选择工具”按住Shift键并单击圆环的路径，然后，按下Ctrl+J组合键，复制该图形，适当调整其位置，再选择“直线工具”，设置“粗细”为“5像素”，“路径操作”为“合并形状”，绘制直线。

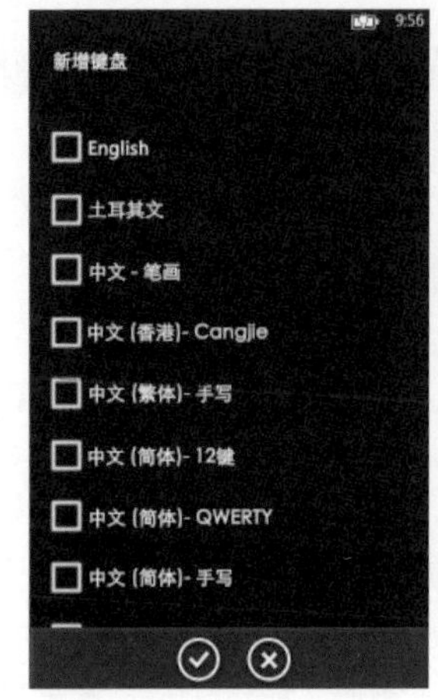

图5-245

图5-246

实战6 制作Windows Phone 日期设置界面

案例分析

本案例主要制作的是Windows Phone日期设置界面，界面由输入框和文字组成，没有任何难度。制作时应控制好矩形和文字之间的距离。

设计范围

尺寸规格	480×800（像素）
主要工具	矩形工具、文字工具
源文件地址	第5章\源文件\006.psd
视频地址	视频\第5章\006.SWF

色彩分析

除了纯黑的背景和白色的矩形及文字以外，没有其他的颜色，界面显得更加整洁与深邃，可识别度也很高。

（0、0、0）　（255、255、255）

制作步骤

01 设置“背景色”为黑色，执行“文件>新建”命令，新建一个空白文档，如图5-247所示。执行“文件>打开”命令，打开文件“第5章\源文件\002.psd”，将相关图层拖入设计文档，如图5-248所示。

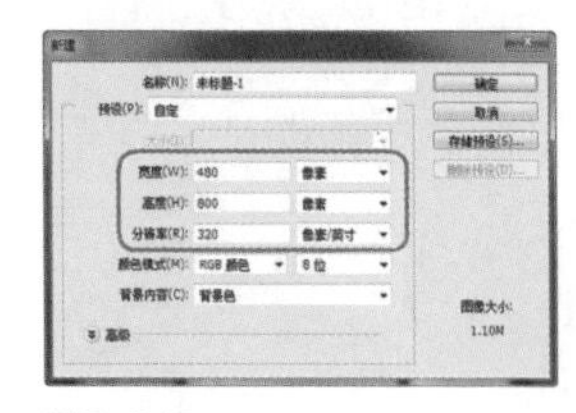
图5-247

图5-248

02 按下Ctrl+R组合键，显示标尺，拖出相应的参考线，如图5-249所示。用“矩形工具”在画布中绘制一个白色的矩形，如图5-250所示。

图5-249

图5-250

03 按住Shift+Alt组合键，并多次拖动矩形，将复制出的矩形移至适当的位置，如图5-251所示。将相关图层编组。打开“字符”面板并设置参数，如图5-252所示。用“横排文字工具”在画布中输入文字，如图5-253所示。

图5-251

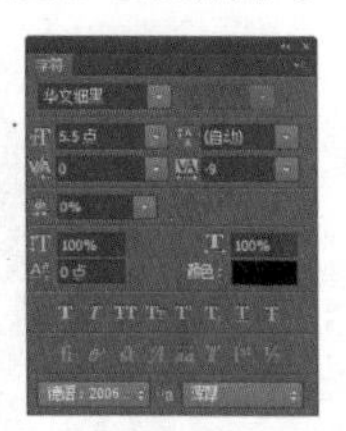
图5-252

中文(简体)

图5-253

04 用相同的方法输入其他文字，如图5-254所示。将相关图层编组，如图5-255所示。打开“字符”面板并设置参数，如图5-256所示。

图5-254

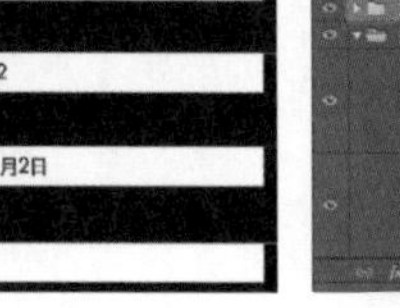
图5-255

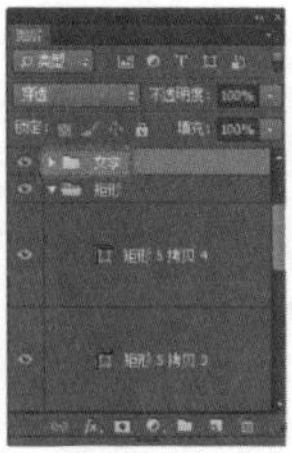

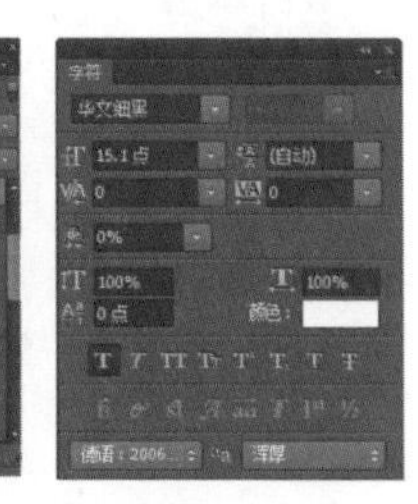
图5-256

05 用“横排文字工具”在画布中输入文字，如图5-257所示。用相同的方法完成其他文字的制作，效果如图5-258所示。

操作小贴士

制作其他文字时，可先在画布中输入一行文字并选中该图层，按下Ctrl+J组合键，复制该图层，然后，按住Shift键并将其向下拖动到适当的位置，或者按Shift+向下组合键，快速将其向下移动，再用“横排文字工具”单击文字，以修改文字。

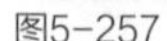
图5-257

图5-258

实战7 制作音乐播放器界面

案例分析

本案例将制作一套用于Windows Phone平台上的音乐播放器界面。Windows Phone的界面风格极其简约，这套界面也同样采用了扁平化的设计。界面中的文字、图标和按钮等元素都很简单，不存在太大的操作难点。

（83、187、216）（0、0、0）（137、137、137）（255、255、255）

设计范围

尺寸规格	480×800（像素）
主要工具	矩形工具、路径操作、文字工具、图层样式、不透明度
源文件地址	第5章\源文件\007.psd
视频地址	视频\第5章\007.SWF

色彩分析

以蓝天、白云图片为背景的界面，显得干净、空灵，又极具艺术感。其他元素均采用黑、白、灰中性色来配色，整体效果协调、统一。

制作步骤

01 执行“文件>新建”命令，新建一个空白文档，如图5-259所示。执行“文件>置入”命令，将素材图像“第5章\素材\018.jpg”置入设计文档并适当调整其大小，如图5-260所示。

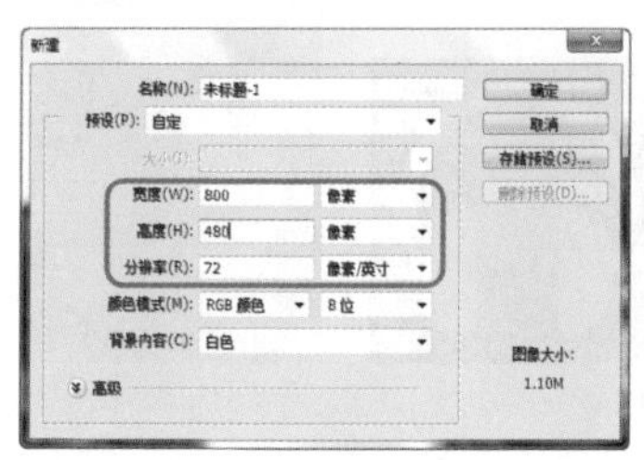

图5-259

图5-260

02 用“矩形工具”创建一个黑色的矩形，如图5-261所示。用“矩形工具”创建一个“填充”为“RGB（29、29、29）”的矩形，再按下Ctrl+Alt+G组合键，为其创建剪贴蒙版，如图5-262所示。

图5-261

图5-262

03 打开“字符”面板，适当设置字符属性，如图5-263所示。用“横排文字工具”输入相应的文字，再用相同的方法输入其他文字，如图5-264所示。

图5-263

图5-264

提示

右侧数字的“字体大小”为“22点”，“颜色”为“RGB（16、126、126）”或不透明度为35%的白色。

04 执行“文件>新建”命令，新建一个空白文档，如图5-265所示。为背景填充黑色，用“椭圆工具”创建一个白色的椭圆，如图5-266所示。

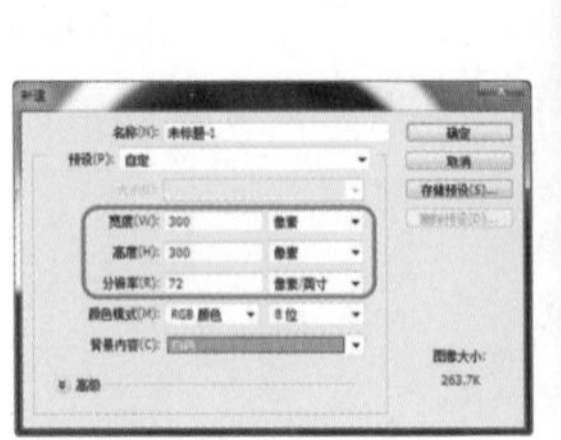

图5-265

图5-266

提示

用户可以在任何形状工具的“形状”模式中，以及“直接选择工具”和“路径操作工具”的选项栏中找到“路径操作”选项。

05 设置“路径操作”为“减去顶层形状”，继续绘制图形，如图5-267所示。选择“矩形工具”，设置“路径操作”为“减去顶层形状”，绘制如图5-268所示的图形。选择“圆角矩形工具”，设置“路径操作”为“合并形状”，绘制如图5-269所示的图形。

图5-267

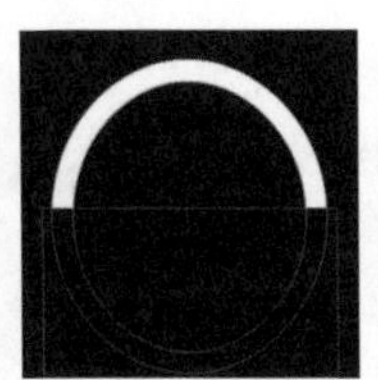

图5-268

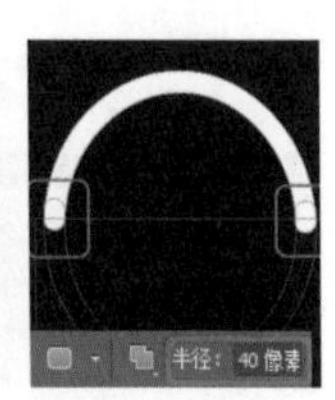

图5-269

06 用相同的方法完成相似内容的制作，效果如图5-270所示。用“钢笔工具”创建出如图5-271所示的图形。隐藏背景，按下Ctrl+Shift+Alt+E组合键，盖印可见图层，得到“图层1”，如图5-272所示。

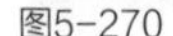

图5-270

图5-271

图5-272

07 将“图层1”拖入设计文档，适当调整其大小和位置，如图5-273所示。将相关图层选中，按下Ctrl+G组合键，将其编组，如图5-274所示。

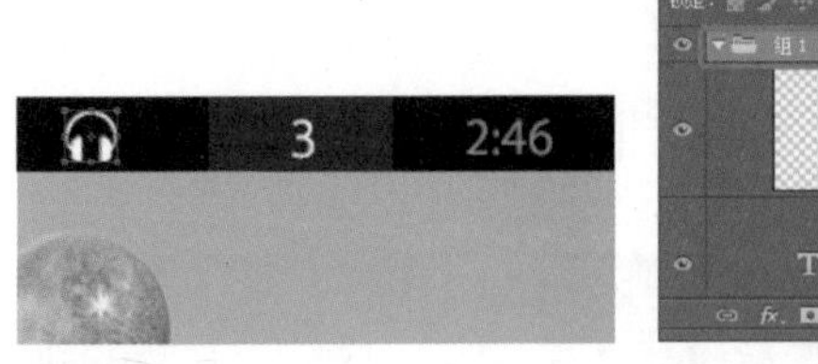

图5-273

图5-274

08 用“矩形工具”创建一个黑色的矩形，设置该图层的“混合模式”为“柔光”，“不透明度”为“70%”，如图5-275、图5-276所示。

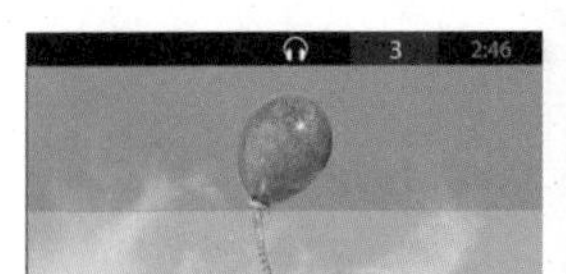

图5-275

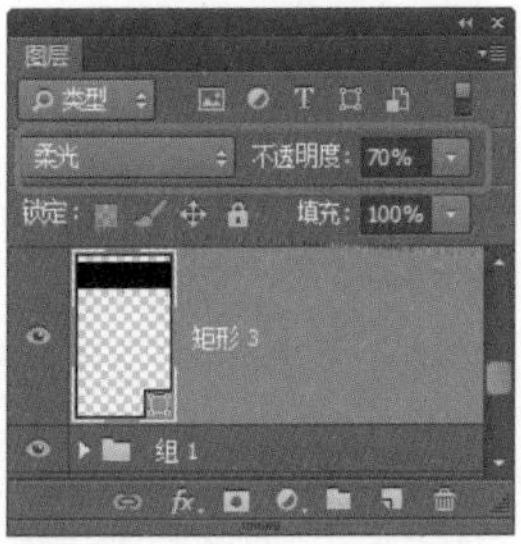

图5-276

09 按下Ctrl+J组合键，复制该图形，修改其“混合模式”为“正常”，“不透明度”为“50%”，如图5-277、图5-278所示。

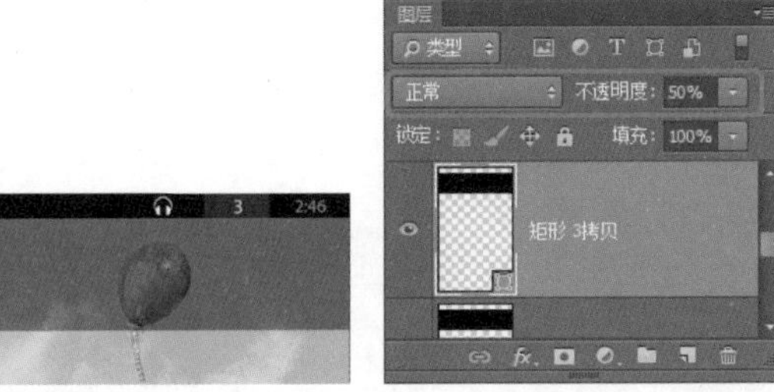

图5-277

图5-278

10 打开“字符”面板，适当设置字符属性，如图5-279所示。用“横排文字工具”输入相应的文字，如图5-280所示。

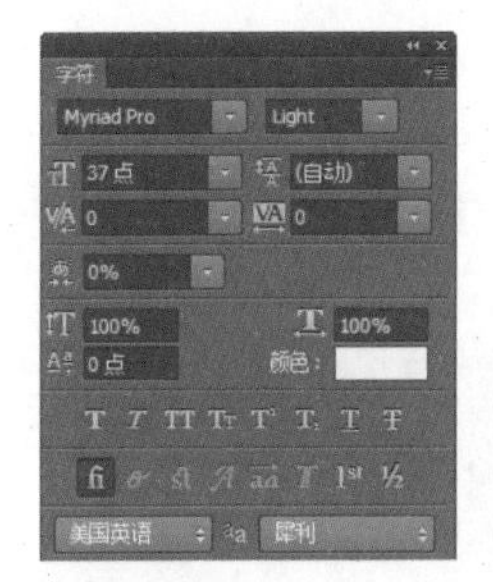

图5-279

图5-280

11 用相同的方法输入其他文字，如图5-281所示。将相关图层选中，按下Ctrl+G组合键，将它们编组并命名为“状态栏”，如图5-282所示。

图5-281

图5-282

12 用相同的方法完成相似内容的制作，如图5-283、图5-284所示。

图5-283

图5-284

提示

先在“图层”面板中选中需要复制的图层，再在按住Alt键的同时将这些图层拖到新的位置，即可完成复制操作。

13 用“矩形工具”创建一个“填充”为“RGB（72、75、72）”的矩形，如图5-285所示。按下Ctrl+J组合键，复制该图形，适当调整其大小，修改其“填充”为“RGB（139、139、139）”，如图5-286所示。

图5-285

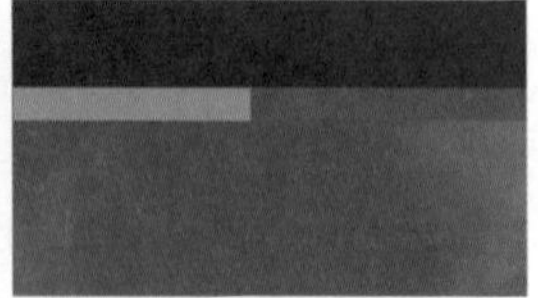

图5-286

14 用“椭圆工具”创建一个“填充”为“RGB（217、217、217）”，“描边”为“黑色”的正圆，如图5-287所示。用前面讲过的方法完成文字的输入，如图5-288所示。

图5-287

图5-288

15 用“椭圆工具”创建一个“描边”为“RGB（139、139、139）”的正圆，如图5-289所示。多次复制该图形，分别调整它们的位置，如图5-290所示。

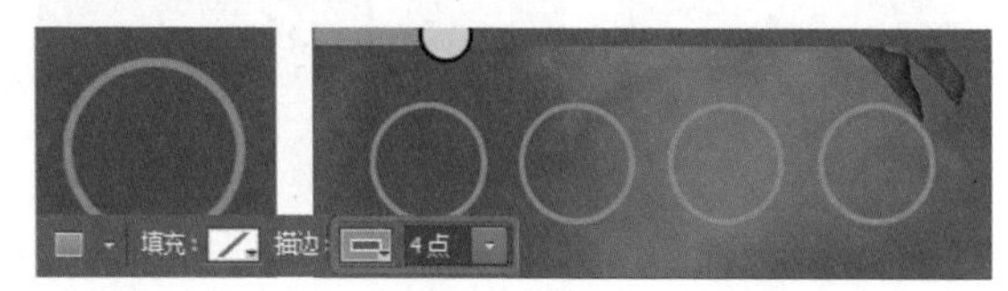

图5-289 图5-290

提示

用户也可以先用“路径选择工具”选中三角形，再在按下Alt键的同时拖动三角形，以复制出另一个三角形，这两个三角形会在同一个形状图层中。

16 用“钢笔工具”创建一个白色的三角形，如图5-291所示。设置“路径操作”为“合并形状”，继续绘制另一个三角形，如图5-292、图5-293所示。

图5-291

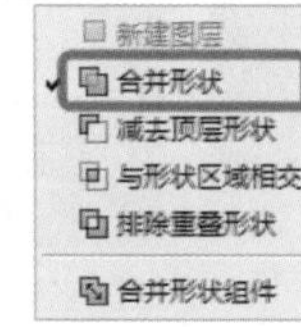

图5-292

图5-293

17 双击该图层缩览图，打开“图层样式”对话框，选择“投影”选项并设置参数值，如图5-294所示。设置完成后，得到该图标的投影效果，如图5-295所示。

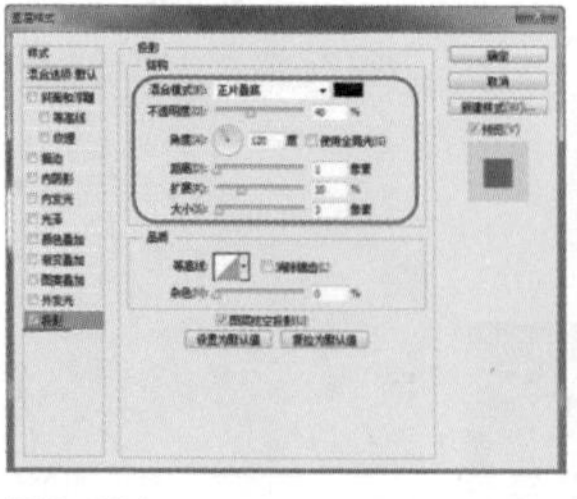

图5-294

图5-295

18 用相同的方法完成其他图标的制作，效果如图5-296所示。选中相关图层，按下Ctrl+G组合键，将其编组并命名为“按钮”，如图5-297所示。

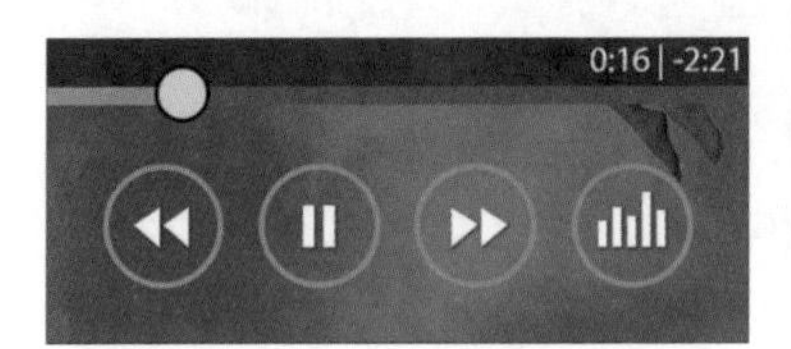

图5-296

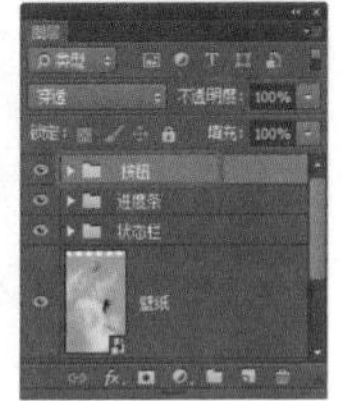
图5-297

19 至此，该界面的制作就全部都完成了。如图5-298所示为应用不同壁纸的效果。

图5-298

20 执行“文件>新建”命令，新建一个空白文档，如图5-299所示。执行“文件>置入”命令，将素材图像“第5章\素材\018.jpg”置入设计文档，适当调整其位置和大小，如图5-300所示。

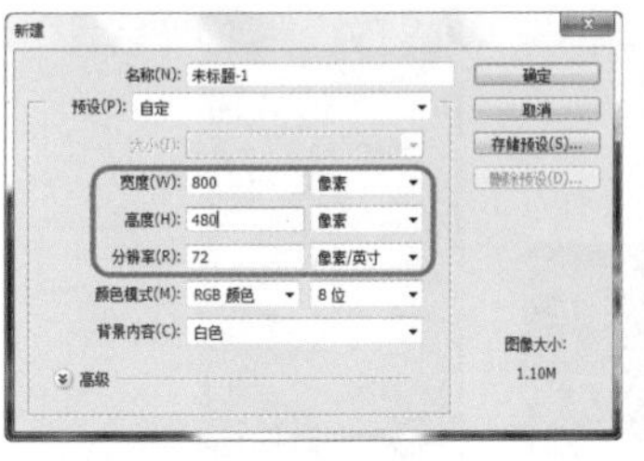
图5-299

图5-300

提示

将图像置入文档中后，它将以智能对象的形式被放置到新图册中。用户可以为智能对象添加滤镜，滤镜的参数会像图层样式一样被保存，方便随时修改。

21 新建图层，为图层填充黑色，设置该图层的“不透明度”为“60%”，如图5-301、图5-302所示。

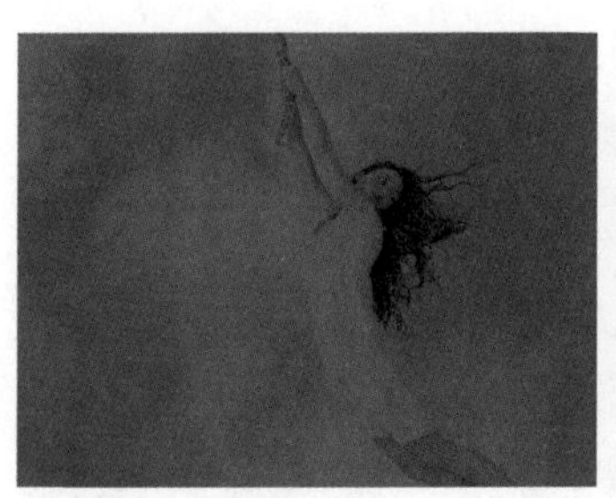
图5-301

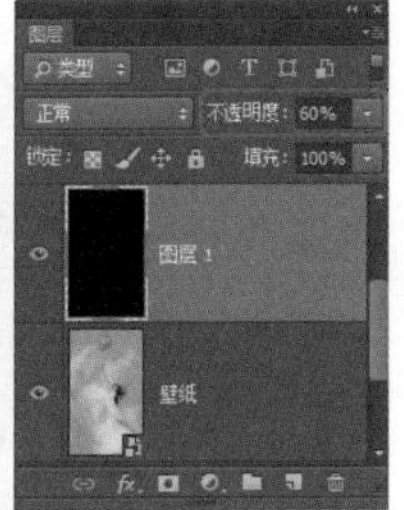
图5-302

22 单击“图层”面板下方的按钮，在弹出的列表中选择“色阶”选项，如图5-303所示。在弹出的“属性”面板中适当设置参数值，如图5-304所示。

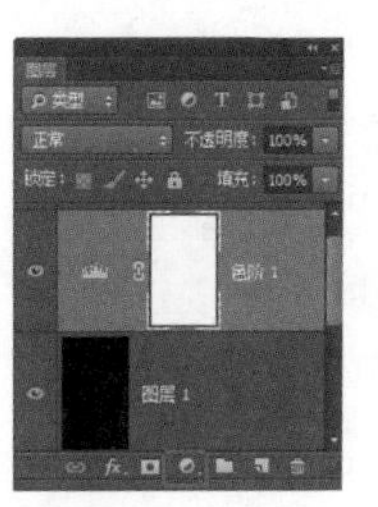
图5-303

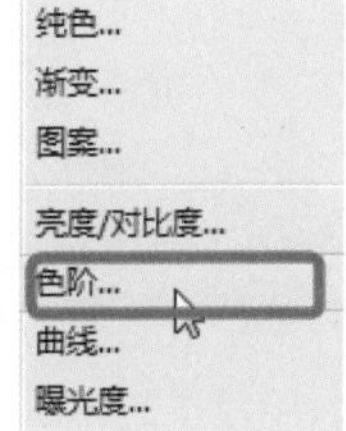

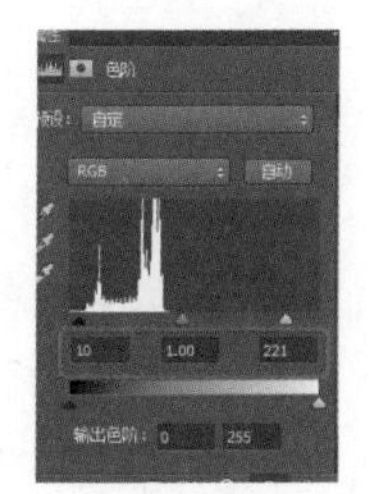
图5-304

23 设置完成后得到的图像效果如图5-305所示。打开“字符”面板，适当设置字符属性，如图5-306所示。

提示

图片被半透明的黑色压暗了，显得黯淡无光，所以，这里要使用“色阶”调整图层，略微调整了一下图片的对比度。

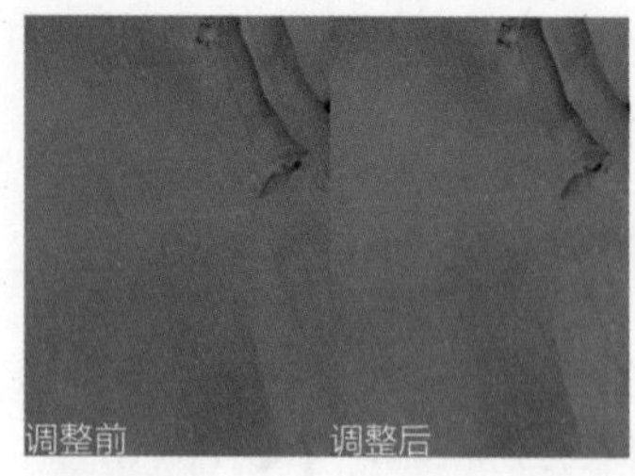

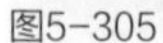

图5-305

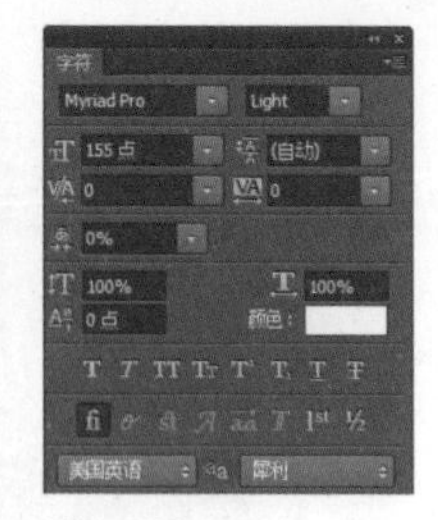

图5-306

24 用“横排文字工具”输入相应的文字，如图5-307所示。用相同的方法完成其他内容的制作，得到如图5-308所示的页面效果。

图5-307

图5-308

25 执行“文件>新建”命令，新建一个空白文档，如图5-309所示。为背景填充黑色，用“矩形工具”创建一个白色的矩形，如图5-310所示。

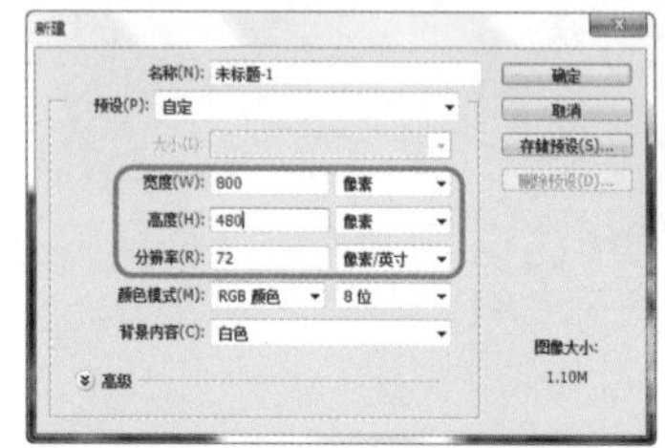

图5-309

图5-310

26 设置该图层的“不透明度”为“25%”。用“矩形选框工具”创建选区，执行“图层>图层蒙版>隐藏选区”命令，如图5-311、图5-312所示。

提示

用户也可以先创建选区，再在按住Alt键的同时单击“图层”面板底部的“添加图层蒙版”命令，将选区内的部分隐藏。

图5-311

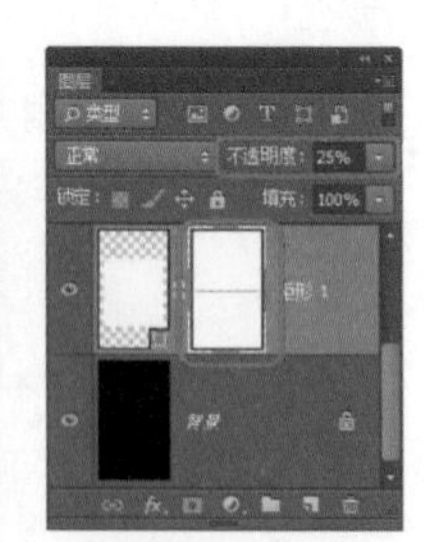

图5-312

27 用“矩形工具”创建一个“填充”为“RGB（189、189、189）”的矩形，如图5-313所示。选择“路径选择工具”，按住Alt键的同时拖动鼠标，复制该图形，适当调整其大小，如图5-314所示。用相同的方法完成相似内容的制作，效果如图5-315所示。

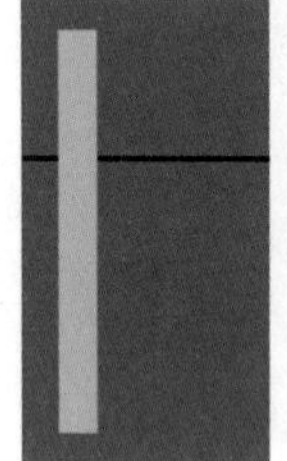

图5-313

图5-314

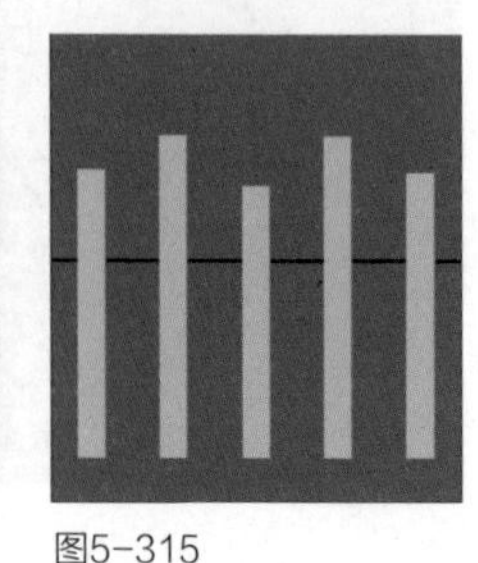

图5-315

28 打开“字符”面板，适当设置字符属性，如图5-316所示。用“横排文字工具”输入相应的文字，如图5-317所示。

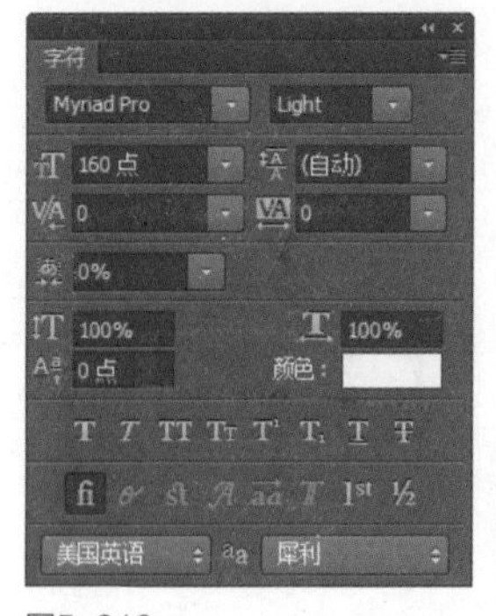

图5-316

图5-317

提示

该界面中的元素非常简单，所以对齐图形和文字的工作就显得非常重要了，请酌情使用参考线来辅助对齐。

29 用相同的方法完成其他内容的制作，如图5-318所示、图5-319所示。

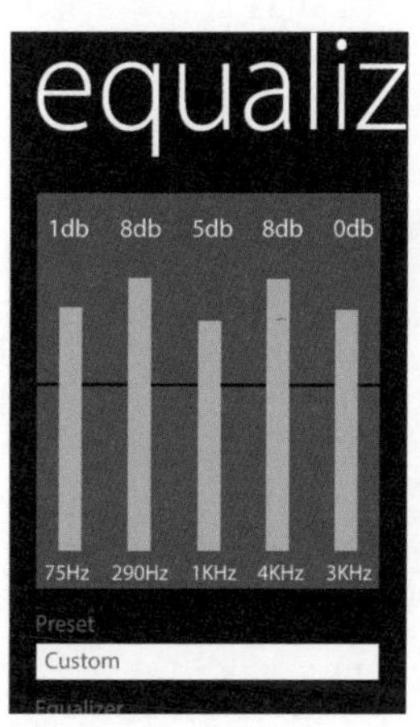

图5-318

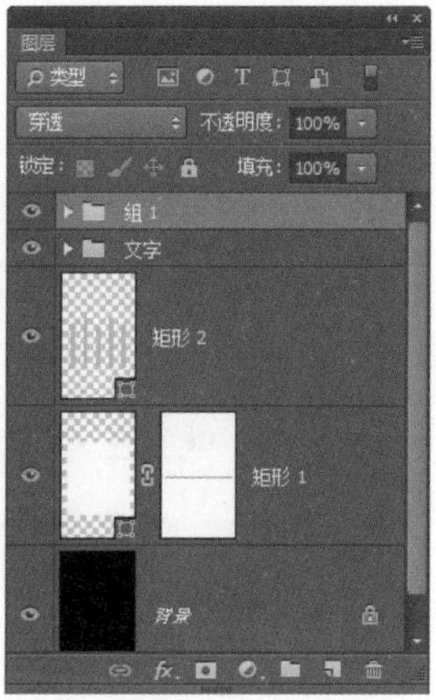

图5-319

30 打开刚刚制作好的“007.psd”，仅显示其“背景”图层和壁纸，如图5-320所示。执行“文件>存储为Web所用格式”命令，弹出“存储为Web所用格式”对话框，对图像进行优化，如图5-321所示。

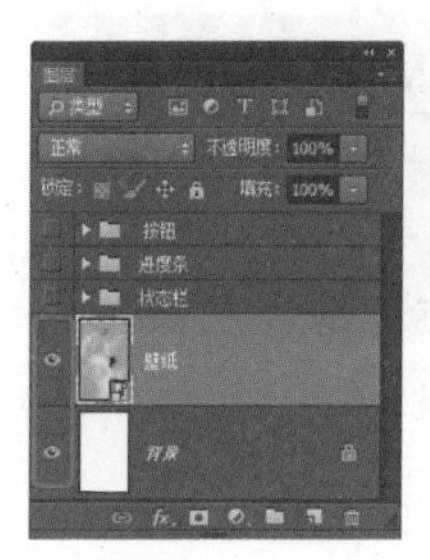
图5-320

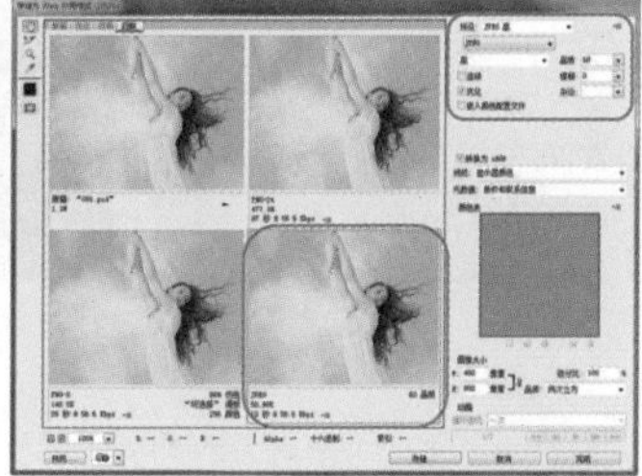
图5-321

31 设置完成后，单击底部的“存储”按钮，对优化的图像进行存储，如图5-322所示。用“矩形选框工具”在状态栏背景中创建如图5-323所示的选区。

提示

用户也可以先用“单列选择工具”创建1像素宽度的选区，再用“矩形选框工具”交叉创建出需要的选区。

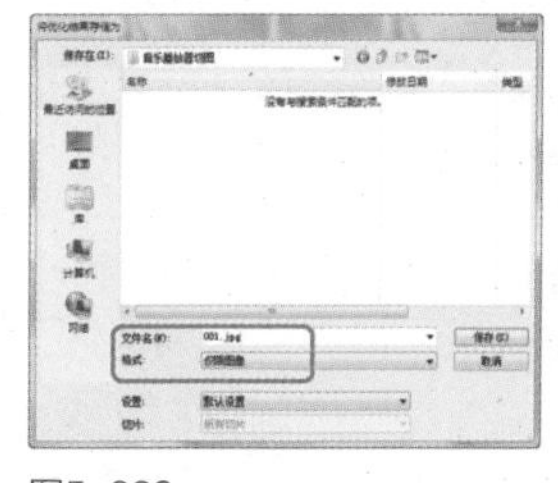
图5-322

图5-323

32 执行“编辑>合并拷贝”命令，再执行“文件>新建”命令，新文档的尺寸会自动追踪选区大小，如图5-324所示。按下Ctrl+V组合键，将复制出的图形粘贴过来，再执行“文件>存储为Web所用格式”命令，对图像进行优化，如图5-325所示。

图5-324

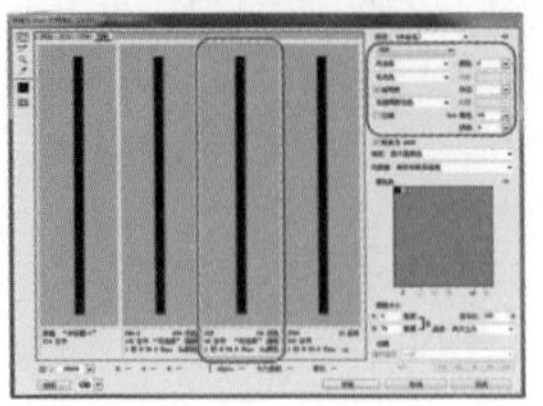

图5-325

提示

通常来说，这种颜色极其简单，而且，没有半透明投影和发光等效果的图形最适合存储为GIF格式。

33 设置完成后，单击底部的“存储”按钮，对图像进行优化存储，如图5-326所示。调出状态栏中的图标和文字，按住Ctrl键并单击“图层1”图层（耳机图标）的缩览图，载入选区，如图5-327所示。

图5-326

图5-327

34 执行“编辑>合并拷贝”命令，新文档的尺寸会自动追踪选区大小，如图5-328所示。将“图层1”拖入新文档中，适当调整其位置，如图5-329所示。

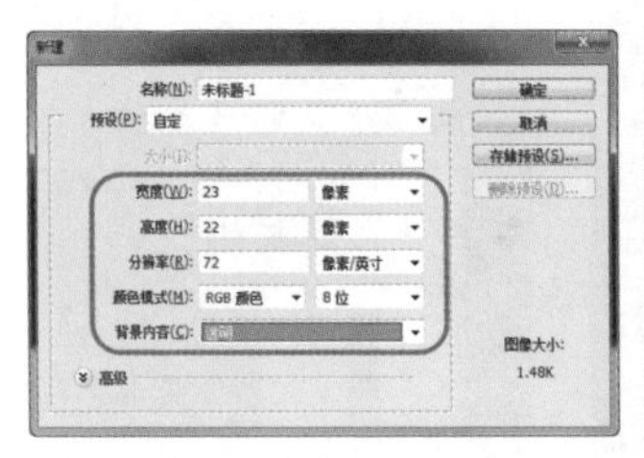

图5-328

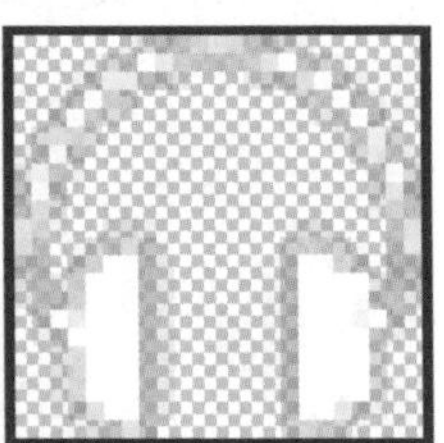

图5-329

35 执行“文件>存储为Web所用格式”命令，弹出“存储为Web所用格式”对话框，对图像进行优化，如图5-330所示。设置完成后，单击底部的“存储”按钮，对图像进行存储，如图5-331所示。

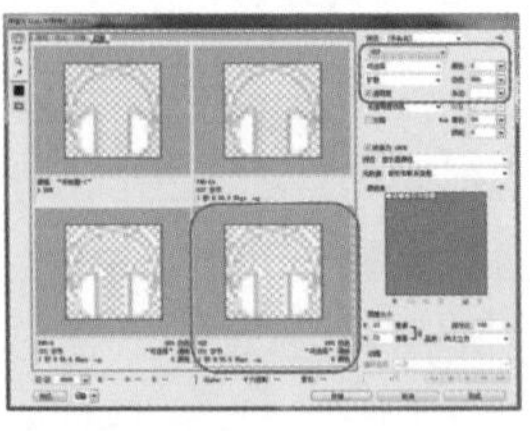

图5-330

图5-331

提示

如果图像的颜色和形状都很简单，但有非常自然的发光和投影效果，那么，将其存储为Png-24格式即可；如果不包含发光和投影，那么，将其存储为Png-8或Gif格式即可。

36 用相同的方法分别对界面中的其他元素进行切片存储，如图5-332所示。

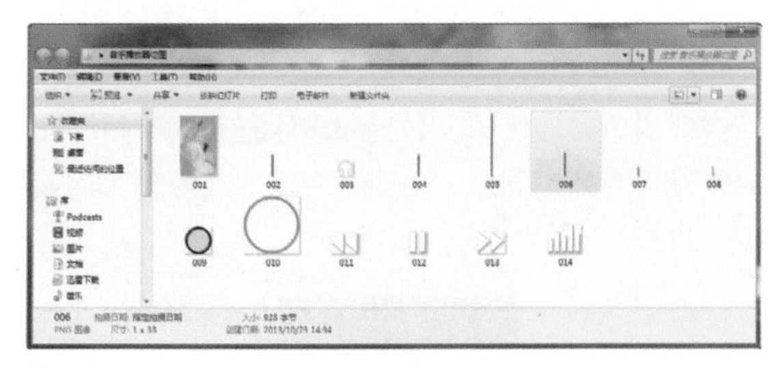

图5-332

实战8 制作可爱的游戏界面

➲ 案例分析

本案例是制作Windows Phone的游戏小界面。本案例的制作步骤比较长，制作方法除了之前介绍过的图形制作和调整路径之外，还涉及了文字转换形状，利用该方法可以方便、快捷地制作出更多样式的字体。

➲ 设计范围

尺寸规格	480×800（像素）
主要工具	多边形工具、圆角矩形工具、图层样式
源文件地址	第5章\源文件\08.psd
视频地址	视频\第5章\008.SWF

➲ 色彩分析

橘黄色、绿色、蓝色渐变的色彩与鲜艳的文字相搭配，既突出了主题，又与界面下方的按钮相呼应，营造出活跃的氛围。

（254、180、31）	（131、215、1）	（6、191、236）	（255、157、77）

操作小贴士

每创建一个图形后，这个新的图形总是默认为被选中状态。此时，若要用不同路径操作模式继续进行绘制，就要先切换到其他形状工具，然后，再换回原来的工具，设置新的“路径操作”。若在图形被选中的情况下修改“路径操作”，该设置则会针对选中的图形，而不是当前使用的工具。

制作步骤

01 执行“文件>打开”命令，打开素材“第5章\素材\019.jpg”，如图5-333所示。新建图层，填充为黑色，修改其“不透明度”为“50%”，如图5-334、图5-335所示。

图5-333

图5-334

图5-335

02 执行“文件>打开”命令，打开素材“第5章\素材\020.psd”，将相应的图标拖到画布中合适的位置，如图5-336所示。打开“字符”面板并设置参数，然后，在画布中输入任意颜色的文字，如图5-337、图5-338所示。

图5-336

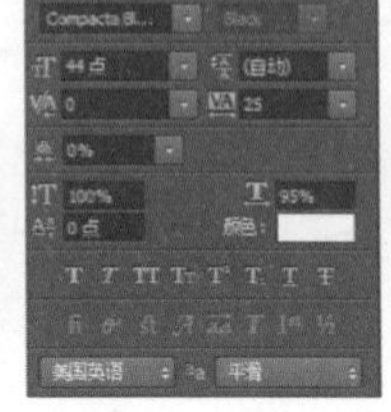
图5-337

图5-338

03 用鼠标右键单击该形状缩览图，在弹出的快捷菜单中选择“转换为形状”命令，得到的图像效果如图5-339所示。执行“编辑>变换路径>选转”命令，适当旋转图像并调整图像位置，效果如图5-340所示。

图5-339

图5-340

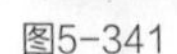

04 选择“直接选择工具”，单击并拖动锚点，图像效果如图5-341所示。用鼠标右键单击“钢笔工具”，在弹出的快捷菜单中选择“添加锚点工具”，在字母路径上添加锚点，如图5-342所示。按住Alt键并拖动锚点，变换路径，图形效果如图5-343所示。

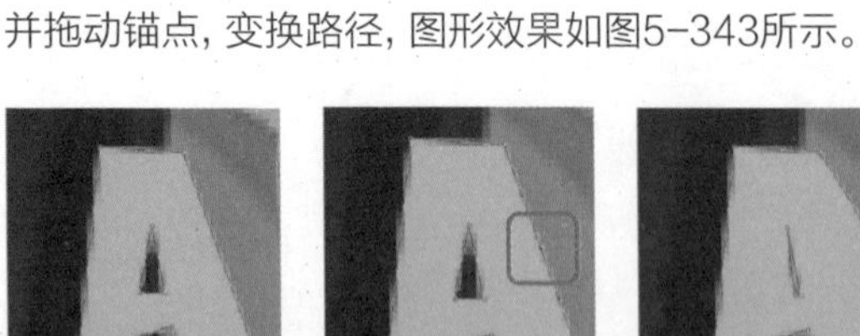
图5-341

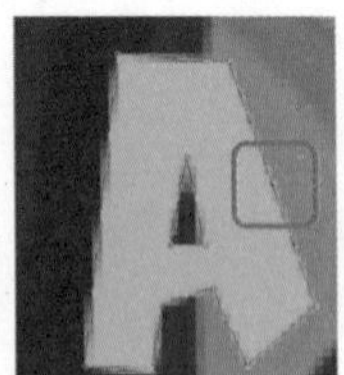
图5-342

图5-343

05 用相同的方法将其他字母变形，图形效果如图5-344所示。

图5-344

06 双击该图层缩览图，在弹出的“图层样式”对话框中选择“渐变叠加”选项并设置参数，如图5-345所示。设置完成后，单击“确定”按钮，图形效果如图5-346所示。

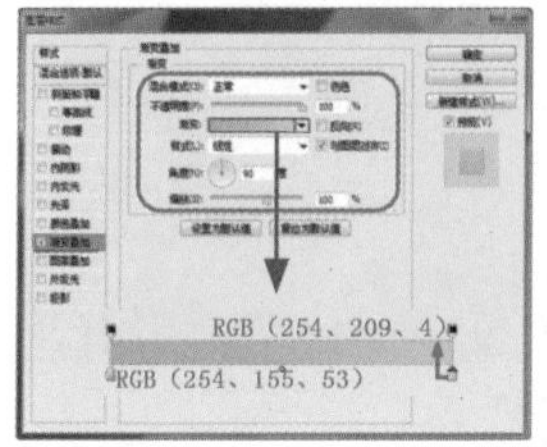

图5-345

图5-346

07 复制该图层，将其拖移至下方，清除图层样式，修改“填充”为“RGB（254、255、33）”，用“直接选择工具”选择字母“A”，执行“编辑>变换路径>扭曲”命令，对图像进行扭曲变形，效果如图5-347所示。用相同的方法对其他字母进行扭曲变形，效果如图5-348所示。

图5-347

图5-348

08 继续复制该图层至下方，修改其“填充”为“RGB（139、86、42）”，适当调整其位置，如图5-349所示。双击该图层缩览图，在弹出的“图层样式”对话框中选择“投影”选项并设置参数，如图5-350所示。

图5-349

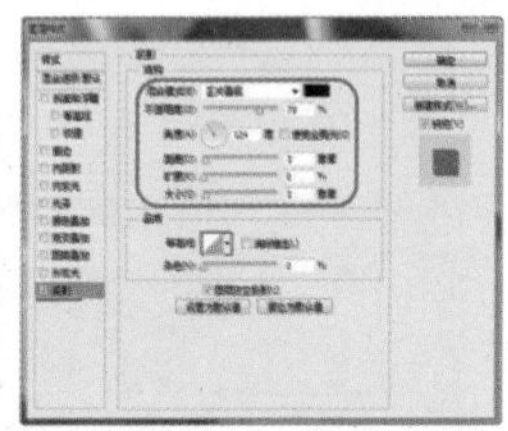

图5-350

09 设置完成后，单击“确定”按钮，图像效果如图5-351所示。

图5-351

10 用“钢笔工具”沿文字边缘绘制“填充”为“RGB（250、153、76）”的形状，如图5-352所示。复制该图层至下方，修改其“填充”为“RGB（178、82、5）”，将其向下移动，如图5-353所示。

图5-352

图5-353

11 双击该图层缩览图，在弹出的“图层样式”对话框选择“投影”选项并设置参数，如图5-354所示。设置完成后，单击“确定”按钮，图像效果如图5-355所示。

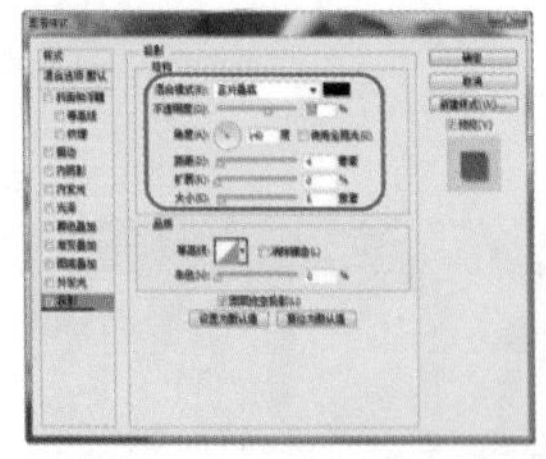
图5-354

图5-355

12 用相同的方法完成相似内容的制作，如图5-356所示。用“圆角矩形工具”在画布中创建任意颜色的矩形，如图5-357所示。

图5-356

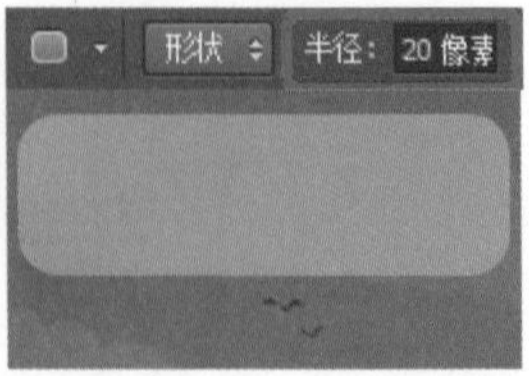

图5-357

13 双击该图层缩览图，在弹出的“图层样式”对话框选择“渐变叠加”选项并设置参数，如图5-358所示。选择“投影”选项并设置参数，如图5-359所示。

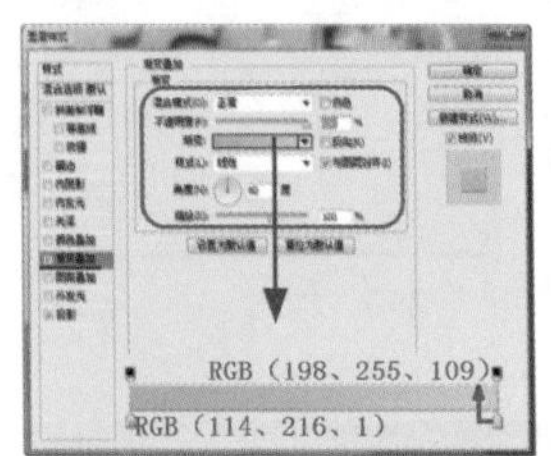

图5-358

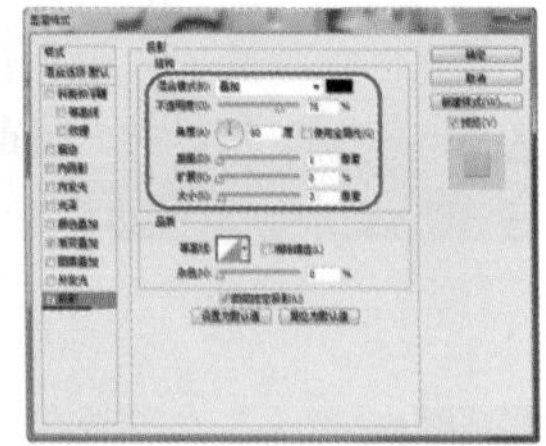
图5-359

14 设置完成后，单击“确定”按钮，图像效果如图5-360所示。复制该图层至下方，清除图层样式，修改“填充”为“RGB（38、109、0）”，将其垂直向下拖移，效果如图5-361所示。

图5-360

图5-361

提示

选中要移动图形所在的图层，按下Ctrl+T组合键，然后，按键盘上的“↑”、“↓”、“←”、“→”键即可移动图像，每按一下，图像移动1像素。

15 双击该图层缩览图，在弹出的“图层样式”对话框中选择“投影”选项并设置参数，如图5-362所示。设置完成后，单击“确定”按钮，图像效果如图5-363所示。

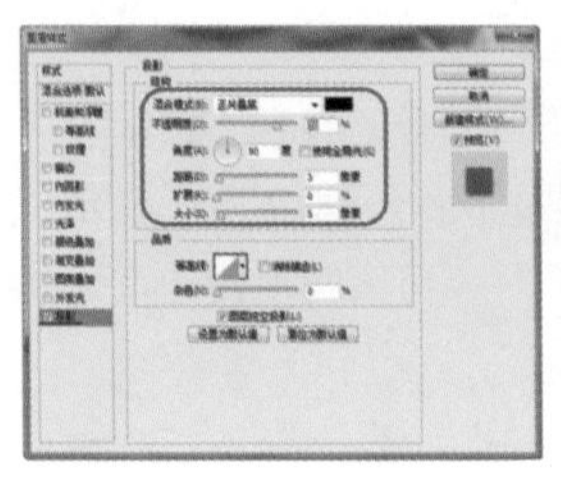
图5-362

图5-363

16 用相同的方法完成相似内容的制作，效果如图5-364所示。用“圆角矩形工具”在画布中创建白色的矩形，如图5-365所示。

图5-364

图5-365

17 选择“钢笔工具”，设置“路径操作”为“与形状区域相交”，在图像左上角绘制如图5-366所示的图形。绘制完后，修改“路径操作”为“合并形状组件”，效果如图5-367所示。

图5-366

图5-367

18 在“图层”面板中修改图层的“不透明度”为“50%”，得到按钮的高光效果，如图5-368所示。用相同的方法制作按钮右上角的高光效果，如图5-369所示。

图5-368

图5-369

19 对相关图层编组并命名为“底”，如图5-370所示。打开“字符”面板并设置参数值，在画布中输入相应的文字，如图5-371、图5-372所示。

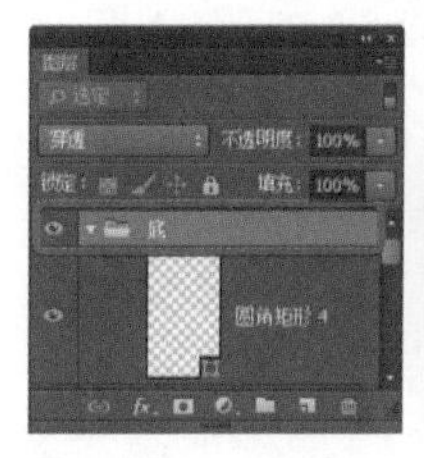
图5-370

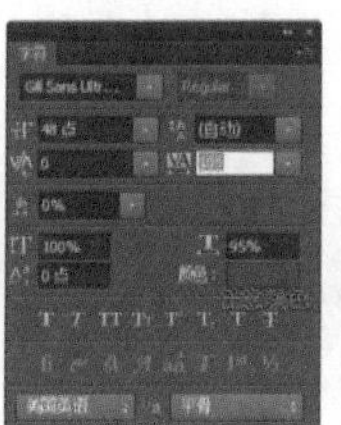
图5-371

图5-372

20 用鼠标右键单击该图层缩览图，在弹出的快捷菜单中选择“转换为形状”命令，图像如图5-373所示。用前面讲过的方法对文字进行变形操作，效果如图5-374所示。

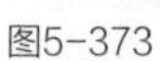
图5-373

图5-374

21 双击该图层缩览图，在弹出的“图层样式”对话框中选择“内阴影”选项并设置参数，如图5-375所示。选择“渐变叠加”选项并设置参数，如图5-376所示。

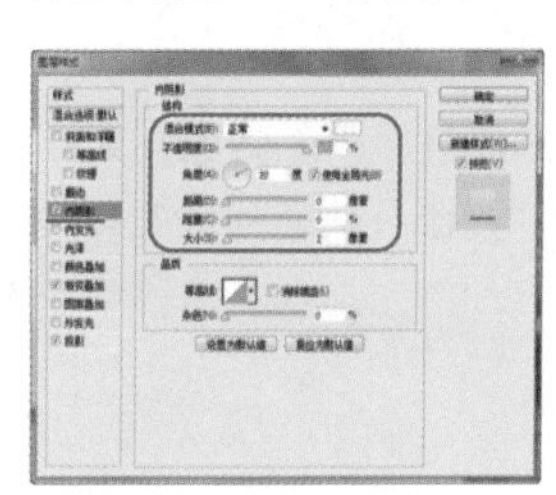
图5-375

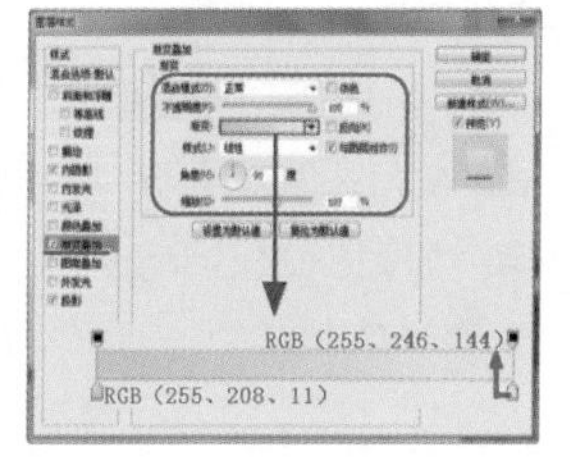

图5-376

22 选择“投影”选项并设置参数，如图5-377所示。设置完成后，单击“确定”按钮，图像效果如图5-378所示。

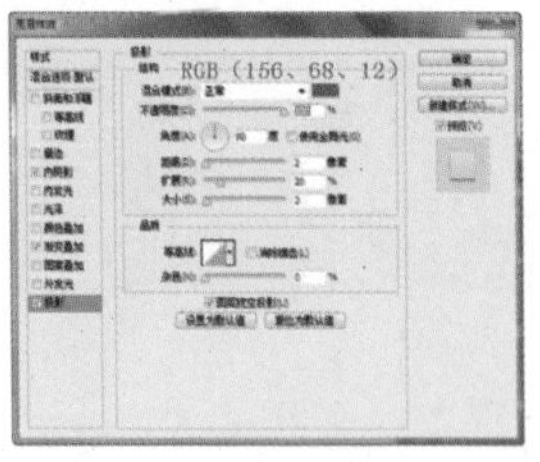

图5-377

图5-378

23 用鼠标右键单击该图形所在图层的图层缩览图，在弹出的快捷菜单中选择“栅格化图层样式”命令，“图层”面板如图5-379所示。打开“图层样式”对话框，选择“投影”选项并设置参数值，如图5-380所示。

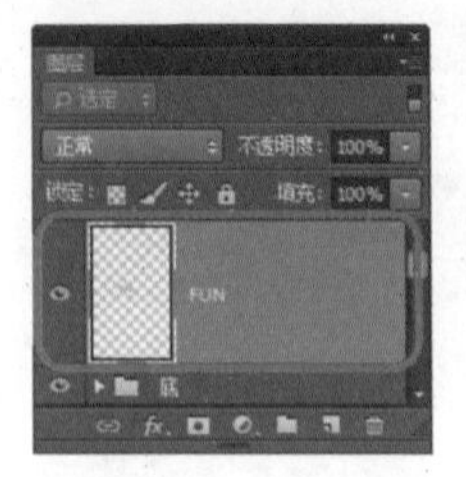

图5-379

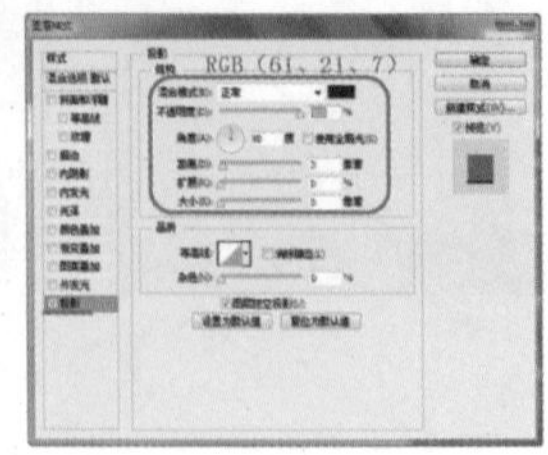

图5-380

提示

栅格化图层样式后，形状图层将被转化为像素图层，图层面板中关于图层样式的各项参数记录也将全都消失，系统会将图像中的所有图像效果转换为像素图像。

24 复制该图形，打开“图层样式”对话框，选择“投影”选项并修改参数值，如图5-381所示。设置完成后，单击“确定”按钮，图像效果如图5-382所示。

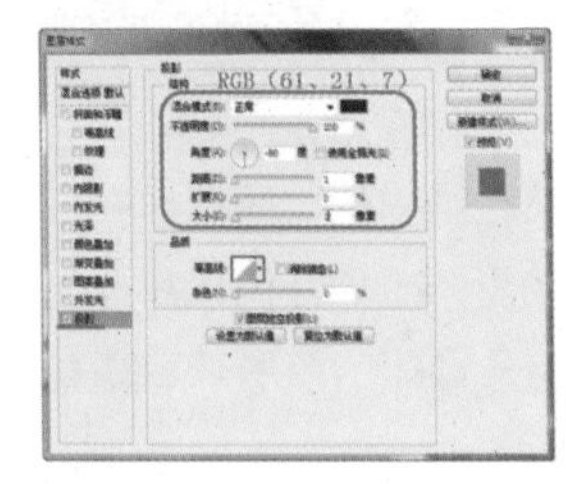

图5-381

图5-382

25 用相同的方法输入文字并将其转换为形状调整路径，如图5-383所示。双击该图层缩览图，在弹出的“图层样式”对话框中选择“内阴影”选项并设置参数值，如图5-384所示。

图5-383

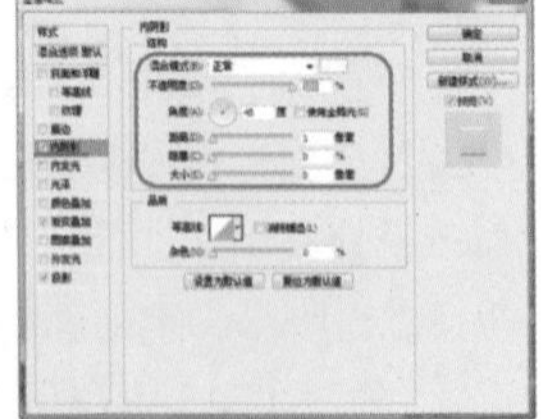

图5-384

26 选择“渐变叠加”选项并修改参数值，如图5-385所示。选择“投影”选项并修改参数值，如图5-386所示。

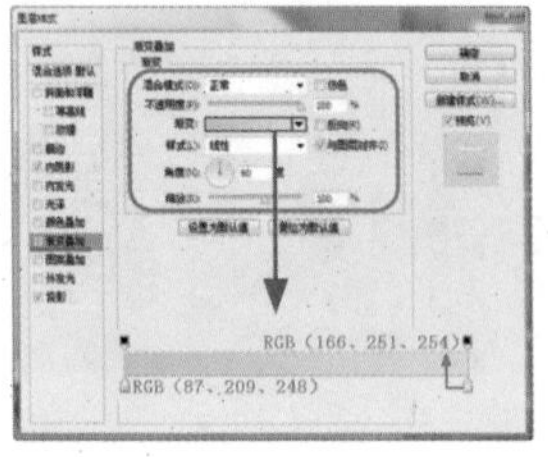

图5-385

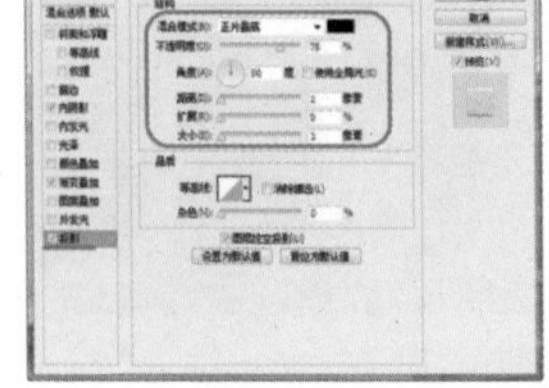

图5-386

27 设置完成后，单击“确定”按钮，图形效果如图5-387所示。选择“多边形工具”，在选项栏中设置参数值，如图5-388所示。

图5-387

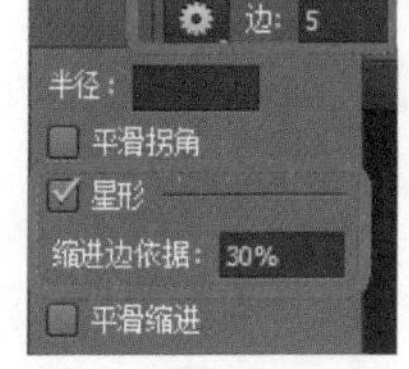

图5-388

28 用鼠标在画布中的合适位置创建任意颜色的五角星形，如图5-389所示。双击该图层缩览图，在弹出的“图层样式”对话框中选择“描边”选项并设置参数，如图5-390所示。

图5-389

图5-390

29 选择“渐变叠加”选项并设置参数值，如图5-391所示。设置完成后，单击“确定”按钮，图像效果如图5-392所示。

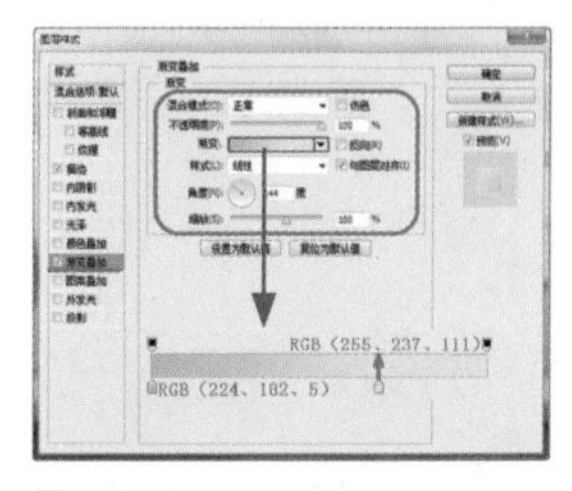

图5-391

图5-392

30 复制该图形至下方，修改新图层的“填充”为“RGB（251、155、0）”，将其向下移动2像素，图像效果如图5-393所示。双击该图层缩览图，在弹出的“图层样式”对话框中选择“投影”选项并设置参数，如图5-394所示。

31 设置完成后，单击“确定”按钮，图像效果如图5-395所示。对相关图层编组并命名为“按钮1”，如图5-396所示。复制该组，将该按钮向下移动至画布中合适的位置，如图5-397所示。

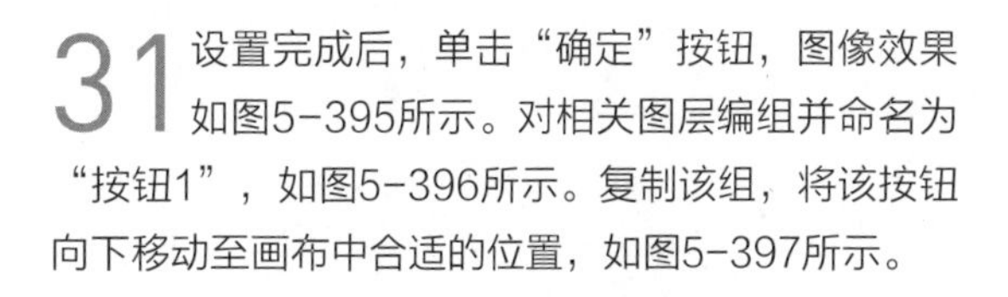

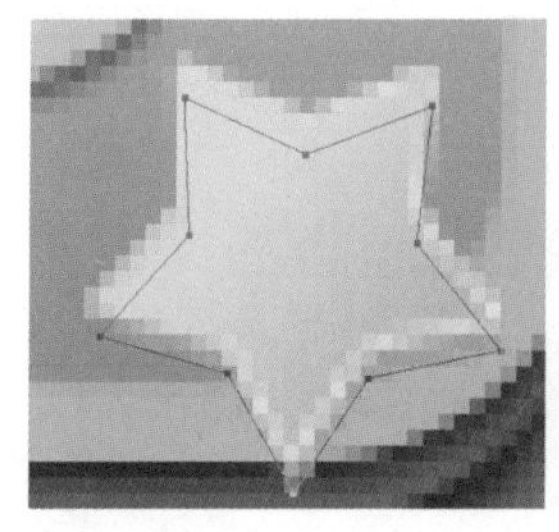

图5-393

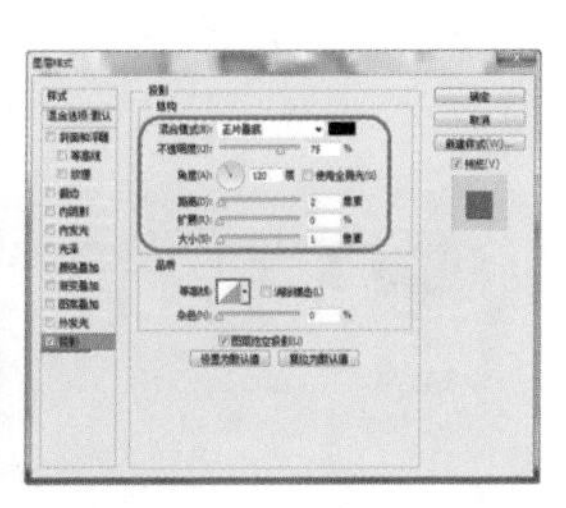

图5-394

图5-395

图5-396

图5-397

提示

复制图层后，新图层会以图层原名加“拷贝”来命名，例如，复制“图层1”图层，就会得到“图层1 拷贝”图层；复制图层组后，新图层组也会以原名称加“拷贝”来命名，但图层组内的图层名称不会被改变。

32 展开编组，删除文字图层，用相同的方法输入文字并将其转换为形状调整路径，如图5-398所示。双击该图层缩览图，在弹出的“图层样式”对话框中选择“内阴影”选项并设置参数，如图5-399所示。

图5-398

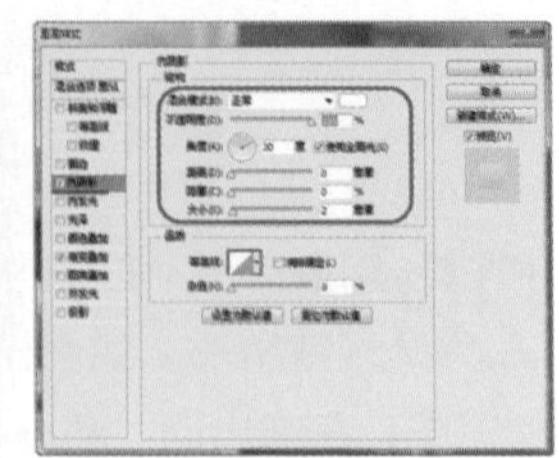

图5-399

33 选择“渐变叠加”选项并设置参数，如图5-400所示。设置完成后，单击“确定”按钮，图像效果如图5-401所示。

34 在该图层下方新建图层，按住Ctrl键并单击该图层缩览图，载入该图层的选区，效果如图5-402所示。

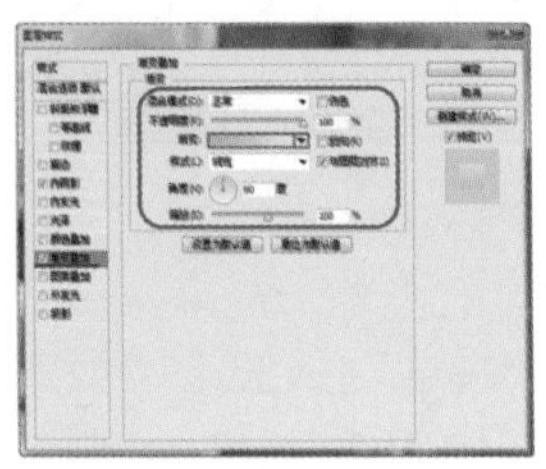

图5-400

图5-401

图5-402

35 执行“选择>修改>扩展”命令，在弹出的“扩展选区”对话框中设置参数，如图5-403所示。设置完成后，单击“确定”按钮，选区效果如图5-404所示。

36 用“油漆桶工具”为选区填充颜色“RGB(156、68、12)”，效果如图5-405所示。

图5-403

图5-404

图5-405

37 双击该图层缩览图，在弹出的“图层样式”对话框中选择“投影”选项并设置参数值，如图5-406所示。设置完成后，单击“确定”按钮，图像效果如图5-407所示。

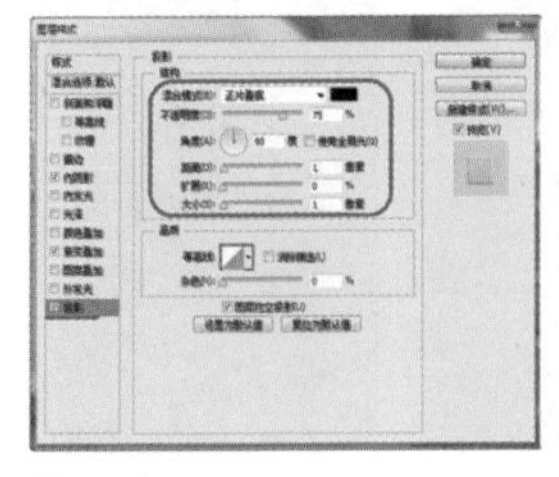
图5-406

图5-407

38 用相同的方法完成相似内容的制作，效果如图5-408所示。用“椭圆工具”在画布中创建任意颜色的圆形，如图5-409所示。

图5-408

图5-409

39 双击该图层缩览图，在弹出的“图层样式”对话框中选择“内阴影”选项并设置参数值，如图5-410所示。选择“渐变叠加”选项并设置参数值，如图5-411所示。

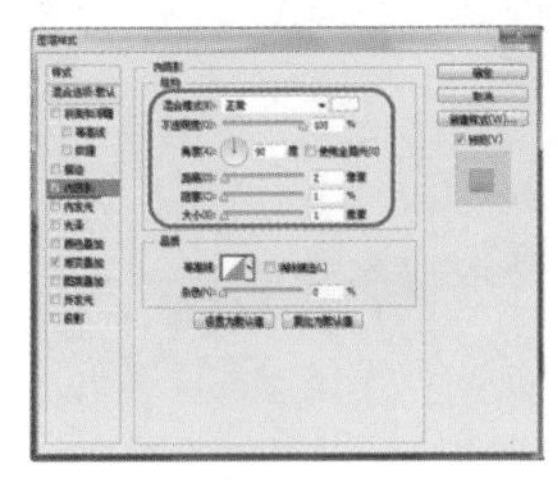
图5-410

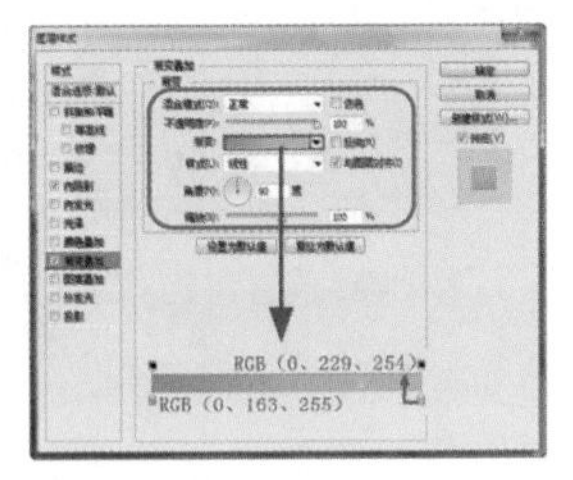

图5-411

40 设置完成后，单击“确定”按钮，图像效果如图5-412所示。复制该图形至下方，清除图层样式，修改“填充”为“RGB (0、98、138)”，将其向下移动4像素，效果如图5-413所示。用相同的方法为其添加“投影”图层样式，效果如图5-414所示。

图5-412

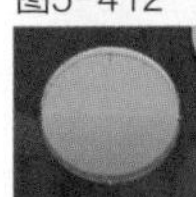

图5-413

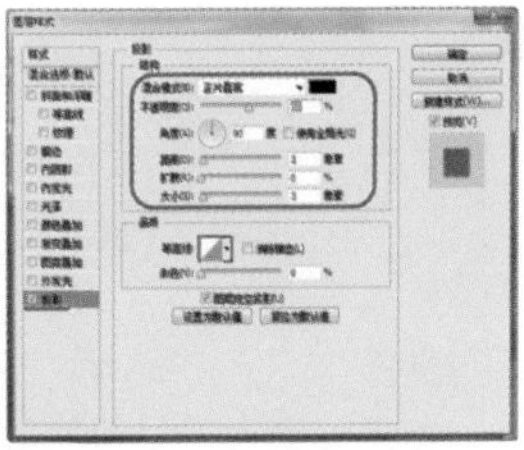

图5-414

41 设置完成后，单击“确定”按钮，图像效果如图5-415所示。用“椭圆工具”在画布中创建白色的圆形，如图5-416所示。选择“钢笔工具”，设置“路径操作”为“合并形状”，在图像中绘制如图5-417所示的图形。

图5-415

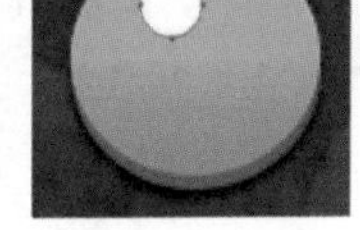
图5-416

图5-417

提示

用户也可以选择“自动形状工具”，然后，选择相应的人物形状并进行绘制，再用其他工具对其进行修剪和调整。

42 用相同的方法完成相似内容的制作，效果如图5-418所示。双击该图层缩览图，在弹出的“图层样式”对话框中选择“内阴影”选项并设置参数值，如图5-419所示。

图5-418

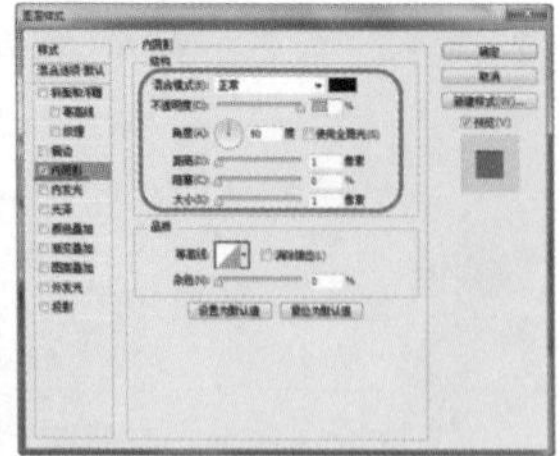
图5-419

43 设置完成后，单击“确定”按钮，图像效果如图5-420所示。用相同的方法完成相似内容的制作，图像的最终效果和“图层”面板如图5-421、图5-422所示。

图5-420

图5-421

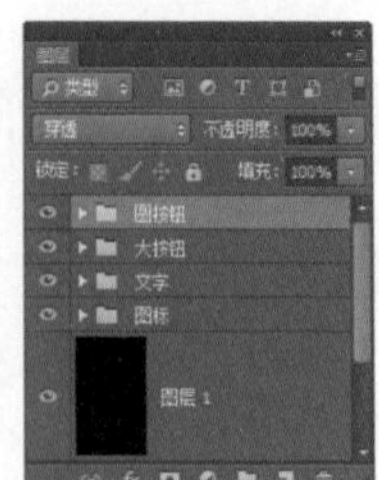

图5-422

44 用这种方法也可以制作出其他的界面，如图5-423、图5-424所示。

图5-423

图5-424

45 隐藏除“背景”和“图层1”以外的所有图层，如图5-425所示。执行“文件>存储为Web所用格式”命令，弹出“存储为Web所用格式”对话框，进行如图5-426所示的设置。

提示

用“存储为Web所用格式”对图像进行优化存储时，要注意，在确保图像效果好的条件下还要选择图像所占内存空间小的。

图5-425

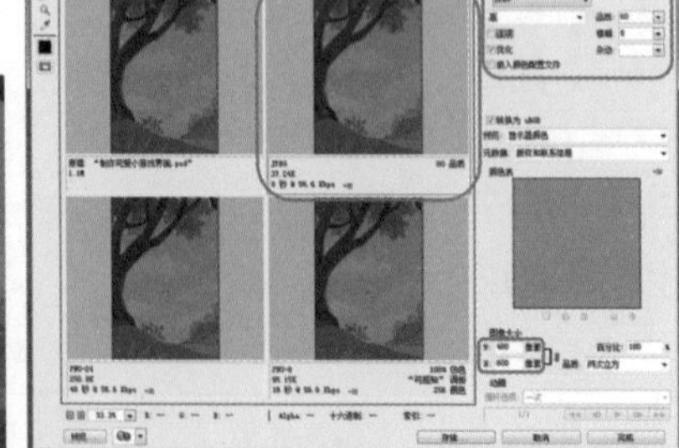
图5-426

46 设置完成后，单击“存储”按钮，对图像进行优化存储，如图5-427所示。仅使“图层2”图层被显示出来，如图5-428所示。

图5-427

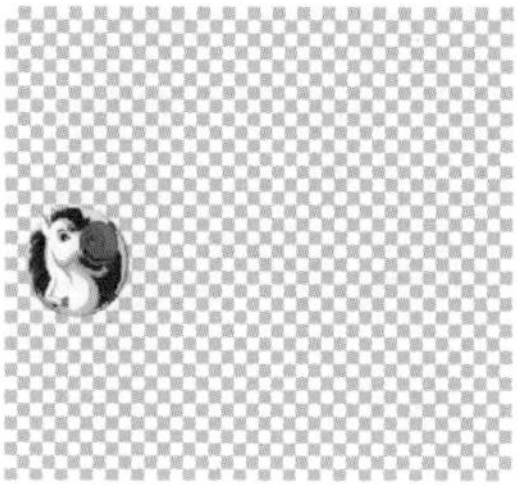

图5-428

47 执行“图像>裁切”命令，弹出“裁切”对话框，设置参数，如图5-429所示。单击“确定”按钮，裁掉画布周围的透明像素，如图5-430所示。

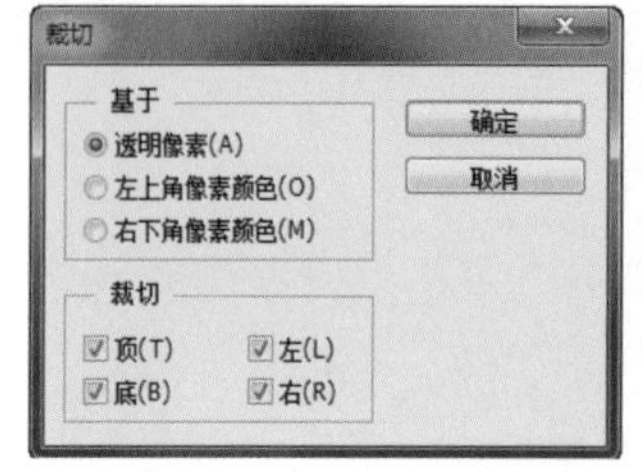

图5-429

图5-430

48 执行“文件>存储为Web所用格式”命令，弹出“存储为Web所用格式”对话框，进行如图5-431所示的设置。单击“存储”按钮，存储图像，如图5-432所示。

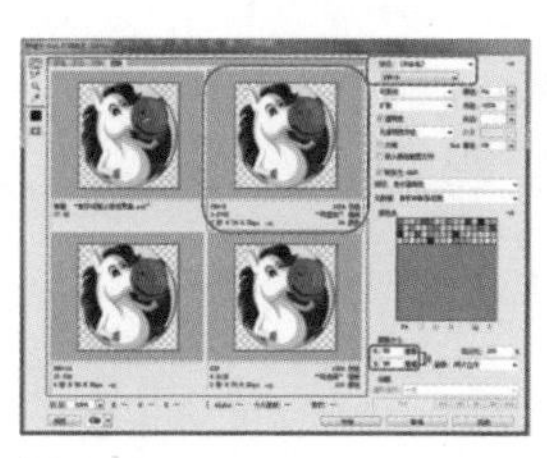

图5-431

图5-432

49 按下Ctrl+Z组合键，恢复裁切，仅使“图层3”图层被显示出来，如图5-433所示。执行“图像>裁切”命令，在弹出的“裁切”对话框中进行设置，如图5-434所示。

图5-433

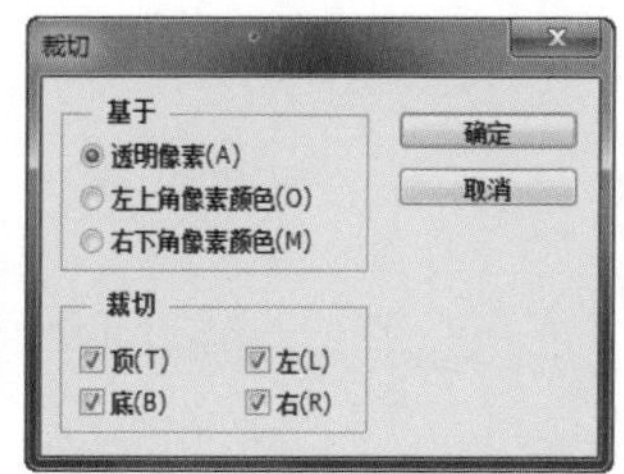

图5-434

50 单击“确定”按钮，将图像周围的透明像素裁掉，如图5-435所示。执行“文件>存储为Web所用格式”命令，弹出“存储为Web所用格式”对话框，对图像进行优化存储，如图5-436所示。

图5-435　　图5-436

51 用相同的方法对界面中的其他部分进行切片存储，如图5-437所示。

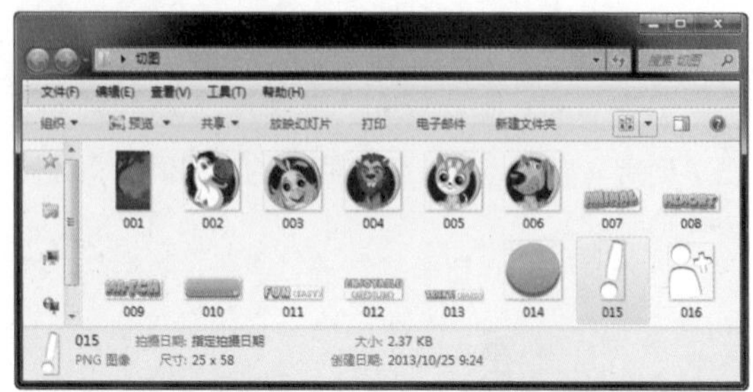

图5-437

操作小贴士

用鼠标右键单击图层缩览图，再在弹出的快捷菜单中选择“清楚图层样式”命令，即可一次性清除图层中的所有图层样式；单击图层缩览图后面的小三角，展开图层样式选项，再将要删除的选项拖至“图层”面板下方的“删除图层”图标上，即可删除一个被选中的图层样式。